职业教育全媒体系列教材

SolidWorks 基础教程

（2021版）

主编　方显明　祝国磊　徐翔莺
参编　周凤芳　周兆兵　张笑如　宋丰国
主审　杜晓东

机械工业出版社

本书是一本详细介绍 SolidWorks 使用方法和操作技巧的教程，详细讲解了利用 SolidWorks2021 在机械设计中进行零件建模（包括钣金设计、简单曲面设计）、零件装配（包括爆炸视图）、制作工程图的方法和技巧。

本书采用任务驱动法阐述内容，通过 22 个任务介绍了用 SolidWorks 软件进行机械设计的常用知识点，对软件中常用的命令提供思维导图方式的总结归纳，进行渐进式、详细的应用讲解，辅以大量的图片说明，使得内容浅显易懂，降低了学习门槛；每个任务知识点均配有实例讲解，不仅保证读者能够学好知识点，更重要的是能帮助读者掌握实际的操作技能；为方便读者学习，书中每个任务均配有微课视频并以二维码的形式嵌入书中，读者可以扫码观看。

本书在叙述过程中突出实用性和技巧性，读者可以很快地掌握 SolidWorks2021 机械建模的方法，同时还可以了解 SolidWorks 软件在行业中的应用，培养学生的工程设计实践能力。

本书可作为职业院校机械类相关专业教材，也可供从事机械、模具设计、制造和产品设计等工作的工程技术人员参考学习。

为便于教学，本书配套有电子课件、视频讲解和源文件等教学资源，选择本书作为教材的教师可登录 www. cmpedu. com 网站，注册、免费下载。

图书在版编目（CIP）数据

SolidWorks 基础教程：2021 版/方显明，祝国磊，徐翔莺主编. —北京：机械工业出版社，2021. 11（2025. 7 重印）
职业教育全媒体系列教材
ISBN 978-7-111-69779-4

Ⅰ. ①S… Ⅱ. ①方… ②祝… ③徐… Ⅲ. ①机械设计-计算机辅助设计-应用软件-职业教育-教材 Ⅳ. ①TH122

中国版本图书馆 CIP 数据核字（2021）第 248374 号

机械工业出版社（北京市百万庄大街 22 号 邮政编码 100037）
策划编辑：黎 艳 责任编辑：黎 艳
责任校对：张晓蓉 张 薇 封面设计：张 静
责任印制：单爱军
保定市中画美凯印刷有限公司印刷
2025 年 7 月第 1 版第 8 次印刷
184mm×260mm · 14. 75 印张 · 362 千字
标准书号：ISBN 978-7-111-69779-4
定价：49. 00 元

电话服务 网络服务
客服电话：010-88361066 机 工 官 网：www. cmpbook. com
010-88379833 机 工 官 博：weibo. com/cmp1952
010-68326294 金 书 网：www. golden-book. com
封底无防伪标均为盗版 机工教育服务网：www. cmpedu. com

前言 PREFACE

根据“新型工业化”和“工业 4.0”对技术技能型人才的新需求，本书深入贯彻党的二十大精神，增强职业教育适应性，鉴于 SolidWorks 软件强大的功能和深厚的工程应用底蕴，我们力图开发一本全面介绍 SolidWorks 在机械设计方面实际应用的教材，旨在针对机械设计行业人才培养的需要，利用 SolidWorks 大体知识脉络作为线索，以任务实例作为“抓手”，按照“互联网+”的思维模式，帮助学生掌握利用 SolidWorks 进行机械设计的基本技能和技巧。

本书主要介绍利用 SolidWorks2021 进行零件建模（包括钣金设计、简单曲面设计）、零件装配（包括爆炸视图）、制作工程图的方法和技巧，重点培养学生利用软件进行零件建模、装配及制作标准工程图的能力及精益求精的工匠精神，编写过程中力求体现以下特色：

（1）专业性强　笔者拥有多年计算机辅助设计领域的工作经验和教学经验，通过总结多年的设计经验以及教学的心得体会，并将新技术、新工艺、新规范标准纳入教学内容，力求全面、细致地展现出 SolidWorks2021 在机械设计方面的各种功能和使用方法。

（2）体现新模式　本书采用任务驱动的编写模式，以任务实例为引导，将思维导图、命令讲解、操作技巧及规范（标准）融入其中，突出“做中教，做中学”的职业教育特色，并加深对知识点的掌握，力求通过实例的演练帮助学生找到学习 SolidWorks 软件的捷径。

（3）突出素养提升　本书在具体讲解的过程中，严格遵守机械设计相关规范和国家标准，培养学生严谨细致的工程素养，传播规范的工程设计理论与应用知识；注重培养学生爱岗敬业、遵纪守法的职业素养，达成互帮互助、团结协作的优良品质和一丝不苟、精益求精的工匠精神。

本书在内容处理上主要有以下几点说明：①所采用的实例强调基础知识的掌握；②突出以学生为主体的教学理念，激发学生的学习兴趣，提升学习成就感；③本书建议学时为 60~80 学时。

本书由金华市技师学院方显明、祝国磊、徐翔莺主编，南京林业大学周凤芳、周兆兵，金东纸业（江苏）有限公司张笑如，济南海鹰机电制造有限公司宋丰国参编，江苏连云港工贸高等职业技术学校杜晓东主审。

在编写过程中，编者参阅了国内出版的有关教材和资料，在此一并表示衷心感谢！

由于编者水平有限，书中不妥之处在所难免，恳请读者批评指正。

编　者

Index 二维码索引

序号	名称	二维码	页码
1	零件建模任务 1		5
2	零件建模任务 2		15
3	零件建模任务 3		25
4	零件建模任务 4		33
5	零件建模任务 5		41
6	零件建模任务 6		50
7	零件建模任务 7		58
8	零件建模任务 8		68

（续）

序号	名称	二维码	页码
9	零件建模任务 9		78
10	零件建模任务 10		85
11	零件建模任务 11		96
12	零件建模任务 12		107
13	零件建模任务 13		117
14	零件建模任务 14		128
15	零件建模任务 15		135
16	创建装配 1		146
17	创建装配 2		157

（续）

序号	名称	二维码	页码
18	创建装配 3		174
19	制作工程图 1		185
20	制作工程图 2		195
21	制作工程图 3		208
22	制作工程图 4		220

目录 CONTENTS

前言

二维码索引

项目 1　零件建模 …… 1

任务 1　邂逅 SolidWorks——认识 SolidWorks 软件界面及特性 …… 1

任务 2　玩转拉伸切除——应用拉伸切除与镜向实体功能 …… 11

任务 3　我会克隆术——应用线性阵列与圆周阵列功能 …… 22

任务 4　镜子也疯狂——应用镜向与直槽口功能 …… 29

任务 5　筋亦求精——应用筋与薄壁切除功能 …… 37

任务 6　恰似嫦娥舞翩跹——应用旋转凸台/基体与转换实体引用功能 …… 47

任务 7　扫描也妖娆——应用扫描与 3D 草图功能 …… 55

任务 8　嘴尖皮厚腹中空——应用抽壳与组合功能 …… 64

任务 9　形随你动——应用放样凸台与多厚度抽壳功能 …… 75

任务 10　看！变身术——应用零件配置与系列零件设计表功能 …… 82

任务 11　打孔小妙招——应用异型孔向导功能 …… 93

任务 12　盘它就对了——应用边线法兰与断裂边角功能 …… 103

任务 13　百折不挠——应用转折、展开及折叠功能 …… 113

任务 14　心有灵犀一点通（1）——应用等距实体功能 …… 125

任务 15　心有灵犀一点通（2）——应用命令综合体功能 …… 134

项目 2　零件装配 …… 143

任务 1　装配其实很简单——如何对齐零件 …… 143

任务 2　我的地盘我作主——如何保留零件的自由度 …… 155

任务 3　爆炸吧，装配君——展现零件的拆装细节 …… 171

项目 3　制作工程图 …… 182

任务 1　让投影嗨起来——工程图起步 …… 182

任务 2　随心所欲剖切——展现零件内部细节 …… 192

任务 3　观察入微——完善工程图 …… 203

任务 4　来了就留个影吧——完成装配体工程图 …… 217

参考文献 …… 227

项目1

CHAPTER 1

零件建模

任务1 邂逅SolidWorks——认识SolidWorks软件界面及特性

学习要点

➢ 软件界面
➢ 直线、矩形、圆、切线弧等草图绘制命令
➢ 拉伸/切除命令
➢ 中点重合、相等几何关系

技能目标

➢ 熟悉软件界面
➢ 掌握鼠标操作方法
➢ 了解拉伸及切除命令的应用
➢ 了解几何关系的添加方法

思政目标

➢ 具备爱岗敬业、遵纪守法的职业素养
➢ 具备互帮互助、团结协作的优良品质
➢ 具备一丝不苟、精益求精的工匠精神

任务导入

▶ 建立如图1.1.1所示的模型。

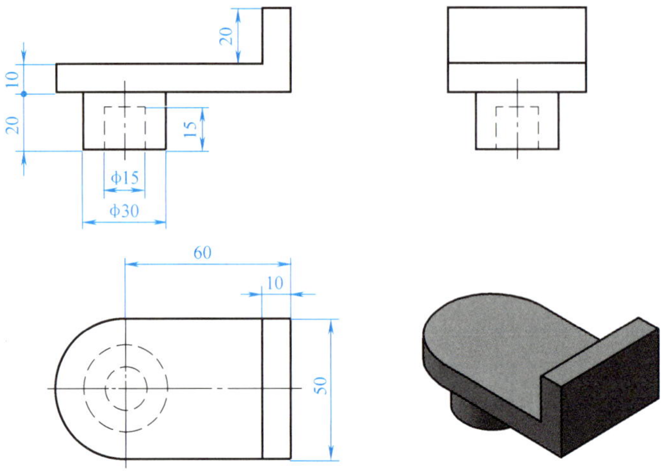

图 1.1.1　模型参考图样

任务分解

思维导图

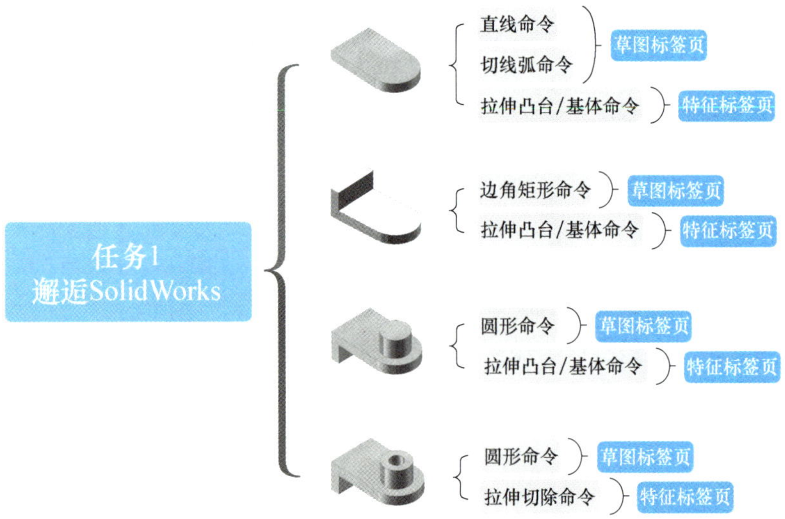

相关知识

（1）软件界面　各部分介绍见表 1.1.1。

（2）SolidWorks 的特性　见表 1.1.2。

（3）拉伸凸台/基体　通过从 2D 草图导出平面图进行拉伸生成 3D 对象，生成特征。拉伸可以是基体、凸台，见表 1.1.3。

（4）拉伸切除　切除是从零件或装配体上移除材料，常用封闭草图实现切除效果，见表 1.1.4。

表 1.1.1　软件界面

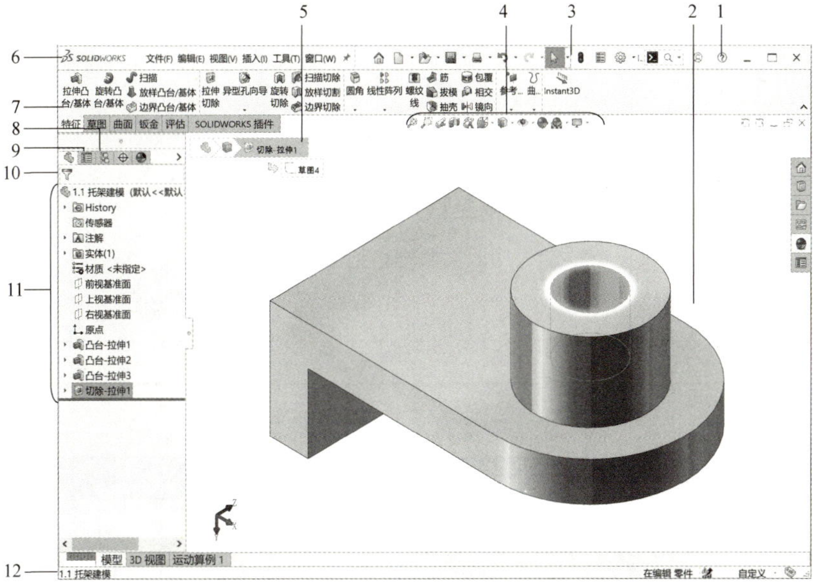

序号	1	2	3	4	5	6
名称	帮助菜单	绘图区域	工具栏	前导视图工具栏	选择导览列	菜单栏
序号	7	8	9	10	11	12
名称	命令管理器	配置管理器	属性管理器	特征过滤	设计树	状态栏

表 1.1.2　SolidWorks 的特性

概　要
1. SolidWorks 的实体造型似乎就是搭积木，通过一些简单的模型构建方法，如拉伸来生成实体零件。但建模的次序需要按照零件形态进行规划，仔细斟酌方可确定。虽然是积木搭建方式，但截面形态需要十分精确，因此学习绘制草图是不能跨越的学习阶段
2. 工程图视图直接由三维模型投影而来，而且工程图和实体模型之间保持同步变化，有效地避免了数据冲突。因此，学习 SolidWorks，不仅应该掌握如何构建模型实体，而且还应学会生成国家标准工程图
3. 熟练掌握软件的基本操作是快捷应用软件的基础，因此，熟练掌握鼠标的基本操作尤为重要：单击鼠标左键选定目标；单击鼠标右键弹出快捷菜单；按下鼠标中键并拖动旋转实体（配合<Ctrl>键平移实体）；滚动鼠标中键缩放实体

表 1.1.3　拉伸凸台/基体

命令条件	参数设置	结　果
在草图状态下绘制好将用于拉伸的草图 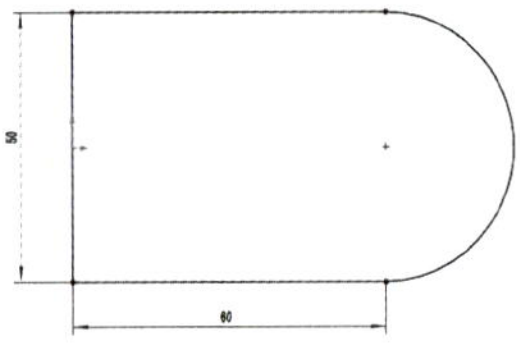	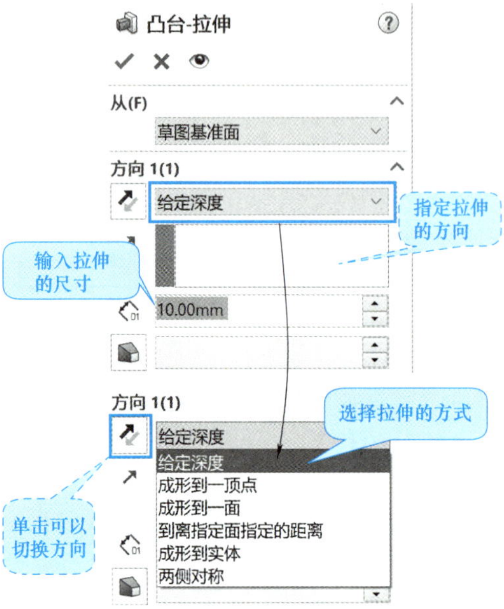	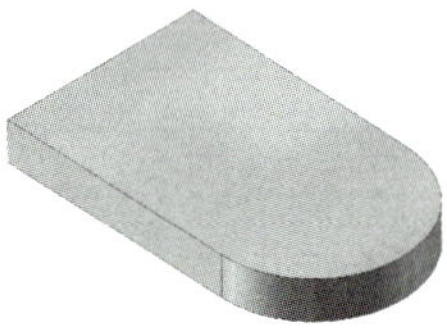
草图可以是开环或闭环状态	必要时反向	拉伸出指定尺寸的实体

表 1.1.4　拉伸切除

命令条件	参数设置	结　果
在草图状态下绘制好将用于切除的草图 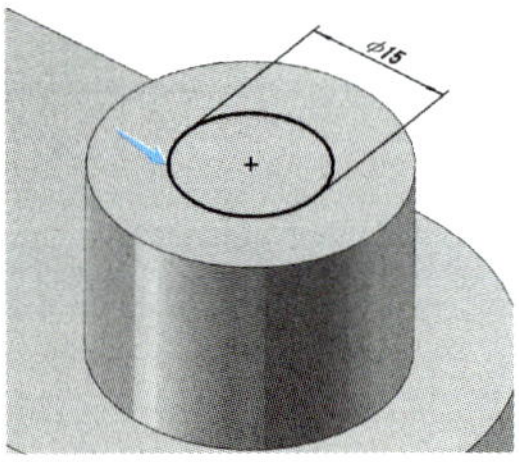	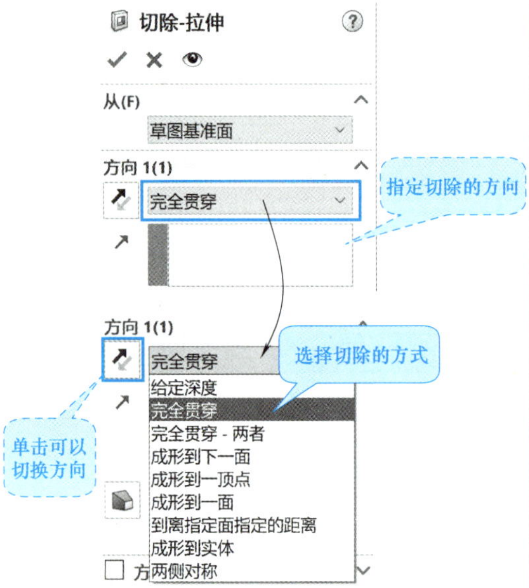	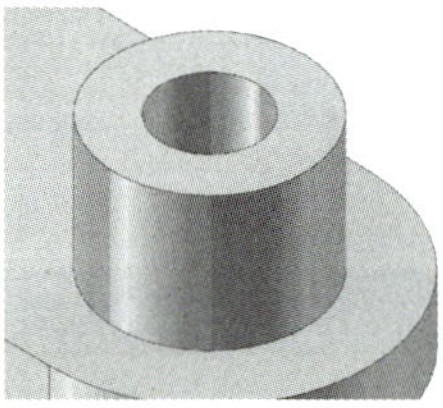
草图常为封闭状态	必要时修改切除方向和方式	切除的深度为给定的深度

任务实施 （表 1.1.5）

表 1.1.5　建模过程

建模步骤	图　示
1. 双击图标，打开软件。单击工具栏上的“新建”按钮，选中“零件”，单击“确定”按钮，新建零件	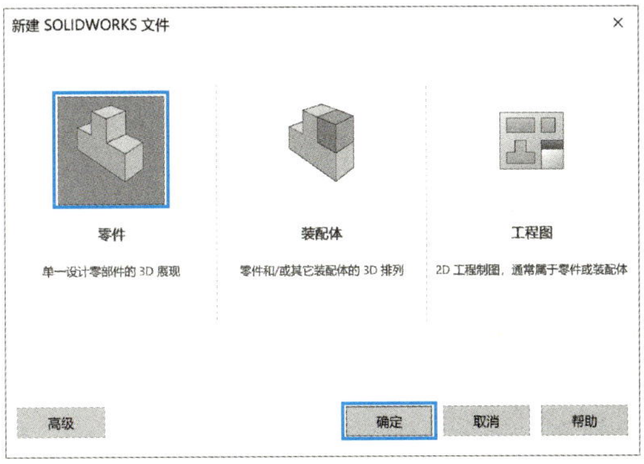
2. 单击“上视基准面”，在弹出的快捷工具栏上单击“草图绘制”按钮，新建草图	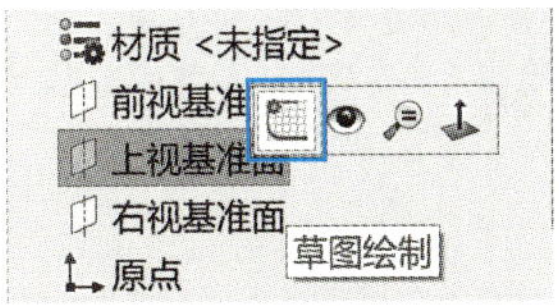
3. 在命令管理器“草图”标签页上单击“直线”按钮，绘制图示直线，注意蓝色推理线的应用（将鼠标移到合适位置开始单击，向需要的方向移动鼠标，再次单击，绘制一条直线，重复此操作，完成图示绘制。必要时按<ESC>键结束命令）	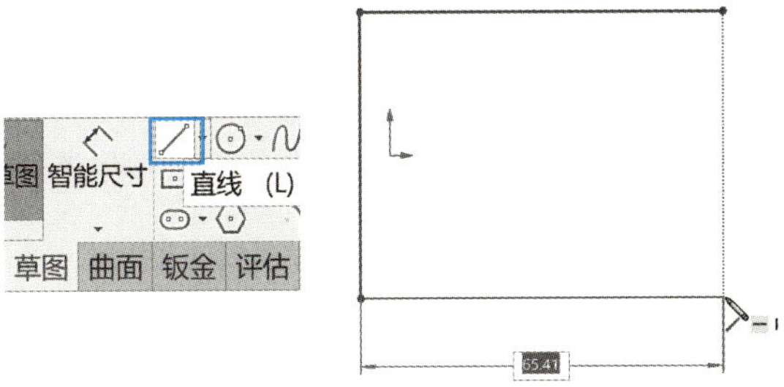
4. 按下键盘上的<Ctrl>键，分别单击右图所示原点及直线，在弹出的快捷工具栏中单击“使成中点”按钮，添加中点重合几何关系，使直线中点与原点重合	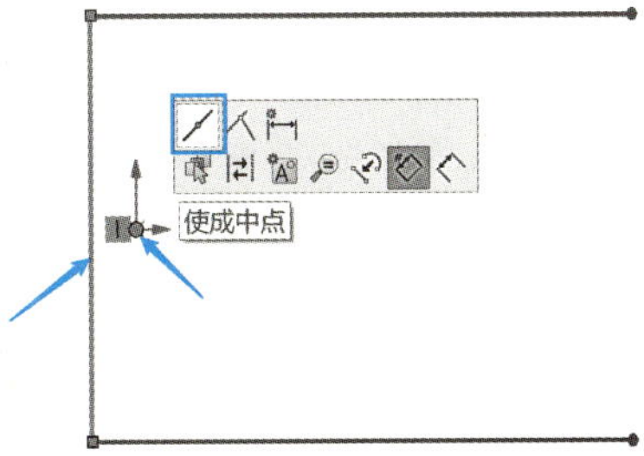
5. 按下键盘上的<Ctrl>键，分别单击右图所示两条直线，在弹出的快捷工具栏中单击“使相等”按钮，添加相等几何关系	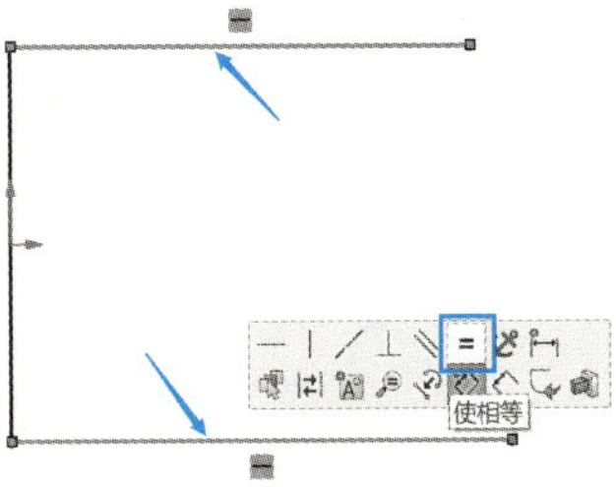

（续）

建模步骤	图　　示
6. 在命令管理器"草图"标签页上单击"圆心/起/终点画弧"按钮，选择"切线弧"，从一直线端点绘制弧线至另一直线端点	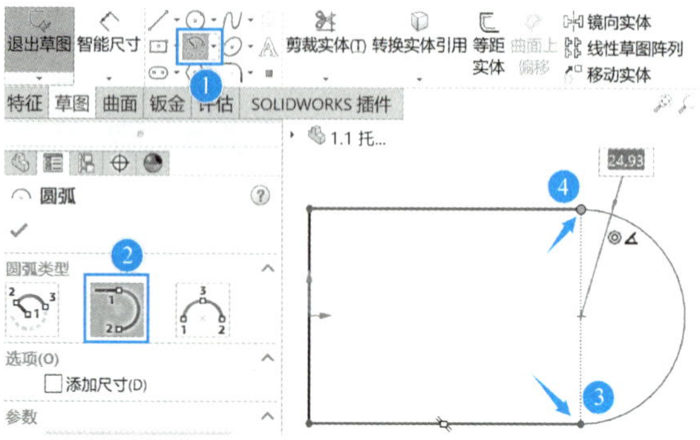
7. 在命令管理器"草图"标签页上单击"智能尺寸"按钮，标注两直线的尺寸 60mm 和 50mm（单击直线，并将鼠标移至合适位置单击放置尺寸，输入数值，单击"确定"按钮，完成尺寸标注）	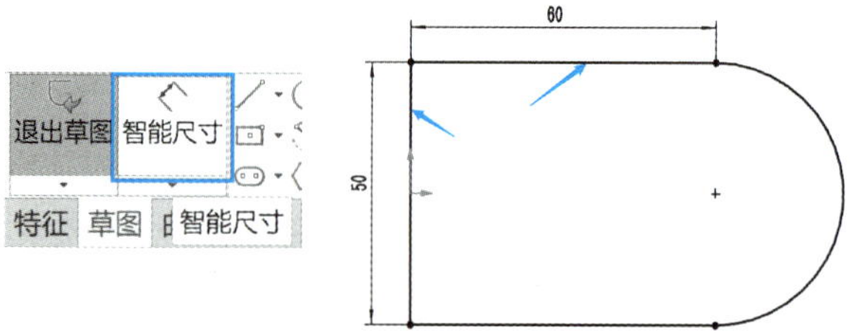
8. 在命令管理器"特征"标签页上单击"拉伸凸台/基体"按钮，将上述草图拉伸至 10mm 高度	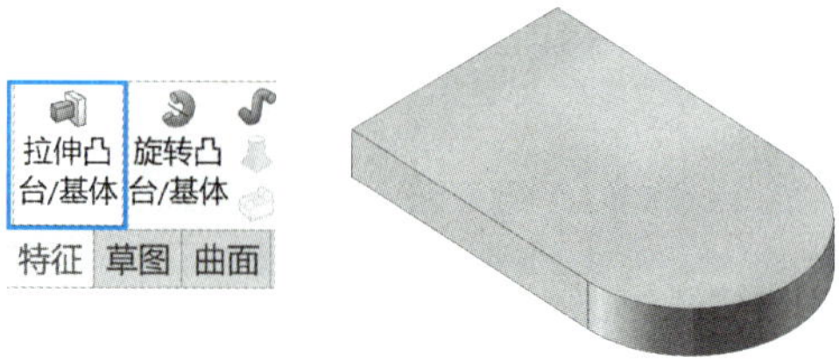
9. 单击右图所示表面，在弹出的快捷工具栏上单击"草图绘制"按钮，新建草图	
10. 此时，该面会自动正对屏幕，方便绘制草图（如果没有自动对正，按一下"空格"键，单击"正视于"按钮，刚选中的面将旋转到正对屏幕）	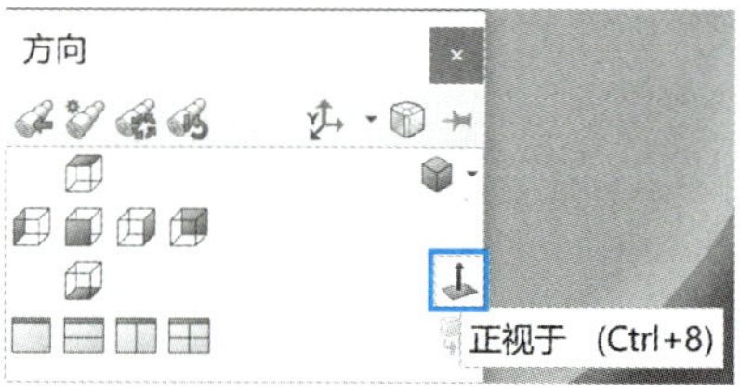

（续）

建模步骤	图　示
11. 在命令管理器“草图”标签页上单击“边角矩形”按钮，绘制矩形（将鼠标光标移到❶点开始单击，往右下角的方向移动鼠标，在❷点单击，绘制矩形，完成图示绘制。系统将自动添加重合的几何关系）	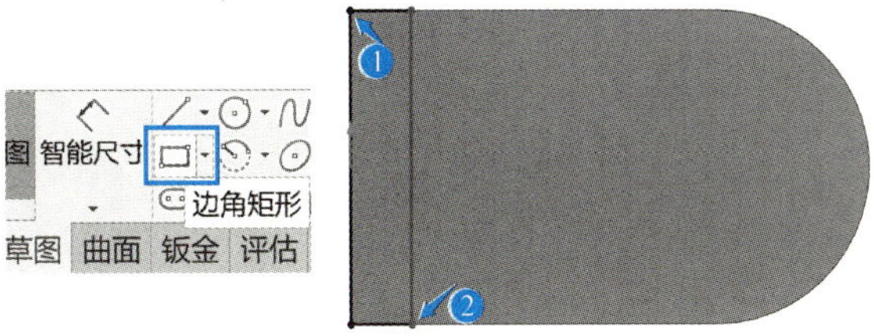
12. 单击“智能尺寸”按钮，标注相应的尺寸 10mm（单击直线，并将鼠标光标移至合适位置单击放置尺寸，输入数值 10mm，单击“确定”按钮，完成尺寸标注）	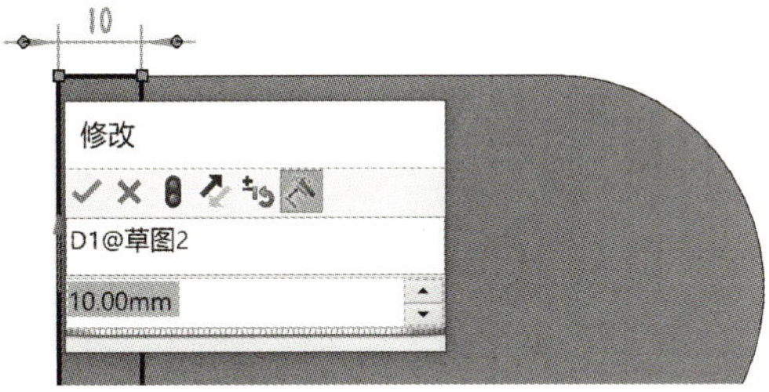
13. 在命令管理器“特征”标签页上单击“拉伸凸台/基体”按钮，将矩形拉伸到 20mm 高度（注意拉伸方向）	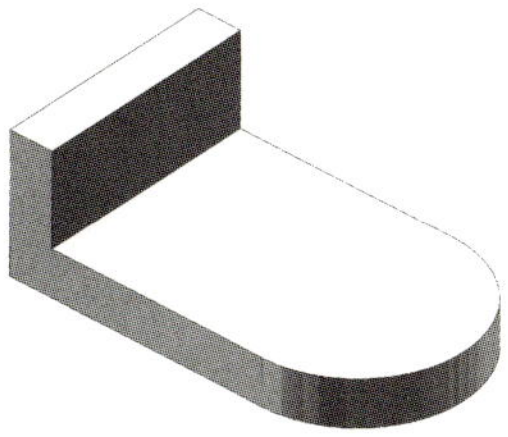
14. 单击右图所示表面，在弹出的快捷工具栏上单击“草图绘制”按钮，新建草图（如有需要，按一下“空格”键，单击“正视于”按钮，刚才选中的面将旋转到正对屏幕）	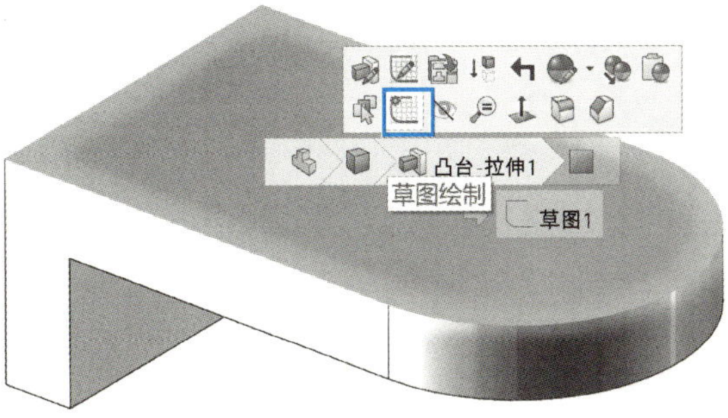
15. 在命令管理器“草图”标签页上单击“圆形”按钮，绘制右图所示圆（先用鼠标光标碰一下已有的圆弧，会出现圆心标记，再在标记处单击，确定圆心位置，然后将光标移到合适位置，再次单击，完成圆的绘制）	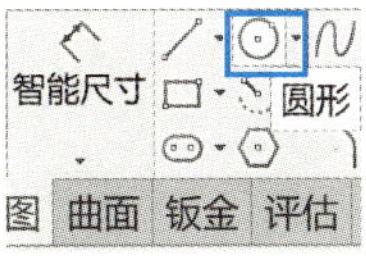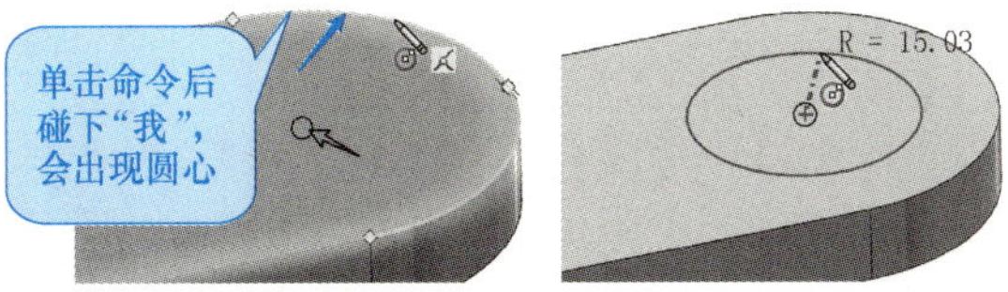

（续）

建模步骤	图　示
16. 单击“智能尺寸”按钮，标注相应的尺寸30mm（单击圆，并将光标移至合适位置单击放置尺寸，输入数值30，单击“确定”按钮，完成尺寸标注）	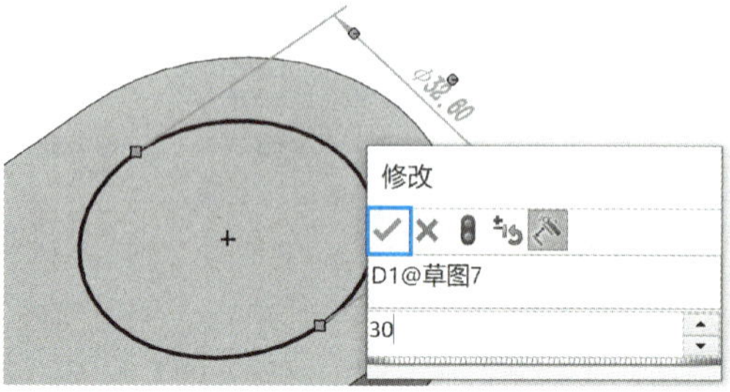
17. 在命令管理器“特征”标签页上单击“拉伸凸台/基体”按钮，将圆拉伸至20mm高度（注意拉伸方向）	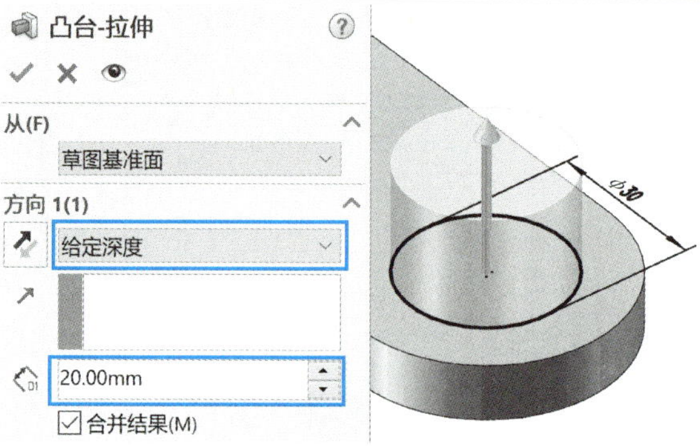
18. 在圆柱的上表面新建草图	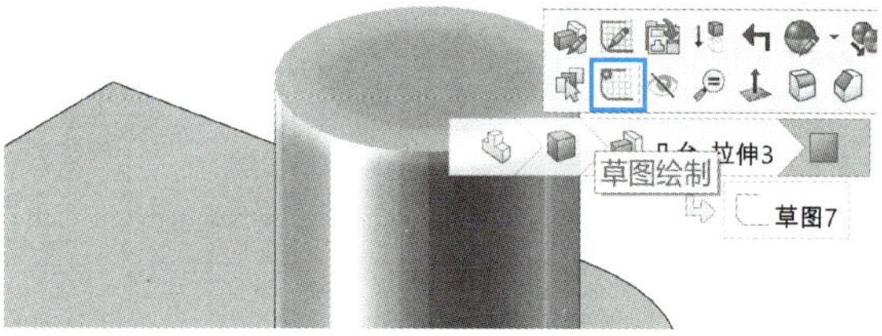
19. 在命令管理器“草图”标签页上单击“圆形”按钮，绘制右图所示圆。单击“智能尺寸”按钮，标注圆的直径尺寸为15mm	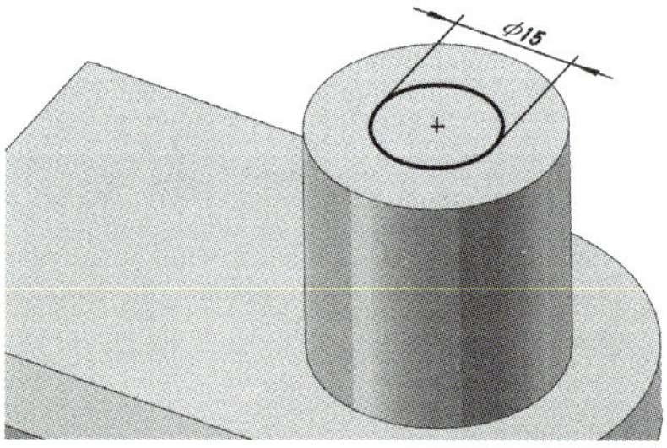
20. 在命令管理器“特征”标签页上单击“拉伸切除”按钮，输入尺寸15mm，单击“确定”按钮，完成建模	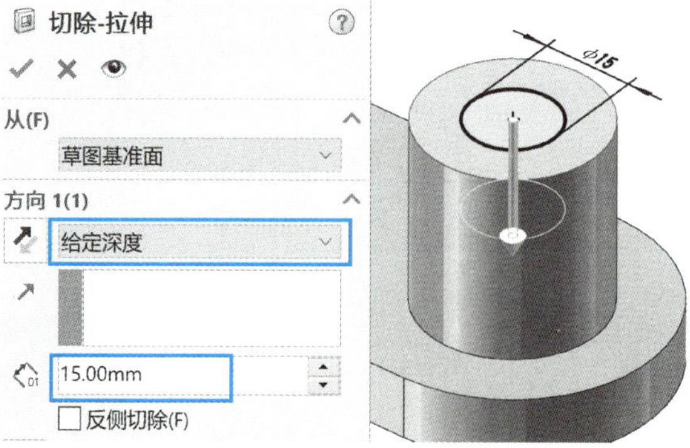

任务延展

建立如图 1.1.2 所示的模型。建模过程见表 1.1.6。

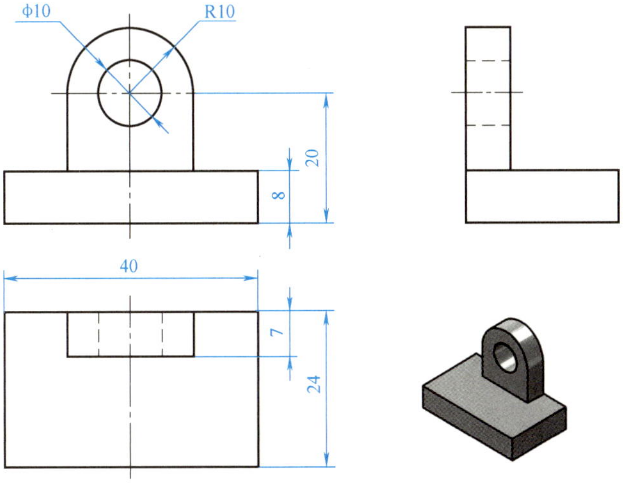

图 1.1.2 模型参考图样

表 1.1.6 建模过程

建模步骤	图示
1. 双击SW图标，打开软件。单击工具栏上的“新建”按钮，选中“零件”，单击“确定”按钮，新建零件	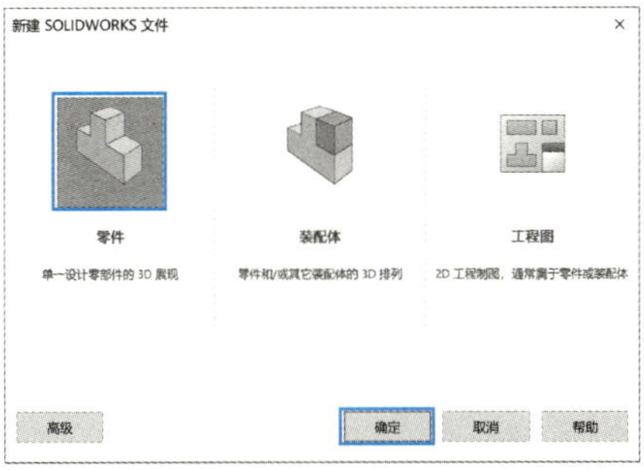
2. 单击“上视基准面”，在弹出的快捷工具栏上单击“草图绘制”按钮，新建草图	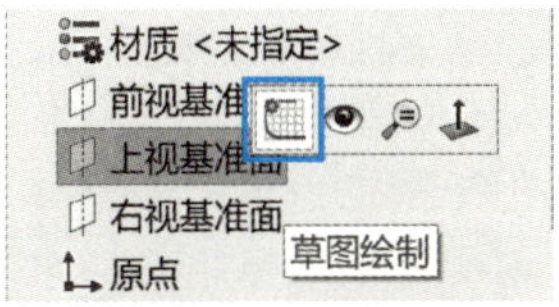
3. 在命令管理器“草图”标签页上单击“边角矩形”按钮，再单击“中心矩形”按钮，以原点为中心，绘制矩形（将鼠标移到原点开始单击，往对角方向移动鼠标，再次单击，绘制一个矩形。按<ESC>键结束命令）	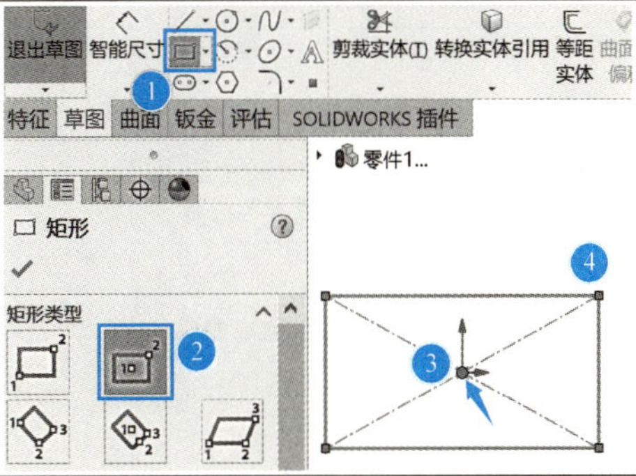

（续）

建模步骤	图　示
4. 标注尺寸 24mm 和 40mm	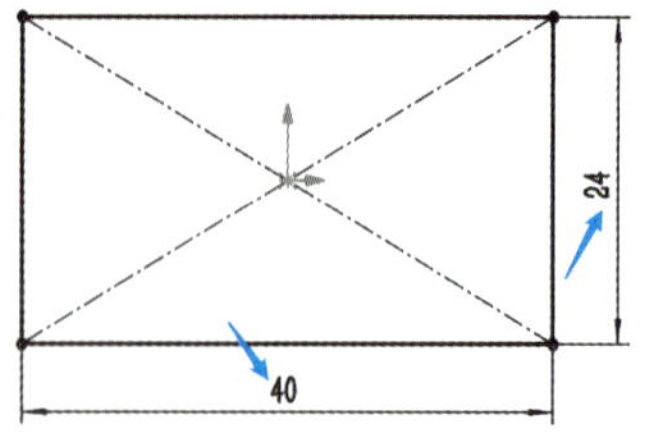
5. 在命令管理器“特征”标签页上单击“拉伸凸台/基体”按钮，将上述草图拉伸至 8mm 高度	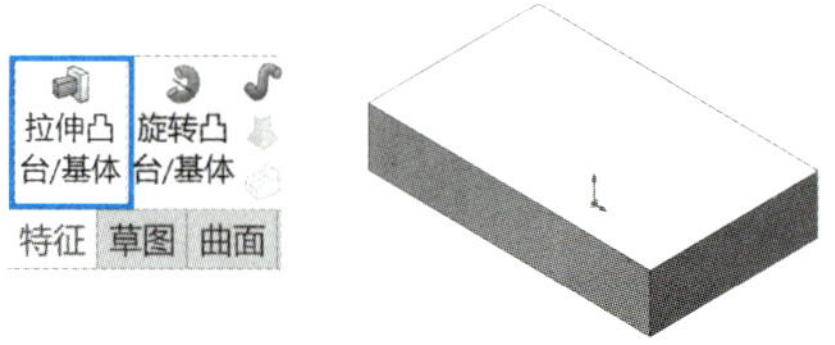
6. 单击右图所示表面，在弹出的快捷工具栏上单击“草图绘制”按钮，新建草图	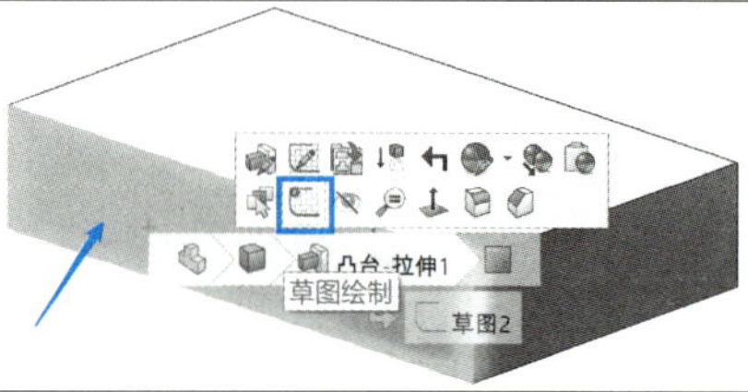
7. 完成草图绘制，添加箭头所示直线与原点的中点重合的几何关系。标注圆心与原点之间的距离为 20mm，圆弧半径为 10mm	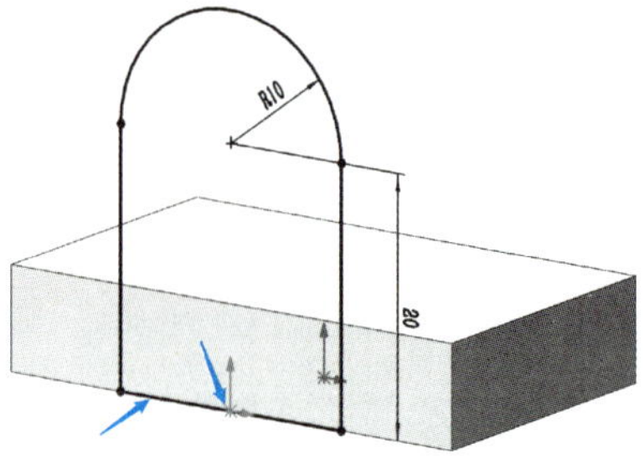
8. 在命令管理器“特征”标签页上单击“拉伸凸台/基体”按钮，将上述草图拉伸至 7mm（必要时单击箭头所指按钮切换方向，使之向如右图所示方向拉伸，单击“确定”按钮完成）	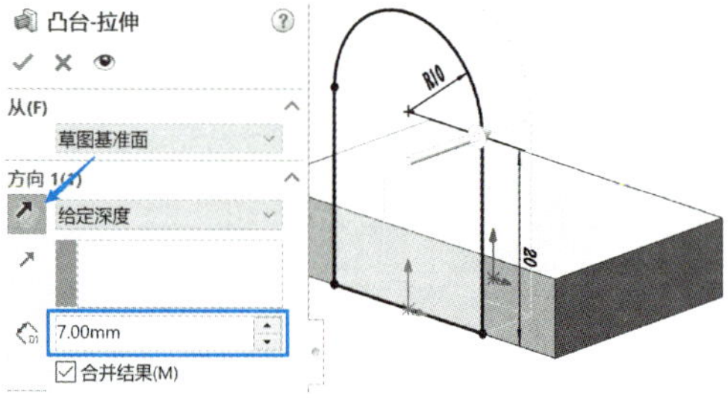
9. 在右图平面上新建草图，绘制一个直径 10mm 的同心圆。在命令管理器“特征”标签页上单击“拉伸切除”按钮，“方向 1（1）”栏选择“完全贯穿”，单击“确定”按钮，完成建模	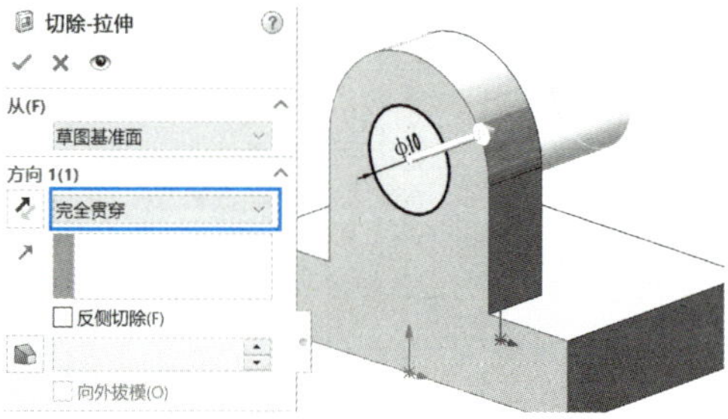

任务评价

任务评价表

专业________ 班级________ 姓名________ 学号________ 组别________

项目	标准	自我评价	小组评价	教师评价
		2~10分		
		占50%	占20%	占30%
添加几何关系(步骤4)	正确完成			
拉伸实体(步骤8)	正确完成			
切除孔(步骤18~20)	正确完成			
操作熟练度	绘图快速、准确			
协作精神	交流、讨论顺畅			
纪律观念	课堂有序、讨论积极			
学习主动性	认真思考、积极回答问题			
知识应用情况	关键知识点内化			
完成任务过程中引以为自豪的做法	简捷、高效(加分项 5~10分)			
指导他人	帮助的人数及质量(加分项 5~10分)			
小计				
总评				

注：1. 每项满分10分；
2. 带有“*”的步骤为任务延展中的内容。

组长签字： **任课教师：** 年 月 日

任务2 玩转拉伸切除——应用拉伸切除与镜向实体功能

学习要点

- 直线、矩形等草图绘制命令
- 镜向实体命令
- 拉伸/切除、圆角命令
- 平行、对称几何关系

技能目标

- 掌握鼠标操作方法

➢ 掌握镜向实体命令的应用
➢ 掌握拉伸、切除（定向）及圆角命令的应用
➢ 了解几何关系的添加方法

思政目标

➢ 具备爱岗敬业、遵纪守法的职业素养
➢ 具备互帮互助、团结协作的优良品质
➢ 具备一丝不苟、精益求精的工匠精神

任务导入

建立如图 1.2.1 所示的模型。

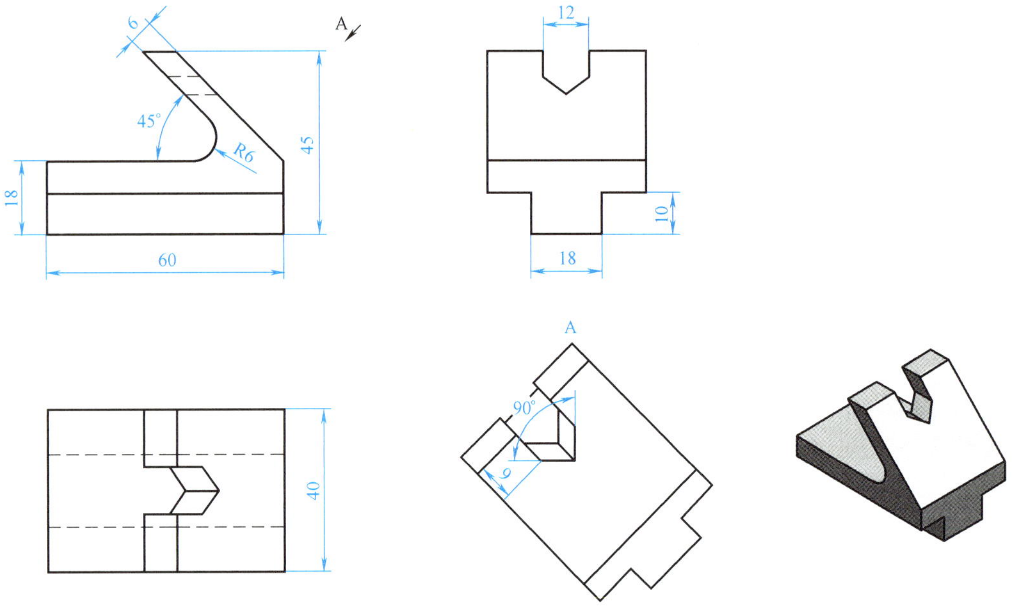

图 1.2.1　模型参考图样

任务分解

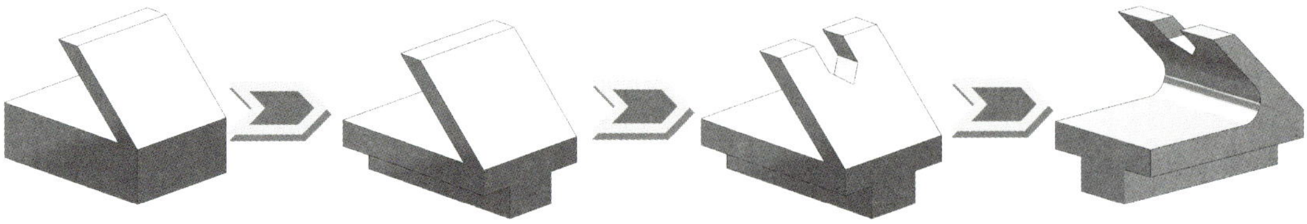

思维导图

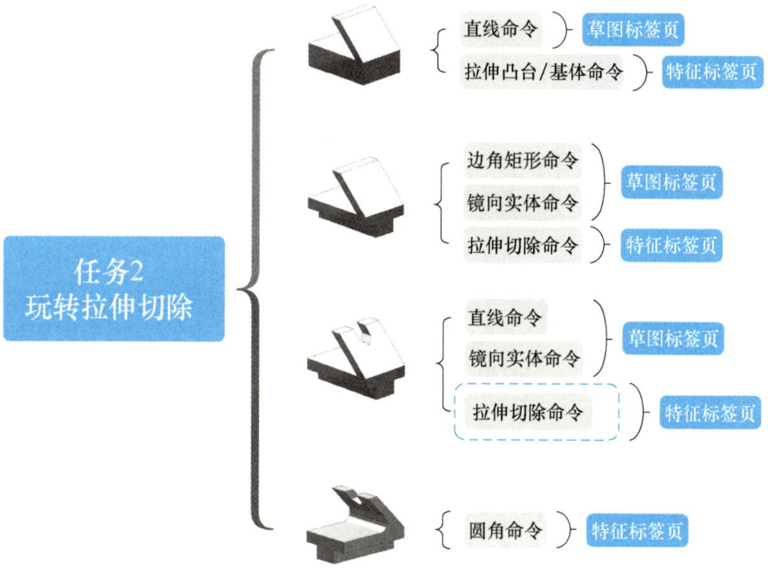

相关知识

（1）拉伸切除 切除是从零件或装配体上移除材料的特征，常用封闭草图实现切除效果，见表 1.2.1。

（2）镜向⊖实体 以预先存在的 2D 草图为镜像平面，然后选择所镜向实体。当生成镜向实体时，SolidWorks 软件会在每一相对应的草图点（镜向直线的端点、圆弧的圆心等）之间应用一对称关系。如果更改被镜向的实体，则其镜向实体也会随之更改，见表 1.2.2。

（3）圆角 圆角是在零件上生成一个内圆角或外圆角面。可以为一个面的所有边线、所选的多组面、所选的边线或边线环生成圆角，见表 1.2.3。

一般而言，在生成圆角时最好遵循以下规则：

1）在添加小圆角之前添加较大圆角特征。当有多个圆角汇聚于一个顶点时，先生成较大的圆角。

2）在生成圆角前先添加拔模特征。如果要生成具有多个圆角边线及拔模面的铸模零件，在大多数的情况下，应在添加圆角之前添加拔模特征。

3）最后添加装饰用的圆角特征。在大多数几何体定位后尝试添加装饰圆角。越早添加圆角特征，则系统需要花费越长的时间重建零件。

4）如要加快零件重建的速度，使用单一圆角操作来处理需要相同圆角半径的多条边线。如果要改变此圆角的半径，则在同一操作中生成的所有圆角都会改变。

⊖ 在 SolidWorks 软件中镜向等同于镜像，与软件界面保持一致。

表 1.2.1　拉伸切除

<table>
<tr><th>命令条件</th><th>参数设置</th><th>结　　果</th></tr>
<tr>
<td>在草图状态下绘制好用于切除的草图
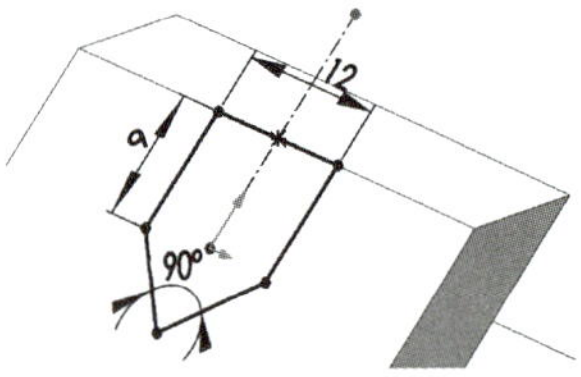
</td>
<td>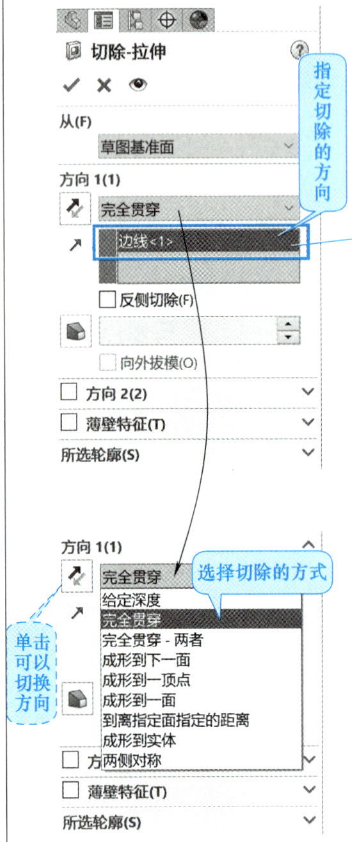
</td>
<td>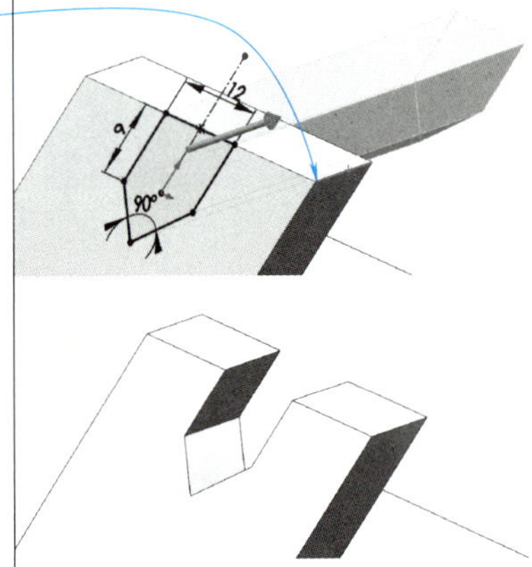
</td>
</tr>
<tr><td>草图常为封闭状态</td><td>必要时修改切除方向和方式</td><td>切除的深度为给定的深度</td></tr>
</table>

表 1.2.2　镜向实体

<table>
<tr><th>命令条件</th><th>参数设置</th><th>结　　果</th></tr>
<tr>
<td>已完成想要镜向操作的草图
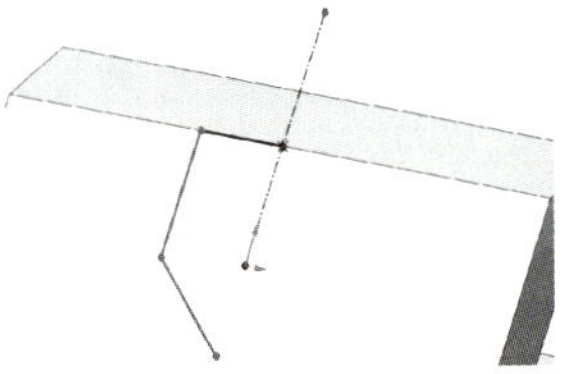</td>
<td>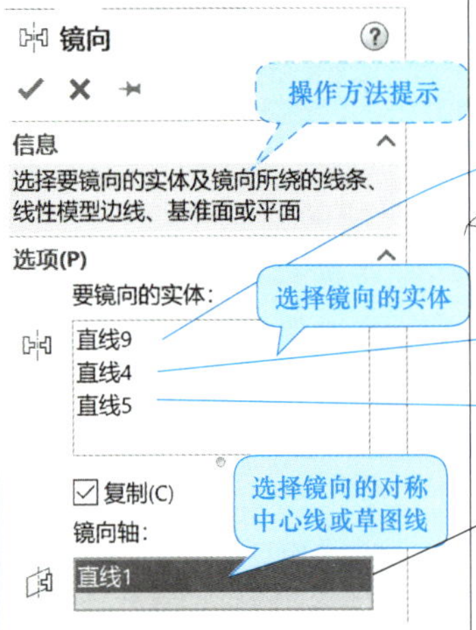
</td>
<td>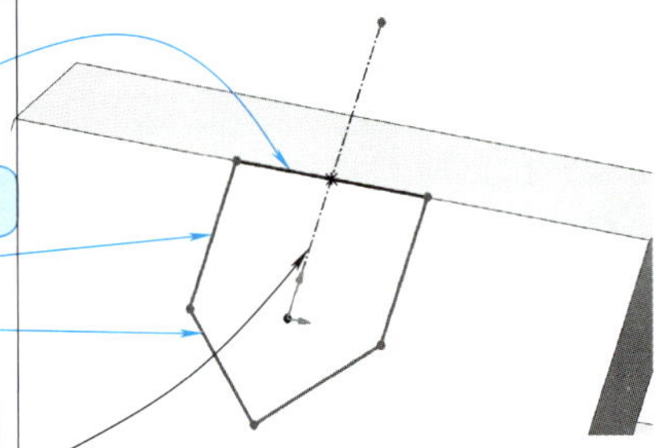</td>
</tr>
<tr><td>必要时绘制镜向中心线</td><td>操作时注意鼠标右键功能</td><td>镜向的实体自动添加对称几何关系</td></tr>
</table>

表 1.2.3 圆角

命令条件	参数设置	结果
已完成想要进行圆角操作的边线或平面 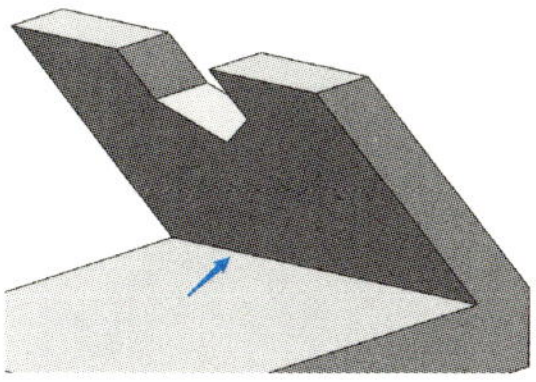	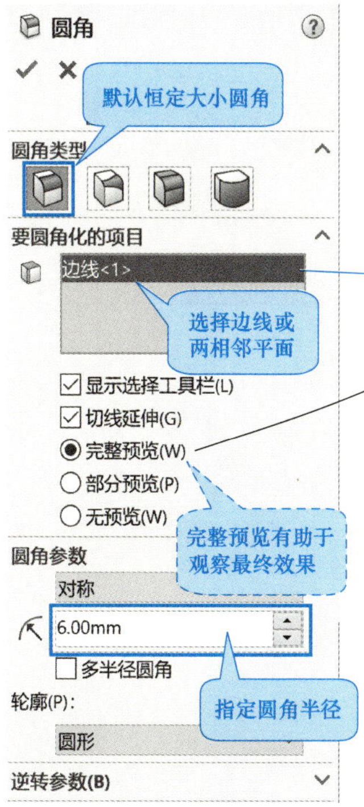 	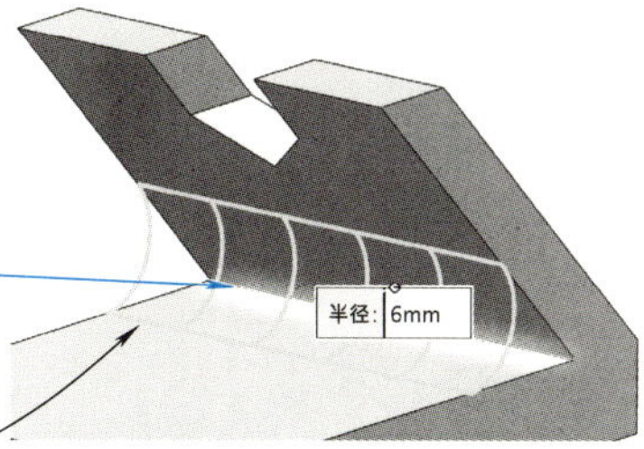 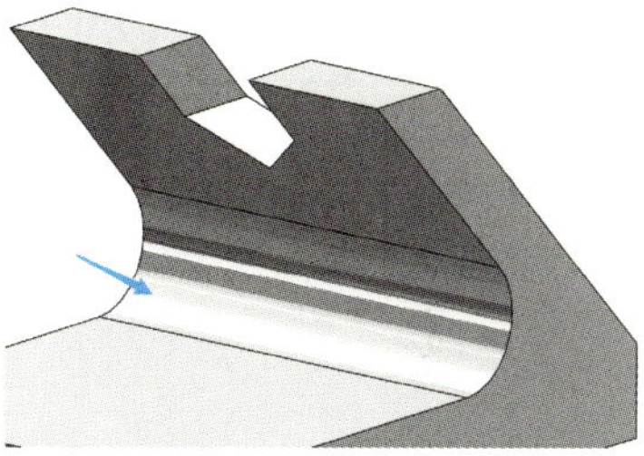
在实体中完成	单击“确定”按钮✔完成	在指定的边线处生成圆角

任务实施 （表 1.2.4）

表 1.2.4 建模过程

建模步骤	图示
1. 双击图标，打开软件。单击工具栏上的“新建”按钮，选中“零件”，单击“确定”按钮，新建零件	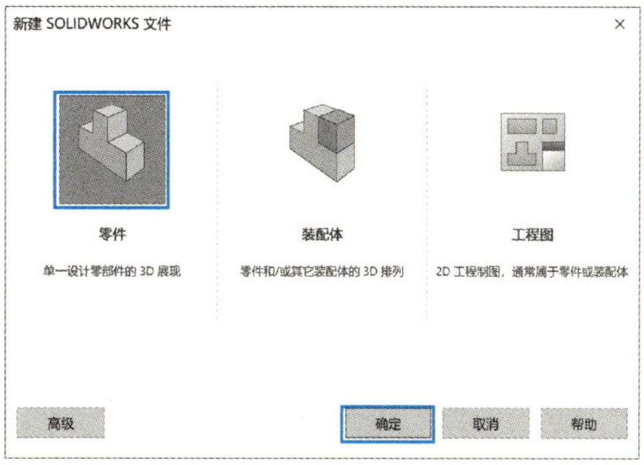
2. 单击“前视基准面”，在弹出的快捷工具栏上单击“草图绘制”按钮，新建草图	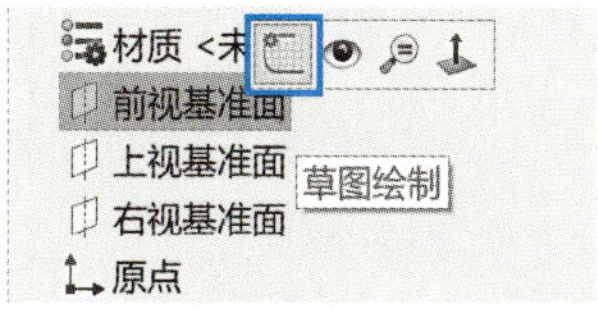

（续）

建模步骤	图　　示
3. 在命令管理器“草图”标签页上单击“直线”按钮，绘制右图所示直线，注意蓝色推理线的应用（将鼠标移到坐标原点处开始单击，向需要的方向移动鼠标，再次单击，绘制一条直线，重复此操作，完成图示绘制。注意添加❶和❷平行几何关系，❸和❹重合几何关系）	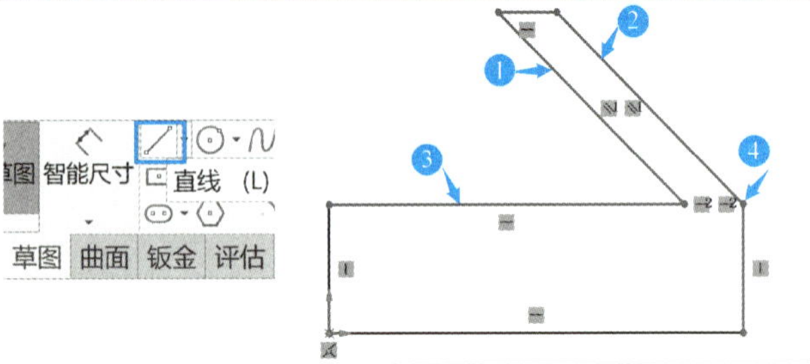
4. 在命令管理器“草图”标签页上单击“智能尺寸”按钮，标注尺寸60mm、45mm、18mm、6mm和45°（单击要标注的要素，并将鼠标移至合适位置单击放置尺寸，输入数值，单击“确定”按钮，完成尺寸标注）	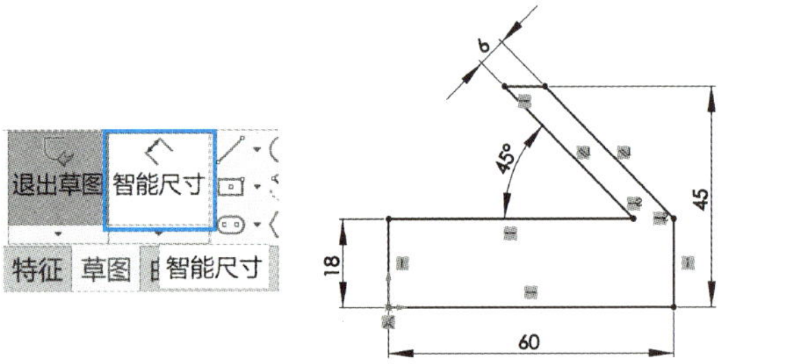
5. 在命令管理器“特征”标签页上单击“拉伸凸台/基体”按钮，将上述草图拉伸至40mm宽度（注意拉伸方向选择“两侧对称”）	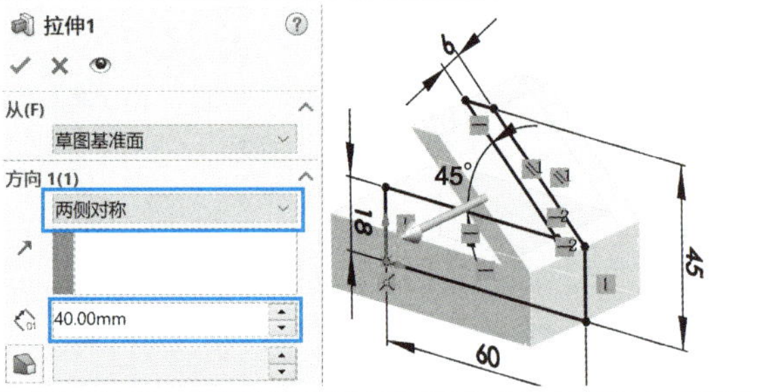
6. 单击右图所示表面，在弹出的快捷工具栏上单击“草图绘制”按钮，新建草图	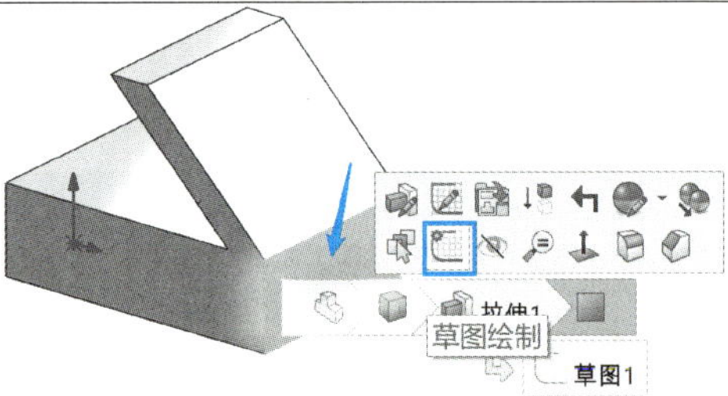
7. 此时，该面会自动正对屏幕，方便绘制草图（如果没有自动对正，按一下“空格”键，单击“正视于”按钮，刚选中的面将旋转到正对屏幕）	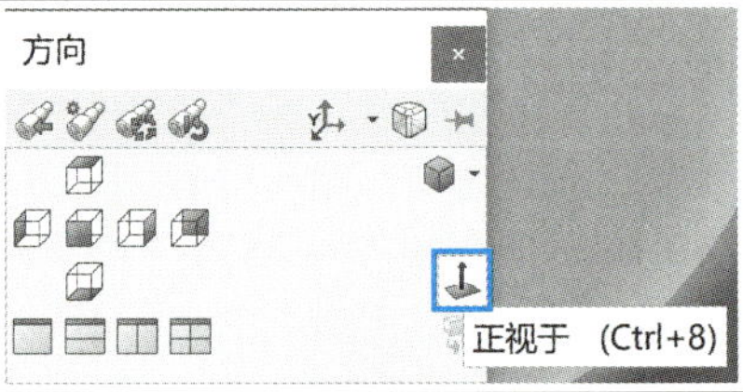
8. 在命令管理器“草图”标签页上单击“边角矩形”按钮，绘制矩形（将鼠标移到左下角❶点开始单击，往右上角的方向移动鼠标，在❷点再次单击，绘制矩形，完成图示绘制。系统将自动添加重合的几何关系等几何关系）	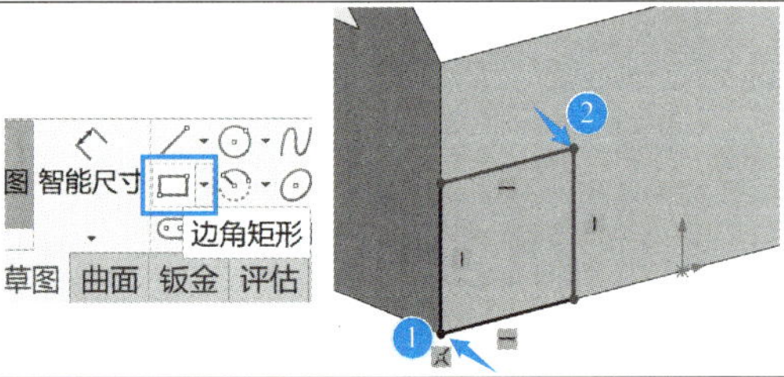

（续）

建模步骤	图　示
9. 在命令管理器“草图”标签页上单击“直线”按钮右侧箭头，再单击“中心线”按钮 ⋰，从原点处向上绘制竖直中心线	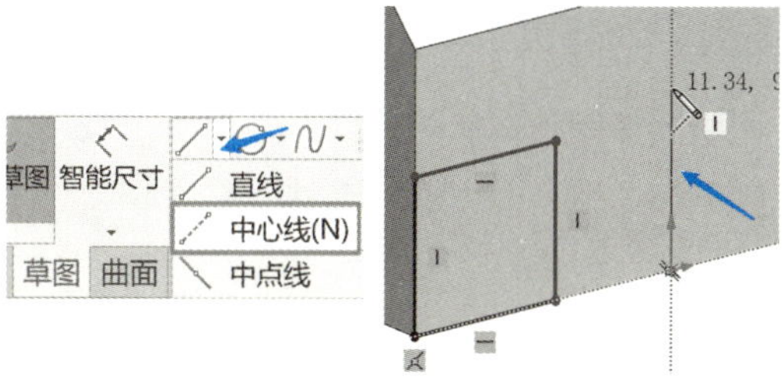
10. 在命令管理器“草图”标签页上单击“镜向”按钮，在选项“要镜向的实体”栏选中整个矩形，“镜向轴”栏选中中心线，单击“确定”按钮✔，完成镜向（也可以框选包括中心线在内的所有直线，再单击“镜向实体”按钮）	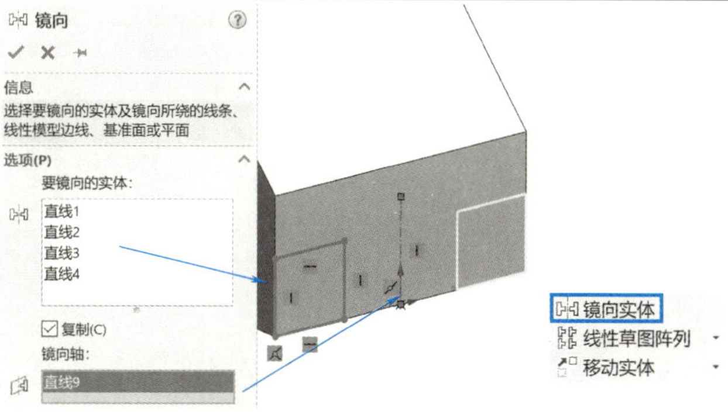a)　　b)
11. 单击“智能尺寸”按钮，标注相应的尺寸 18mm 和 10mm	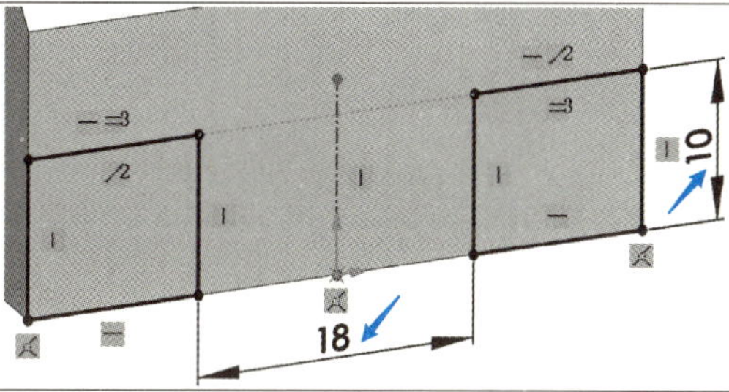
12. 在命令管理器“特征”标签页上单击“拉伸切除”按钮，“方向 1（1）”栏选择“完全贯穿”，单击“确定”按钮✔	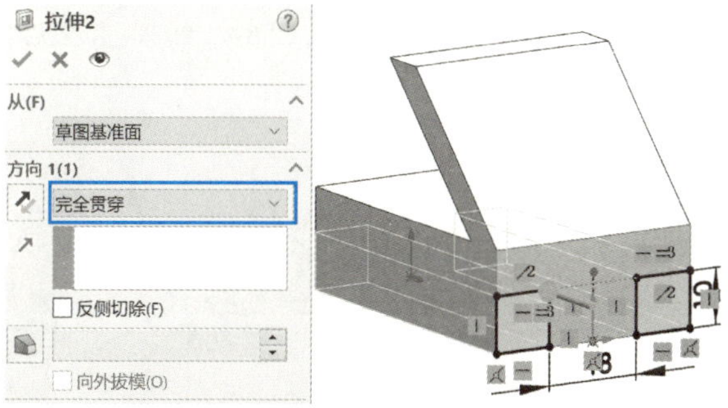
13. 在右图所示表面新建图示草图（草图中心线在边线中点处。可参考使用“镜向实体”命令）	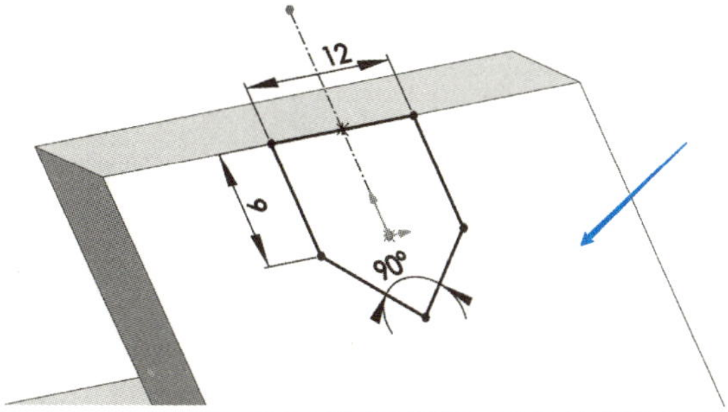

（续）

<table>
<tr><th>建模步骤</th><th>图　示</th></tr>
<tr><td>14. 在命令管理器“特征”标签页上单击“拉伸切除”按钮，“方向 1(1)”栏选择“完全贯穿”，拉伸方向选择图示边线，单击“确定”按钮</td><td>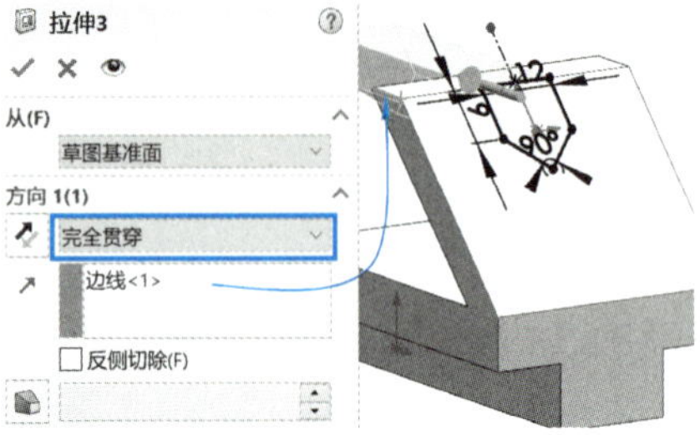
</td></tr>
<tr><td>15. 在命令管理器“特征”标签页上单击“圆角”按钮，“圆角类型”栏默认设置，“要圆角化的项目”栏选中右图边线，“圆角参数”栏中输入圆角半径 6mm，单击“确定”按钮，完成建模
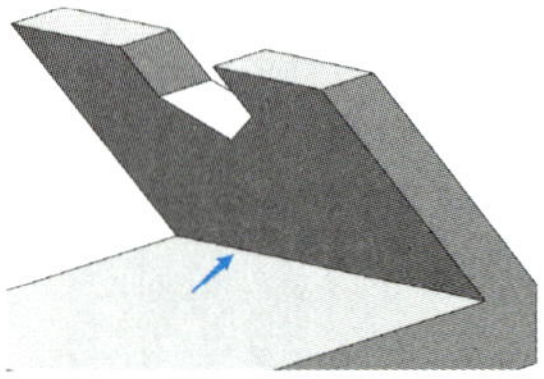</td><td>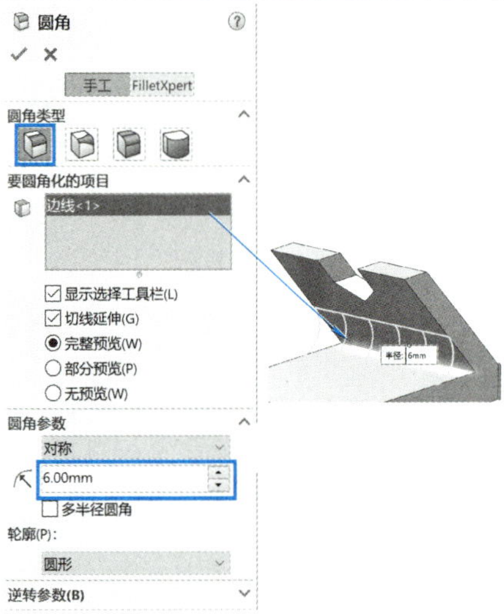
</td></tr>
</table>

任务延展

建立如图 1.2.2 所示的模型。建模过程见表 1.2.5。

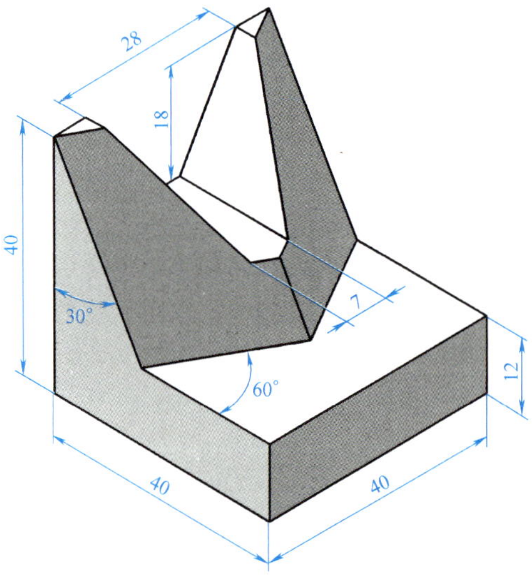

图 1.2.2　模型参考图样

表 1.2.5　建模过程

建模步骤	图　示
1. 双击图标，打开软件。单击工具栏上的“新建”按钮，选中“零件”，单击“确定”按钮，新建零件	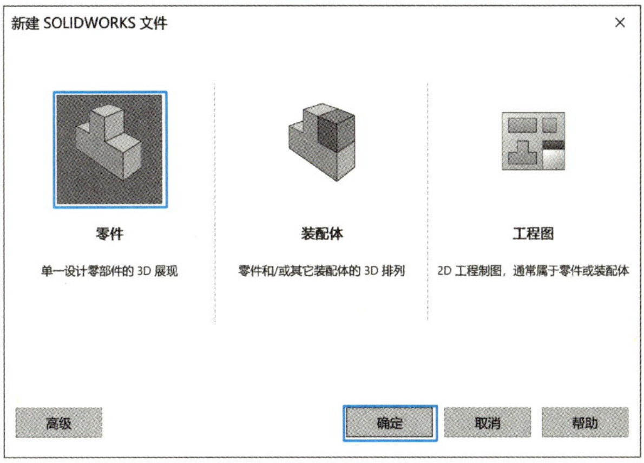
2. 单击“上视基准面”，在弹出的快捷工具栏上单击“草图绘制”按钮，新建草图	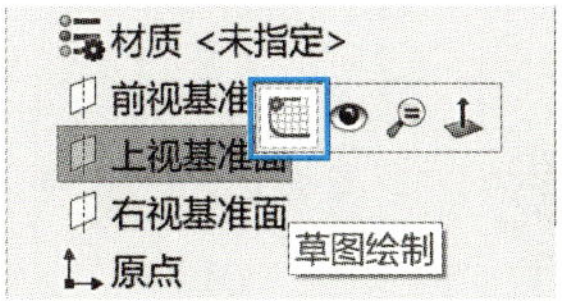
3. 在命令管理器“草图”标签页上单击“边角矩形”按钮，选择“中心矩形”，以原点为中心，绘制矩形	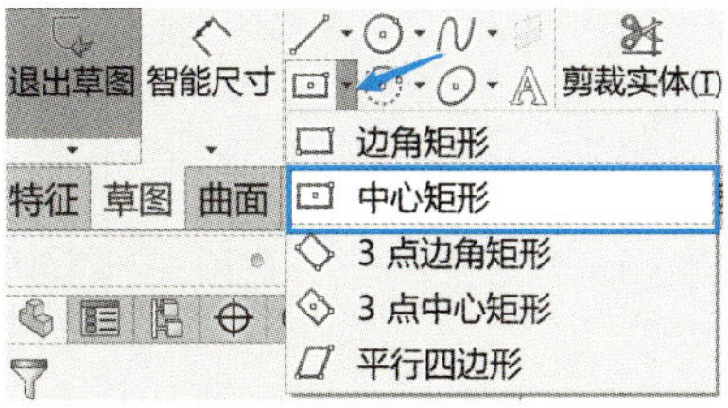
4. 右图所示两边线添加相等几何关系，标注尺寸 40mm。再在命令管理器“特征”标签页上单击“拉伸凸台/基体”按钮，将上述草图拉伸至 40mm 高度	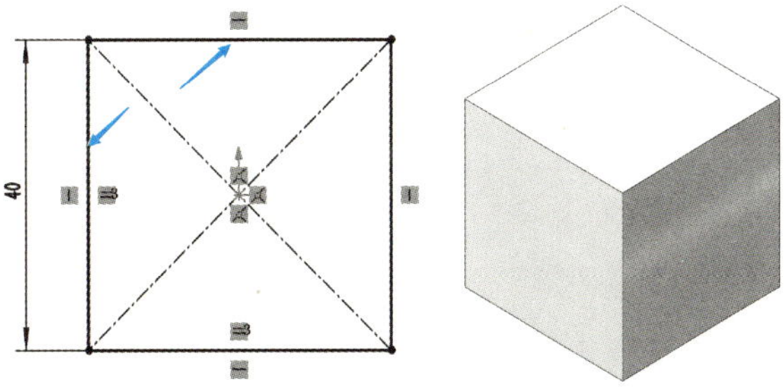
5. 在矩形上表面新建草图，绘制通过端点的中心线，添加与边线间的 60°角度标注。单击绘图区域右上角“确定”按钮，退出草图	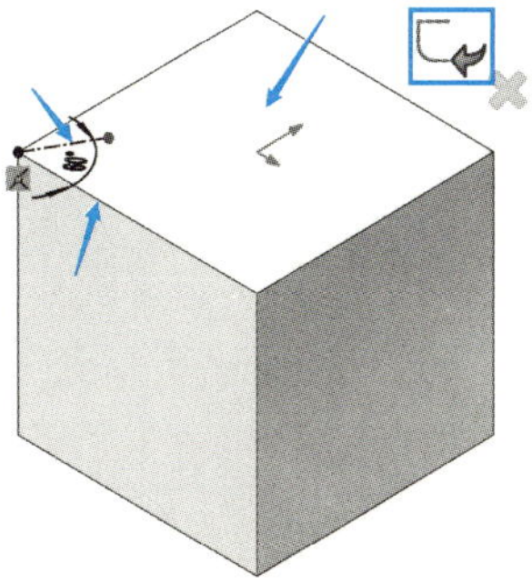

（续）

<table>
<tr><th>建模步骤</th><th>图　　示</th></tr>
<tr><td>6. 在右图所示平面上新建草图。标注尺寸30°和 12mm（直接输入数字即可）</td><td>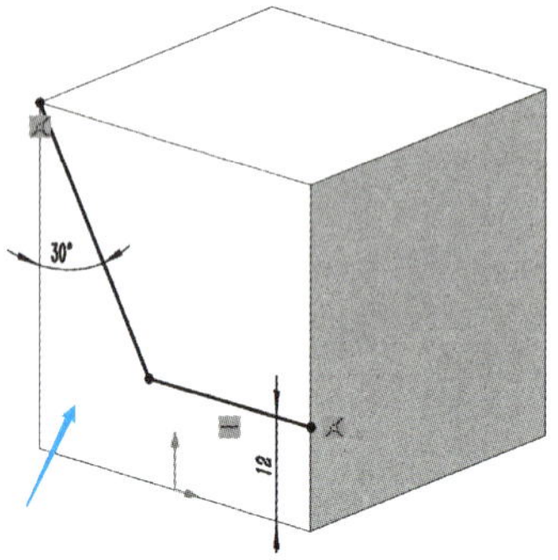
</td></tr>
<tr><td>7. 在命令管理器“特征”标签页上单击“拉伸切除”按钮，“方向 1”栏选择“完全贯穿”，拉伸方向选择第 5 步绘制的中心线，单击“确定”按钮✔（注意箭头标示处的方向，如有必要，勾选“反侧切除（F）”切换方向，保证方向与图示一致）</td><td>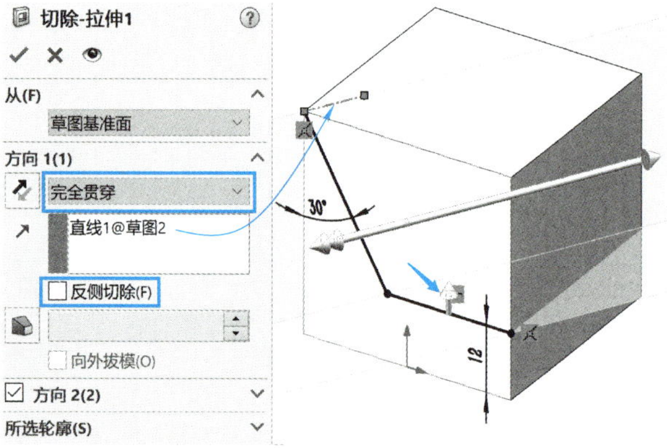
</td></tr>
<tr><td>8. 在命令管理器“特征”标签页上单击“镜向”按钮，“镜向面/基准面（M）”栏选择“前视基准面”，“要镜向的特征（F）”栏选择上一步的特征，注意勾选下方的“几何体阵列”。单击“确定”按钮✔（该命令后续任务中会有详细介绍）
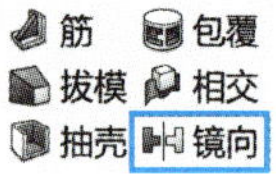
</td><td>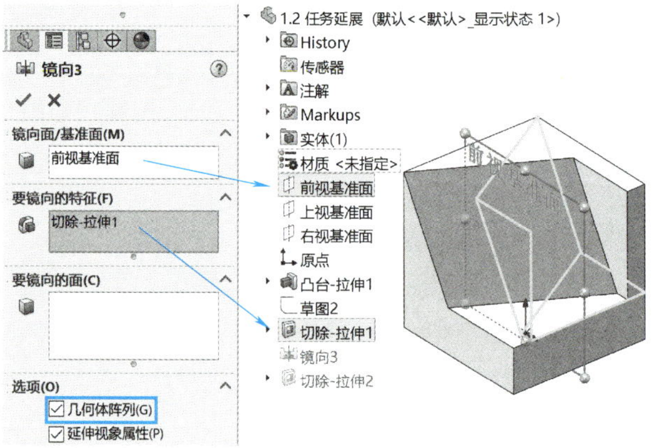
</td></tr>
</table>

（续）

建模步骤	图示
9. 在右图所示面新建草图，标注尺寸 28mm、18mm 和 7mm，并切除至完全贯穿	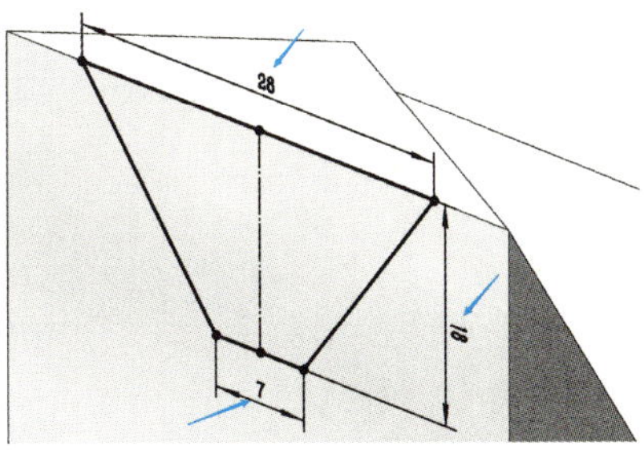

任务评价

任务评价表

专业__________ 班级__________ 姓名__________ 学号__________ 组别__________

项目	标准	自我评价	小组评价	教师评价
		2~10 分		
		占 50%	占 20%	占 30%
草图绘制（步骤 3）	正确完成			
切除实体（步骤 14）	正确完成			
圆角（步骤 15）	正确完成			
操作熟练度	绘图快速、准确			
协作精神	交流、讨论顺畅			
纪律观念	课堂有序、讨论积极			
学习主动性	认真思考、积极回答问题			
知识应用情况	关键知识点内化			
完成任务过程中引以为自豪的做法	简捷、高效（加分项 5~10 分）			
指导他人	帮助的人数及质量（加分项 5~10 分）			
小计				
总评				

注：1. 每项满分 10 分；
2. 带有“*”的步骤为任务延展中的内容。

组长签字： **任课教师：** **年 月 日**

任务 3　我会克隆术——应用线性阵列与圆周阵列功能

学习要点

- 圆、矩形等草图绘制命令
- 绘制圆角命令
- 线性阵列、圆周阵列命令
- 同心几何关系

技能目标

- 掌握鼠标操作方法
- 掌握草图圆角命令的应用
- 掌握线性阵列、圆周阵列命令的应用
- 理解几何关系的添加方法

思政目标

- 具备爱岗敬业、遵纪守法的职业素养
- 具备互帮互助、团结协作的优良品质
- 具备一丝不苟、精益求精的工匠精神

任务导入

建立如图 1.3.1 所示的模型。

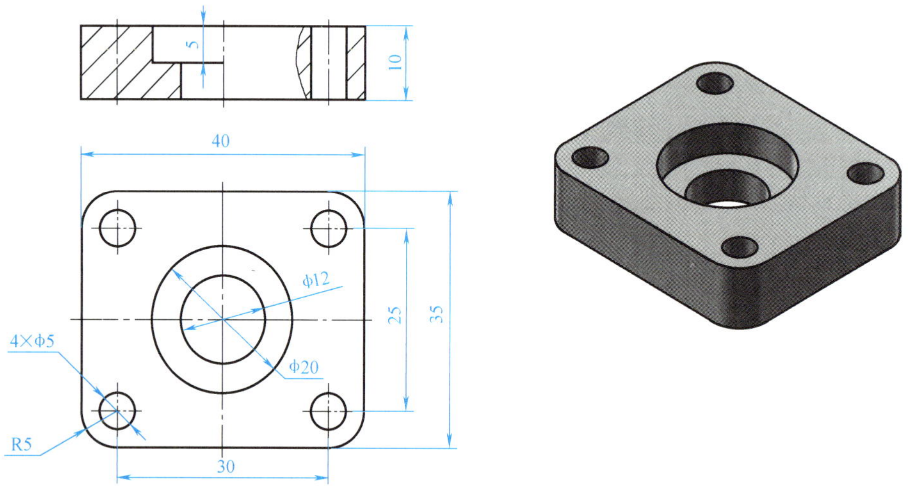

图 1.3.1　模型参考图样

任务分解

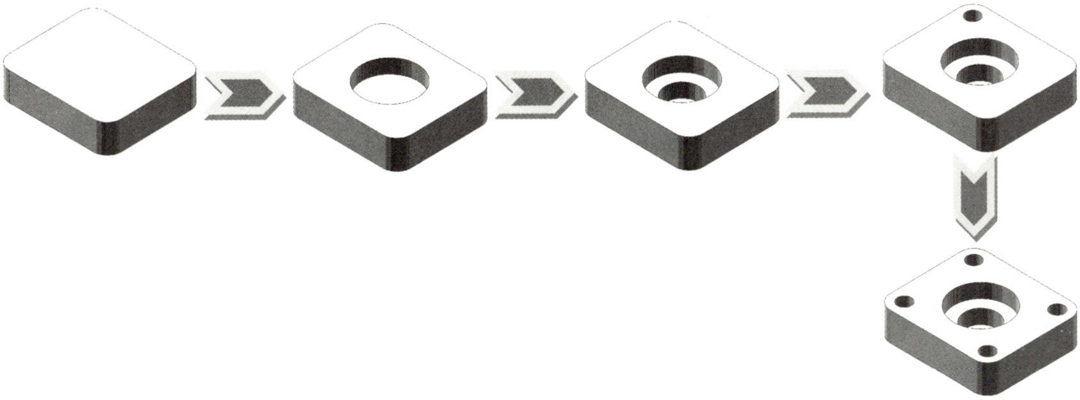

思维导图

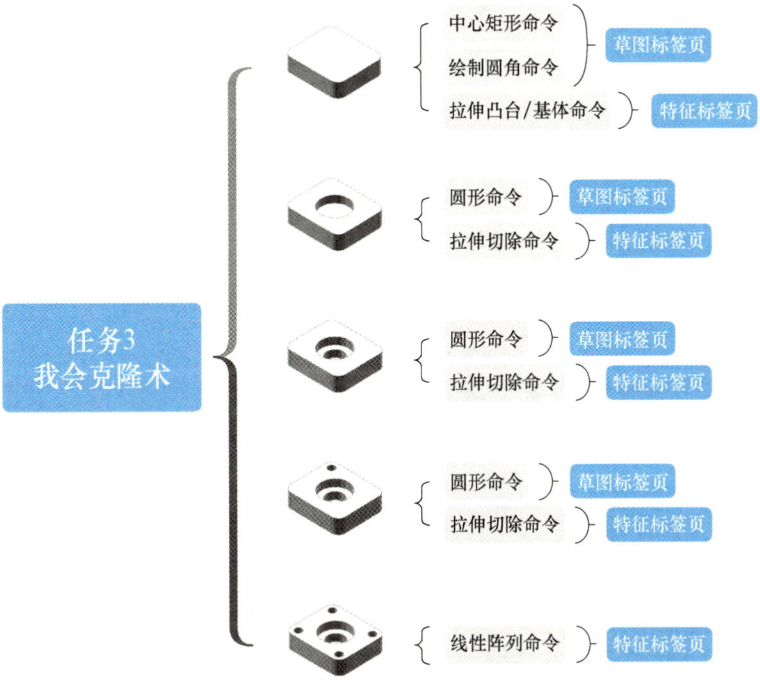

相关知识

(1) 线性阵列 沿一条或两条直线路径以线性阵列的方式，生成一个或多个特征。如果在属性管理器中选择“延伸视象属性”，则阵列特征会继承原始特征的视象属性，默认选中该项，见表1.3.1。

(2) 圆周阵列 绕一中心线以圆周阵列的方式，生成一个或多个特征。可以从源几何图形在两个方向上以对称或非对称方式创建圆周阵列。当源项目未在阵列圆弧端点上时，这将尤其有用，见表1.3.2。

表 1.3.1　线性阵列

命令条件	参数设置	结　果
已完成想要阵列操作的特征 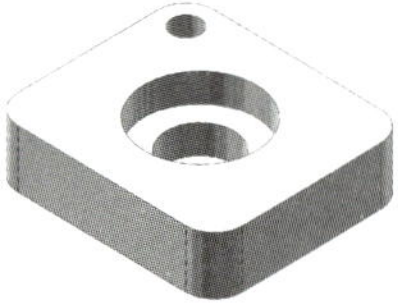	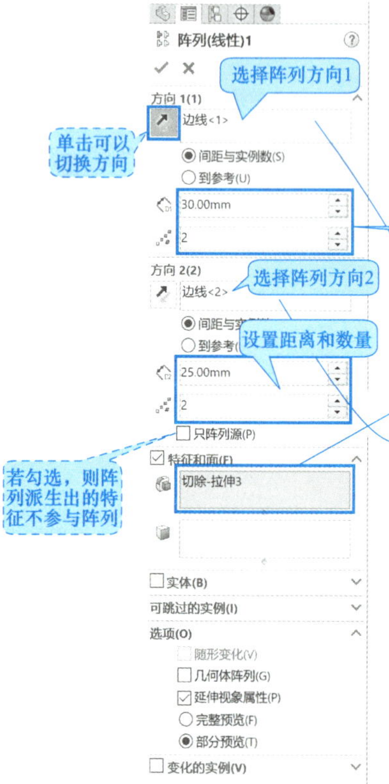	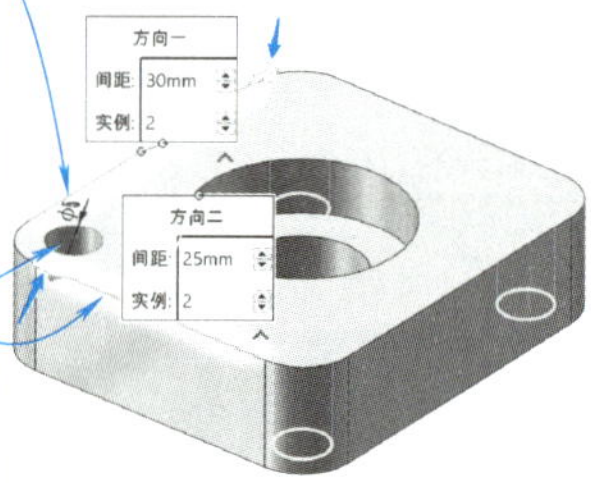
在实体状态	注意阵列的方向	阵列预览效果

表 1.3.2　圆周阵列

命令条件	参数设置	结　果
已完成想要阵列操作的特征 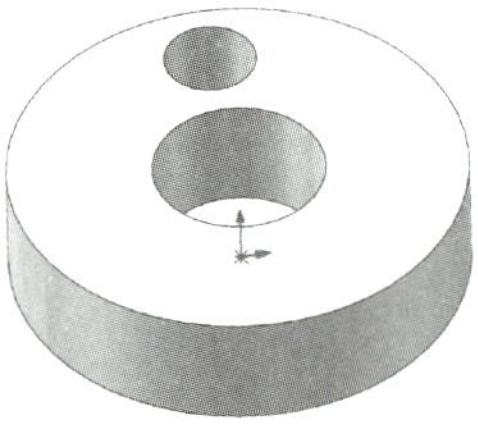	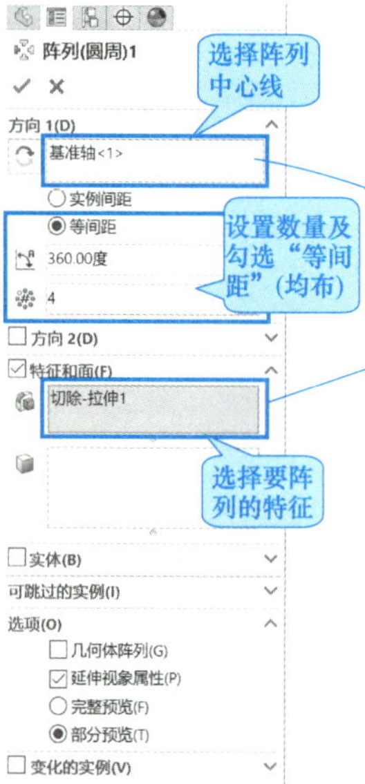	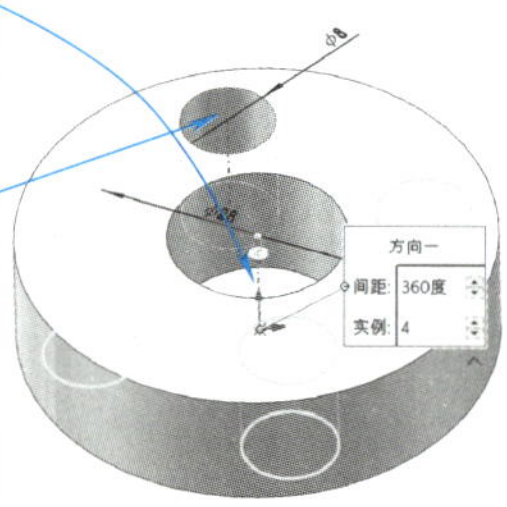
在实体状态	阵列轴可选择圆柱面或圆边线	完成效果

任务实施 （表 1.3.3）

表 1.3.3 建模过程

建模步骤	图示
1. 双击图标，打开软件。单击工具栏上的“新建”按钮，选中“零件”，单击“确定”按钮，新建零件	从下一个任务开始，将省略该步骤
2. 在“上视基准面”上新建草图。标注尺寸 40mm 和 35mm（推荐选择“中心矩形”命令，以原点为中心，绘制矩形）	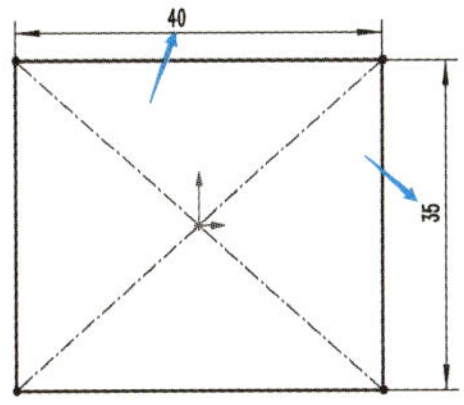
3. 在命令管理器“草图”标签页上单击“绘制圆角”按钮	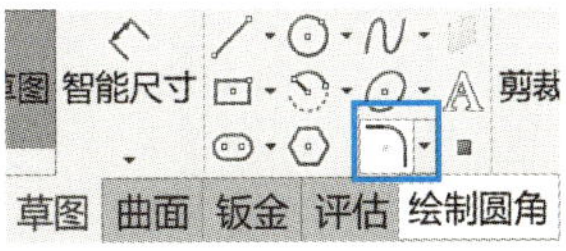
4. 在“圆角参数（P）”栏输入半径 5mm，在“要圆角化的实体（E）”栏中选择 4 个角点。单击“确定”按钮完成（在操作过程中注意鼠标光标的变化，当它呈现状态时，可直接右击，确定完成）	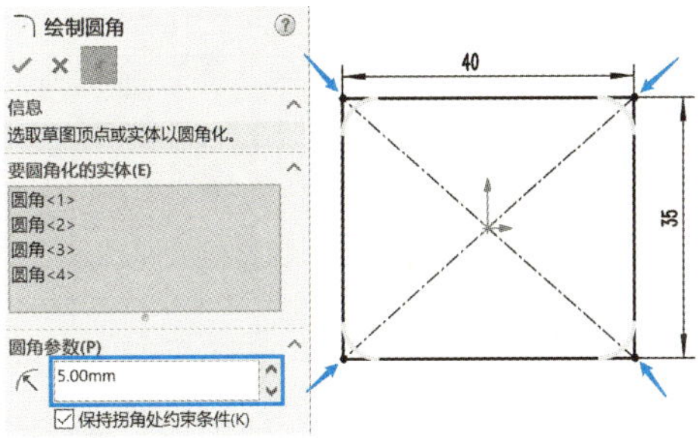
5. 在命令管理器“特征”标签页上单击“拉伸凸台/基体”按钮，将上述草图拉伸至 10mm 高度	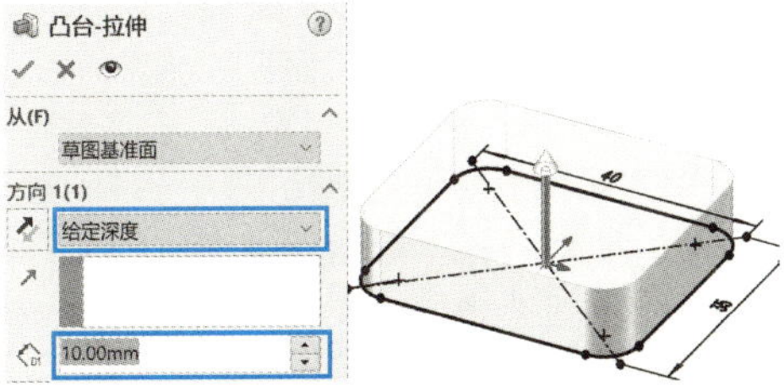
6. 单击右图所示上表面，在弹出的快捷工具栏上单击“草图绘制”按钮，在中心处新建草图圆，标注直径 20mm	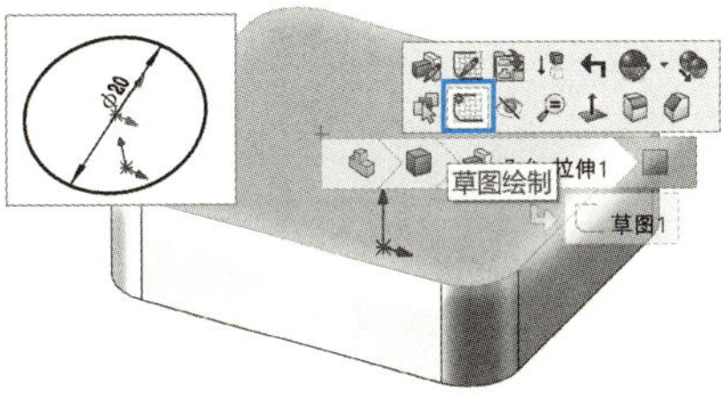

（续）

建模步骤	图示
7. 在命令管理器“特征”标签页上单击“拉伸切除”按钮，“方向 1(1)”栏选择“给定深度”，在深度栏中输入数值 5mm，单击“确定”按钮	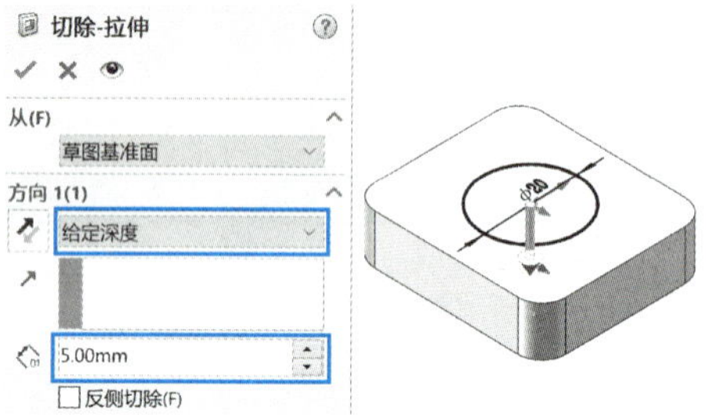
8. 在新生成的孔底面新建草图，在中心处新建草图圆，标注直径 12mm	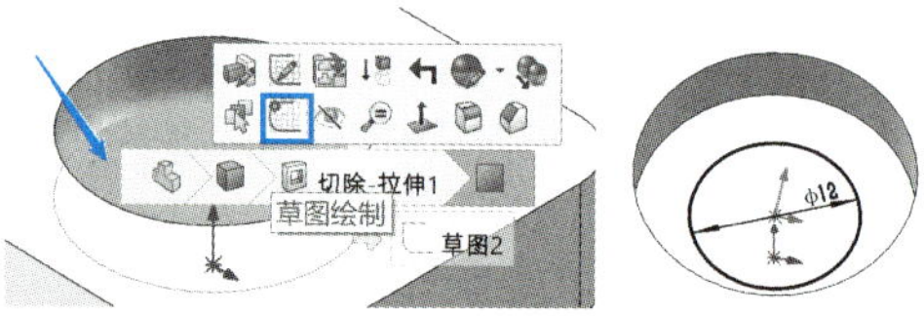
9. 在命令管理器“特征”标签页上单击“拉伸切除”按钮，“方向 1(1)”栏选择“完全贯穿”，单击“确定”按钮	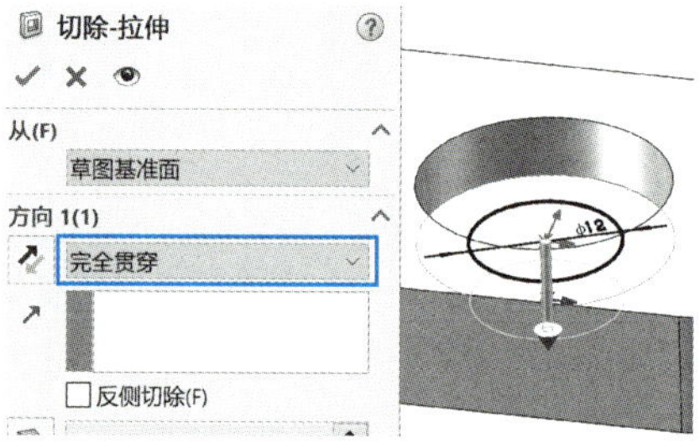
10. 在矩形上表面新建草图，在命令管理器“草图”标签页上单击“圆形”按钮，绘制右图所示圆（与圆角圆弧同心），标注直径 5mm。将其切除到完全贯穿（先用光标碰一下已有的圆弧，会出现圆心标记，再在标记处单击，确定圆心位置，然后将光标移到合适位置，再次单击，完成圆的绘制）	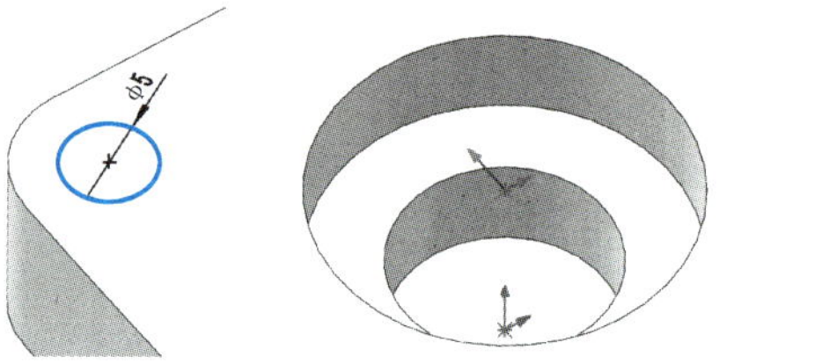
11. 在命令管理器“特征”标签页上单击“线性阵列”按钮，“方向 1(1)”栏选择图示边线，设定间距为 30mm，数量为 2；“方向 2(2)”栏选择图示边线，设定间距为 25mm，数量为 2；“特征和面(F)”栏选择上一步完成的切除特征。其他按默认设置，单击“确定”按钮（注意边线的选择时显示阵列方向箭头，必要时单击反向按钮切换方向）	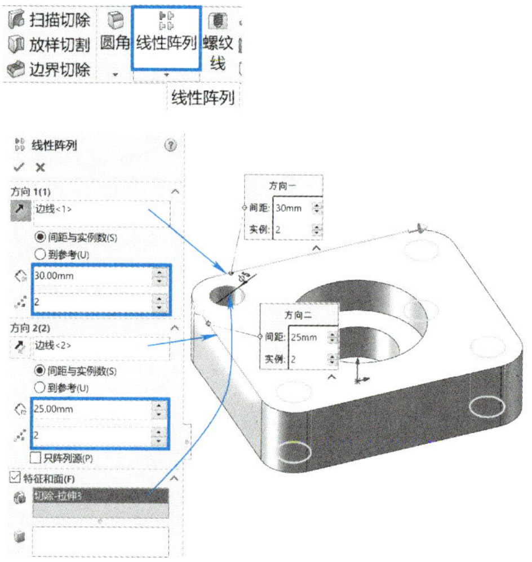

任务延展

建立如图 1.3.2 所示的模型。建模过程见表 1.3.4。

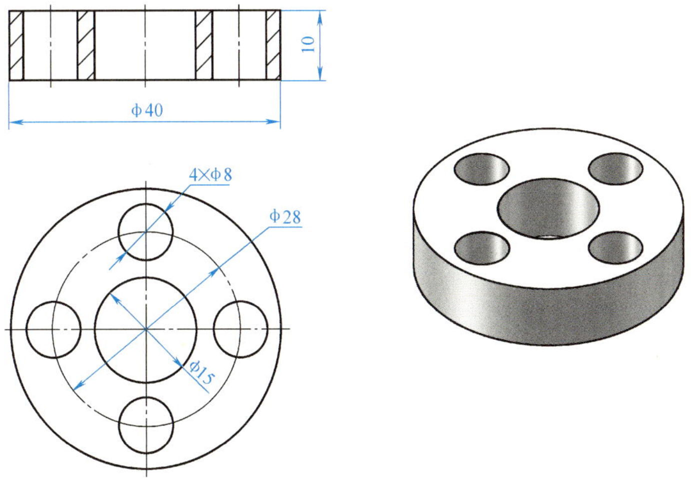

图 1.3.2 模型参考图样

表 1.3.4 建模过程

建模步骤	图示
1. 双击图标，打开软件。单击工具栏上的“新建”按钮，选中“零件”，单击“确定”按钮，新建零件	
2. 单击“上视基准面”，在弹出的快捷工具栏上单击“草图绘制”按钮，新建草图	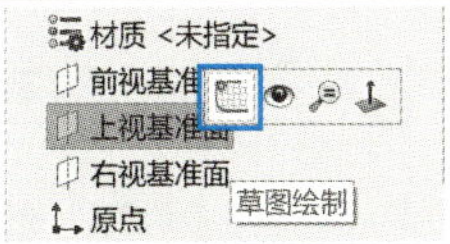
3. 在命令管理器“草图”标签页上单击“圆形”按钮，绘制图示同心圆，标注直径 40mm 和 15mm。将其拉伸高度 10mm	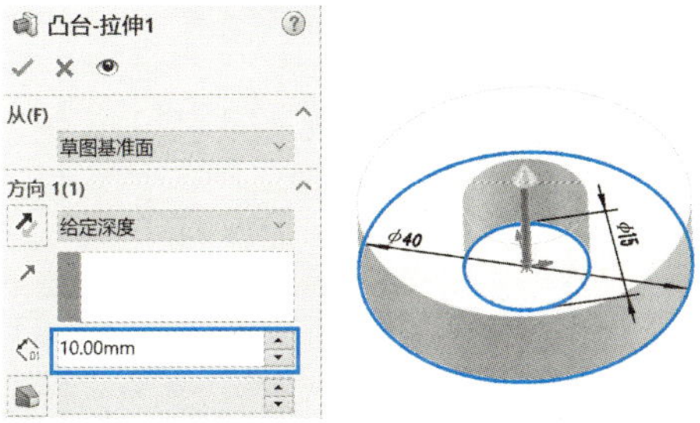
4. 在圆柱上表面新建草图，在命令管理器“草图”标签页上单击“圆形”按钮，绘制图示圆，勾选“选项(O)”栏“作为构造线(C)”复选框(实线圆将变成中心线圆，它作为构造线，不参与造型)	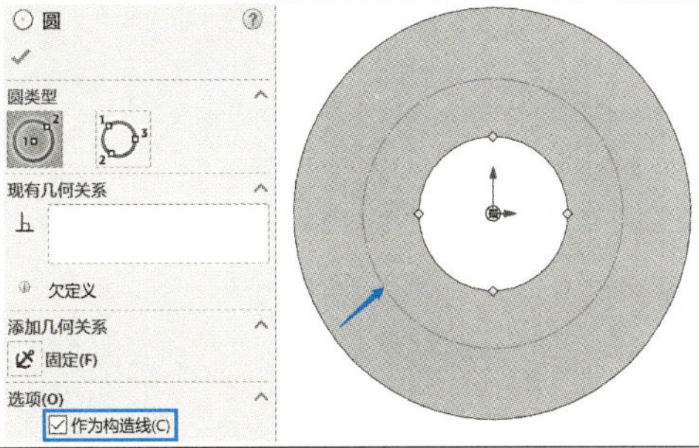

（续）

<table>
<tr><th>建模步骤</th><th>图　示</th></tr>
<tr><td>5. 然后标注直径 28mm，继续用“圆形”命令作图。将鼠标光标移到上一步所绘构造圆上，系统将显示 4 个象限点。在正上方的象限点上绘制一个圆，标注直径 8mm</td><td>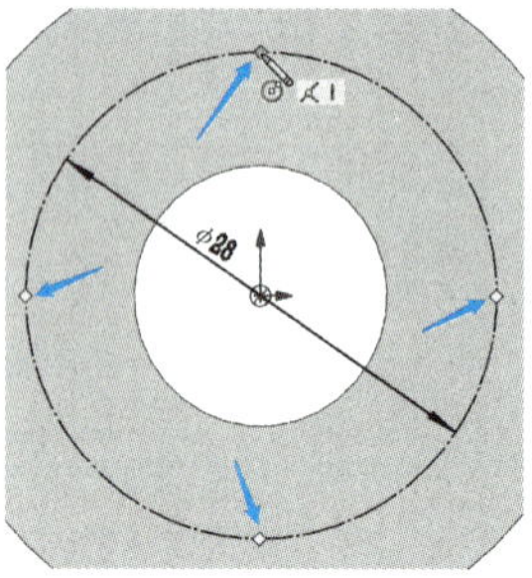
</td></tr>
<tr><td>6. 在命令管理器“特征”标签页上单击“拉伸切除”按钮，“方向 1(1)”栏选择“完全贯穿”，单击“确定”按钮</td><td>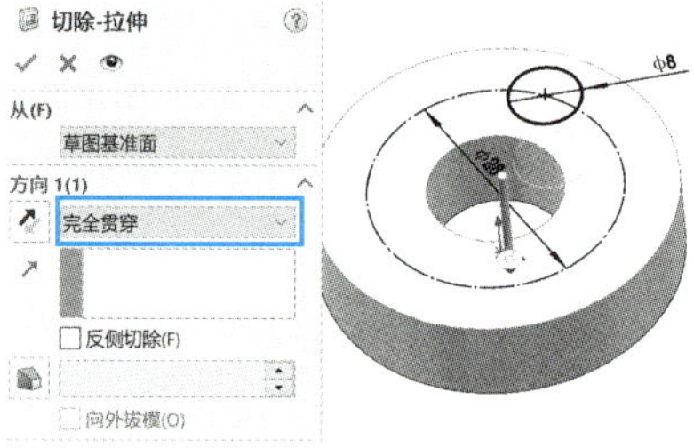
</td></tr>
<tr><td>7. 在绘图区域的“视图(前导)”工具栏上单击图标右侧的小箭头，单击“观阅临时轴”按钮，打开临时轴</td><td>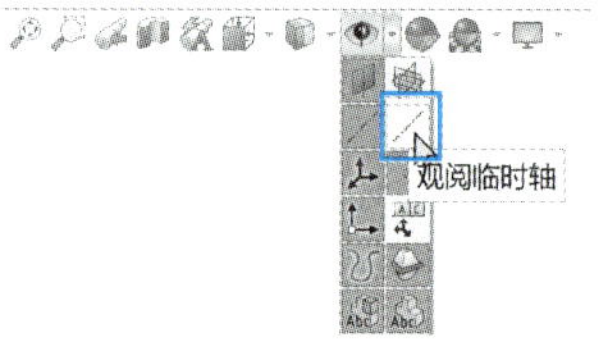
</td></tr>
<tr><td>8. 在命令管理器“特征”标签页上单击“线性阵列”按钮下方的小箭头，单击“圆周阵列”按钮</td><td>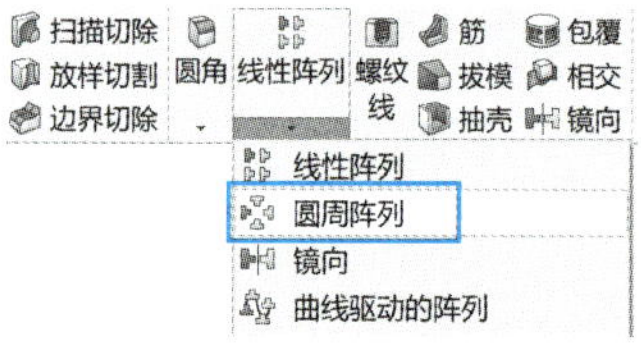
</td></tr>
<tr><td>9.“方向 1(D)”栏选择中间小圆的中心线（也可以省略步骤 7，直接选择中间圆的圆柱面或圆边线），选择“等间距”，输入数量为 4；“特征和面(F)”栏中选择第 6 步生成的切除—拉伸特征，单击“确定”按钮。重复步骤 7，关闭临时轴</td><td>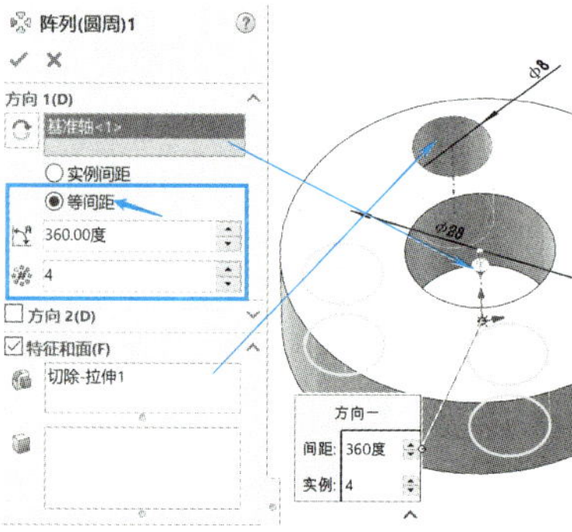
</td></tr>
</table>

任务评价

任务评价表

专业＿＿＿＿＿　班级＿＿＿＿＿　姓名＿＿＿＿＿　学号＿＿＿＿＿　组别＿＿＿＿＿

项　目	标　准	自我评价	小组评价	教师评价
		2~10分		
		占50%	占20%	占30%
草图圆角绘制(步骤4)	正确完成			
线性阵列(步骤11)	正确完成			
*圆周阵列(步骤9)	正确完成			
操作熟练度	绘图快速、准确			
协作精神	交流、讨论顺畅			
纪律观念	课堂有序、讨论积极			
学习主动性	认真思考、积极回答问题			
知识应用情况	关键知识点内化			
完成任务过程中引以为自豪的做法	简捷、高效 (加分项5~10分)			
指导他人	帮助的人数及质量 (加分项5~10分)			
小　计				
总　评				

注：1. 每项满分10分；
2. 带有“*”的步骤为任务延展中的内容。

组长签字：　　　**任课教师：**　　　**年　月　日**

任务4　镜子也疯狂——应用镜向与直槽口功能

学习要点

➢ 直线、圆弧、直槽口等草图绘制命令
➢ 镜向命令
➢ 拉伸凸台/基体命令
➢ 相切、平行、对称几何关系

技能目标

➢ 掌握鼠标操作方法
➢ 掌握镜向命令的应用
➢ 掌握拉伸凸台/基体命令的高级应用
➢ 理解几何关系的添加方法

思政目标

➢ 具备爱岗敬业、遵纪守法的职业素养
➢ 具备互帮互助、团结协作的优良品质
➢ 具备一丝不苟、精益求精的工匠精神

任务导入

建立如图 1.4.1 所示的模型。

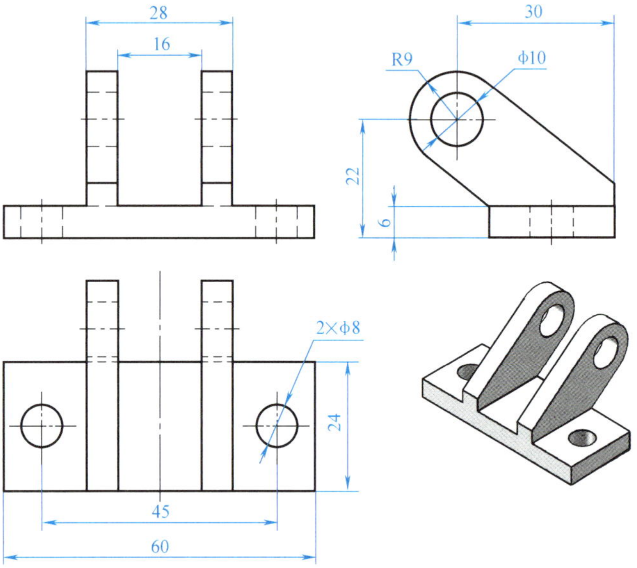

图 1.4.1 模型参考图样

任务分解

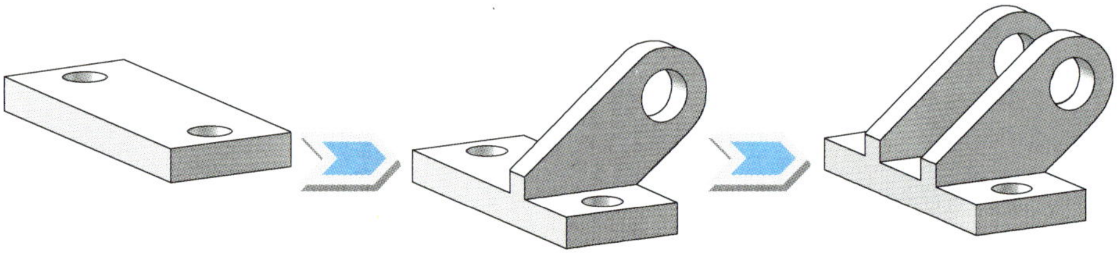

思维导图

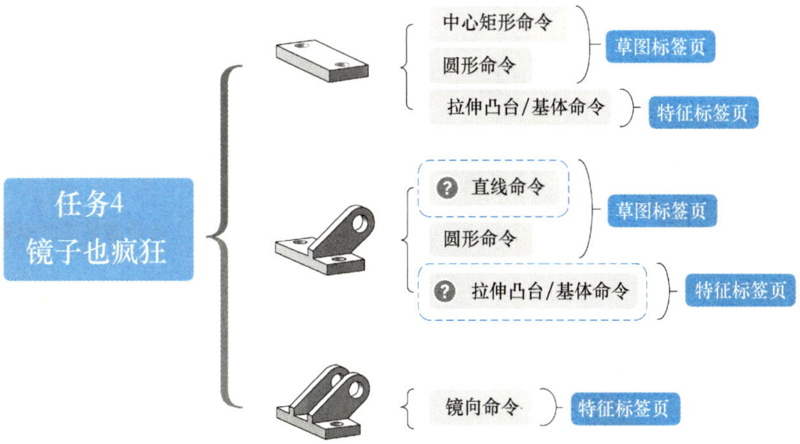

相关知识

（1）拉伸凸台/基体 通过从 2D 草图导出平面图进行拉伸生成 3D 对象生成特征。拉伸可以是基体、凸台，见表 1.4.1。

（2）镜向 沿面或基准面镜向，生成一个特征（或多个特征）的复制操作。可选择特征或构成特征的面，在零件中，可以镜像面、特征和实体；在装配体中，可以镜像装配体特征。如果修改原始特征（源特征），则镜向的复制也将更新以反映其变更，见表 1.4.2。

表 1.4.1　拉伸凸台/基体

命令条件	参数设置	结　果
在草图状态下绘制好将用于拉伸的草图 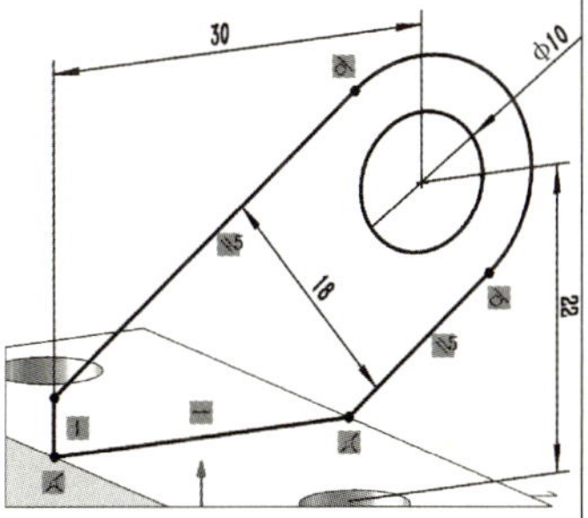	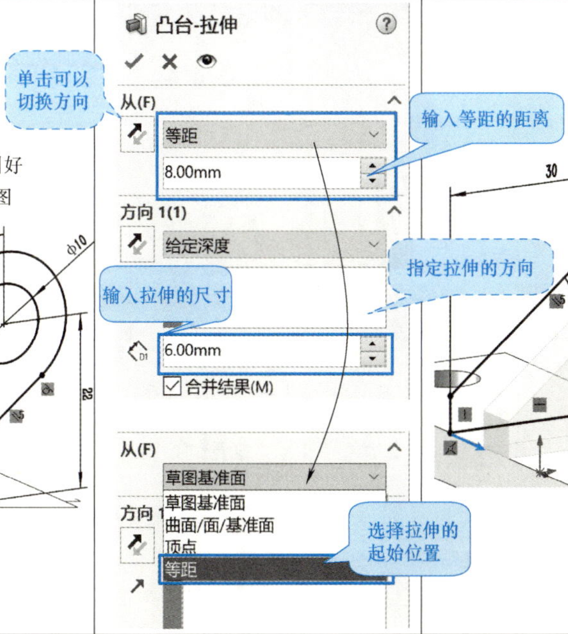	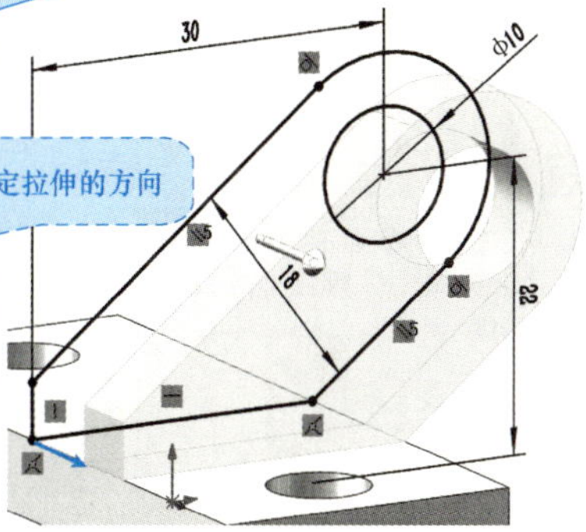
草图可以是开环或闭环状态	必要时反向	拉伸出指定尺寸的实体

表 1.4.2　镜向

命令条件	参数设置	结　　果
已完成想要镜向操作的特征 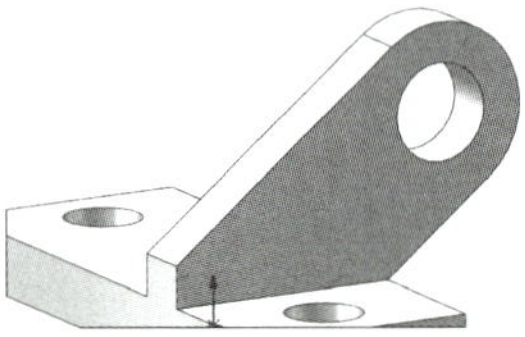	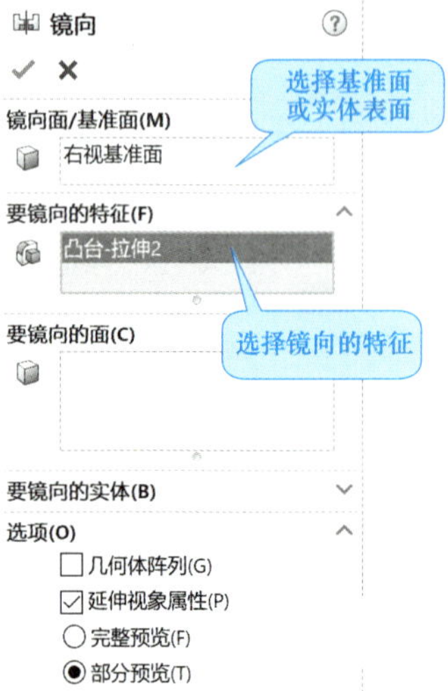	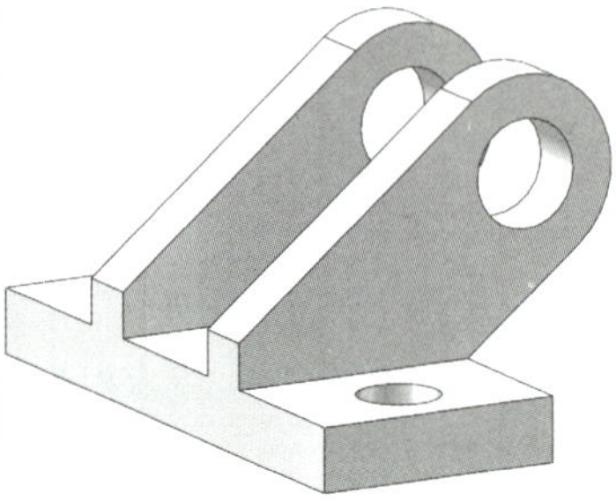
在实体状态	展开绘图区域的特征树	选中的特征按镜向面生成

（3）直槽口 内含直槽口、中心点直槽口、三点圆弧槽口和中心点圆弧槽口四种槽口类型，选择不同的类型生成相应的槽口。见表 1.4.3。

表 1.4.3　直槽口

命令条件	参数设置	结　　果
在命令管理器“草图”标签页上单击“直槽口”按钮，绘制槽口。 ❶单击以指定槽口的起点 ❷移动鼠标光标然后单击以指定槽口长度 ❸移动鼠标光标然后单击以指定槽口宽度	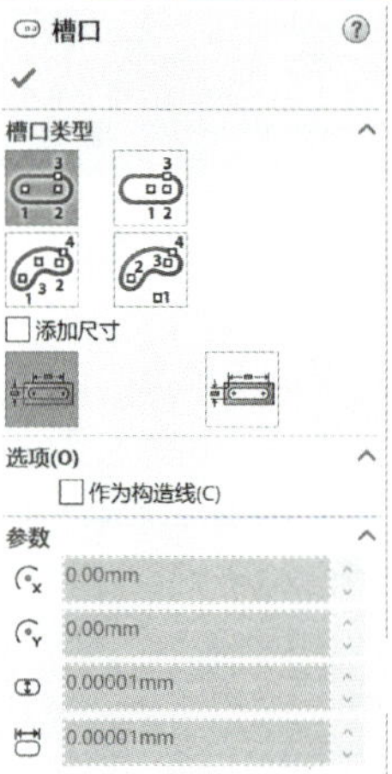直槽口：用两个端点绘制直槽口 中心点直槽口：从中心点绘制直槽口 三点圆弧槽口：在圆弧上用三个点绘制圆弧槽口 中心点圆弧槽口：用圆弧的中心点和圆弧的两个端点绘制圆弧槽口 添加尺寸：显示槽口的长度和圆弧尺寸（2 种样式）	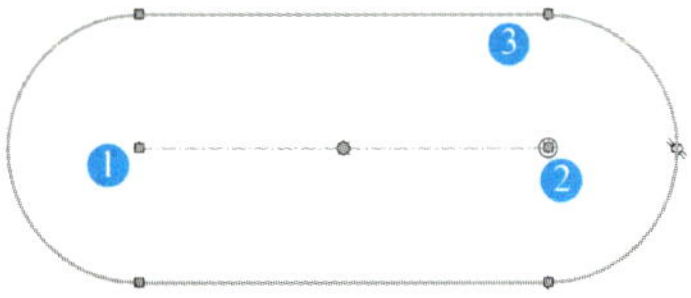
在草图状态	可选多种槽口类型	按选定形式生成槽口

任务实施 （表 1.4.4）

表 1.4.4 建模过程

建模步骤	图示
1. 新建零件，在“上视基准面”新建草图。矩形的长度为 60mm，宽度为 24mm，孔间距为 45mm，孔径为 8mm，在宽度方向居中（注意将矩形中心放置在原点，方便后续操作）	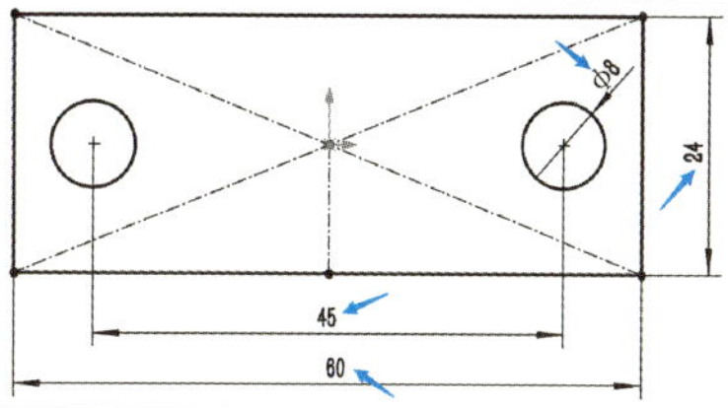
2. 拉伸至 6mm 厚度	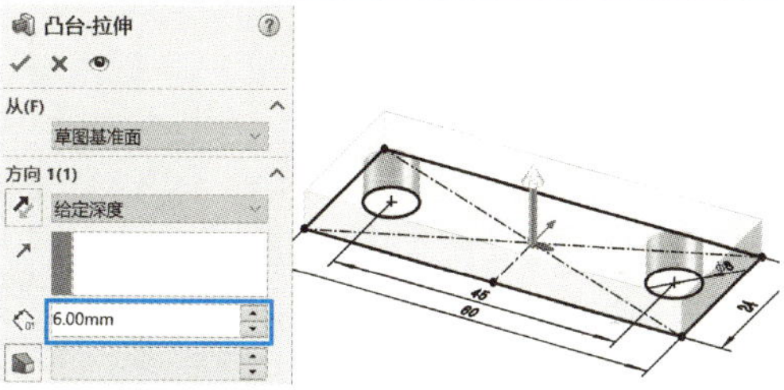
3. 在“右视基准面”新建草图。在命令管理器“草图”标签页上单击“直线”按钮，绘制直线，注意蓝色推理线的应用。当完成第❸点后，按一下键盘上的“A”键（必须在英文模式下或切换至大写模式），直线命令将临时切换至切线弧模式，移动鼠标光标至❹点，单击绘制圆弧（在完成第❸点后，也可以将鼠标光标移开再移回到第❸点，直线命令也将临时切换至切线弧模式）	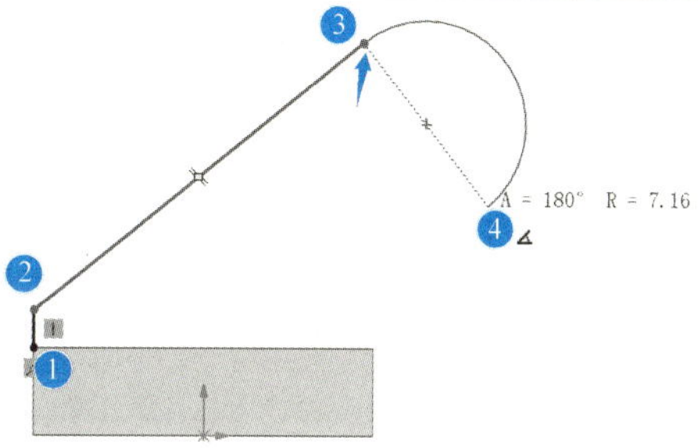
4. 完成切线弧绘制后，命令将自动切换回直线模式，继续绘制直线，直至封闭。添加直线❶和圆弧❷的相切几何关系，直线❶和直线❸的平行几何关系。再绘制同心圆❹，完成草图绘制	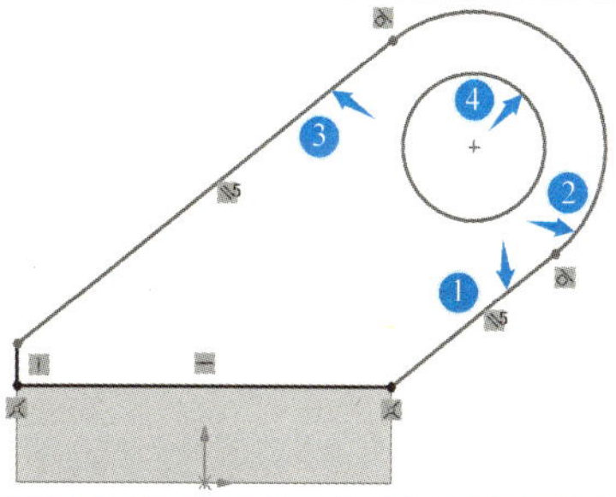
5. 标注右图所示尺寸 30mm、22mm、18mm 和 10mm	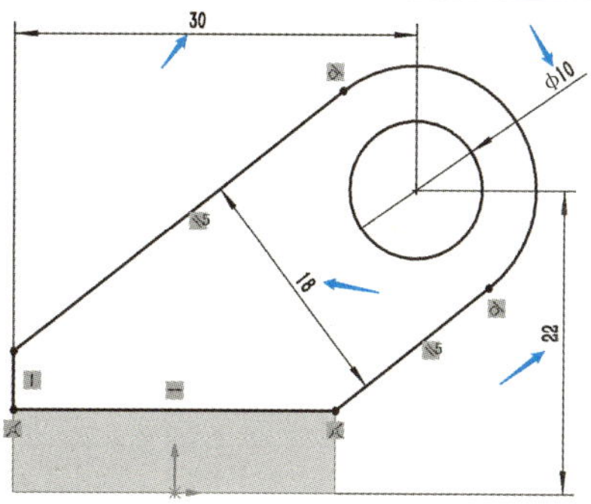

（续）

建模步骤	图　示
6. 在命令管理器“特征”标签页上单击“拉伸凸台/基体”按钮，“从(F)”栏选择“等距”并设定数值为 8mm，拉伸厚度为 6mm。单击“确定”按钮	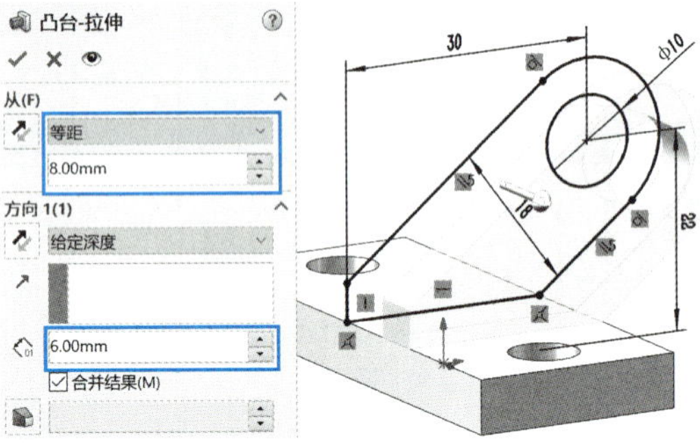
7. 在命令管理器“特征”标签页上单击“镜向”按钮，“镜向面/基准面(M)”栏选择“右视基准面”，“要镜向的特征(F)”栏选择上一步的特征。单击“确定”按钮	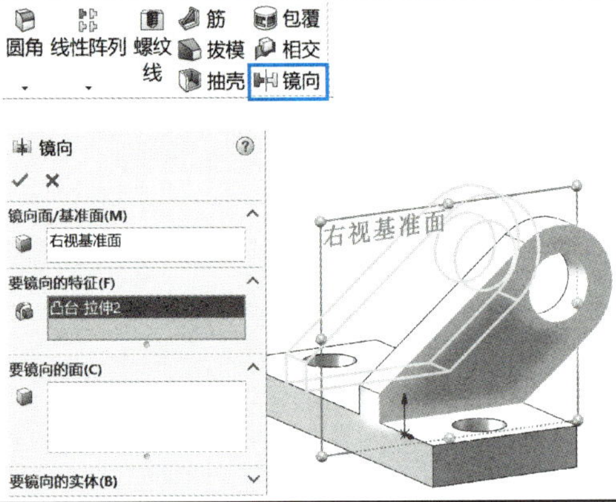

任务延展

建立如图 1.4.2 所示的模型。建模过程见表 1.4.5。

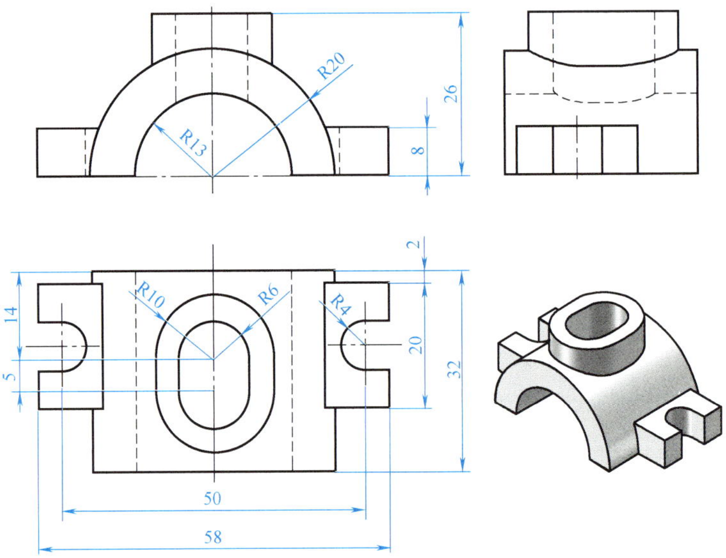

图 1.4.2　模型参考图样

表 1.4.5 建模过程

建模步骤	图　示
1. 新建零件,在“前视基准面”新建草图。在命令管理器“草图”标签页上单击“圆心/起/终点画弧”按钮,以原点❶为圆心,❷为起点,❸为终点绘制半圆弧(注意蓝色推理线的应用)。同理绘制另一个同心半圆弧,用“直线”命令将两圆弧封闭,添加必要的几何关系,使草图完全定义(变为黑色),分别标注半径20mm、13mm	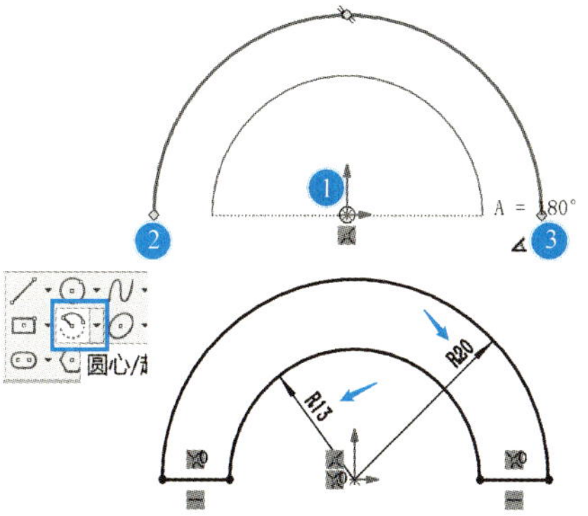
2. 在命令管理器“特征”标签页上单击“拉伸凸台/基体”按钮,“方向 1(1)”栏选择“两侧对称”,拉伸厚度为 32mm。单击“确定”按钮	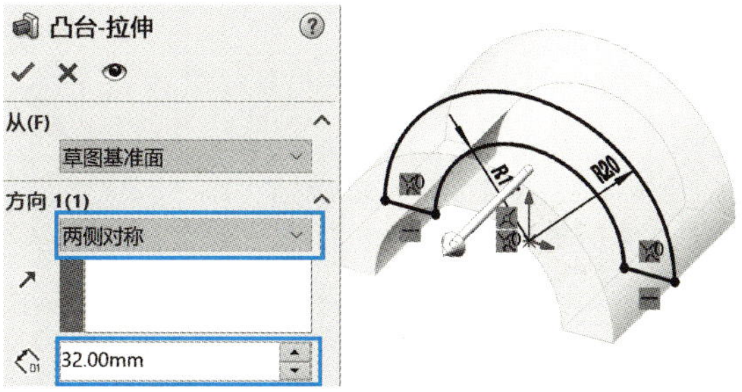
3. 在“右视基准面”新建草图,在命令管理器“草图”标签页上单击“边角矩形”按钮,绘制 20mm×8mm 的矩形,与侧边的距离为 2mm(注意矩形边线与模型边线重合)	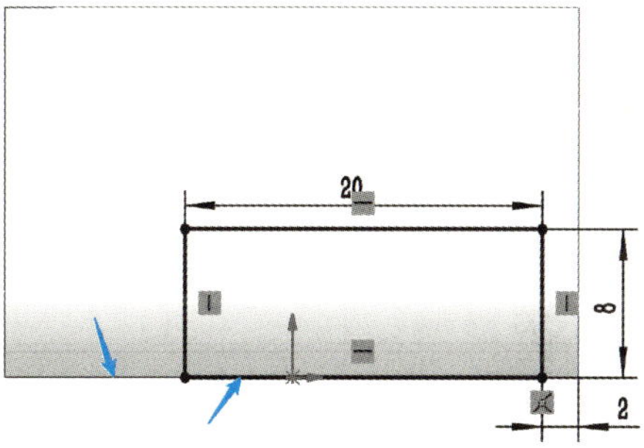
4. 在命令管理器“特征”标签页上单击“拉伸凸台/基体”按钮,“从(F)”栏选择“等距”并设定数值为 29mm;“方向 1(1)”栏选择“成形到一面”,选择外圆柱表面,单击“确定”按钮	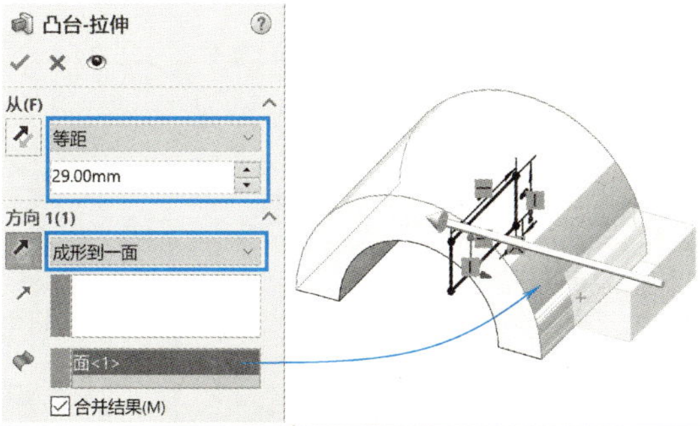
5. 在上一步完成的特征上表面新建右图所示草图。该草图位于边线的中心位置,圆弧半径为 4mm,圆弧中心与原点之间的距离为 25mm	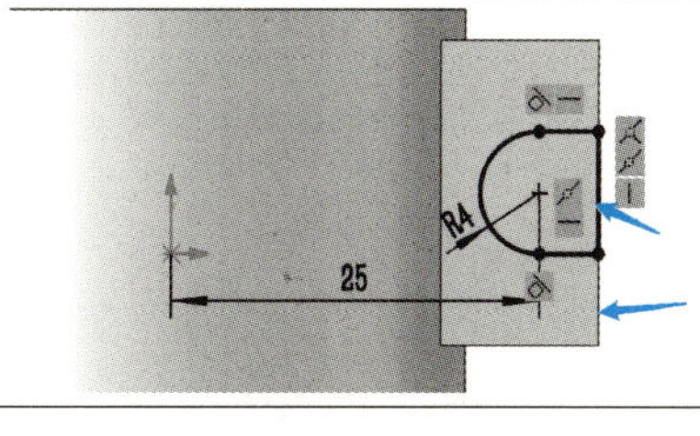

（续）

建模步骤	图　　示
6. 在命令管理器“特征”标签页上单击“拉伸切除”按钮，将其切除至完全贯穿	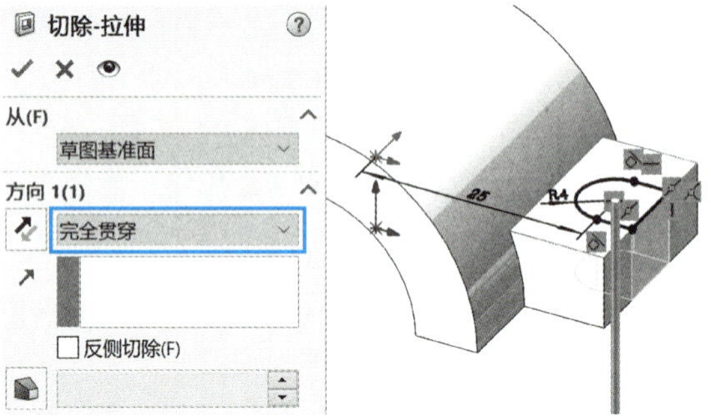
7. 在命令管理器“特征”标签页上单击“镜向”按钮，“镜向面/基准面(M)”栏选择“右视基准面”，“要镜向的特征(F)”栏选择第4、6两步的特征。单击“确定”按钮	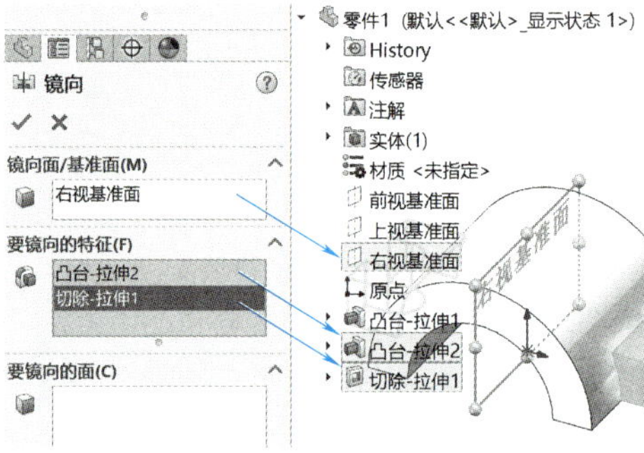
8. 在“上视基准面”上新建草图。在命令管理器“草图”标签页上单击“直槽口”按钮，绘制槽口。以❶为起点，❷为终点，❸为宽度，分别标注半径10mm，与上边线的距离14mm，槽口圆心间距5mm等尺寸	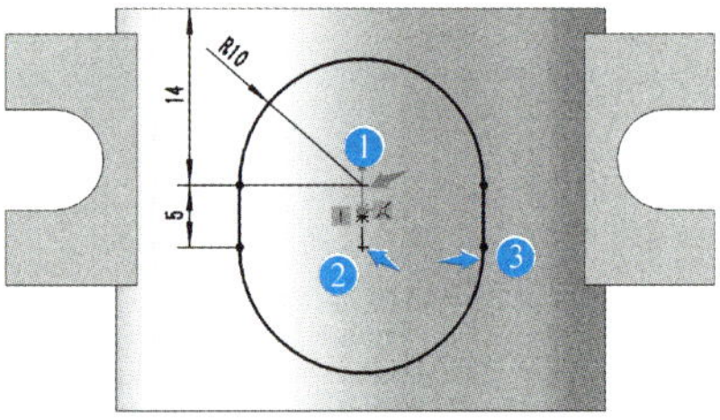
9. 在命令管理器“特征”标签页上单击“拉伸凸台/基体”按钮，“从(F)”栏选择“等距”并设定数值为26mm；“方向1(1)”栏选择“成形到一面”，选择外圆柱表面，单击“确定”按钮	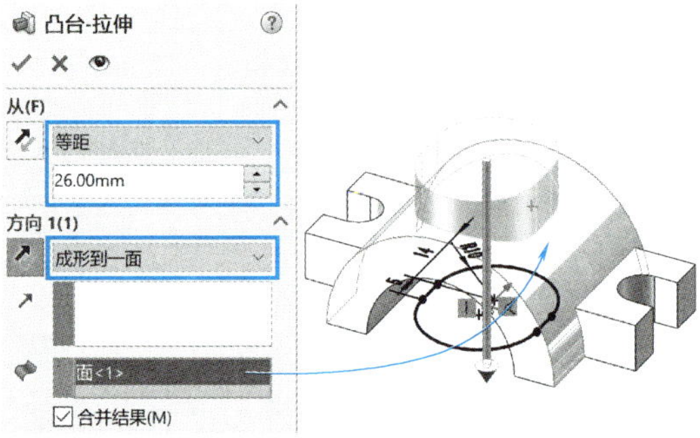
10. 在上一步完成的特征上表面绘制同心直槽，标注半径6mm，切除至完全贯穿	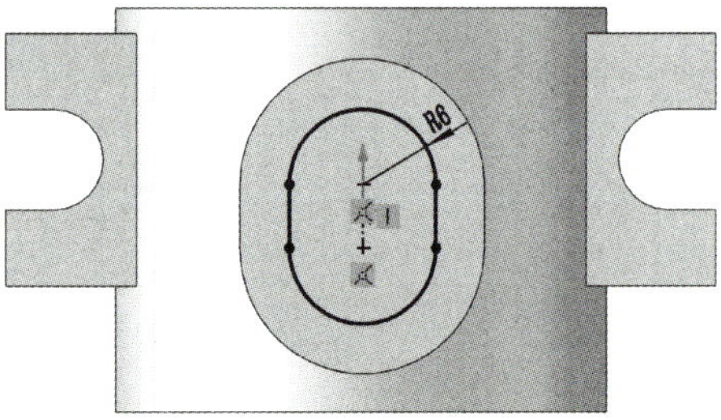

任务评价

任务评价表

专业__________ 班级__________ 姓名__________ 学号__________ 组别__________

项　　目	标　　准	自我评价	小组评价	教师评价
		2~10分		
		占50%	占20%	占30%
拉伸凸台(步骤6)	正确完成			
镜向(步骤7)	正确完成			
*槽口(步骤8~9)	正确完成			
操作熟练度	绘图快速、准确			
协作精神	交流、讨论顺畅			
纪律观念	课堂有序、讨论积极			
学习主动性	认真思考、积极回答问题			
知识应用情况	关键知识点内化			
完成任务过程中引以为自豪的做法	简捷、高效（加分项5~10分）			
指导他人	帮助的人数及质量（加分项5~10分）			
小　　计				
总　　评				

注：1. 每项满分10分；
　　2. 带有“*”的步骤为任务延展中的内容。

组长签字： **任课教师：** **年　　月　　日**

任务5 筋亦求精——应用筋与薄壁切除功能

学习要点

- 剪裁实体等草图绘制命令
- 筋命令
- 拉伸切除（薄壁切除）命令
- 相切、同心、对称几何关系

技能目标

- 掌握筋命令的应用
- 掌握剪裁实体命令的应用
- 掌握拉伸切除命令的高级应用
- 理解几何关系的添加方法

思政目标

➢ 具备爱岗敬业、遵纪守法的职业素养
➢ 具备互帮互助、团结协作的优良品质
➢ 具备一丝不苟、精益求精的工匠精神

任务导入

建立如图 1.5.1 所示的模型。

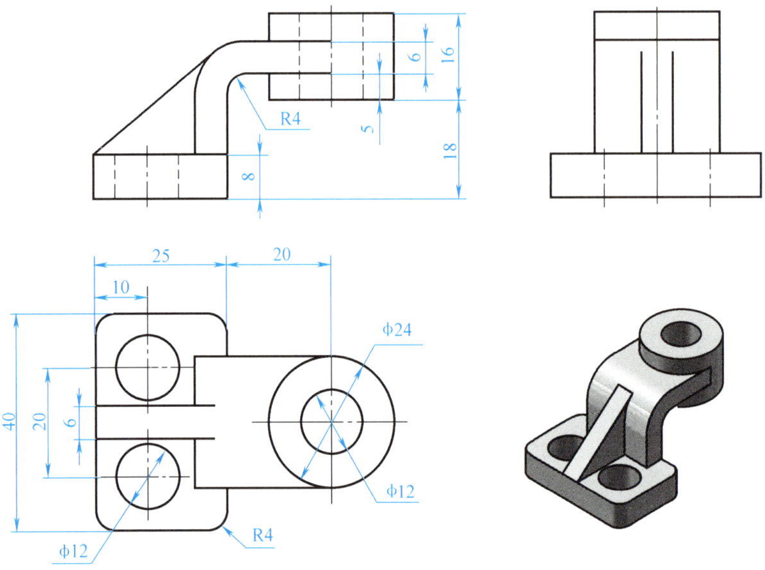

图 1.5.1　模型参考图样

任务分解

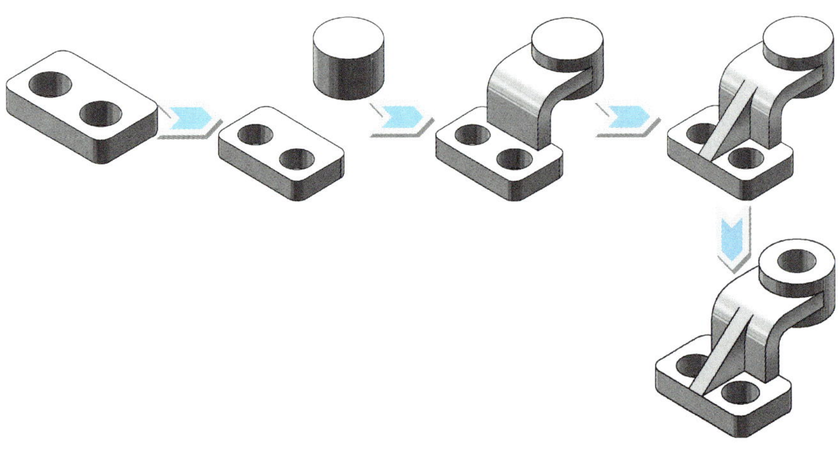

思维导图

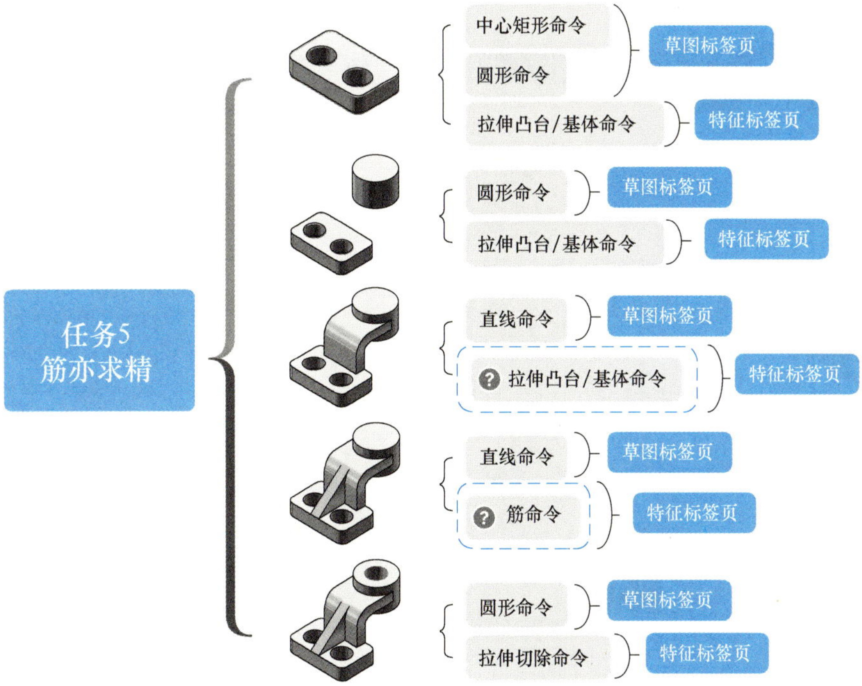

相关知识

(1) 筋 筋是从开环或闭环绘制的轮廓所生成的特殊类型拉伸特征。它在轮廓与现有零件之间添加指定方向和厚度的材料。可使用单一或多个草图生成筋，也可以使用拔模命令生成筋特征，或者选择一个要拔模的参考轮廓，见表 1.5.1。

表 1.5.1 筋

命令条件	参数设置	结　果
在基准面上绘制用作筋特征的轮廓，基准面可以与零件交叉，或与现有基准面平行或成一定角度 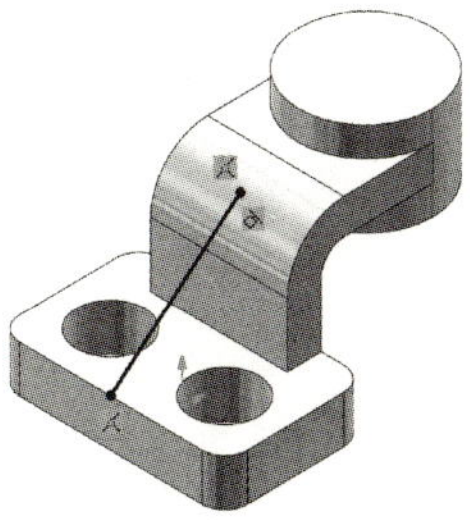	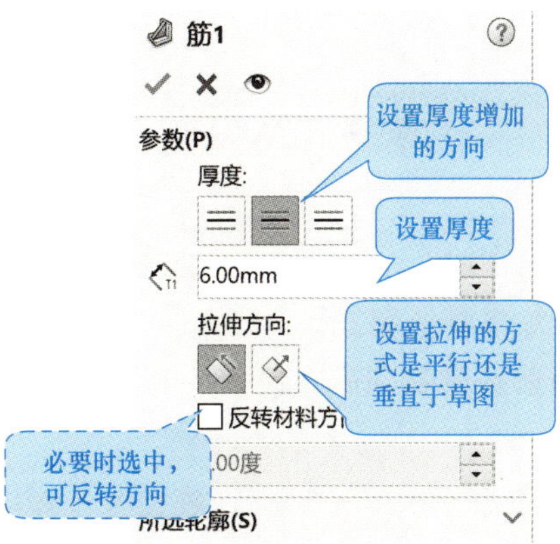	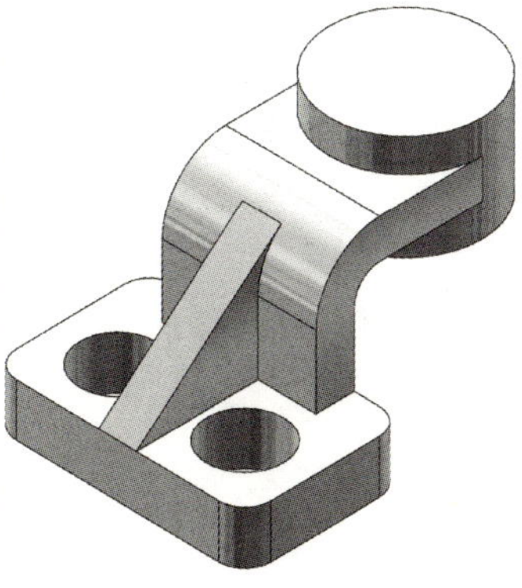
草图可以开环或闭环状态	必要时反转材料或拉伸方向	完成效果

（2）剪裁实体 可以剪裁草图实体，包括无限直线，以及延伸草图实体（直线、中心线和圆弧）以符合其他实体，见表 1.5.2。

表 1.5.2　剪裁实体

<table>
<tr><th>命令条件</th><th>参数设置</th><th>结　　果</th></tr>
<tr>
<td>已绘制完成相应的草图
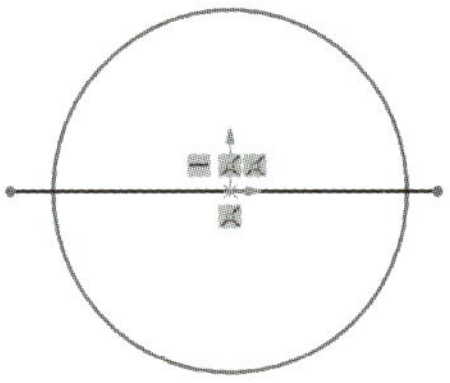</td>
<td>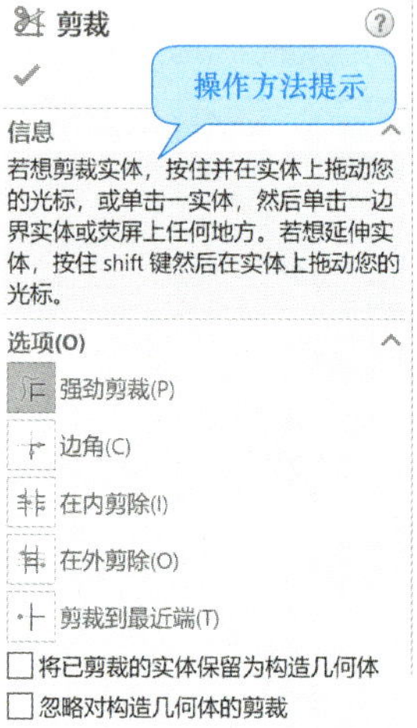</td>
<td>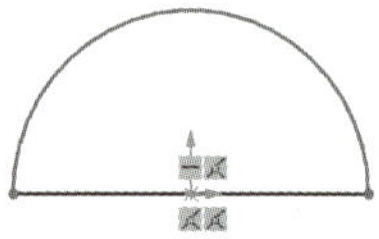
强劲剪裁：将指针拖过实体即可剪裁多个相邻草图实体，或选中实体并拖动光标即可延伸实体
边角：剪裁或延伸两个草图实体，直到它们在虚拟边角处相交
在内剪除：剪裁位于两个边界实体内打开的草图实体
在外剪除：剪裁位于两个边界实体外打开的草图实体
剪裁到最近端：剪裁或延伸草图实体到最近交叉点</td>
</tr>
<tr><td>保持草图绘制状态</td><td>根据需要选择不同的剪裁方式</td><td>剪裁选项及完成效果</td></tr>
</table>

（3）薄壁切除 切除时用非封闭草图实现切除效果。见表 1.5.3。

表 1.5.3　薄壁切除

<table>
<tr><th>命令条件</th><th>参数设置</th><th>结　　果</th></tr>
<tr>
<td>在草图状态下绘制好将用于切除的草图
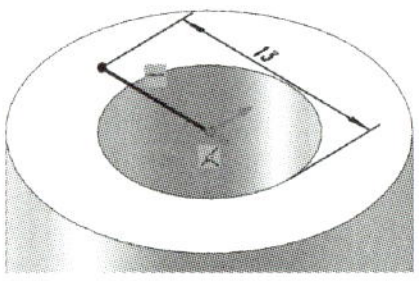</td>
<td>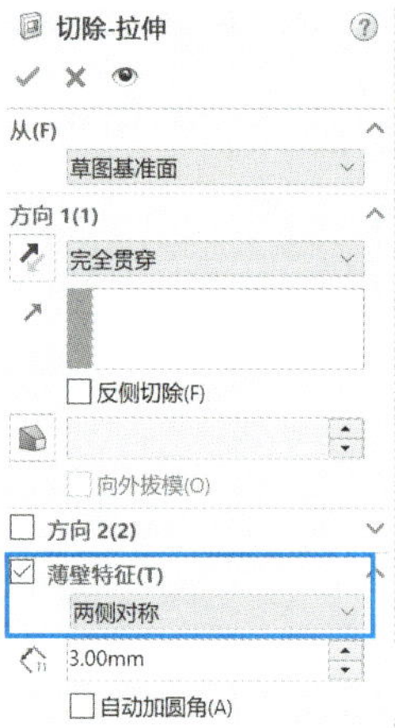</td>
<td>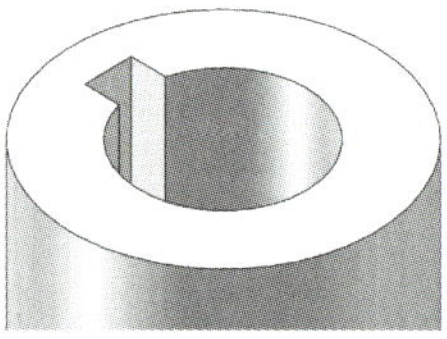</td>
</tr>
<tr><td>草图为非封闭状态</td><td>必要时去掉某个方向的切除</td><td>薄壁切除也可以指定深度</td></tr>
</table>

任务实施（表 1.5.4）

表 1.5.4 建模过程

建模步骤	图示
1. 新建零件，在“上视基准面”新建草图。矩形的长度为 40mm，宽度为 25mm，矩形圆角半径为 4mm，孔间距为 20mm，孔径为 ϕ12mm，左右对称，高度方向离下边线 10mm（注意将矩形中心放置在原点，方便后续操作）	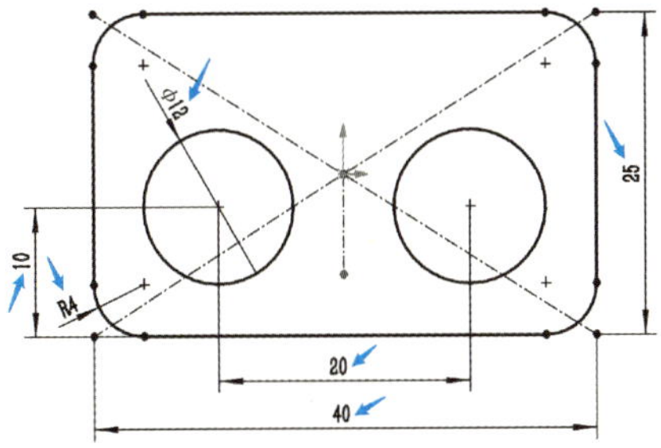
2. 拉伸至 8mm 厚度	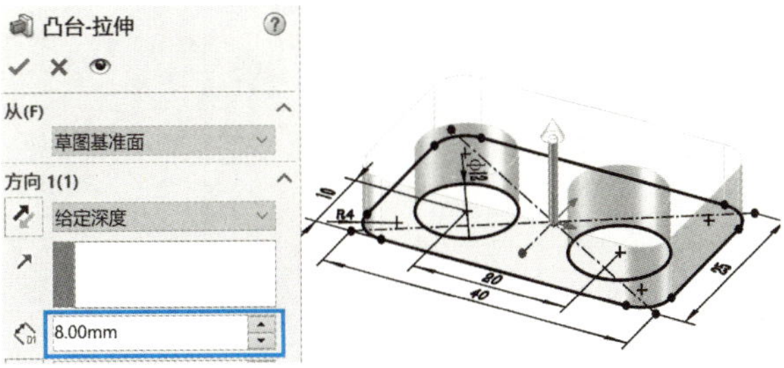
3. 在“上视基准面”再次新建草图。圆直径为 24mm，圆心距离上一步拉伸实体上边线 20mm（注意添加圆心和原点之间的竖直几何关系）	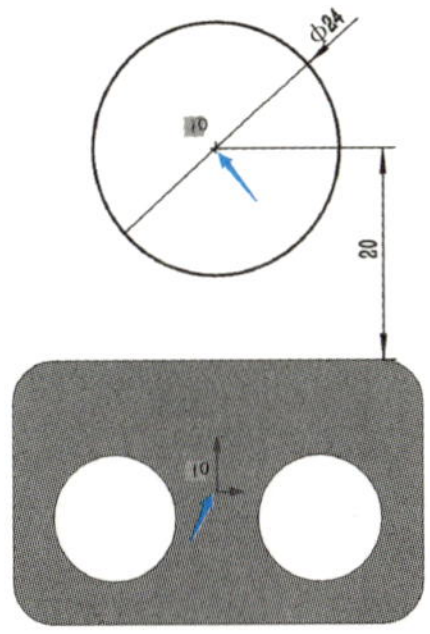
4. 在命令管理器“特征”标签页上单击“拉伸凸台/基体”按钮，“从（F）”栏选择“等距”并设定数值为 18mm，拉伸厚度为 16mm（注意方向向上）。单击“确定”按钮	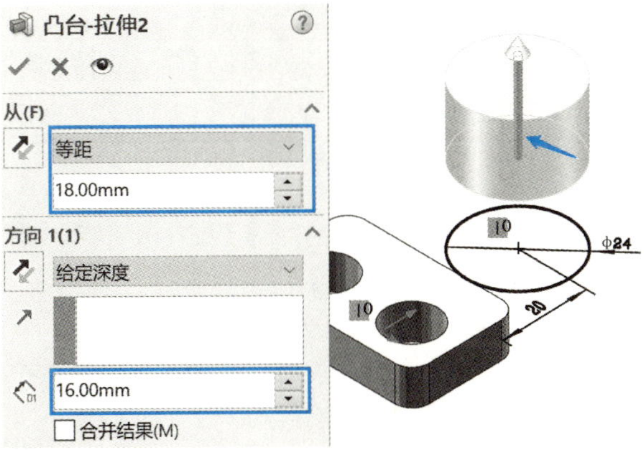

（续）

建模步骤	图　示
5. 在“右视基准面”新建草图。圆角半径为4mm，直线与上一步圆柱底部距离 为 5mm，注意箭头所示位置的重合几何关系（中心线为圆柱中心位置；R4 圆角操作可以省略，只需在下一步拉伸时选中“自动加圆角（A）”并指定数值 4 即可）	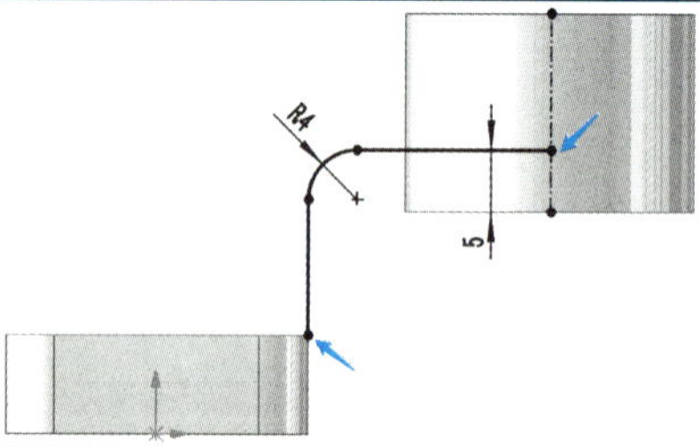
6. 在命令管理器“特征”标签页上单击“拉伸凸台/基体”按钮，“方向 1（1）”栏选择“两侧对称”并设定数值为 24mm；“薄壁特征（T）”栏选择“单向”并设定数值为 6mm（必要时单击“反向”按钮切换厚度方向至右图所示）。单击“确定”按钮	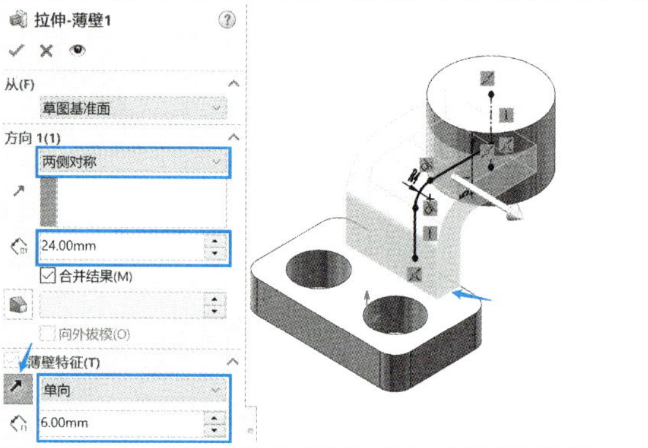
7. 在“右视基准面”新建草图，绘制直线。添加必要的几何关系，使之如右图所示（注意添加箭头所示直线与边线的相切几何关系）	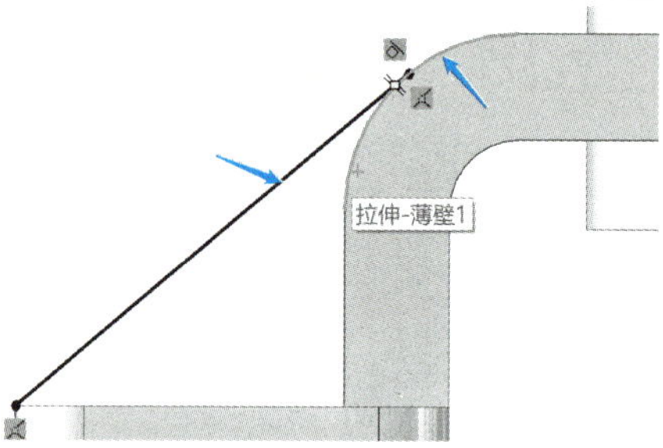
8. 在命令管理器“特征”标签页上单击“筋”按钮，“厚度”栏默认设置，设定厚度为 6mm；“拉伸方向”栏默认设置（如有必要，可勾选“反转材料方向（F）”复选框，使筋生成方向朝向实体）。单击“确定”按钮	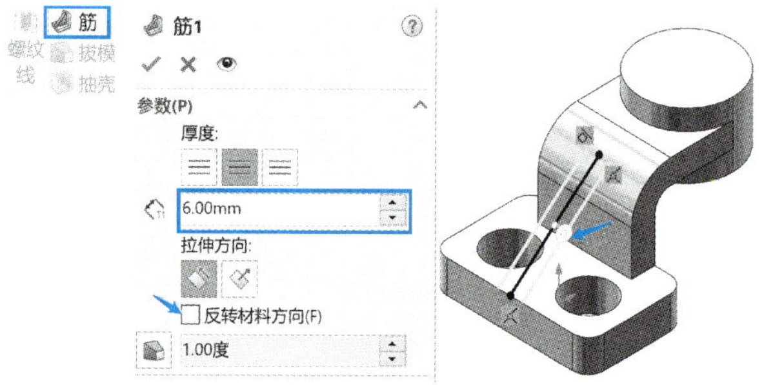
9. 在第 4 步生成的圆柱上表面新建草图，绘制同心圆，直径为 12mm，切除至完全贯穿	

任务延展

建立如图 1.5.2 所示的模型。建模过程见表 1.5.5。

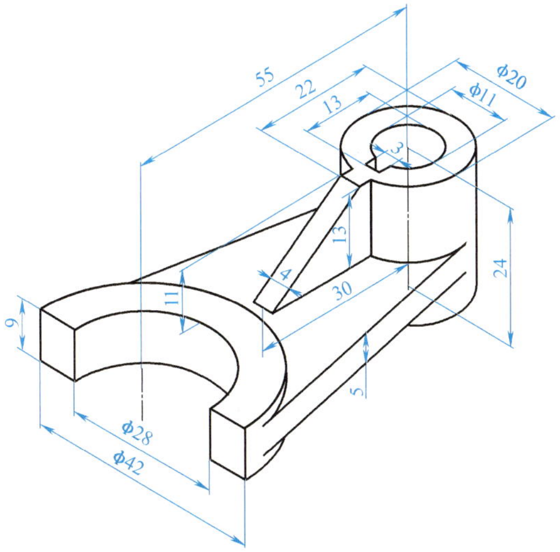

图 1.5.2 模型参考图样

表 1.5.5 建模过程

建模步骤	图示
1. 新建零件。在“上视基准面”新建草图，利用“圆形”命令和“直线”命令绘制右图所示草图（圆心在原点）	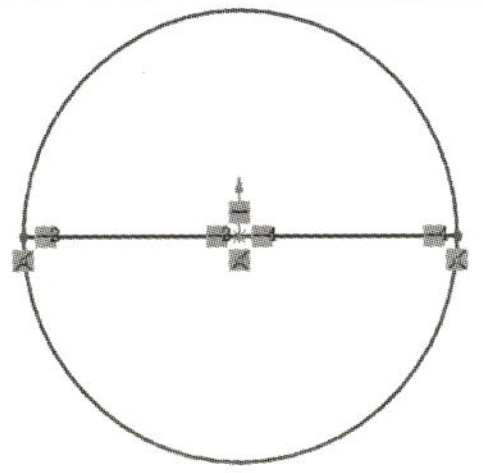
2. 在命令管理器“草图”标签页上单击“剪裁实体”按钮，并在左侧的特征树中选中“强劲剪裁”，单击，拖动光标（会出现一条灰色的轨迹）通过图示下半个圆（下半个圆将被剪裁），注意不要通过其他线，单击“确定”按钮，完成剪裁	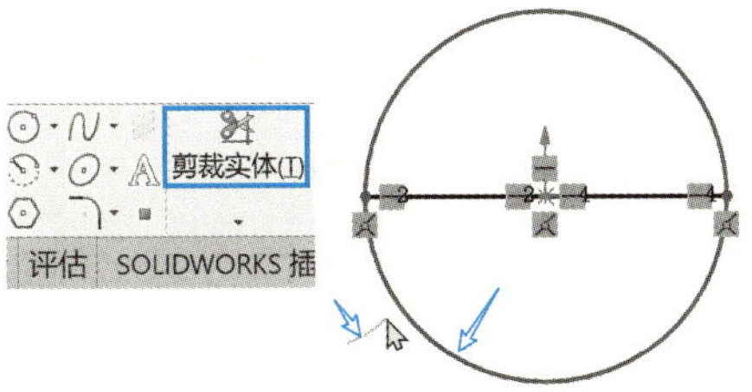
3. 标注半圆尺寸 R21mm。在命令管理器“特征”标签页上单击“拉伸凸台/基体”按钮，“方向 1(1)”栏选择“两侧对称”，拉伸厚度为 9mm。单击“确定”按钮	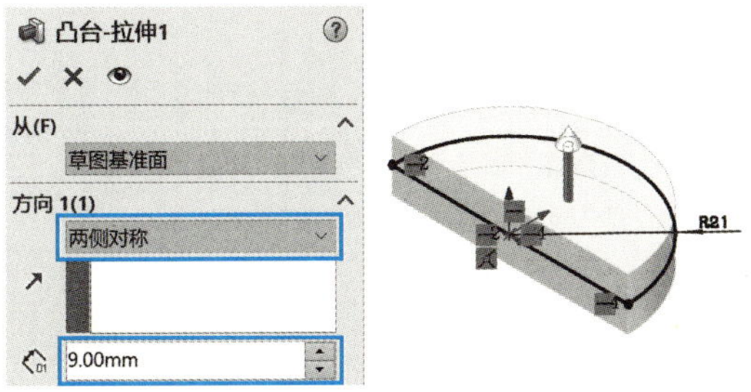

（续）

建模步骤	图　示
4. 在“上视基准面”新建草图。利用“圆形”命令绘制图示草图（注意添加圆心和原点的竖直几何关系	）。标注圆的直径为20mm，两个圆心间的距离为55mm	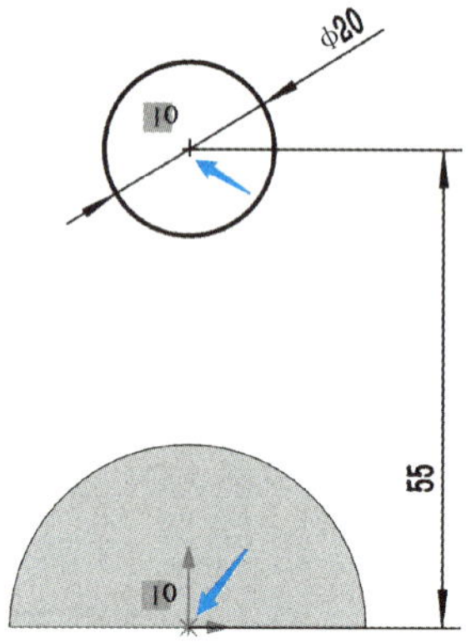
5. 在命令管理器“特征”标签页上单击“拉伸凸台/基体”按钮，“方向1(1)”栏选择“给定深度”，设定数值为15.5mm；“方向2(2)”栏选择“给定深度”，设定数值为8.5mm。单击“确定”按钮	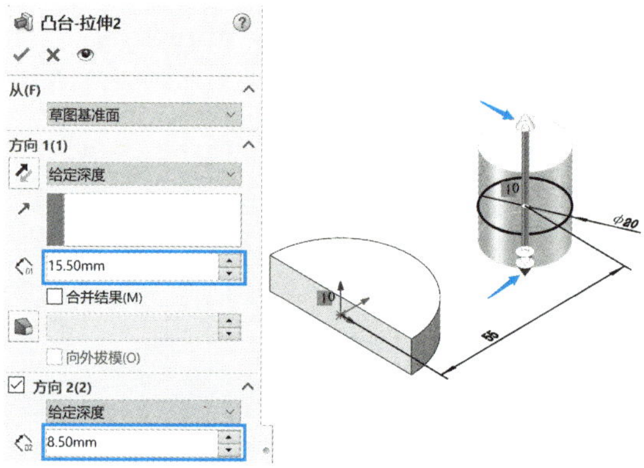
6. 在“上视基准面”新建草图。利用“直线”命令绘制右图所示草图（注意分别添加直线❶、❷和圆弧❸、❹的相切几何关系）	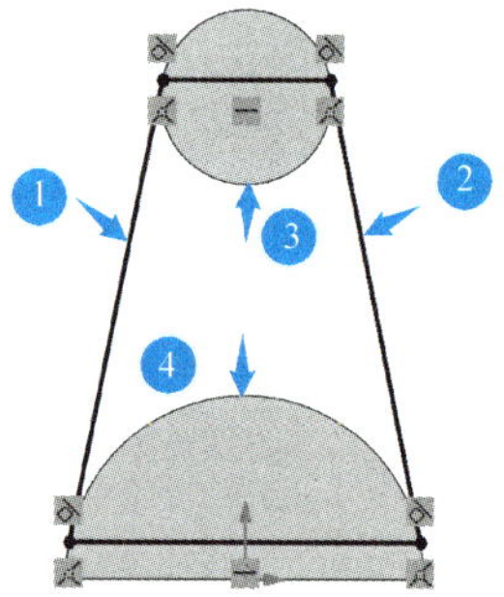
7. 在命令管理器“特征”标签页上单击“拉伸凸台/基体”按钮，“方向1(1)”栏选择“两侧对称”，拉伸厚度为5mm。单击“确定”按钮	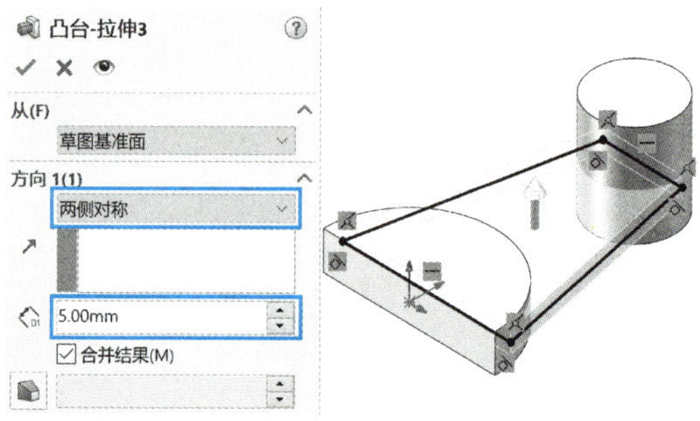

（续）

<table>
<tr><th>建模步骤</th><th>图　　示</th></tr>
<tr><td>8. 在第5步完成的圆柱体上表面新建草图。利用“圆形”命令绘制右图所示两个同心圆。标注圆的直径分别为11mm和28mm</td><td>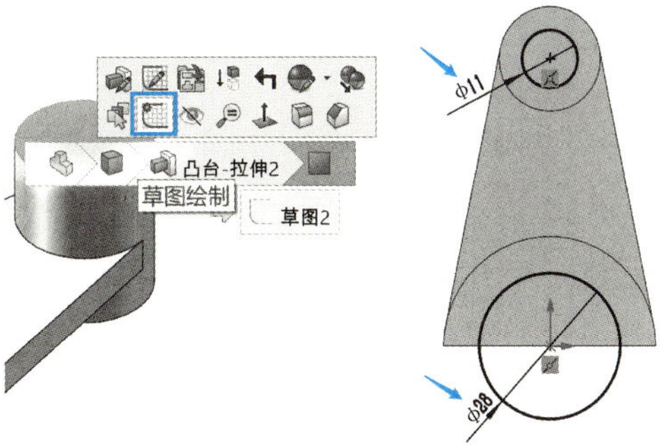
</td></tr>
<tr><td>9. 在命令管理器“特征”标签页上单击“拉伸切除”按钮，将其切除至完全贯穿</td><td>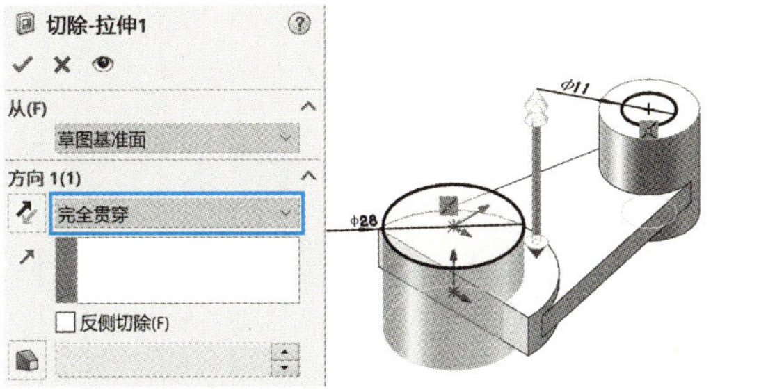
</td></tr>
<tr><td>10. 在“右视基准面”新建草图。利用“直线”命令绘制图示草图。标注尺寸为22mm和30mm</td><td>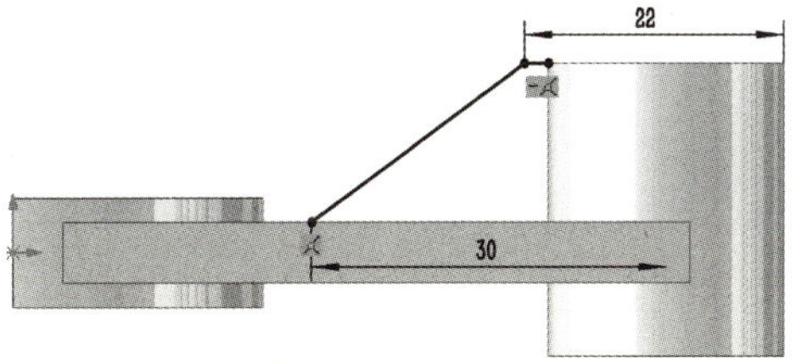
</td></tr>
<tr><td>11. 在命令管理器“特征”标签页上单击“筋”按钮，“厚度”栏默认设置，设定厚度为4mm；“拉伸方向”栏默认设置（如有必要，可勾选“反转材料方向（F）”复选框，使筋生成方向朝向实体）。单击“确定”按钮</td><td>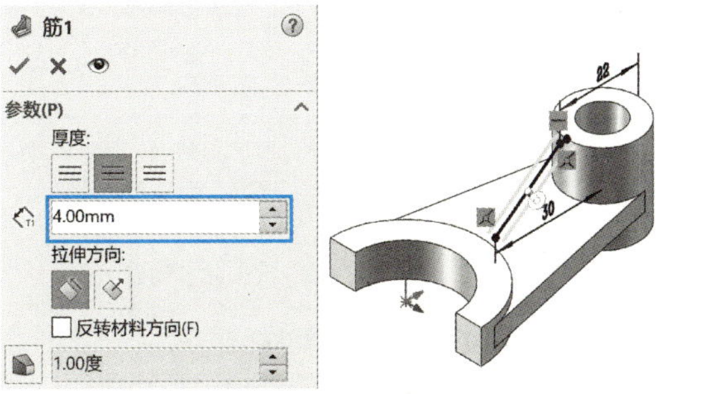
</td></tr>
<tr><td>12. 在第5步完成的圆柱体上表面新建草图。利用“直线”命令绘制右图所示草图，标注直线下端点与圆边的距离为13mm（标注尺寸时，先单击第❶点，然后按住<Shift>键再单击第❷处的圆边线，松开<Shift>键，放置并修改尺寸）</td><td>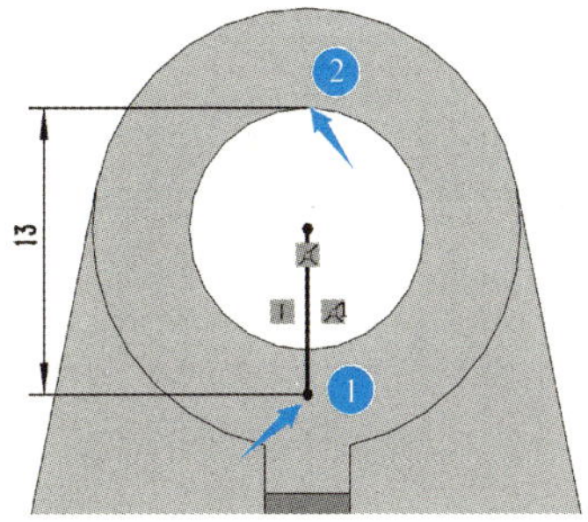
</td></tr>
</table>

（续）

建模步骤	图　示
13. 在命令管理器“特征”标签页上单击“拉伸切除”按钮，“方向 1(1)”栏选择“完全贯穿”；“薄壁特征(T)”栏选择“两侧对称”并设置数值为 3mm，单击“确定”按钮	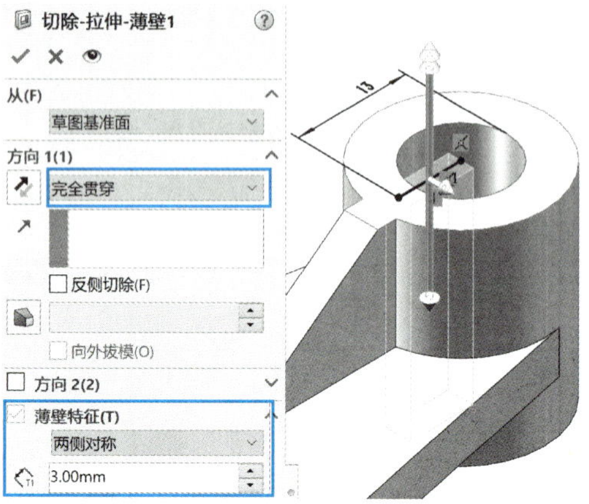

任务评价

任务评价表

专业＿＿＿＿＿　班级＿＿＿＿＿　姓名＿＿＿＿＿　学号＿＿＿＿＿　组别＿＿＿＿＿

项　目	标　准	自我评价	小组评价	教师评价
		2～10 分		
		占 50%	占 20%	占 30%
筋(步骤 8)	正确完成			
* 剪裁实体(步骤 2)	正确完成			
* 拉伸切除(步骤 12～13)	正确完成			
操作熟练度	绘图快速、准确			
协作精神	交流、讨论顺畅			
纪律观念	课堂有序、讨论积极			
学习主动性	认真思考、积极回答问题			
知识应用情况	关键知识点内化			
完成任务过程中引以为自豪的做法	简捷、高效（加分项 5～10 分）			
指导他人	帮助的人数及质量（加分项 5～10 分）			
小　计				
总　评				

注：1. 每项满分 10 分；
　　2. 带有“*”的步骤为任务延展中的内容。

组长签字：　　　　　　任课教师：　　　　　　年　　月　　日

任务 6 恰似嫦娥舞翩跹——应用旋转凸台/基体与转换实体引用功能

学习要点

- 直线、中心线、转换实体引用等草图绘制命令
- 旋转凸台/基体命令
- 旋转切除命令
- 相切、对称几何关系

技能目标

- 掌握对称标注技巧
- ＊ 掌握转换实体引用命令的应用
- 掌握旋转凸台/基体、旋转切除命令的应用
- 理解几何关系的添加方法

思政目标

- 具备爱岗敬业、遵纪守法的职业素养
- 具备互帮互助、团结协作的优良品质
- 具备一丝不苟、精益求精的工匠精神

任务导入

建立如图 1.6.1 所示的模型。

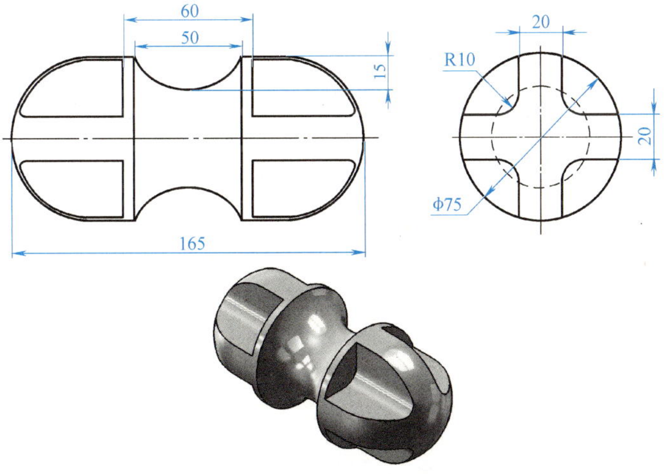

图 1.6.1 模型参考图样

任务分解

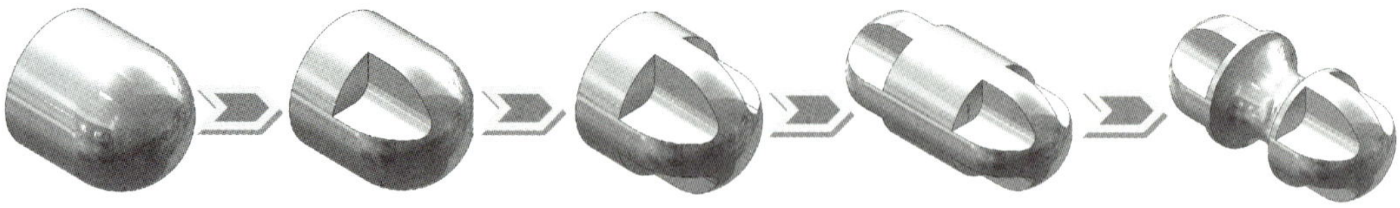

思维导图

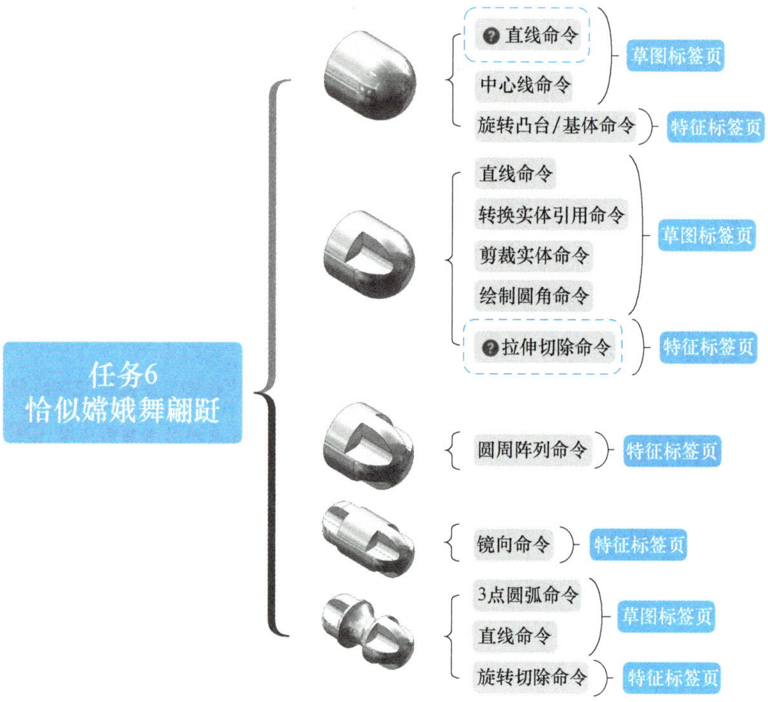

相关知识

（1）对称尺寸标注　标注对称件的尺寸或旋转成形时的直径类尺寸。见表1.6.1。

表1.6.1　对称尺寸标注

命令条件	参数设置	结　果
需要有中心线 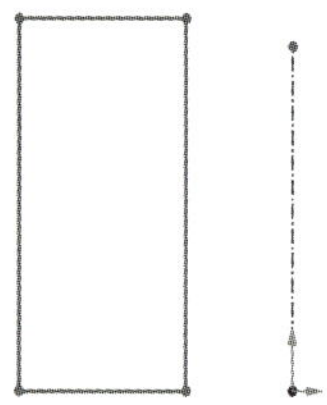	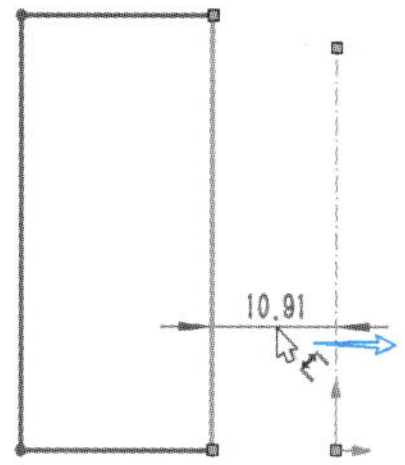	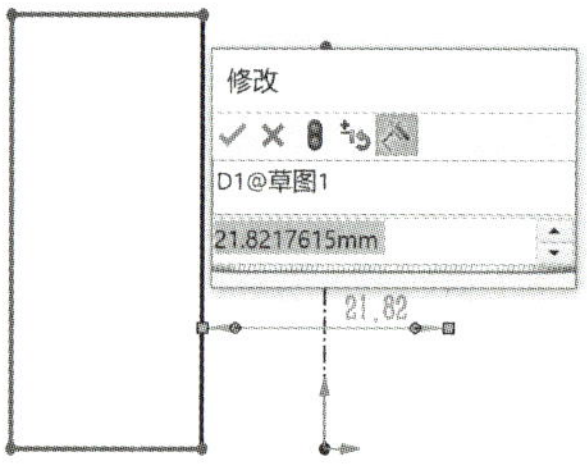
在草图状态	将鼠标光标移至另一侧放置尺寸	标注整体尺寸

（2）旋转凸台/基体 旋转凸台/基体的形成必须有一条旋转轴（必须为构造直线或草图直线）及一个旋转剖面（不可横跨旋转轴），旋转轴及旋转剖面必须在同一个草图上，旋转剖面会绕旋转轴做圆形回转，适用于环状特征模型的建立。见表 1.6.2。

表 1.6.2 旋转凸台/基体

命令条件	参数设置	结　果
生成草图（包含一个或多个轮廓）和一条中心线，或直线、边线作为旋转特征的轴 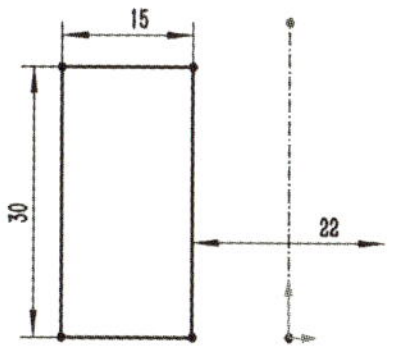 	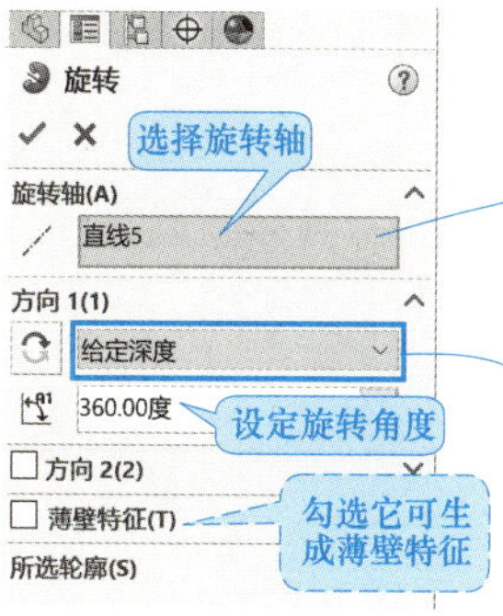 	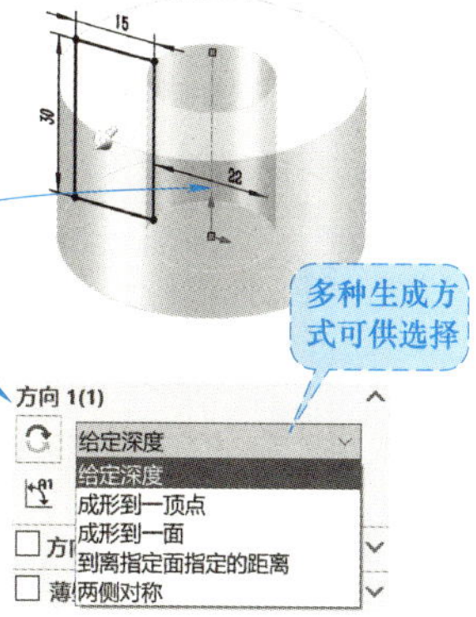
可以是封闭或开环状态	根据需要设置回转角度等	形成回转体

（3）转换实体引用 可通过投射一边线、环、面、曲线或外部草图轮廓线、一组边线或一组草图曲线到草图基准面上，以在草图中生成一条或多条曲线。见表 1.6.3。

表 1.6.3 转换实体引用

命令条件	参数设置	结　果
选择实体要引用的边线（在草图状态下） 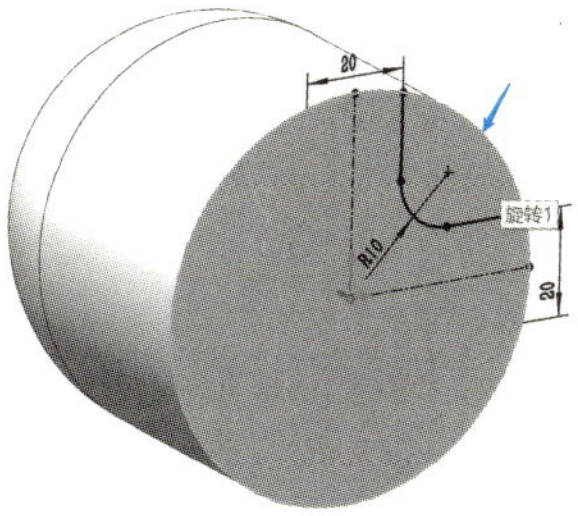 	单击命令按钮自动完成引用 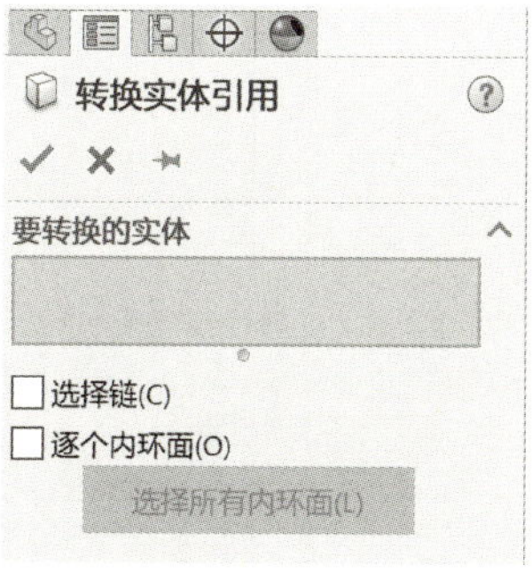 	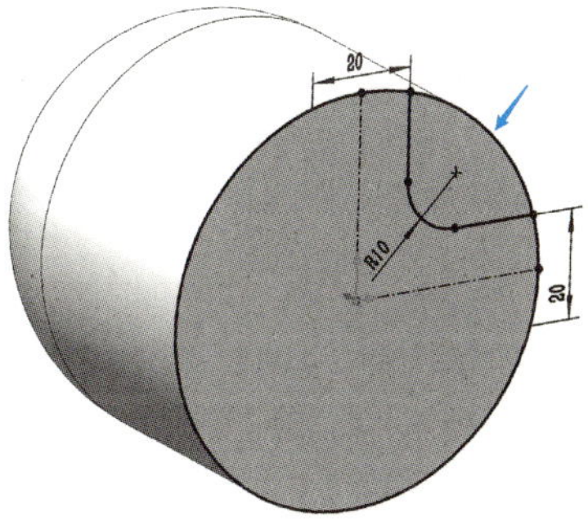
保持边线选中状态	必要时继续选取要引用的边线	实体边线引用到草图中

（4）旋转切除 旋转切除的特征形成必须有一条旋转轴（必须为构造直线或草图直线）及一个旋转剖面（不可横跨旋转轴），旋转轴及旋转剖面必须在同一个草图上，旋转剖面会绕旋转轴做圆形回转，适用于去除环状特征模型的建立。见表 1.6.4。

表 1.6.4　旋转切除

命令条件	参数设置	结　　果
已存在实体并且生成草图（包含一个或多个轮廓）和一条中心线，直线或边线作为旋转特征的轴 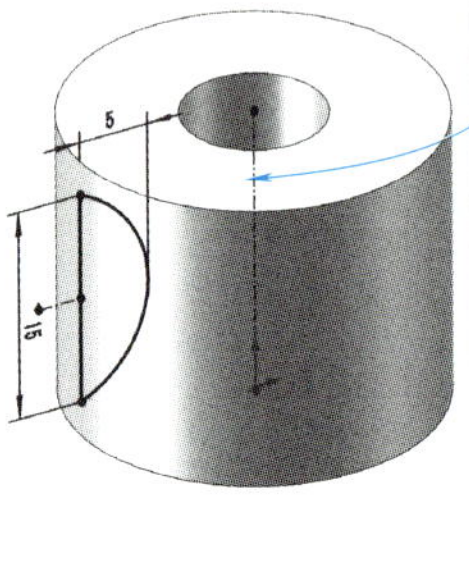	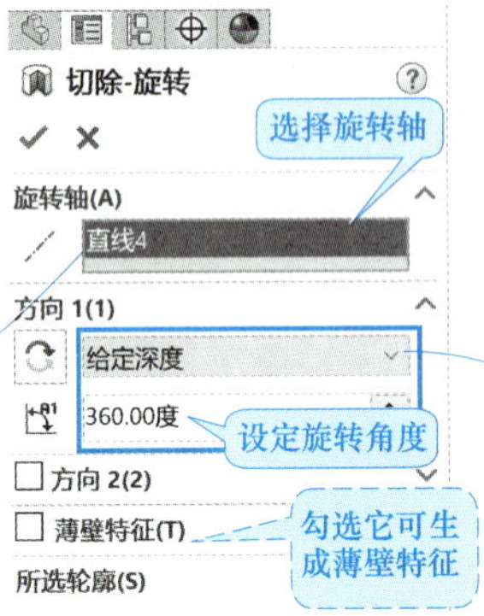	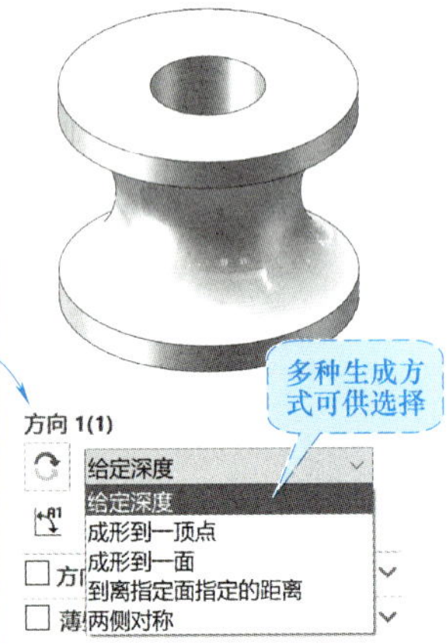
可以是封闭或开环状态	根据需要设置回转角度等	切除回转体

任务实施（表 1.6.5）

表 1.6.5　建模过程

建模步骤	图　　示
1. 新建零件，在“前视基准面”新建草图（注意：将图形左下角放置在原点，方便后续操作；添加箭头所示直线与圆弧相切关系；通过原点绘制水平和竖直两条中心线）	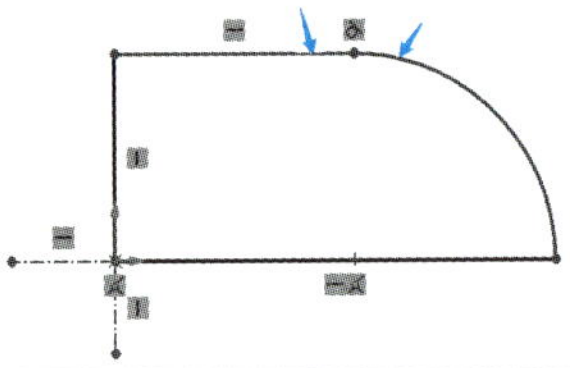
2. 在命令管理器“草图”标签页上单击“智能尺寸”按钮，单击点❶和中心线❷，将光标移到中心线❷的左侧，放置尺寸 165mm；再次单击直线❸和中心线❹，将光标移到中心线❹的下方，放置尺寸 75mm（这样将标注模型的成形全尺寸）	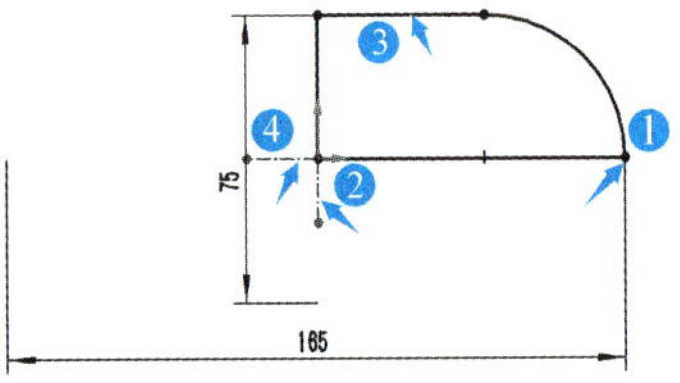
3. 在命令管理器“特征”标签页上单击“旋转凸台/基体”按钮，“旋转轴（A）”栏选择右图所示直线或选择步骤 2 中的中心线❹，“方向 1（1）”栏中默认为“给定深度”和“360 度”。单击“确定”按钮	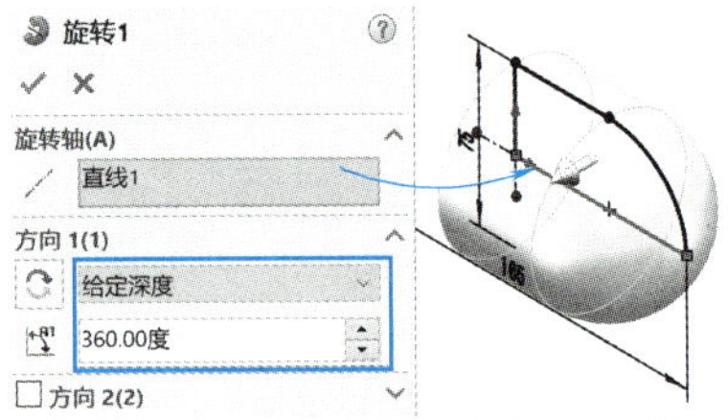
4. 在右图所示端面新建草图。圆角半径为 10mm，两直线的对称尺寸为 20mm	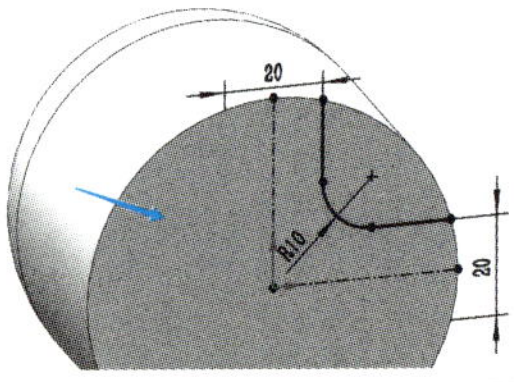

（续）

<table>
<tr><th>建模步骤</th><th>图 示</th></tr>
<tr><td>5. 继续绘制草图。选中右图所示圆，在命令管理器“草图”标签页上单击“转换实体引用”按钮，系统将该选中的边线引用作为草图</td><td>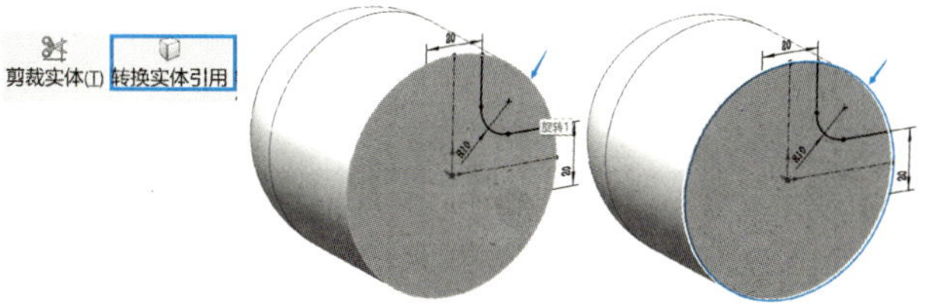
</td></tr>
<tr><td>6. 在命令管理器“草图”标签页上单击“剪裁实体”按钮，将多余的边线去除</td><td>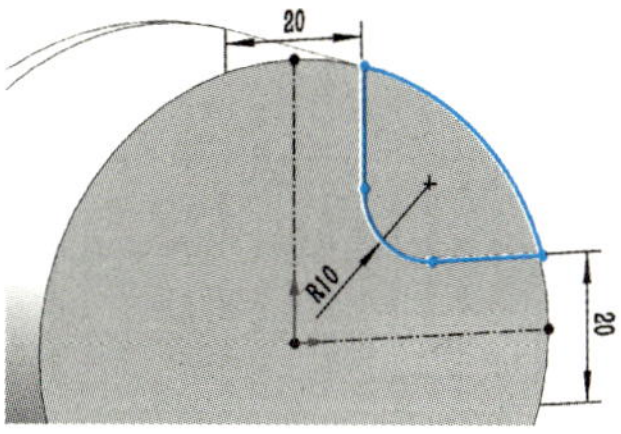
</td></tr>
<tr><td>7. 在命令管理器“特征”标签页上单击“拉伸切除”按钮，“从(F)”栏选择“等距”并设定数值为 30mm（必要时单击“反向”按钮 切换等距方向，使之往圆顶方向偏移）；“方向 1(1)”栏选择“完全贯穿”，注意切除方向如右图所示</td><td>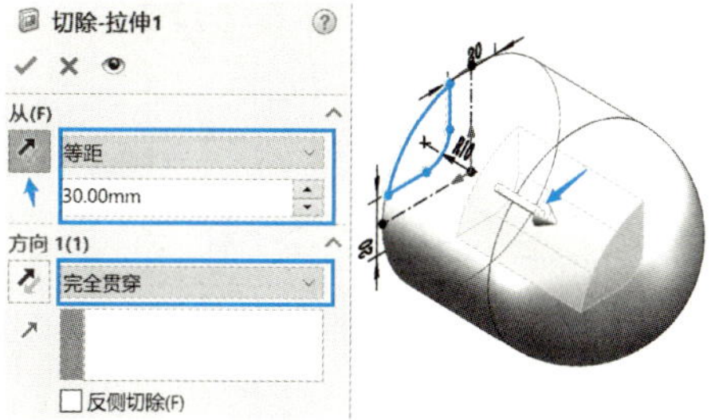
</td></tr>
<tr><td>8. 在命令管理器“特征”标签页上单击“圆周阵列”按钮。“方向 1(D)”栏选择右图所示圆边线，选择“等间距”，输入数量为 4；“特征和面(F)”栏中选择第 7 步生成的切除-拉伸特征，单击“确定”按钮</td><td>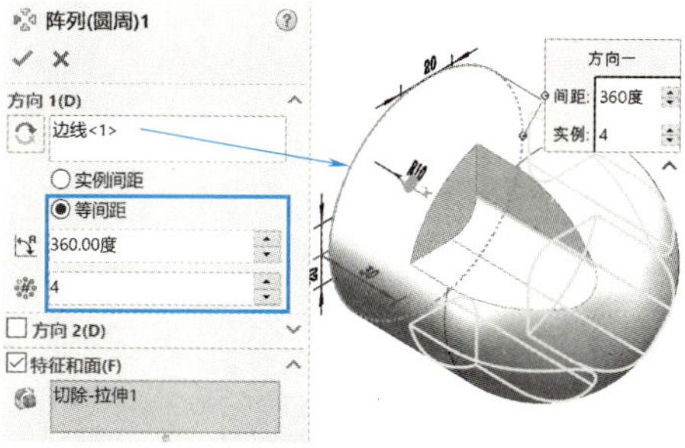
</td></tr>
<tr><td>9. 在命令管理器“特征”标签页上单击“镜向”按钮，“镜向面/基准面(M)”栏选择右图所示端面，“要镜向的特征(F)”栏选择图示的 3 个特征。单击“确定”按钮</td><td>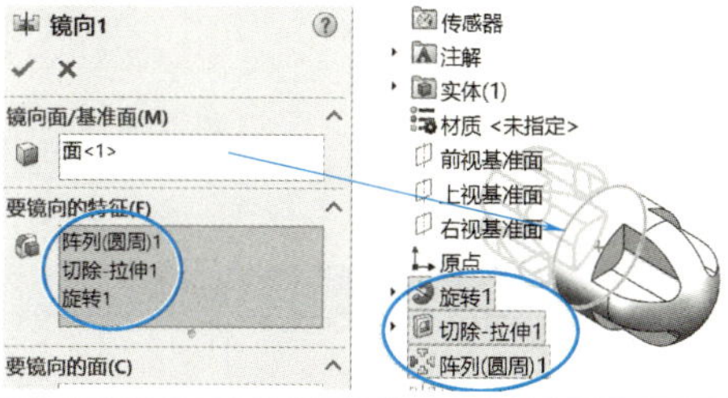
</td></tr>
<tr><td>10. 在“前视基准面”新建草图，绘制直线、中心线和圆弧（在命令管理器“草图”标签页上单击“圆心/起/终点画弧”按钮，选择“3 点圆弧”，按❶❷❸的顺序绘制圆弧）。添加箭头所示圆心与原点之间的竖直几何关系|，并标注尺寸 50mm 和 15mm</td><td>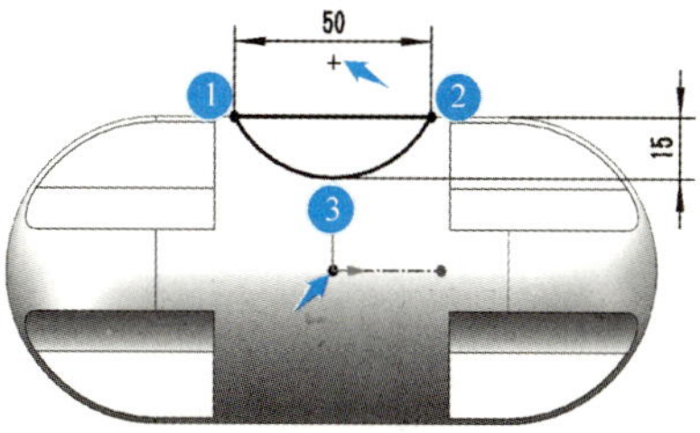
</td></tr>
</table>

（续）

建模步骤	图　　示
11. 在命令管理器“特征”标签页上单击“旋转切除”按钮，“旋转轴（A）”栏选择右图所示中心线，“方向 1（1）”栏中默认为“给定深度”和“360 度”。单击“确定”按钮	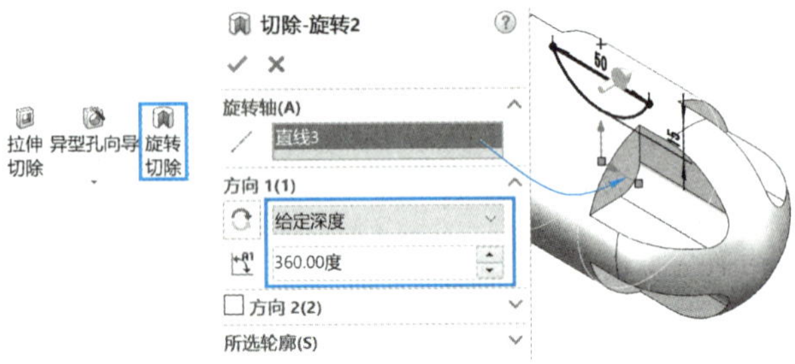

任务延展

建立如图 1.6.2 所示的模型。建模过程见表 1.6.6。

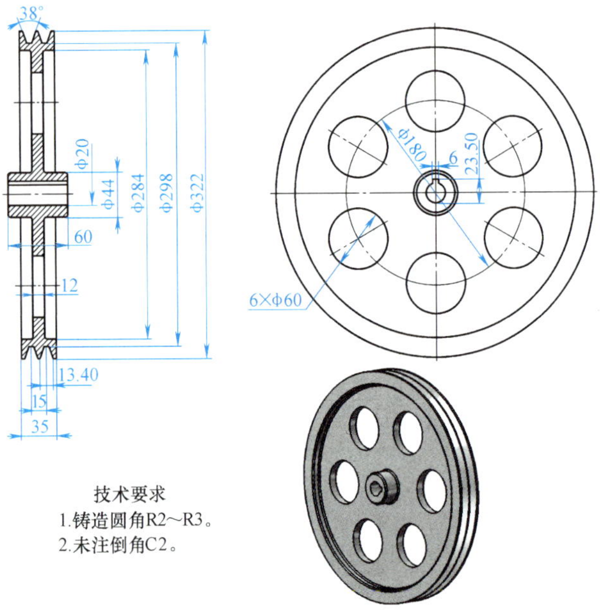

图 1.6.2　模型参考图样

表 1.6.6　建模过程

建模步骤	图　　示
1. 新建零件。在“前视基准面”新建草图（本图已顺时针转动 90°）。注意利用中心线标注对称尺寸	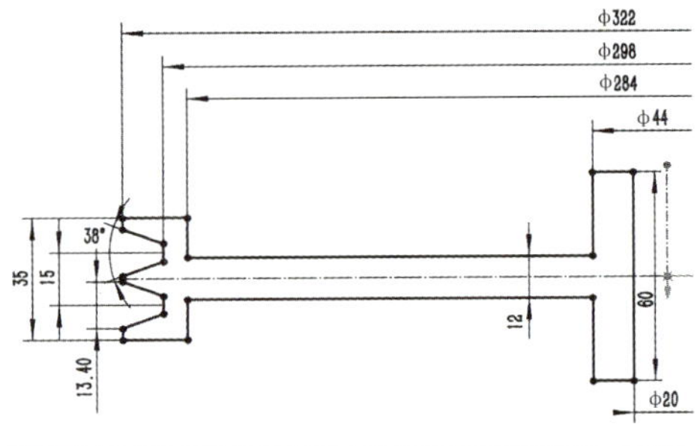

（续）

建模步骤	图　　示
2. 在命令管理器“特征”标签页上单击“旋转凸台/基体”按钮，“旋转轴(A)”栏选择图示中心线，“方向 1(1)”栏中默认“给定深度”和“360 度”。单击“确定”按钮	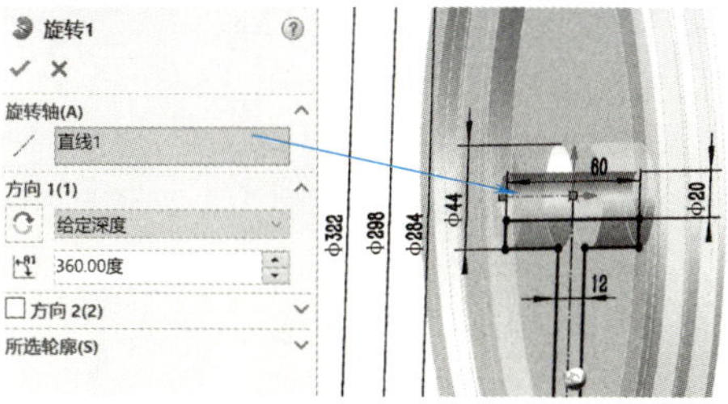
3. 在右图所示平面上新建草图。辅助圆的直径为 180mm，小圆直径为 60mm（小圆位于 90°方向）	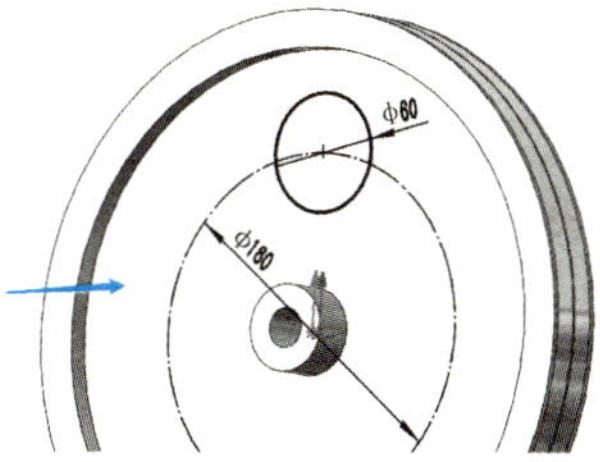
4. 将小圆切除至完全贯穿	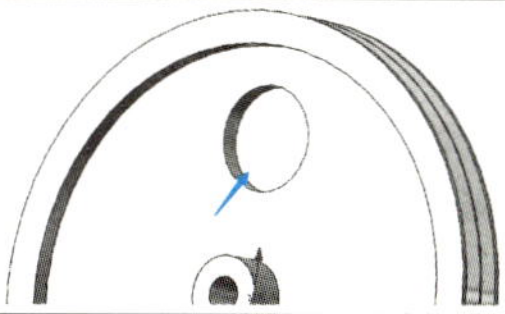
5. 在命令管理器“特征”标签页上单击“圆周阵列”按钮。“方向 1(D)”栏选择右图所示圆柱面，选择“等间距”，输入数量为 6；“特征和面(F)”栏中选择第 4 步生成的切除—拉伸特征，单击“确定”按钮	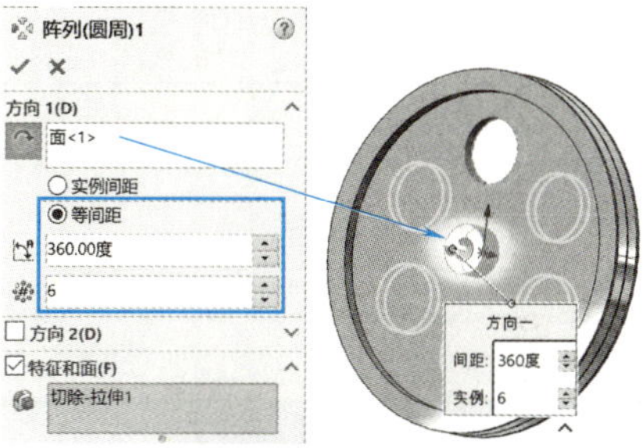
6. 在中间小圆柱端面上新建右图所示草图，标注直线上部端点与孔底端边线的距离为 23.5mm（标注时，注意配合使用<Shift>键）	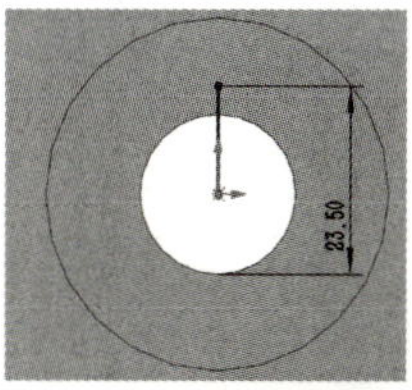
7. 在命令管理器“特征”标签页上单击“拉伸切除”按钮，“方向 1(1)”栏选择“完全贯穿”；“薄壁特征(T)”栏选择“两侧对称”并设置数值为 6mm，单击“确定”按钮	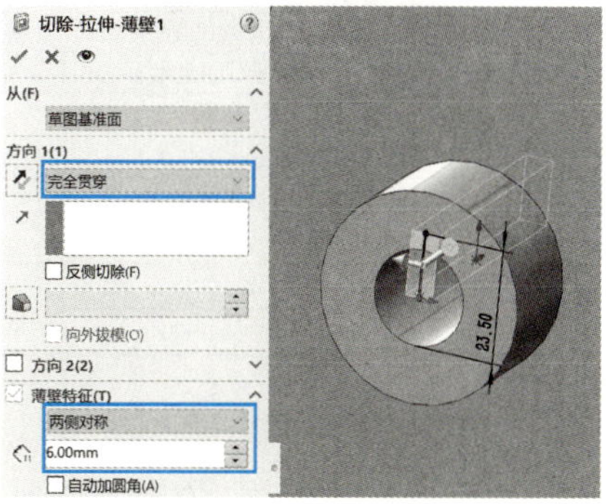

（续）

建模步骤	图示
8. 在命令管理器“特征”标签页上单击“圆角”按钮，“圆角类型”栏按默认设置，“要圆角化的项目”栏选择图示边线（两面对应位置的线都选，共6条）；“圆角参数”栏默认“对称”并设置数值为2mm，单击“确定”按钮	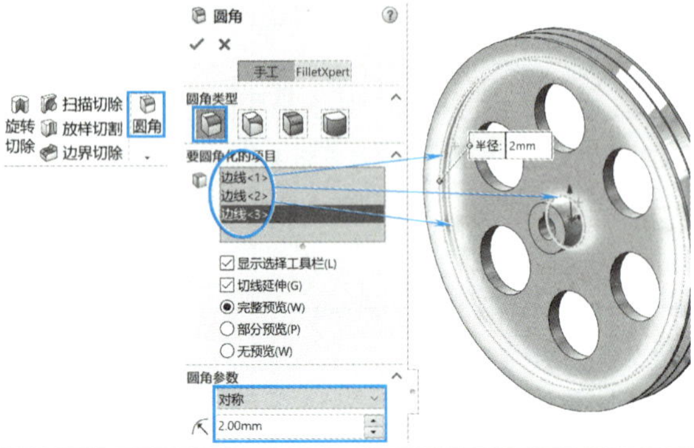
9. 在命令管理器“特征”标签页上单击“倒角”按钮，“倒角类型”栏按默认设置，“要倒角化的项目”栏选择图示边线（两面对应位置的线都选，共2条）；“倒角参数”栏默认“45度”并设置数值为2mm，单击“确定”按钮 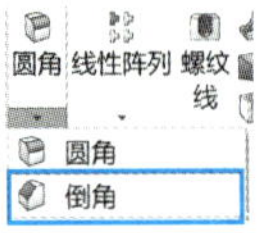	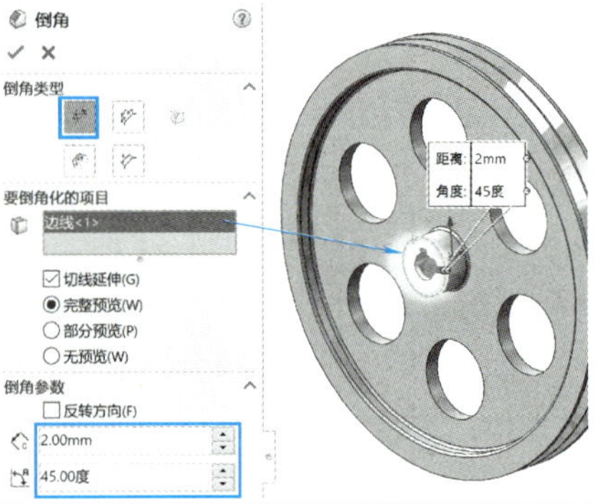

任务评价

任务评价表

专业________ 班级________ 姓名________ 学号________ 组别________

项目	标准	自我评价	小组评价	教师评价
		2~10分		
		占50%	占20%	占30%
对称尺寸标注（步骤2）	正确完成			
转换实体引用（步骤5）	正确完成			
旋转切除（步骤11）	正确完成			
操作熟练度	绘图快速、准确			
协作精神	交流、讨论顺畅			
纪律观念	课堂有序、讨论积极			
学习主动性	认真思考、积极回答问题			
知识应用情况	关键知识点内化			
完成任务过程中引以为自豪的做法	简捷、高效（加分项 5~10分）			
指导他人	帮助的人数及质量（加分项 5~10分）			
小计				
总评				

注：1. 每项满分10分；

2. 带有“＊”的步骤为任务延展中的内容。

组长签字： **任课教师：** 年 月 日

任务 7 扫描也妖娆——应用扫描与 3D 草图功能

学习要点

- 3D 草图、多边形等草图命令
- 扫描命令
- 曲面拉伸命令
- 基准面命令

技能目标

- 初步理解 3D 草图的创建方法及多边形创建方法
- 掌握扫描命令的初步应用
- 初步理解曲面拉伸命令的应用
- 初步掌握基准面的创建方法

思政目标

- 具备爱岗敬业、遵纪守法的职业素养
- 具备互帮互助、团结协作的优良品质
- 具备一丝不苟、精益求精的工匠精神

任务导入

建立如图 1.7.1 所示的模型。

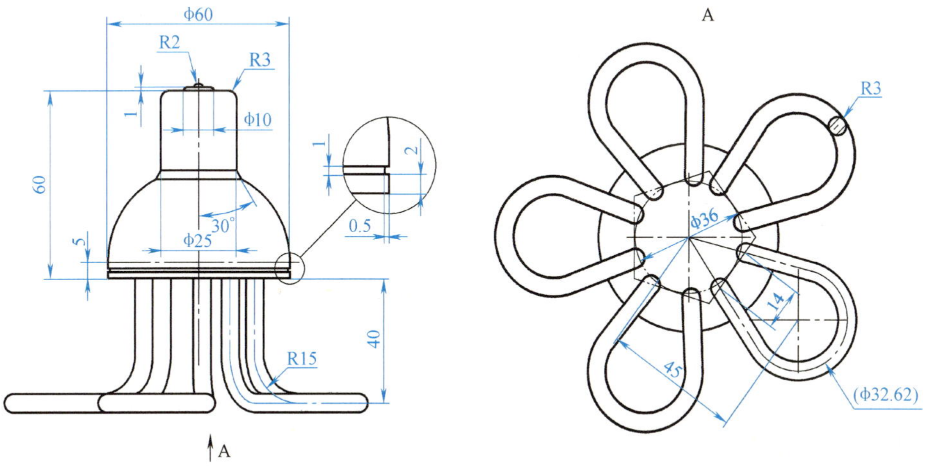

图 1.7.1　模型参考图样

任务分解

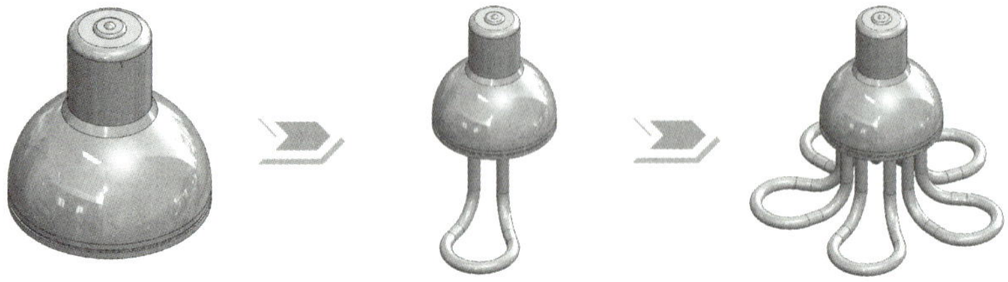

思维导图

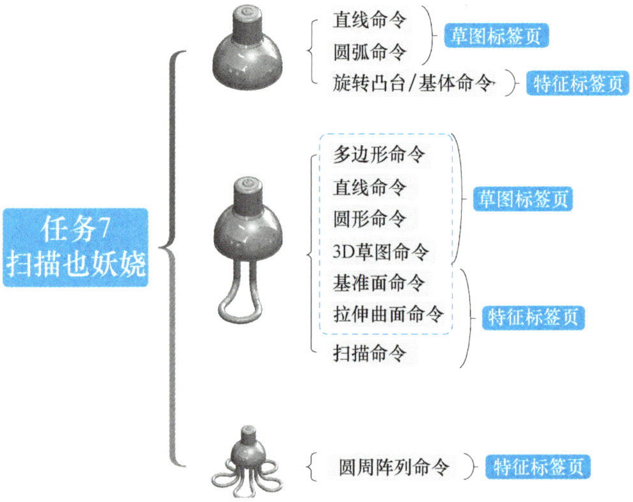

相关知识

（1）基准面 可以在零件或装配体中生成基准面。SolidWorks 提供前视、上视和右视平面作为默认值。方向（前视、上视、右视等）与这些平面相关。基准面用来绘制草图和为特征生成几何体。除了默认的基准面外，可生成参考基准面，可在模型面上打开草图（系统会根据所选的要素，自动推荐最适合的基准面生成方式，操作时，除了数值外，其他一般无需干预）。见表 1.7.1。

（2）扫描 沿某一路径移动一个轮廓（剖面）来生成基体、凸台、切除扫描或曲面。见表 1.7.2。

扫描必须遵循以下规则：

1）对于基体或凸台扫描特征轮廓必须是闭环的；对于曲面扫描特征轮廓可以是闭环的，也可以是开环的。

2）路径可以为开环或闭环。

3）路径可以是一张草图、一条曲线或一组模型边线中包含的一组草图曲线。

4）路径必须与轮廓的平面交叉。

5）不论是截面、路径或所形成的实体，都不能出现自相交叉的情况。

6）引导线必须与轮廓或轮廓草图中的点重合。

7）仅对于切除扫描，可通过沿路径移动工具实体来生成实体扫描。路径必须与其本身相切并在工具实体轮廓之上或之内的点开始。

表 1.7.1 基准面

<table>
<tr><th>命令条件</th><th>参数设置</th><th>结 果</th></tr>
<tr><td>当前没有适合进行草图绘制或实体操作所需的平面时
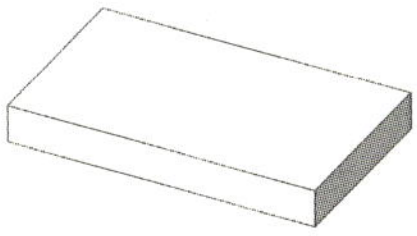</td><td>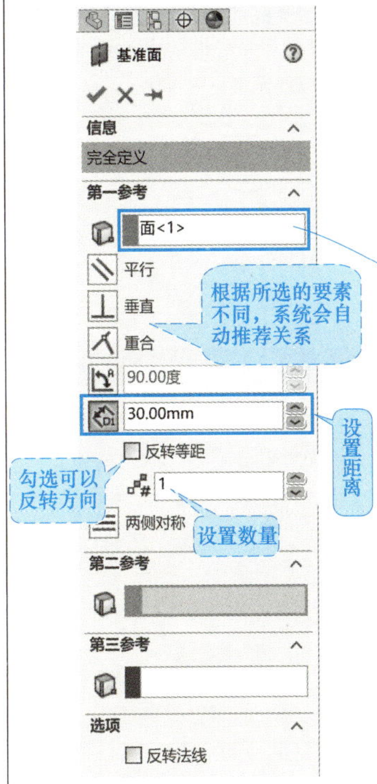
</td><td>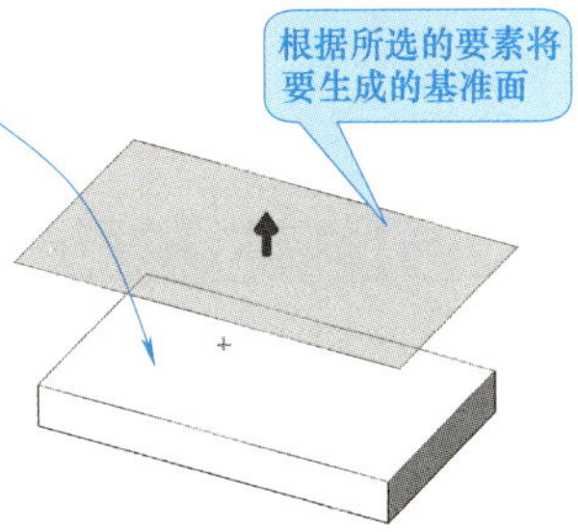
</td></tr>
<tr><td>在实体状态</td><td>选择要素不同，软件界面会不同</td><td>基准面生成预览效果</td></tr>
</table>

表 1.7.2 扫描

<table>
<tr><th>命令条件</th><th>参数设置</th><th>结 果</th></tr>
<tr><td>完成扫描的轮廓及路径
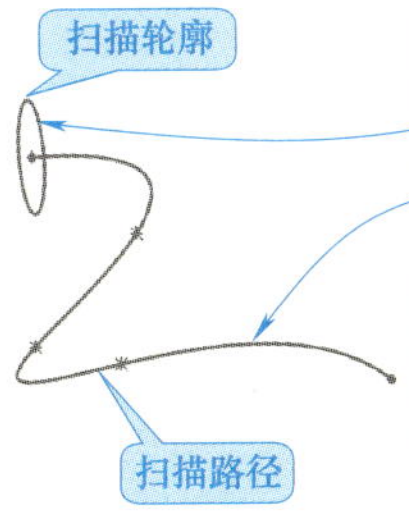
</td><td>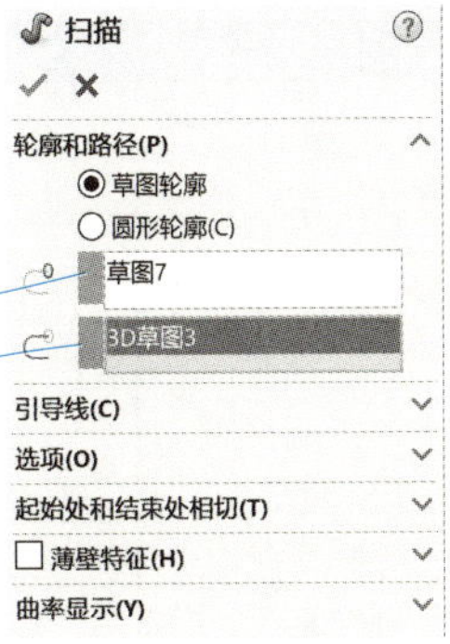
</td><td>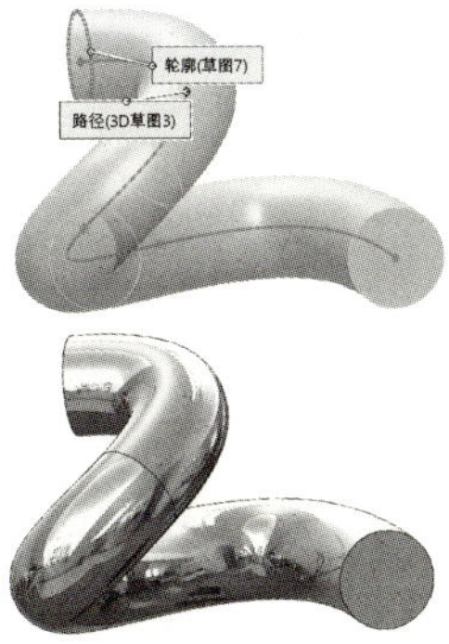
</td></tr>
<tr><td>在实体状态</td><td>分别选择轮廓和路径</td><td>轮廓沿路径的轨迹即为扫描实体</td></tr>
</table>

（3）3D 草图 3D 在绘制 3D 草图时，可以利用<Tab>键切换绘制平面。

直接绘制 3D 草图有较大的困难，初学时，可以先在不同的平面绘制多个平面草图，再将其组合成 3D 草图，或是利用模型已有边线提取 3D 草图。

在菜单栏单击“插入”→“3D 草图”，或在命令管理器“草图”标签页单击“草图绘制”按钮下方小三角▼→“3D 草图”按钮，可以进入 3D 草图绘制模式，绘制方法同二维草图。见表 1.7.3。

表 1.7.3　3D 草图

命令条件	参数设置	结　果
在命令管理器“草图”标签页上单击“草图绘制”下方的▼→“3D 草图”按钮 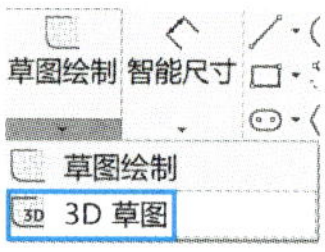	进入 3D 草图绘制状态，用相应的草图命令绘制图形 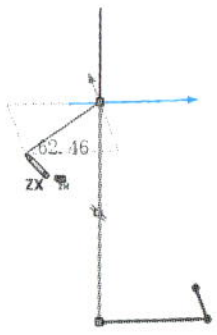	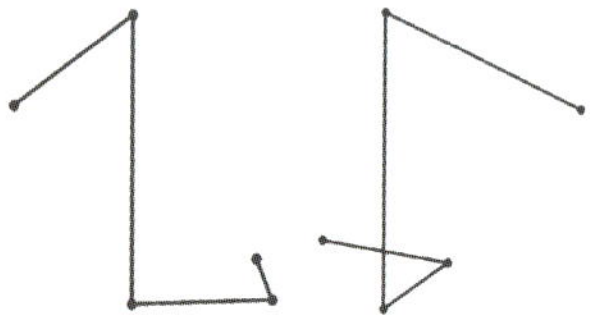
在实体状态	按<Tab>键切换绘图平面	完成立体草图绘制
命令条件	**参数设置**	**结　果**
已存在实体 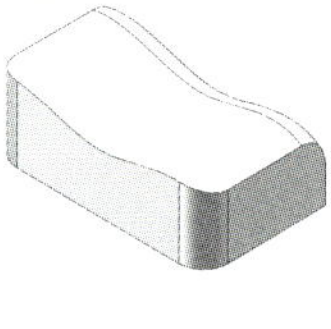	单击“3D 草图”按钮，选中要用于 3D 草图的边线，单击“转换实体引用”按钮 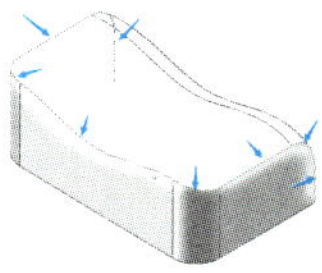	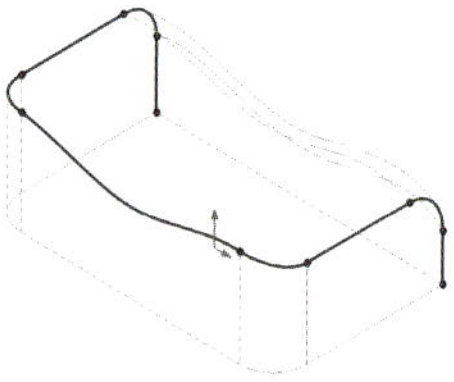
在实体状态	按<Ctrl>键多选边线	隐藏实体后即为 3D 草图

任务实施（表 1.7.4）

表 1.7.4　建模过程

建模步骤	图　示
1. 新建零件，在“前视基准面”新建草图。使用“直线”等命令绘制图形，添加必要的几何关系并标注尺寸（注意旋转轴位于原点） 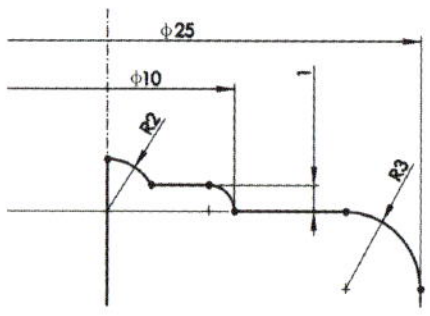 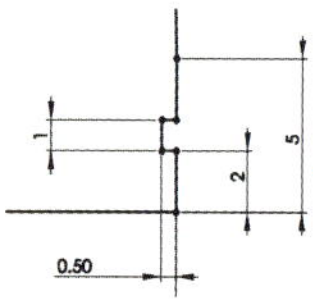	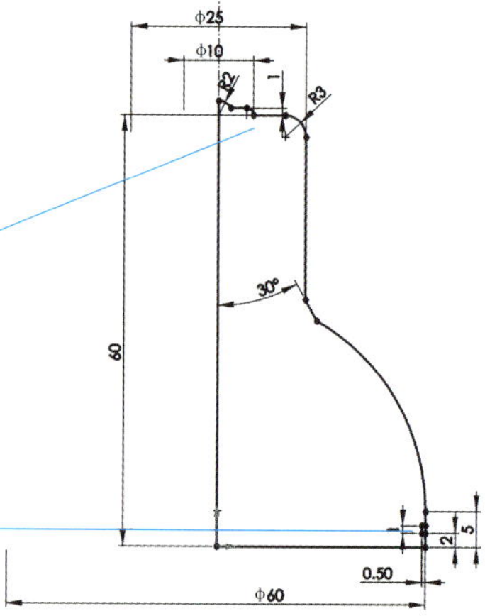

（续）

建模步骤	图　示
2. 在命令管理器“特征”标签页上单击“旋转凸台/基体”按钮，确认旋转角度为 360 度，单击“确定”按钮	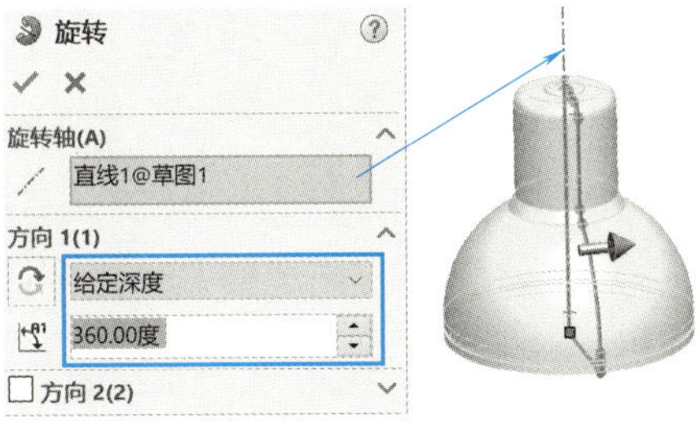
3. 在右图所示底面上新建内切圆直径为 36mm 的正五边形（注意添加必要的几何关系）	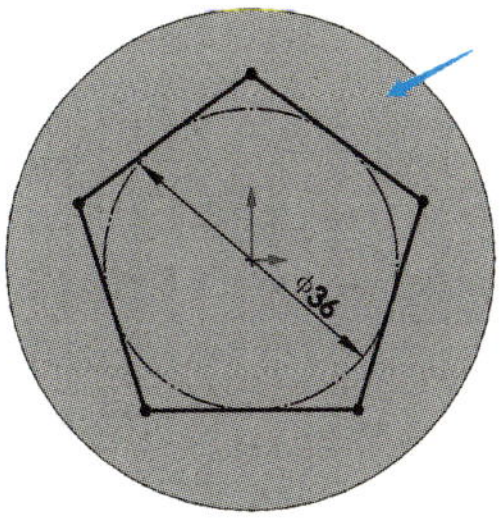
4. 在命令管理器“曲面”标签页上单击“拉伸曲面”按钮，将五边形往外拉伸 30mm 高度。单击“确定”按钮	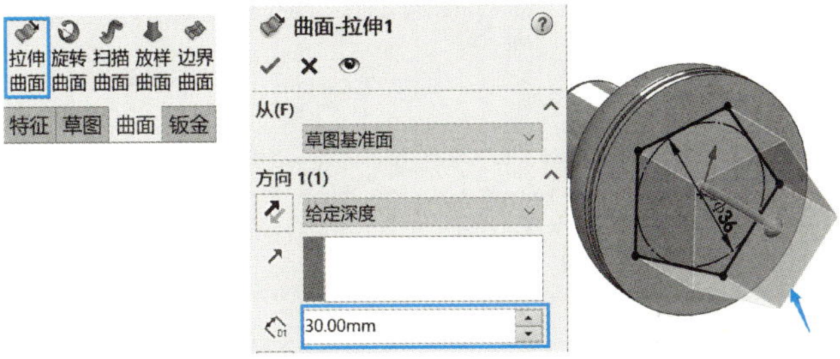
5. 在五边形曲面的任一平面上绘制右图所示草图（注意和中心线的对称关系，间距为 14mm），然后退出草图	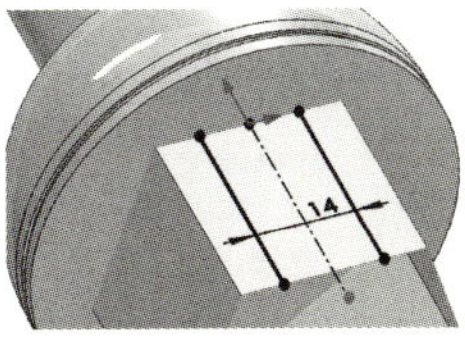
6. 在命令管理器“特征”标签页上单击“参考几何体”按钮→“基准面”按钮，“第一参考”栏选择右图所示平面，设置距离为 40mm，创建与第 2 步完成的回转体底面距离为 40mm 的基准面（必要时可勾选“反转等距”，切换基准面生成的方向）	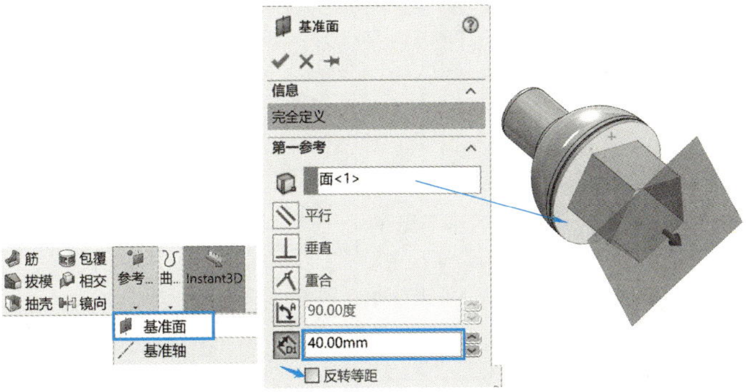

（续）

建模步骤	图　示
7. 在新建的基准面上创建草图（注意与第 5 步创建的草图同一方位。分别添加第 5 步草图的直线端点和当前草图直线间的重合几何关系），然后退出草图	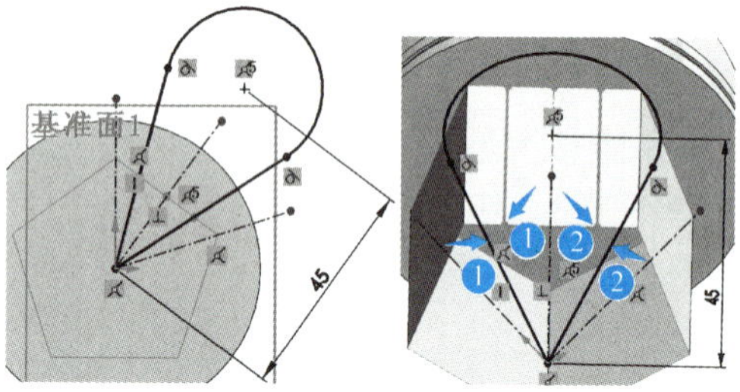
8. 在命令管理器“草图”标签页上单击“草图绘制”按钮下方小三角▼→“3D 草图”按钮，按下<Ctrl>键在“特征树”中选中右图所示两草图，单击“转换实体引用”按钮。上述草图被引用到 3D 草图中	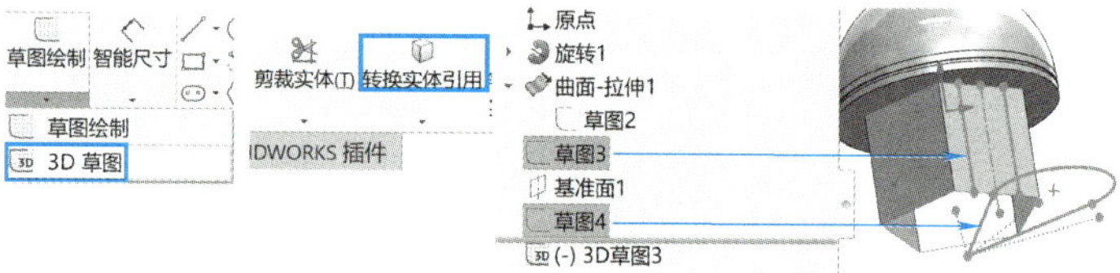
9. 在“特征树”中分别单击“草图 3”“草图 4”和“曲面—拉伸 1”，在弹出的快捷工具栏中单击“隐藏”按钮，隐藏草图 3、草图 4 和曲面实体	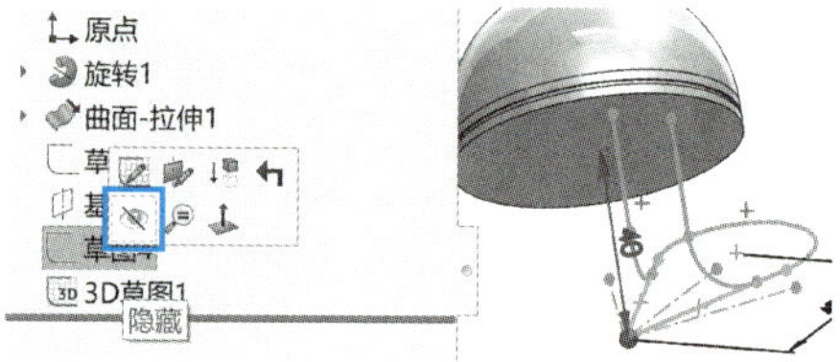
10. 在命令管理器“草图”标签页上单击“绘制圆角”按钮，分别单击图示边线绘制 R15mm 的圆角（注意单击的位置，使圆角如图如示）。然后单击绘图区域右上角按钮，退出草图	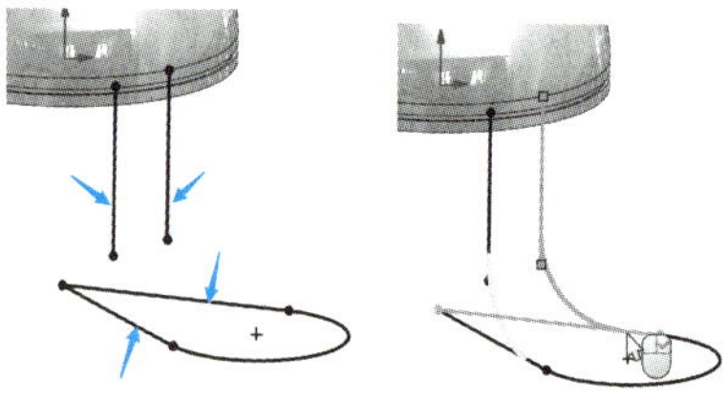
11. 在右图所示平面上新建直径为 6mm 的圆，圆心位于曲线上	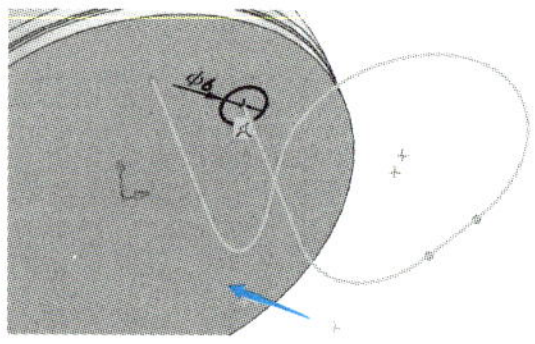
12. 在命令管理器“特征”标签页上单击“扫描”按钮，在“轮廓和路径（P）”栏中，草图轮廓选中上一步的圆，路径选中第 8 步的 3D 草图，单击“确定”按钮	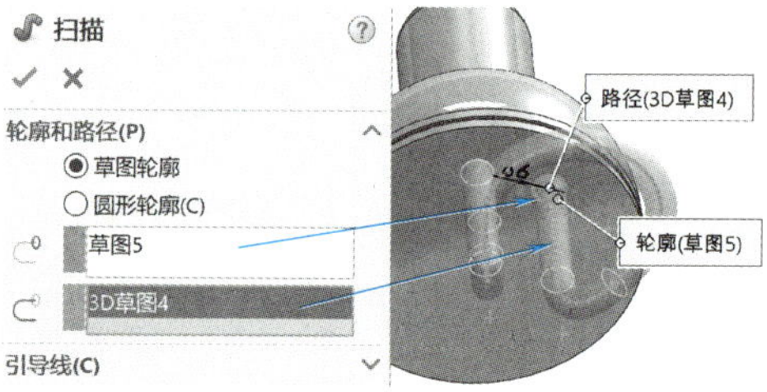

（续）

建模步骤	图　示
13. 在命令管理器“特征”标签页上单击“圆周阵列”按钮，在“方向 1(D)”栏中的阵列轴选中右图所示圆，在“特征和面(F)”栏选中上一步的扫描特征，确定选中“等间距”并设置数量为 5，单击“确定”按钮，完成建模	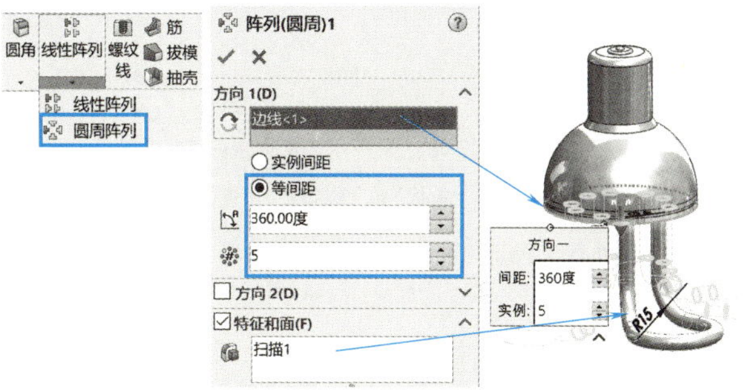

任务延展

建立如图 1.7.2 所示的模型。建模过程见表 1.7.5。

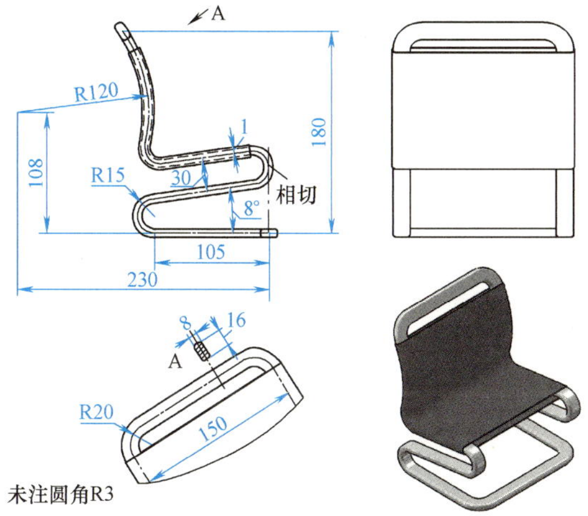

图 1.7.2　模型参考图样

表 1.7.5　建模过程

建模步骤	图　示
1. 新建零件。在“前视基准面”上新建草图。利用“3 点圆弧”命令和“直线”命令绘制图示草图（三个小圆弧半径相等，均为 15mm；添加必要的几何关系）并标注尺寸 180mm、108mm、R120mm、8°、120mm 和 230mm（试试只用“直线”命令完成它）	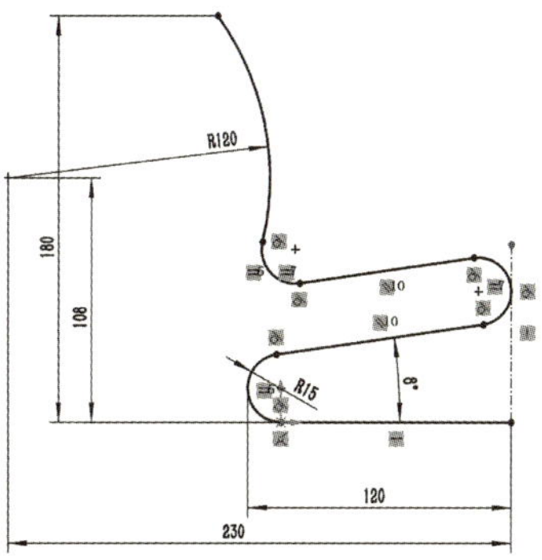

（续）

<table>
<tr><th>建模步骤</th><th>图　　示</th></tr>
<tr><td>2. 在命令管理器“特征”标签页上单击“拉伸凸台/基体”按钮，“方向 1(1)”栏选择“两侧对称”并设置拉伸厚度为 150mm；“薄壁特征(T)”栏选择“两侧对称”并设置厚度为 10mm。单击“确定”按钮</td><td>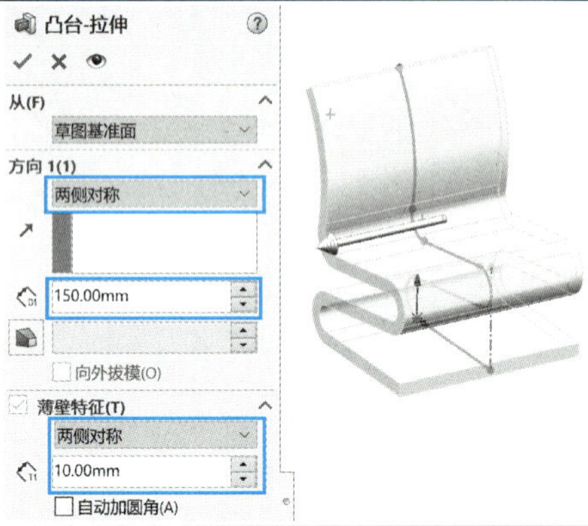
</td></tr>
<tr><td>3. 在命令管理器“特征”标签页上单击“圆角”按钮，“要圆角化的项目”栏选择图示箭头所指 4 条边线；“圆角参数”栏选择“对称”并设置半径为 20mm。单击“确定”按钮</td><td>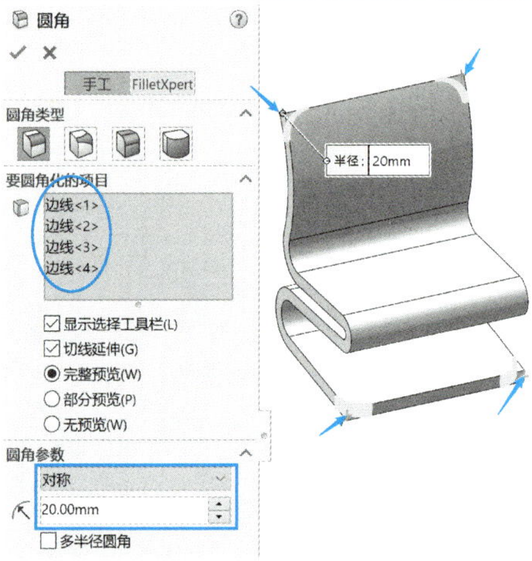
</td></tr>
<tr><td>4. 在命令管理器“草图”标签页上单击“草图绘制”按钮下方小三角▼→“3D 草图”按钮，在图示边线上右击，在弹出的快捷工具栏中单击“选择相切(B)”，单击“转换实体引用”按钮。相切的一圈边线被引用到 3D 草图中，然后退出草图</td><td>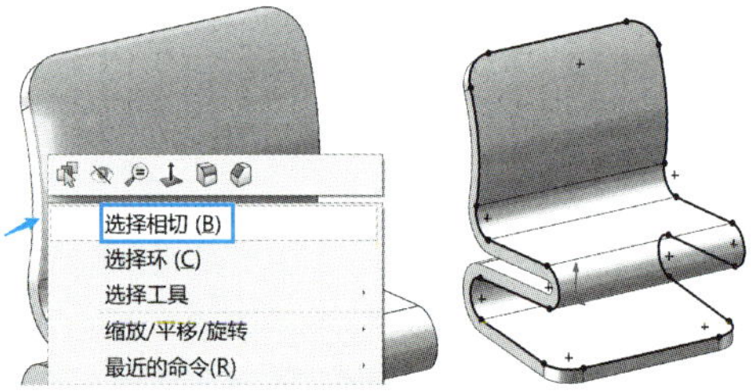
</td></tr>
<tr><td>5. 在“特征树”中单击“拉伸—薄壁 1”特征，在弹出的快捷工具栏中单击“隐藏”按钮，隐藏实体</td><td>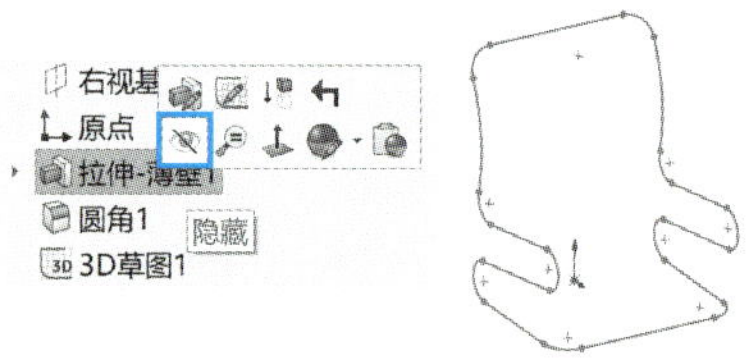
</td></tr>
<tr><td>6. 在“前视基准面”新建草图。利用“中心矩形”命令和“绘制圆角”命令绘制图示草图，标注尺寸 16mm、8mm 和 R3mm（注意矩形的中心位置在箭头所指处）</td><td>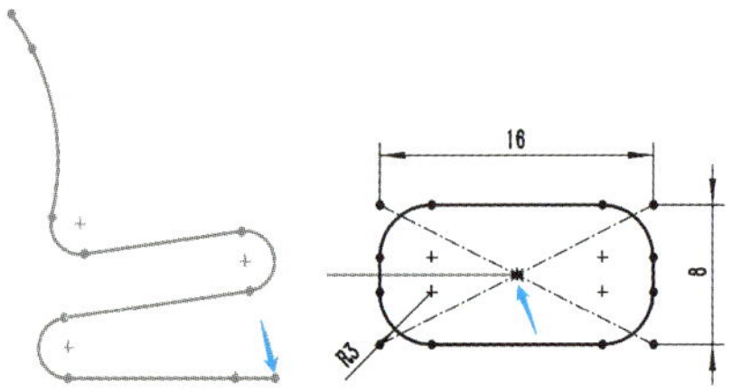
</td></tr>
</table>

（续）

<table>
<tr><th>建模步骤</th><th>图　　示</th></tr>
<tr><td>7. 在命令管理器“特征”标签页上单击“扫描”按钮，在“轮廓和路径(P)”栏中，轮廓选中上一步的矩形，路径选中第 4 步的 3D 草图，单击“确定”按钮</td><td>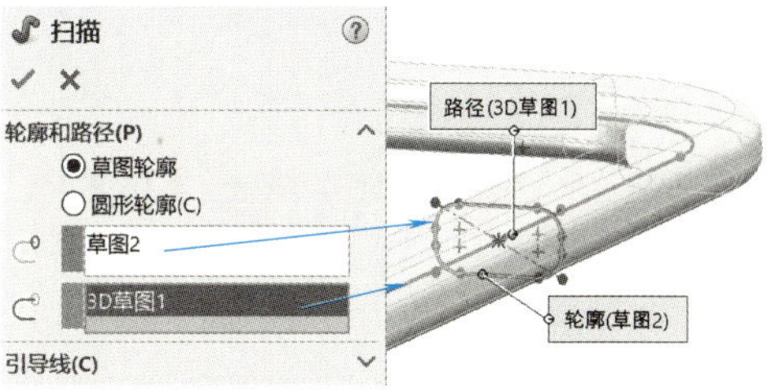
</td></tr>
<tr><td>8. 在命令管理器“特征”标签页上单击“参考几何体”按钮→“基准面”按钮，“第一参考”栏选择图示平面，“第二参考”栏选择图示边线，系统将创建与第一参考垂直的基准面（提示：平面是无限延伸的，不必注意生成的平面大小）</td><td>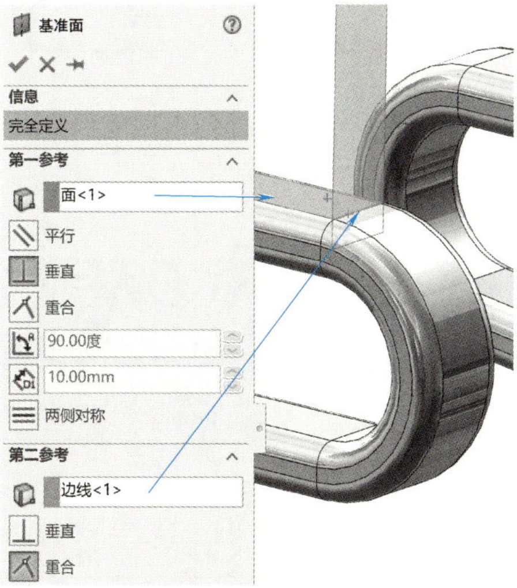
</td></tr>
<tr><td>9. 在上一步生成的基准面上新建草图，绘制图示封闭图形（可尝试配合使用“转换实体引用”命令）</td><td>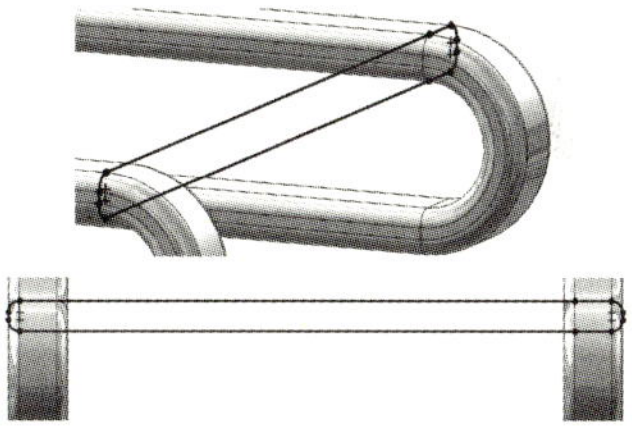</td></tr>
<tr><td>10. 在命令管理器“特征”标签页上单击“扫描”按钮，在“轮廓和路径(P)”栏中，轮廓选中上一步的草图，选择路径时，先在图示边线上右击，在弹出的快捷工具栏中单击“SelectionManager(R)”，再用左键单击图示边线，单击快捷面板上的“确定”按钮，刚选中的三条边线将以“组”的形式出现在路径中</td><td>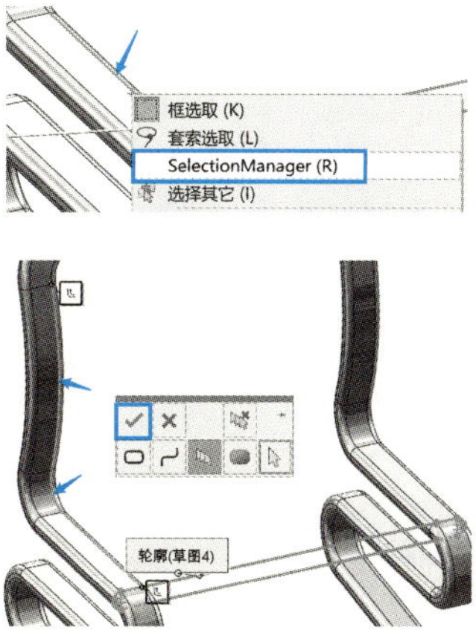
</td></tr>
</table>

（续）

建模步骤	图　示
11. 在“薄壁特征（H）”栏中确认“单向”及厚度1mm（如果需要，单击“反向”按钮，使壁厚向外拉伸）。单击“确定”按钮完成	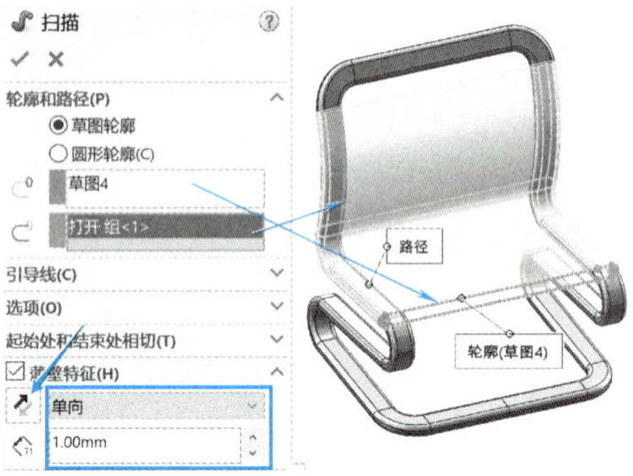

任务评价

任务评价表

专业＿＿＿＿＿　班级＿＿＿＿＿　姓名＿＿＿＿＿　学号＿＿＿＿＿　组别＿＿＿＿＿

项　目	标　准	自我评价	小组评价	教师评价
		2～10分		
		占50%	占20%	占30%
建立3D草图（步骤8）	正确完成			
扫描（步骤12）	正确完成			
＊建立基准面（步骤8）	正确完成			
操作熟练度	绘图快速、准确			
协作精神	交流、讨论顺畅			
纪律观念	课堂有序、讨论积极			
学习主动性	认真思考、积极回答问题			
知识应用情况	关键知识点内化			
完成任务过程中引以为自豪的做法	简捷、高效（加分项5～10分）			
指导他人	帮助的人数及质量（加分项5～10分）			
小　计				
总　评				

注：1. 每项满分10分；

2. 带有“＊”的步骤为任务延展中的内容。

组长签字：　　　　任课教师：　　　　年　　月　　日

任务8 嘴尖皮厚腹中空——应用抽壳与组合功能

学习要点

➢ 圆弧、圆、直线等草图绘制命令

➢ 分割、抽壳、组合等命令
➢ 相切、同心、重合几何关系

技能目标

➢ 掌握基本的草图绘制命令
➢ 熟悉分割、组合命令的应用
➢ 熟悉抽壳命令的应用
➢ 理解几何关系的添加方法

思政目标

➢ 具备爱岗敬业、遵纪守法的职业素养
➢ 具备互帮互助、团结协作的优良品质
➢ 具备一丝不苟、精益求精的工匠精神

任务导入

▶ 建立如图 1.8.1 所示的模型。

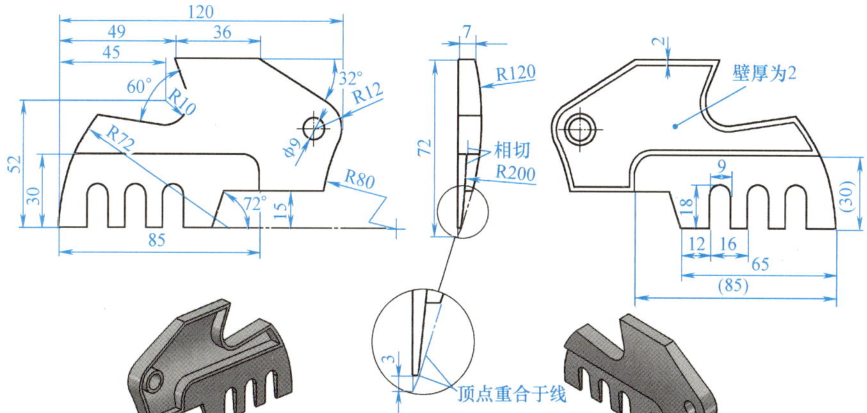

图 1.8.1　模型参考图样

任务分解

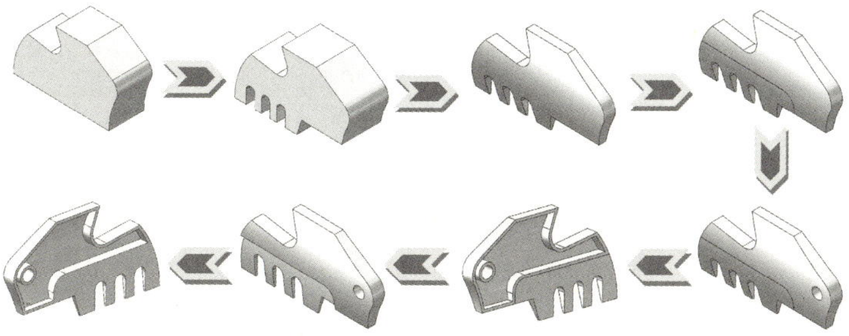

思维导图

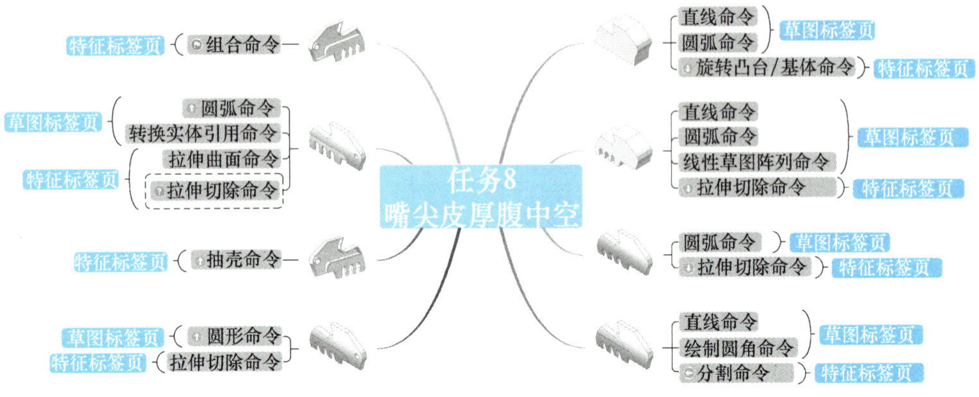

相关知识

（1）分割 在菜单栏单击“插入”→“特征”→“分割”，使用“分割属性管理器”将零件分为多个实体。在分割零件时，可以使用“分割属性管理器”保存新实体，或使用“保存实体属性管理器”在完成分割后对其进行保存，见表1.8.1。

（2）组合 在菜单栏单击“插入”→“特征”→“组合”，可将多个实体组合来生成单一实体零件或另一个多实体零件。只能将同一个多实体零件文件中包含的各个实体进行组合，无法组合两个单独的零件。但是，可以插入零件创建一个多实体零件，来将一个零件放置到另一个零件文件中。然后，就能够使用多实体零件上的组合。可以指定多实体零件中要添加、减除或重叠的实体，见表1.8.2。

表1.8.1 分割

命令条件	参数设置	结果
在零件中，创建要用于将零件分割为实体的草图 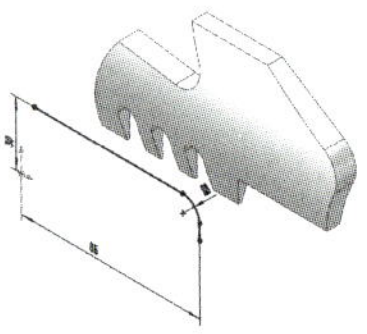	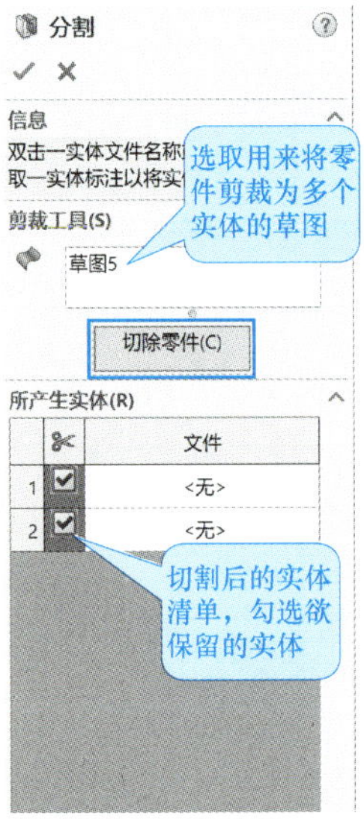 	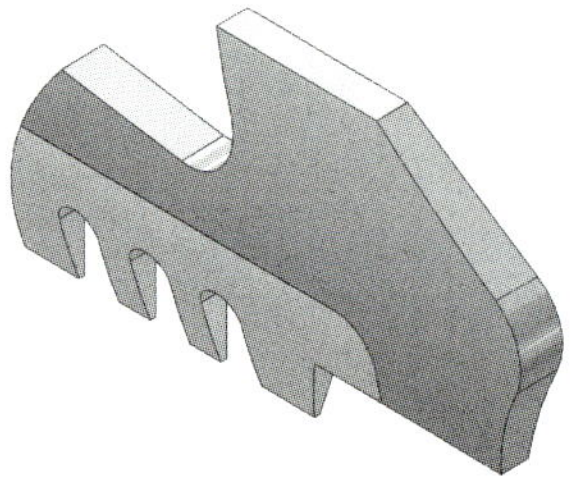
在草图状态或实体状态	选定“剪裁工具”后单击“切除零件(C)”按钮	零件被分割成多个实体

表 1.8.2 组合

命令条件	参数设置	结果
存在多个实体 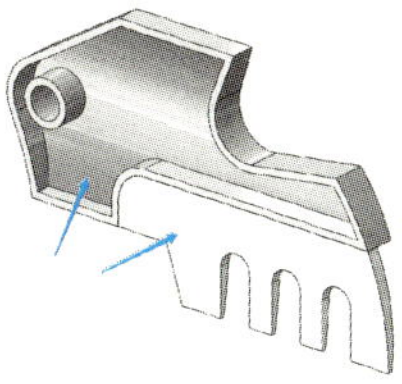	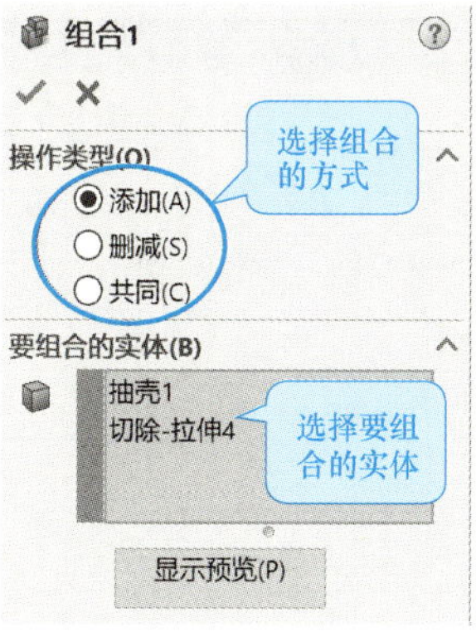 	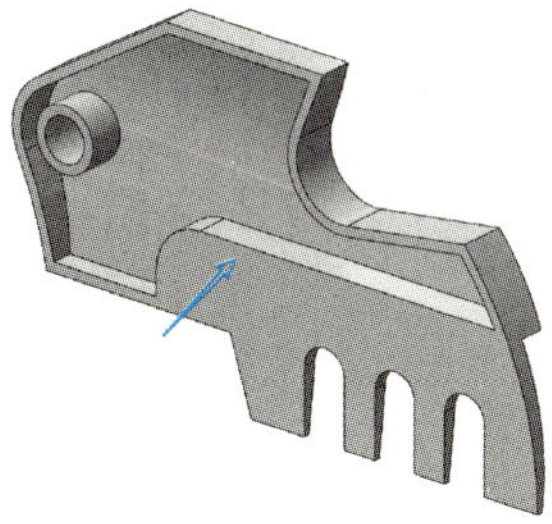 添加：在多实体零件中，可以将多个实体组合来创建一个单一实体 删减：在多实体零件中，可以从一个实体中减去一个或多个实体 共同：在多实体零件中，可以创建一个由多个实体的交叉处所定义的实体
在实体状态	选择合适的操作类型	生成组合后的实体

(3) 抽壳 抽壳工具会掏空零件，使所选择的面敞开，在剩余的面上生成薄壁特征。如果没选择模型上的任何面，可抽壳一个实体零件，生成一个闭合、掏空的模型。也可使用多个厚度来抽壳模型。见表 1.8.3。

表 1.8.3 抽壳

命令条件	参数设置	结果
完成将要进行抽壳操作的零件(应在生成抽壳之前对零件应用任何圆角处理) 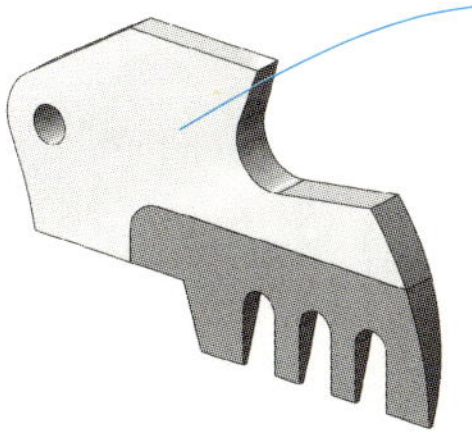	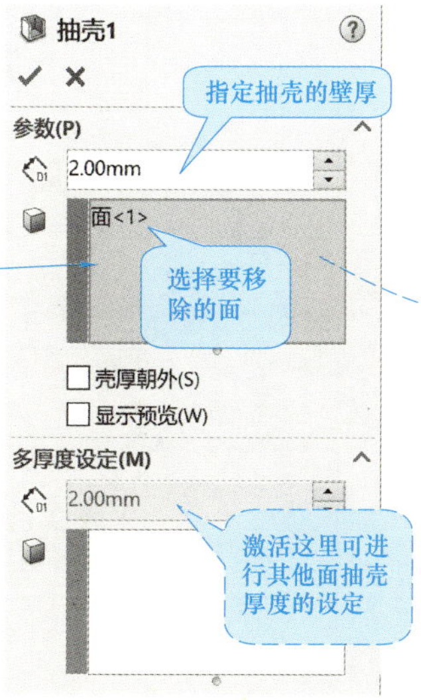 	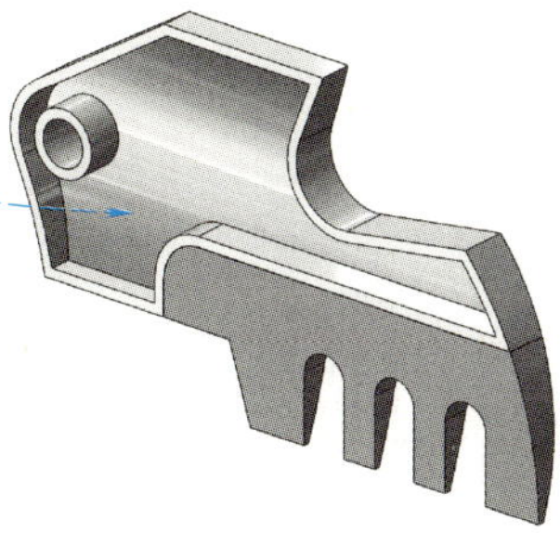
在实体状态	如果不选面，则内空，呈全封闭	所选面被移除，生成指定壁厚实体

任务实施 （表 1.8.4）

表 1.8.4　建模过程

建模步骤	图　示
1. 新建零件。在“前视基准面”新建草图，标注右图所示尺寸：49mm、36mm、45mm、69mm、52mm、120mm、R10mm、R72mm、R12mm、R80mm、60°、32°（注意添加合适的几何关系，R80mm 的圆心与底部箭头所示直线重合，原点定位在左下角）。在命令管理器“特征”标签页上单击“拉伸凸台/基体”按钮，拉伸至 40mm	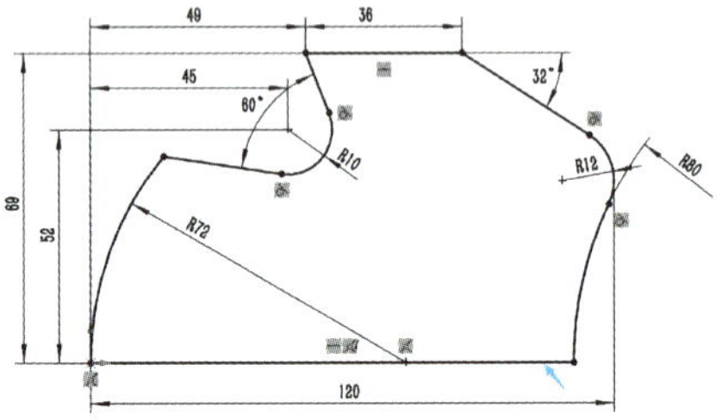
2. 在右图所示实体面上建立草图，标注尺寸：65mm、16mm、12mm、18mm、15mm、R4.5mm、72°（注意添加合适的几何关系）。在命令管理器“特征”标签页上单击“拉伸切除”按钮，切除至完全贯穿	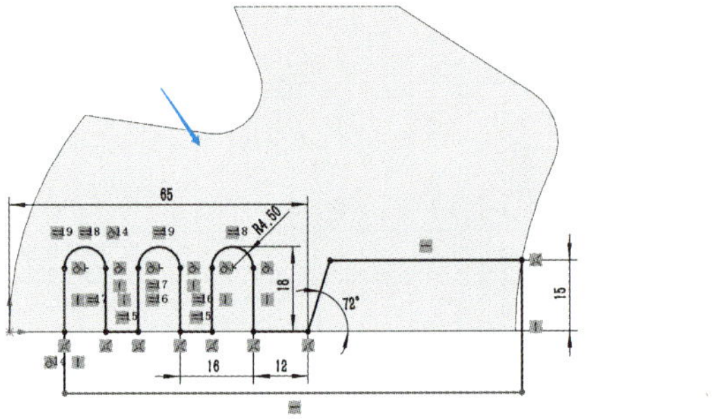
3. 在“右视基准面”建立右图所示草图，标注尺寸：7mm、3mm、R120mm（注意箭头所示直线和点的重合关系）	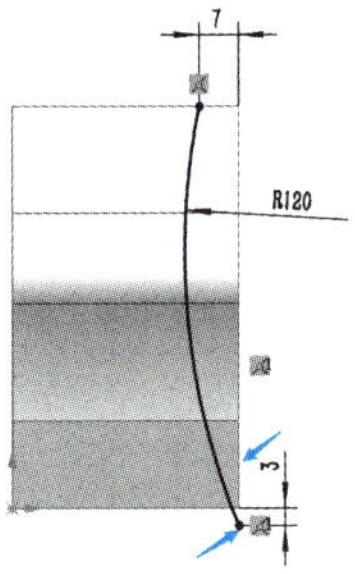
4. 在命令管理器“特征”标签页上单击“拉伸切除”按钮，“方向 1（1）”栏选择“完全贯穿”，必要时勾选“反侧切除（F）”，使切除箭头如右图所示，确保圆弧内侧是被保留的。单击“确定”按钮	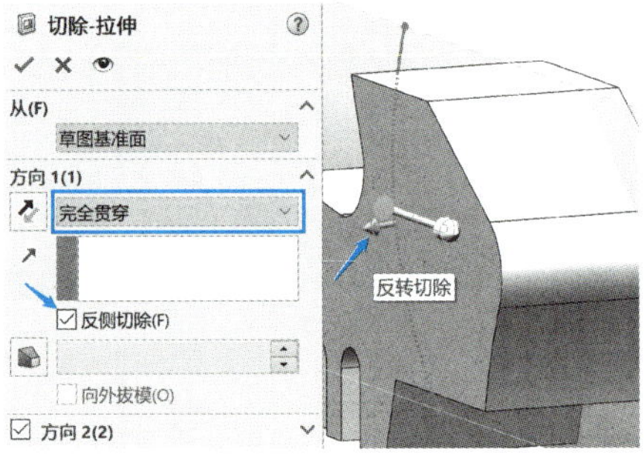
5. 切除后的结果如右图所示	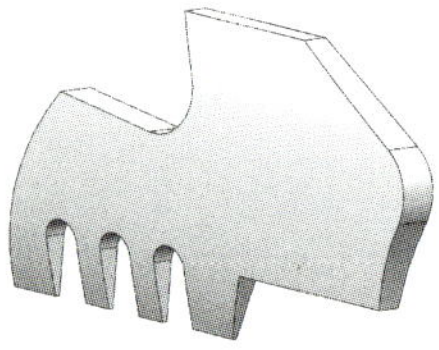

（续）

建模步骤	图　示
6. 在“前视基准面”新建草图，标注尺寸：30mm、85mm、R8mm（注意添加合适的几何关系）	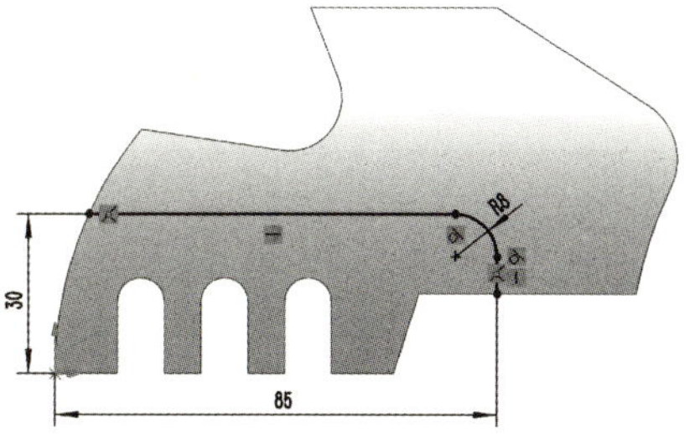
7. 在菜单栏单击“插入”→“特征”→“分割”（如果是在草图绘制状态下执行该命令，则“剪裁工具(S)”栏会自动选中草图；否则，手动选中用于分割的草图），然后单击“切除零件(C)”按钮，在下方的“所产生实体(R)”栏中会出现分割的实体列表，勾选全部的实体后，单击“确定”按钮完成	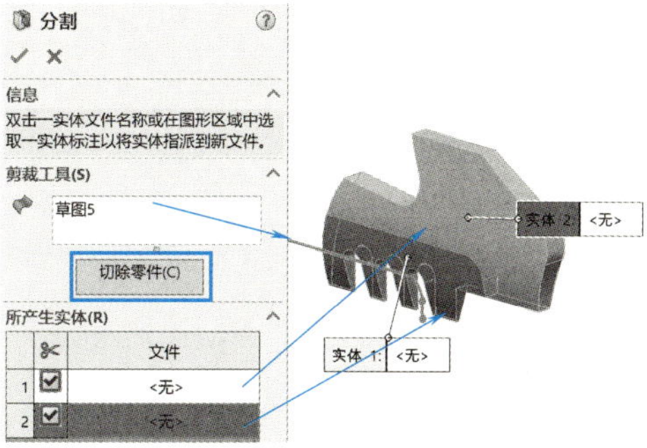
8. 在“前视基准面”新建草图（注意圆和圆弧之间的同心几何关系），圆的直径为9mm，切除至完全贯穿	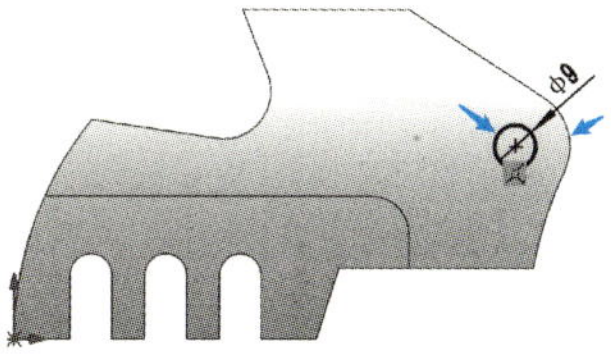
9. 在命令管理器“特征”标签页上单击“抽壳”按钮，设置“参数(P)”为2mm（壁厚），选中右图所示表面，单击“确定”按钮	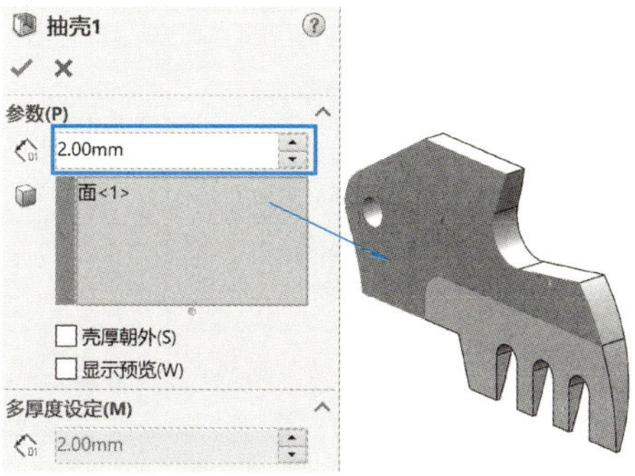
10. 在“右视基准面”建立右图所示草图，标注尺寸200mm（注意添加图示几何关系）	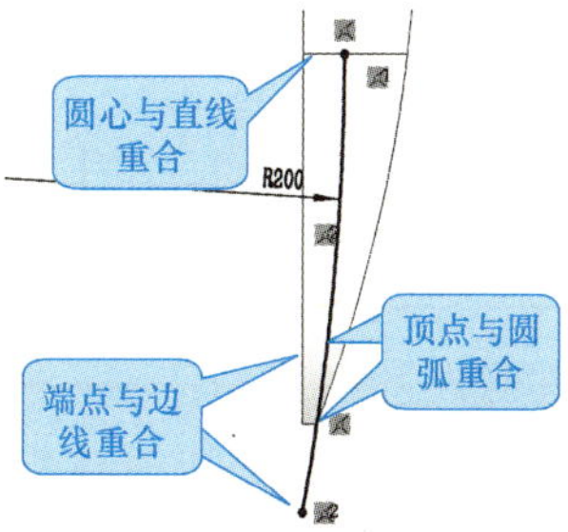

（续）

建模步骤	图　　示
11. 在命令管理器“曲面”标签页上单击“拉伸曲面”按钮，设置长度为 40mm（注意拉伸的方向，最好不与实体重合；这里的长度可以任意设置，此拉伸的曲面主要用于后续的切除） 注意：如果命令管理器未显示曲面标签页，则需要在命令管理器上右击，勾选“曲面”即可显示标签	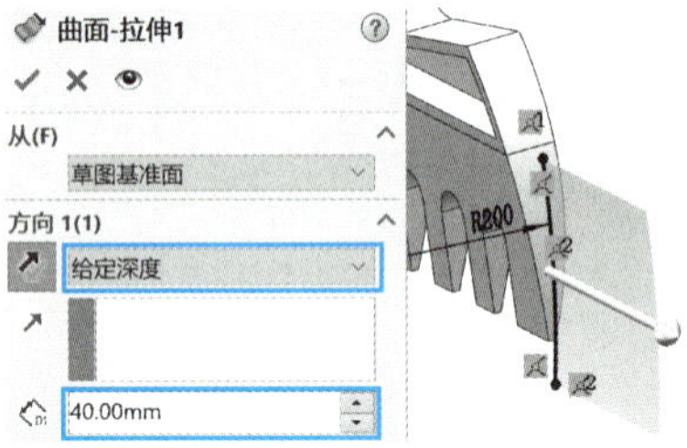
12. 在“前视基准面”新建右图所示草图（可用“转换实体引用”命令快速建立）	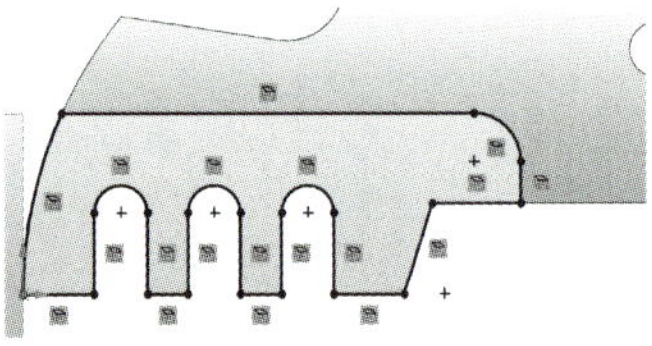
13. 在命令管理器“特征”标签页上单击“拉伸切除”按钮，“方向 1（1）”栏选择“成形到一面”，成形面选择第 11 步的曲面，“特征范围（F）”栏选择“自动选择（O）”或者手动选择齿状部分实体。单击“确定”按钮	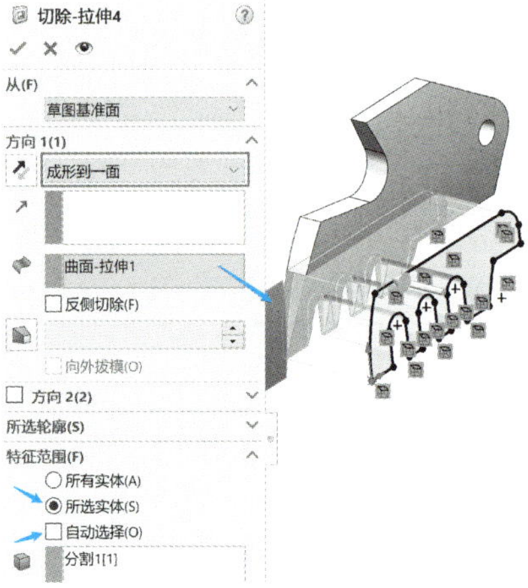
14. 因为之前的分割操作，目前该零件包含两个实体（如果需要，可隐藏前述曲面）	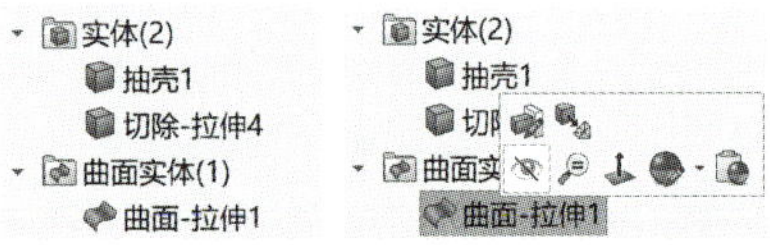
15. 菜单栏单击“插入”→“特征”→“组合”，在“操作类型（O）”栏选择“添加（A）”，“要组合的实体（B）”栏选中前述分割的两个实体，单击“确定”按钮，两个实体合二为一	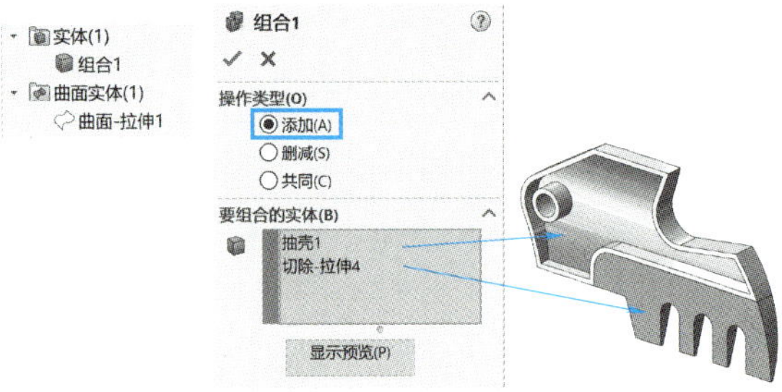

任务延展

● 建立如图 1.8.2 所示的模型。建模过程见表 1.8.5。

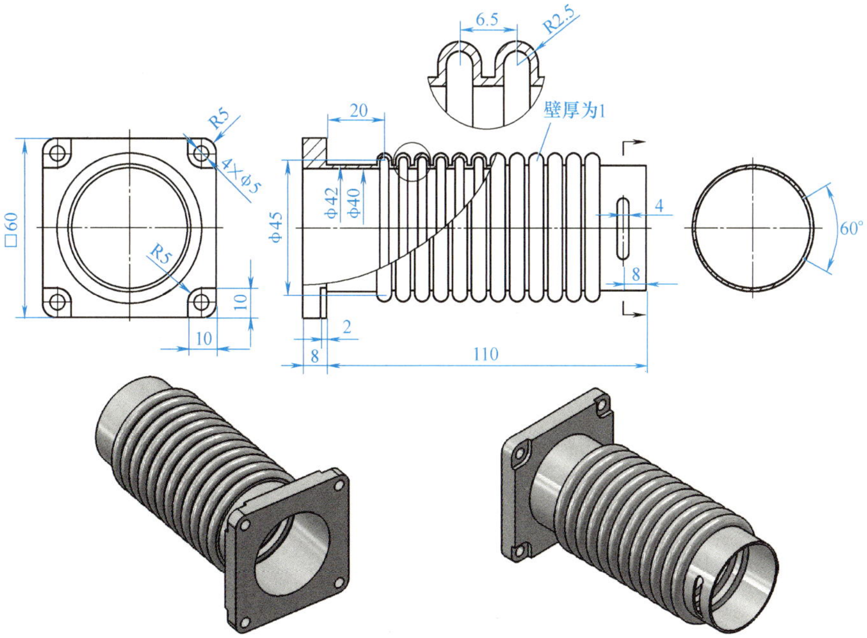

图 1.8.2　模型参考图样

表 1.8.5　建模过程

建模步骤	图　示
1. 新建零件。在“右视基准面”新建草图。利用“圆形”命令绘制图示草图，标注直径为42mm（圆心在原点处）。将其拉伸至110mm	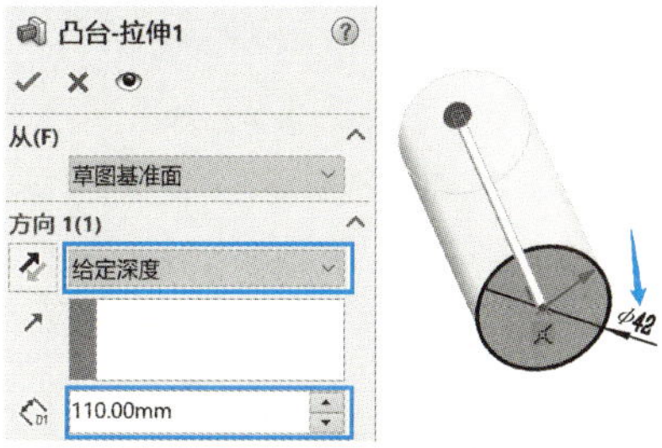
2. 在“前视基准面”新建草图。利用“直线”命令和“切线弧”命令绘制图示草图。标注圆弧的半径为2.5mm，圆心的对称距离为45mm，圆心距离原点20mm	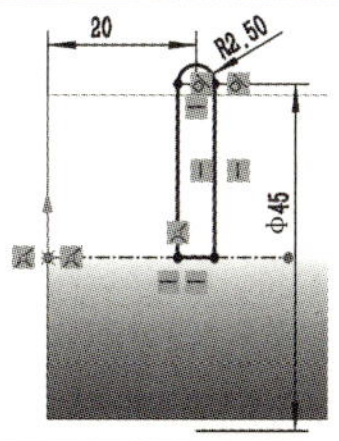
3. 在命令管理器“特征”标签页上单击“旋转凸台/基体”按钮，确认旋转角度为360度，单击“确定”按钮	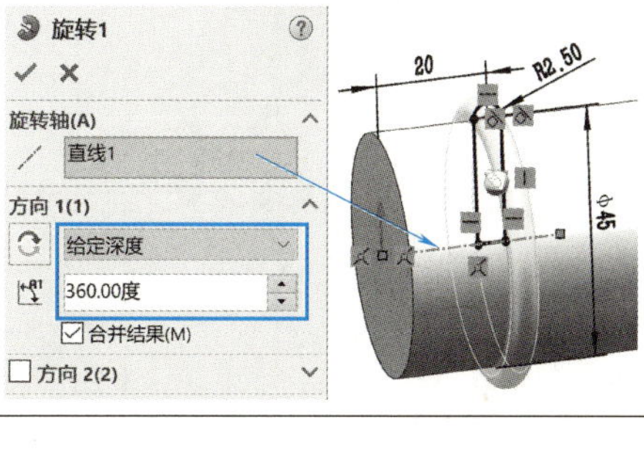

（续）

建模步骤	图　　示
4. 在绘图区域的“视图(前导)”工具栏上单击图标右侧的小箭头，再单击“观阅临时轴”按钮，打开临时轴	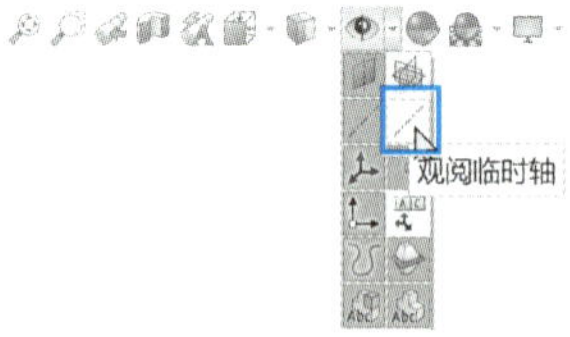
5. 在命令管理器“特征”标签页上单击“线性阵列”按钮	
6.“方向1(1)”栏选择图示临时轴(必要时单击“反向”按钮，使阵列朝向如右图所示)，输入间距为6.5mm，实例数为12；“特征和面(F)”栏中选择第3步生成的旋转特征，单击“确定”按钮。重复第4步，关闭临时轴	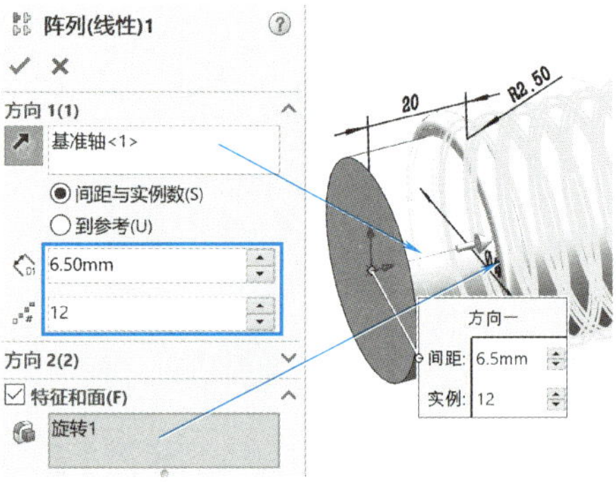
7. 在命令管理器“特征”标签页上单击“抽壳”按钮，设置“参数(P)”为1mm(壁厚)，选中右图所示两个端面，单击“确定”按钮	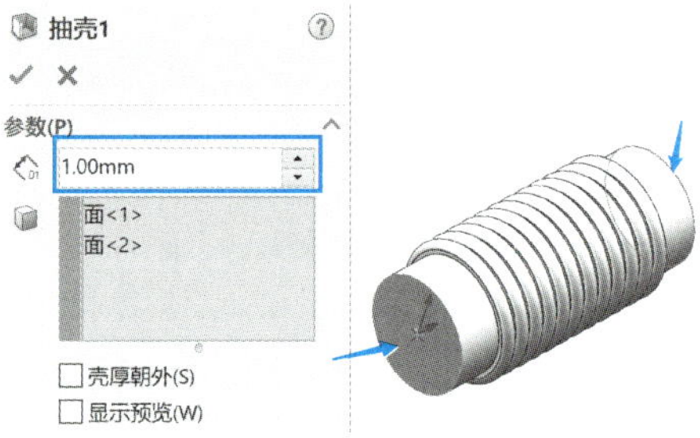
8. 在“上视基准面”新建草图。标注矩形的宽度为4mm，距离端面8mm	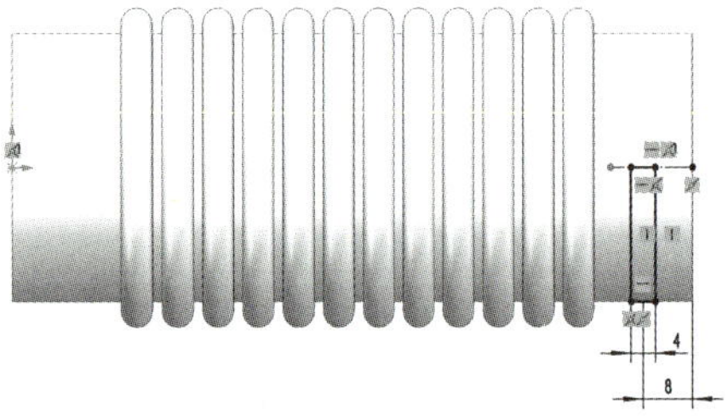
9. 在命令管理器“特征”标签页上单击“旋转切除”按钮，确认“方向1(1)”栏选择“两侧对称”，旋转角度为60°，单击“确定”按钮	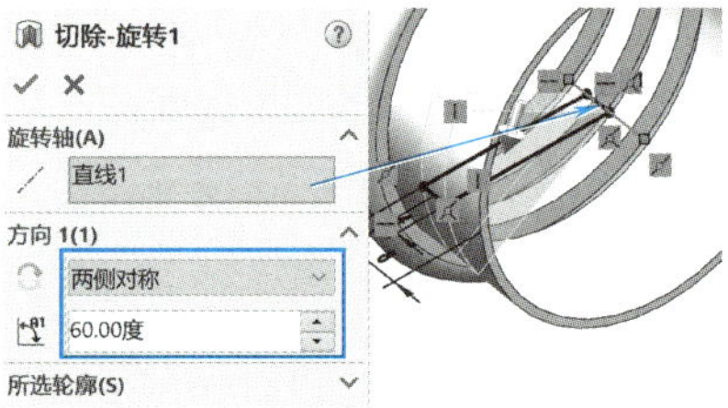

（续）

建模步骤	图　示
10. 在命令管理器“特征”标签页上单击“圆角”按钮，“圆角类型”栏选择“完整圆角”，“要圆角化的项目”栏按❶❷❸顺序分别选择三面（可结合鼠标右键快捷操作），单击“确定”按钮。另一边进行同样的操作	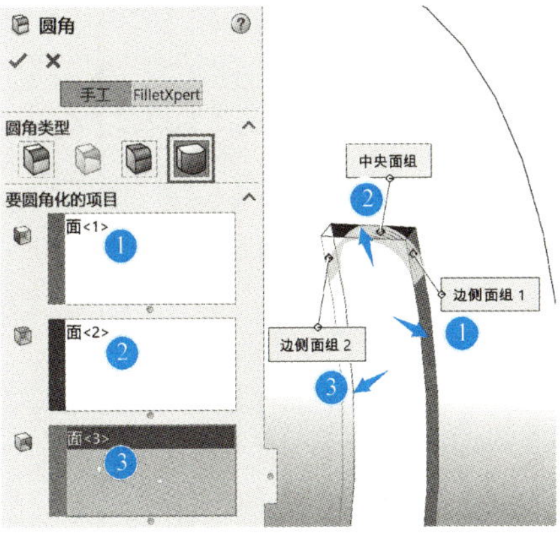
11. 在右图所示端面上新建草图。绘制边长为 60mm 的正方形，四个圆角半径为 5mm，内部圆与管内孔重合	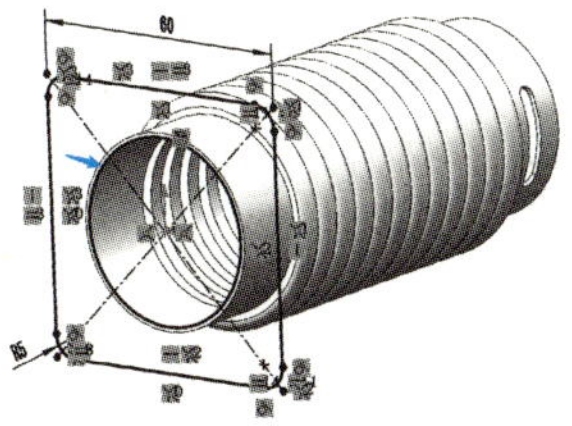
12. 在命令管理器“特征”标签页上单击“拉伸凸台/基体”按钮，往实体外拉伸 8mm	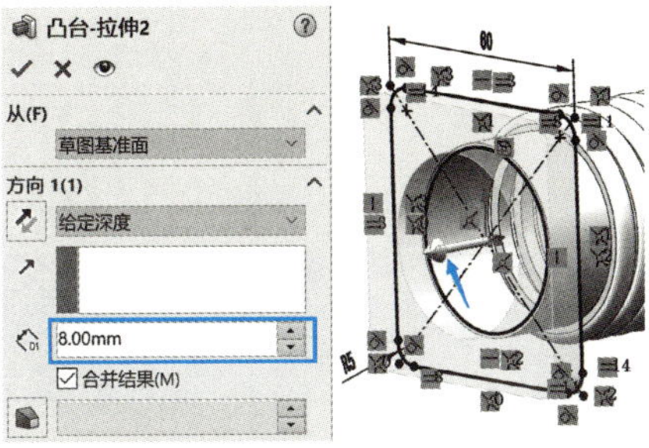
13. 在右图所示面上新建草图。绘制一个与边线重合的边长为 10mm 的正方形，图示圆角半径为 5mm	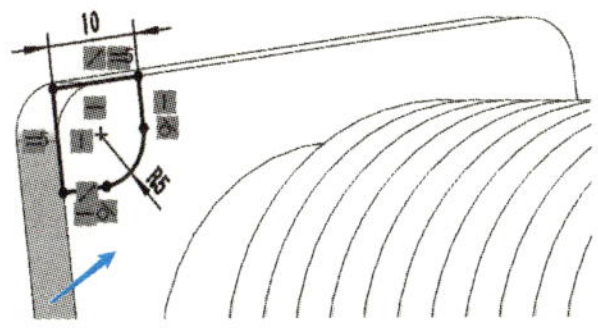
14. 在命令管理器“特征”标签页上单击“拉伸切除”按钮，“方向 1(1)”栏选择“给定深度”，并输入深度值 2mm。单击“确定”按钮	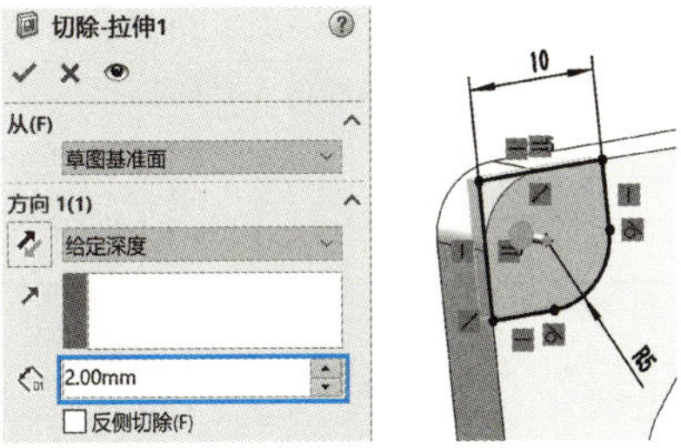

（续）

建模步骤	图　示
15. 在右图所示面上新建直径为 5mm 的同心圆并切除至完全贯穿	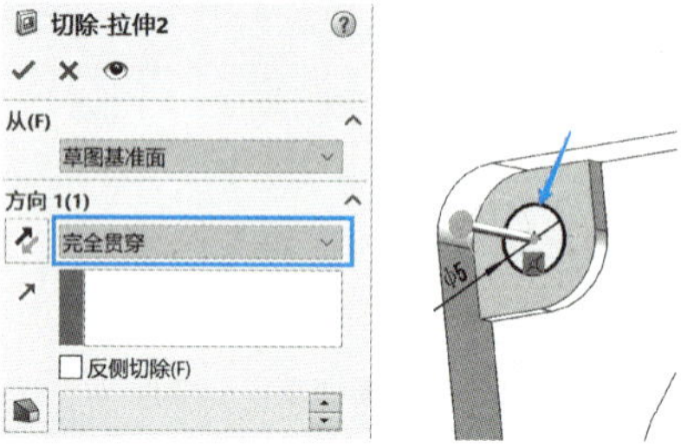
16. 在命令管理器“特征”标签页上单击“镜向”按钮，“镜向面/基准面(M)”栏选择“前视基准面”，“要镜向的特征(F)”栏选择第 14、15 两步的特征。单击“确定”按钮	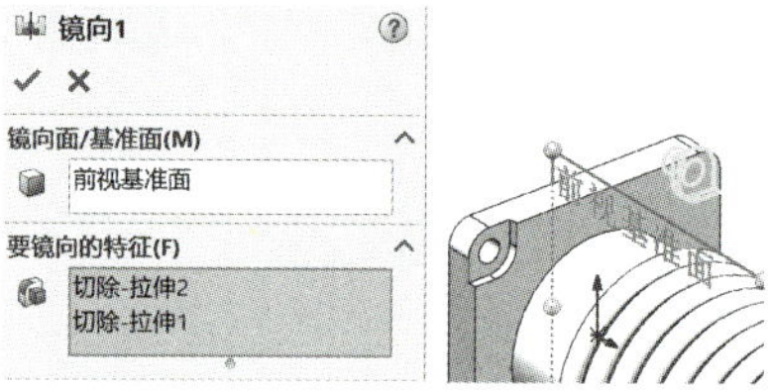
17. 在命令管理器“特征”标签页上再次单击“镜向”按钮，“镜向面/基准面(M)”栏选择“上视基准面”，“要镜向的特征(F)”栏自动会选入上一步的特征（如果没有自动选择，则手动选择上一步的镜向特征）。单击“确定”按钮	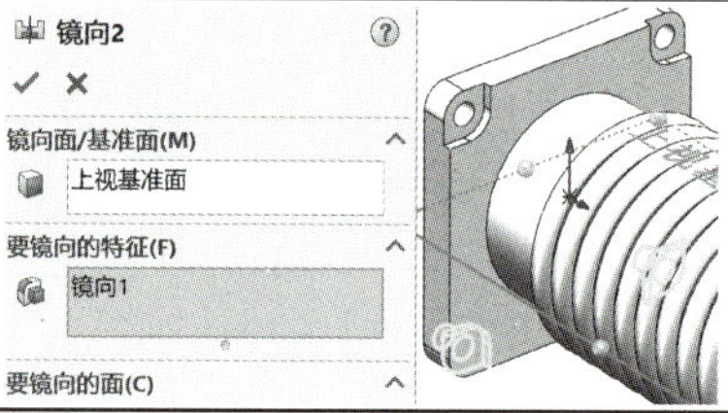

任务评价

任务评价表

专业＿＿＿＿＿　班级＿＿＿＿＿　姓名＿＿＿＿＿　学号＿＿＿＿＿　组别＿＿＿＿＿

项　目	标　准	自我评价	小组评价	教师评价
		2 ~10 分		
		占 50%	占 20%	占 30%
分割（步骤 7）	正确完成			
抽壳（步骤 9）	正确完成			
组合（步骤 15）	正确完成			
操作熟练度	绘图快速、准确			
协作精神	交流、讨论顺畅			
纪律观念	课堂有序、讨论积极			
学习主动性	认真思考、积极回答问题			
知识应用情况	关键知识点内化			
完成任务过程中引以为自豪的做法	简捷、高效（加分项 5~10 分）			
指导他人	帮助的人数及质量（加分项 5~10 分）			
小　计				
总　评				

注：1. 每项满分 10 分；
2. 带有“＊”的步骤为任务延展中的内容。

组长签字：　　　　**任课教师：**　　　　年　　月　　日

任务 9 形随你动——应用放样凸台与多厚度抽壳功能

学习要点

➢ 快速草图等草图绘制命令
➢ 放样凸台/基体、放样切除、抽壳等命令
➢ 相切、相等、重合几何关系

技能目标

➢ 掌握基本的草图绘制命令
➢ 掌握放样凸台/基体、放样切除、抽壳命令的应用
➢ 理解几何关系的添加方法

思政目标

➢ 具备爱岗敬业、遵纪守法的职业素养
➢ 具备互帮互助、团结协作的优良品质
➢ 具备一丝不苟、精益求精的工匠精神

任务导入

● 建立如图 1.9.1 所示的模型。

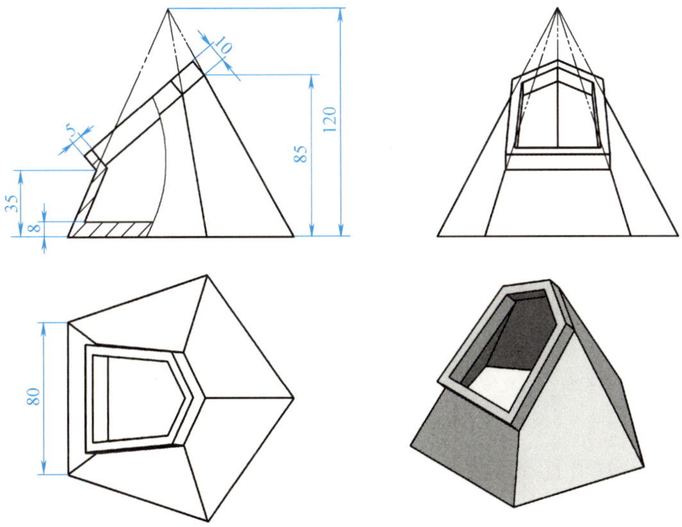

图 1.9.1 模型参考图样

任务分解

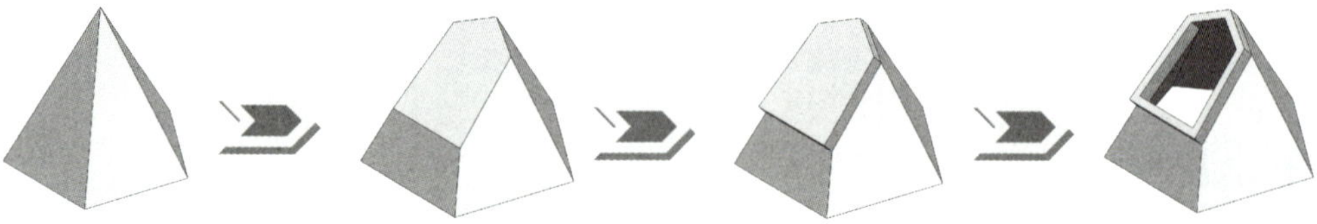

思维导图

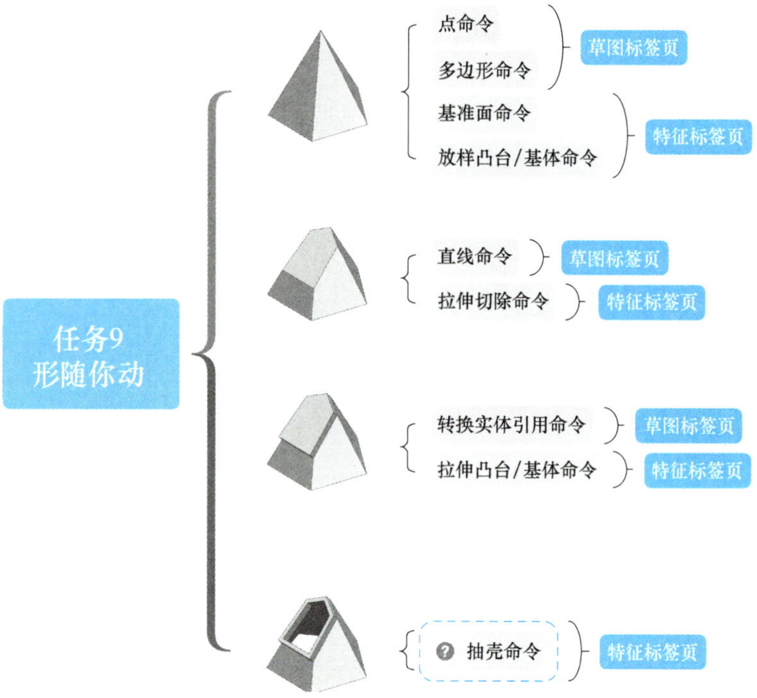

相关知识

（1）放样凸台/基体 放样工具通过在轮廓之间进行过渡生成特征。可以放样基体、凸台、切除特征或曲面。可以使用两个或多个轮廓生成放样。仅第一个或最后一个轮廓可以是点，这两个轮廓也可以均为点。单一 3D 草图中可以包含所有草图实体（包括引导线和轮廓）。见表 1.9.1。

（2）抽壳 抽壳工具会掏空零件，使所选择的面敞开，在剩余的面上生成薄壁特征。如果没有选择模型上的任何面，可抽壳一个实体零件，生成一个闭合、掏空的模型。也可使用多个厚度来抽壳模型。见表 1.9.2。

表 1.9.1 放样凸台/基体

命令条件	参数设置	结　　果
已完成用于放样操作的多个截面草图(如有需要,还需完成引导线) 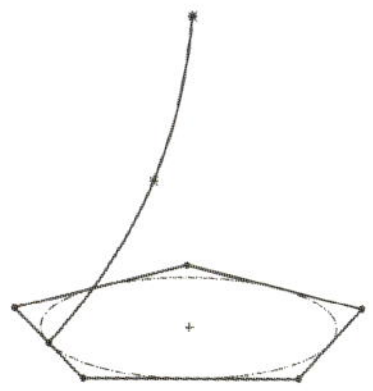	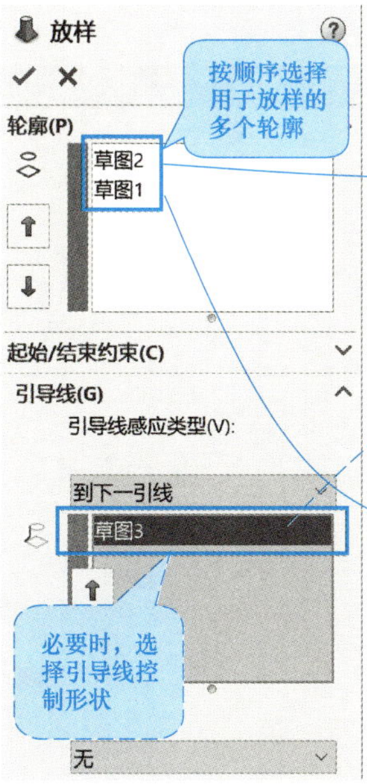	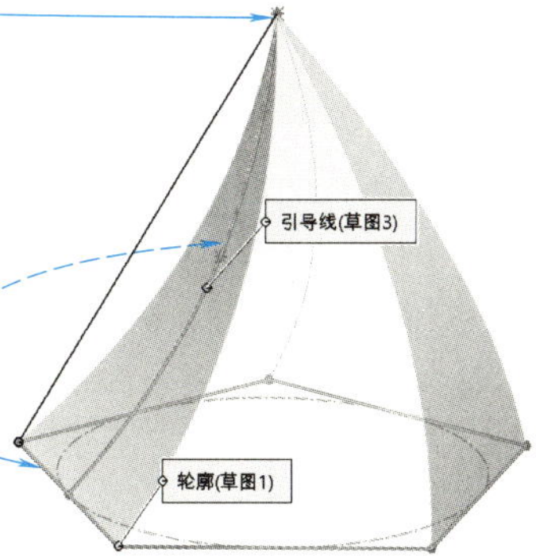
在实体状态	按放样要求顺序选择轮廓	各轮廓在引导线的约束下成形

表 1.9.2 抽壳

命令条件	参数设置	结　　果
完成将要进行抽壳操作的零件(应在生成抽壳之前对零件应用任何圆角处理) 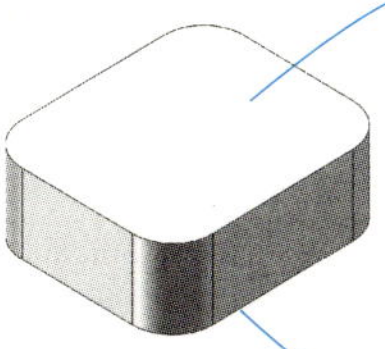	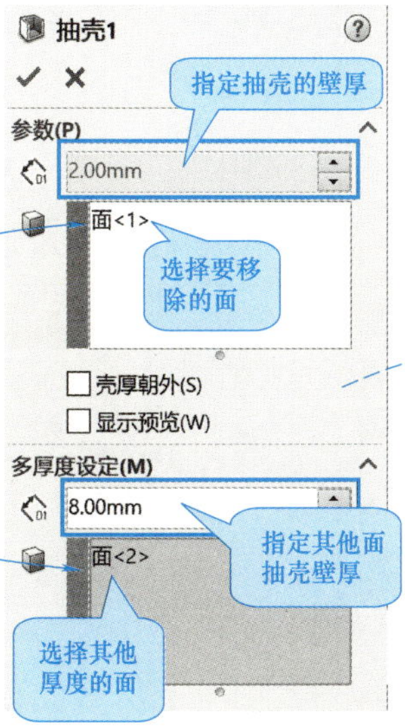	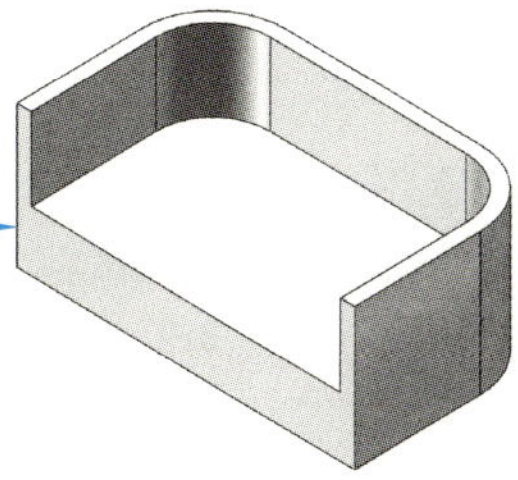
在实体状态	如果不选面,则内空,呈全封闭	所选面被移除,生成指定壁厚实体

任务实施 （表 1.9.3）

表 1.9.3 建模过程

建模步骤	图 示
1. 新建零件。在“上视基准面”新建草图—五边形，标注边长为 80mm（注意添加合适的几何关系，原点定位在中心）。然后退出草图	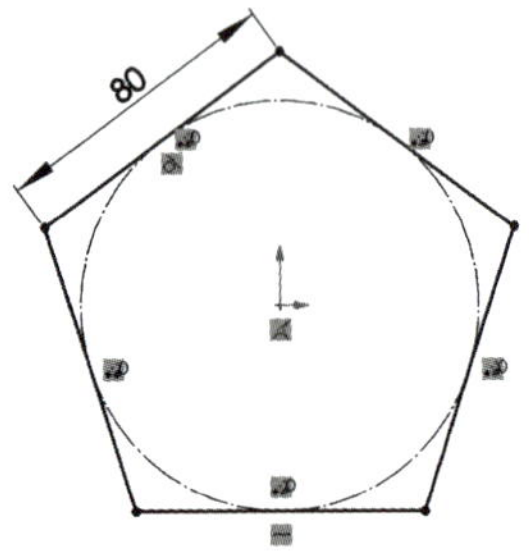
2. 以“上视基准面”为第一参考，新建距离为 120mm 的基准面	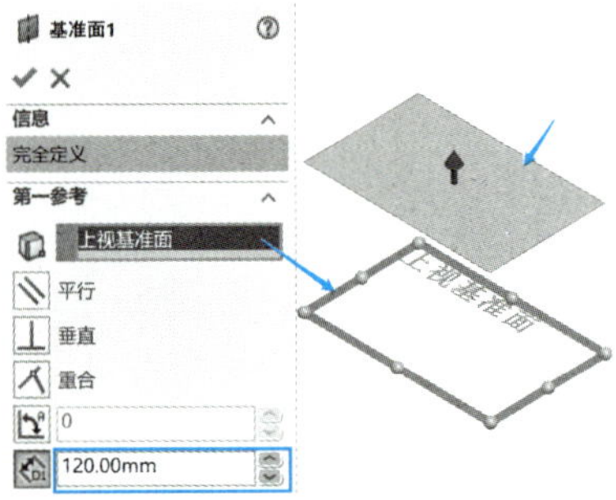
3. 在命令管理器“草图”标签页上单击“点”按钮 ，在第 2 步创建的基准面原点处绘制一个点。然后退出草图	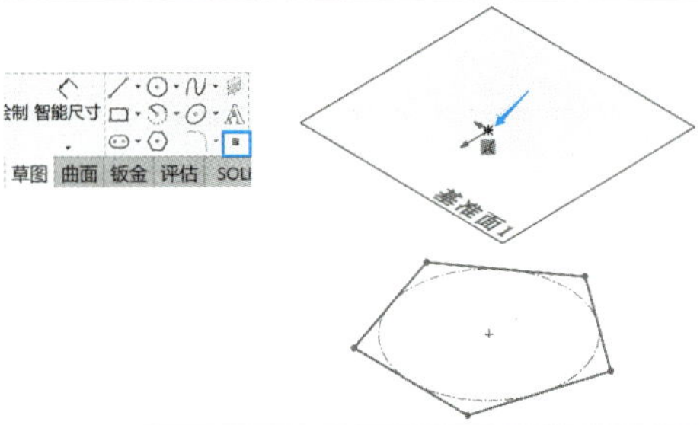
4. 在命令管理器“特征”标签页上单击“放样凸台/基体”按钮，“轮廓（P）”栏分别选择第 3 步和第 1 步的草图，单击“确定”按钮完成	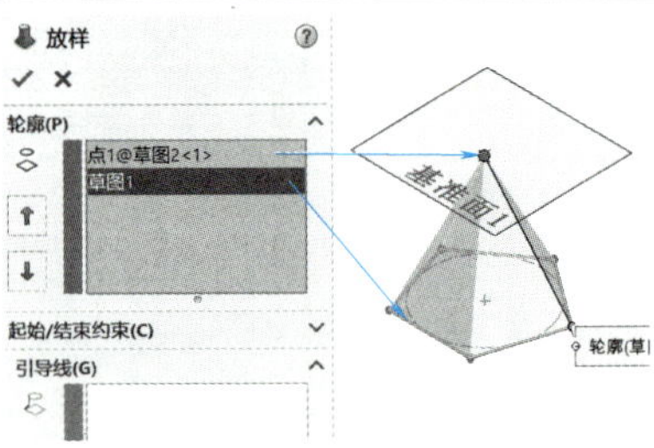
5. 在“右视基准面”建立右图所示草图，标注尺寸 35mm 和 85mm	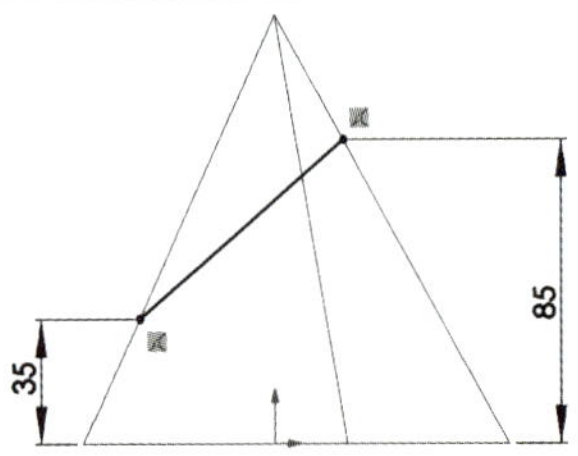

（续）

建模步骤	图　　示
6. 在命令管理器“特征”标签页上单击“拉伸切除”按钮，“方向 1(1)”栏选择“完全贯穿-两者”，必要时，勾选“反侧切除(F)”，使切除箭头如右图所示，确保顶部尖角是被切除的。单击“确定”按钮	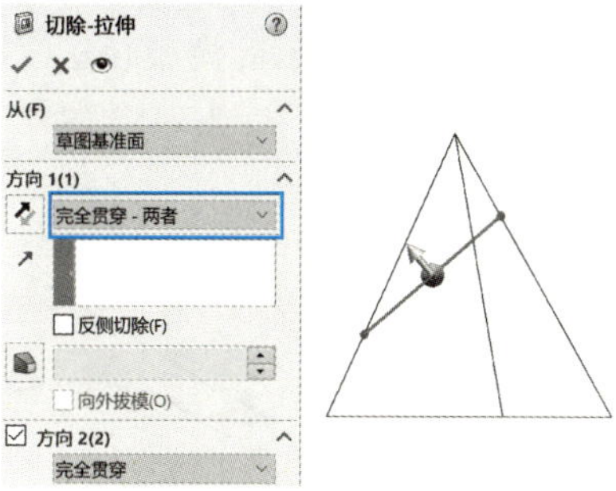
7. 在右图所示面上新建草图(试试用“转换实体引用”命令)并拉伸至 10mm	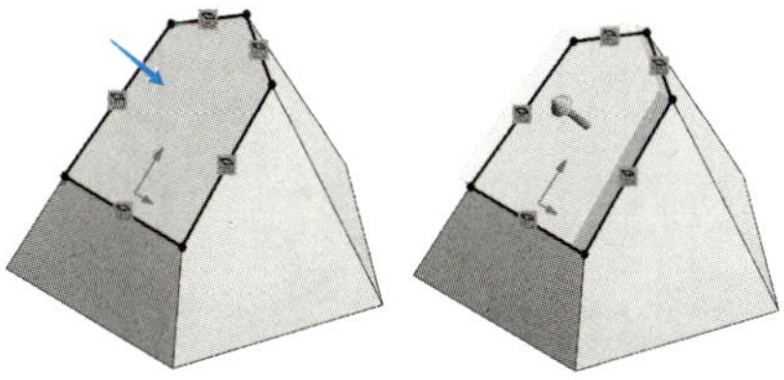
8. 在命令管理器“特征”标签页上单击“抽壳”按钮，❶设置“参数(P)”为 5mm(壁厚)，❷选中图示表面；❸激活多厚度，选择图示底面，❹设置“多厚度设定(M)”为 8mm，单击“确定”按钮	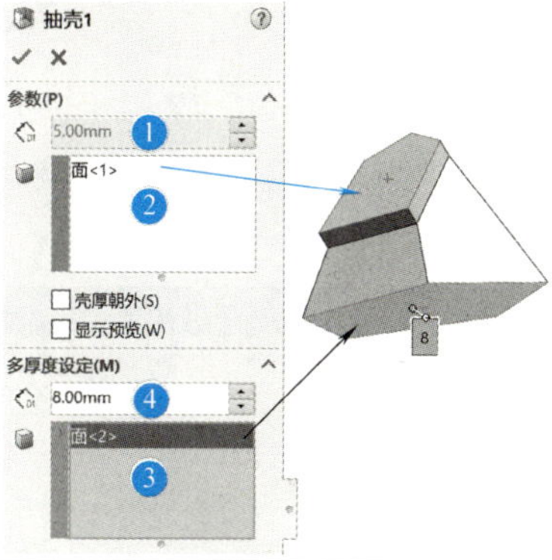
9. 在绘图区域的“视图(前导)”工具栏上单击“剖面视图”按钮	
10. 在“剖面 1(1)”栏选择合适的基准面，必要时单击“反向”按钮，方便观看内部结构，也可以进一步对下方的距离和角度进行设置。单击“确定”按钮，展示内部结构 再次单击“剖面视图”按钮，关闭展示内部结构功能(此操作只是临时观看内部结构，不作实质剖切)	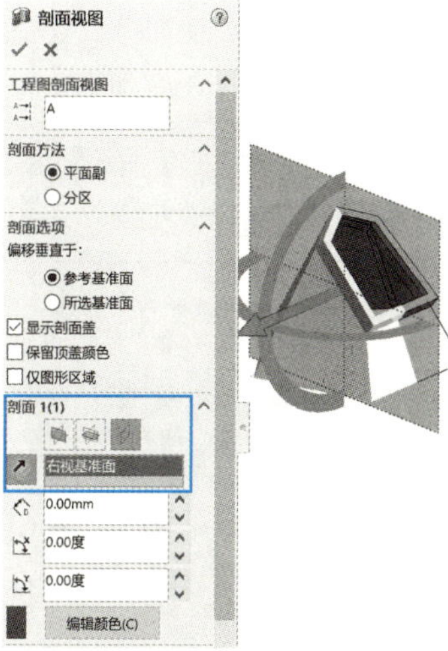

注：9、10 这两步非必需。

任务延展

建立如图 1.9.2 所示的模型。建模过程见表 1.9.4。

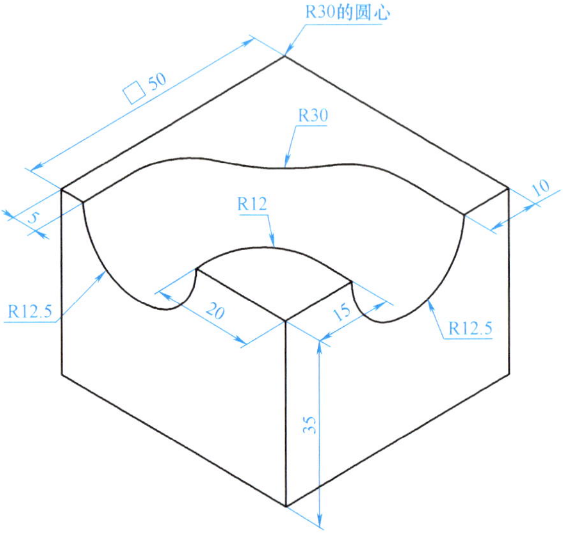

图 1.9.2　模型参考图样

表 1.9.4　建模过程

建模步骤	图　　示
1. 新建零件。在“上视基准面”新建边长为 50mm 的正方形，拉伸至 35mm 高度	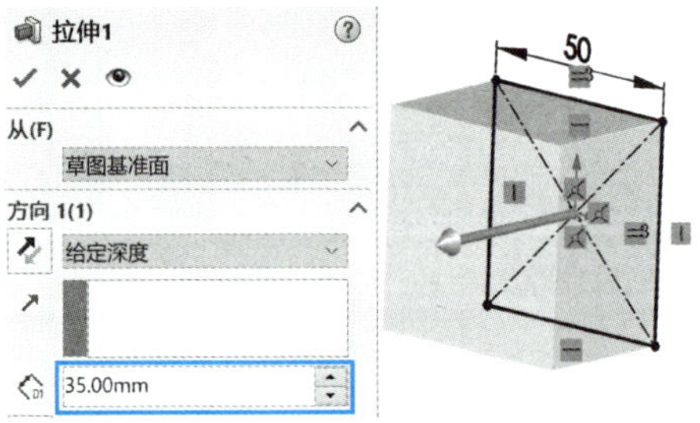
2. 在命令管理器“草图”标签页上单击“快速草图”按钮，使其处于按下状态（此命令为开关式）	
3. 在命令管理器“草图”标签页上单击“直线”按钮，将鼠标光标移到图示平面上，将自动打开一个草图平面，然后单击开始绘制图示草图（注意添加合适的几何关系），标注尺寸 5mm、10mm、15mm、20mm、R12mm 和 R30mm	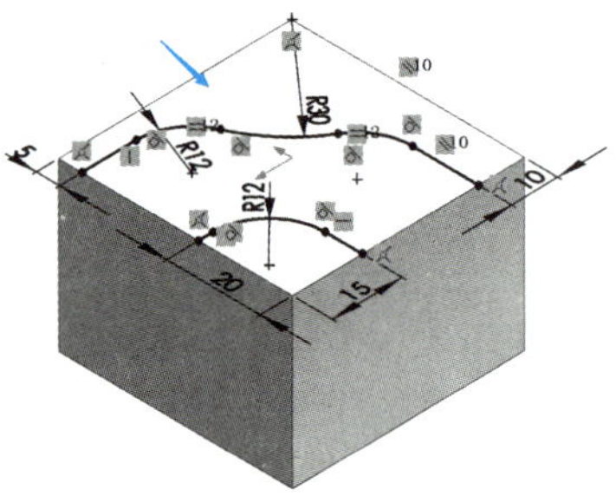

（续）

建模步骤	图示
4. 在命令管理器"草图"标签页上单击"3 点圆弧"按钮和"直线"按钮，分别将鼠标光标移到图示平面上，将自动打开一个草图平面，然后单击开始绘制图示封闭半圆（注意添加合适的几何关系）。完成后退出草图状态	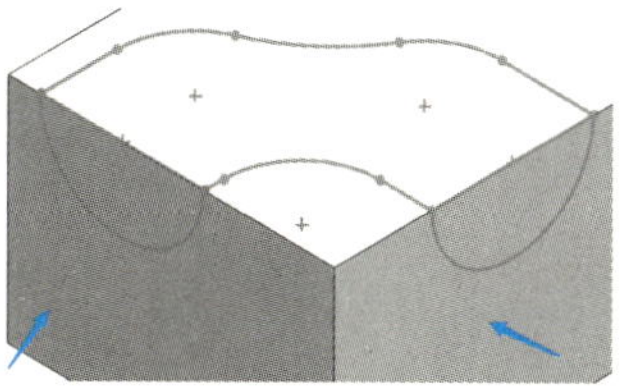
5. 在命令管理器"特征"标签页上单击"放样切除"按钮，"轮廓（P）"栏分别选择第 4 步的两个半圆，"引导线（G）"栏选择第 3 步的两条曲线，单击"确定"按钮完成 （在选择引导线时，若出现下图选项，单击"选择开环"选项，这是因为两条引导线在同一草图的缘故。对于初学者，建议将此两条引导线分为两个草图来完成） 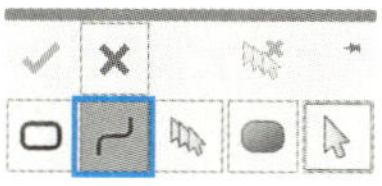	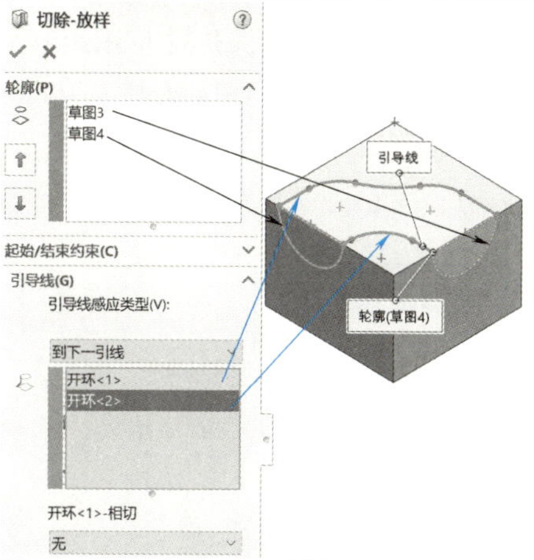

任务评价

任务评价表

专业__________ 班级__________ 姓名__________ 学号__________ 组别__________

项目	标准	自我评价	小组评价	教师评价
		2~10 分		
		占 50%	占 20%	占 30%
放样（步骤 4）	正确完成			
多厚度抽壳（步骤 8）	正确完成			
* 放样切除（步骤 5）	正确完成			
操作熟练度	绘图快速、准确			
协作精神	交流、讨论顺畅			
纪律观念	课堂有序、讨论积极			
学习主动性	认真思考、积极回答问题			
知识应用情况	关键知识点内化			
完成任务过程中引以为自豪的做法	简捷、高效（加分项 5~10 分）			
指导他人	帮助的人数及质量（加分项 5~10 分）			
小计				
总评				

注：1. 每项满分 10 分；

2. 带有"*"的步骤为任务延展中的内容。

组长签字： **任课教师：** **年 月 日**

任务 10　看！变身术——应用零件配置与系列零件设计表功能

学习要点

- 矩形、绘制圆角、圆形等草图绘制命令
- 零件配置、系列零件设计表
- 链接数值
- 相切、同心、重合几何关系

技能目标

- 掌握基本的草图绘制命令
- 掌握多配置零件的建立方法
- 掌握链接数值方法
- 理解几何关系的添加方法

思政目标

- 具备爱岗敬业、遵纪守法的职业素养
- 具备互帮互助、团结协作的优良品质
- 具备一丝不苟、精益求精的工匠精神

任务导入

建立如图 1.10.1 所示的模型。

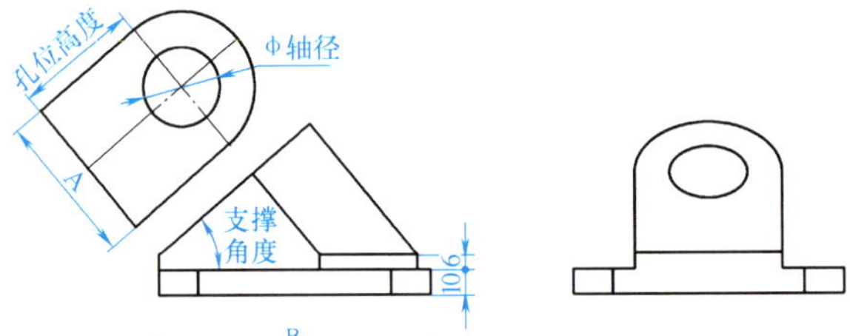

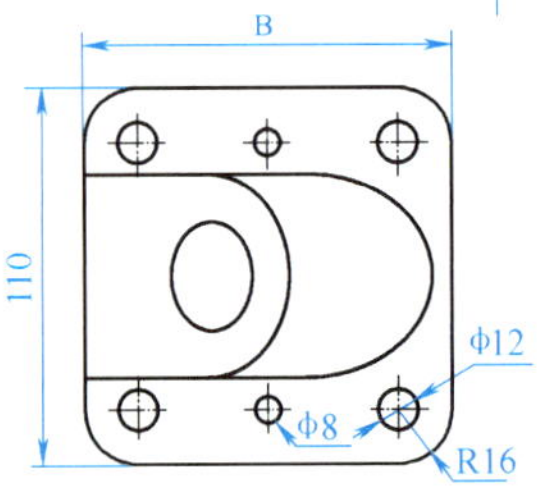

零件规格及参数表			
轴径	24	25	32
孔位高度	32	40	50
支撑角度	60	45	40
A	50	50	60
B	120	100	110

图 1.10.1　模型参考图样

任务分解

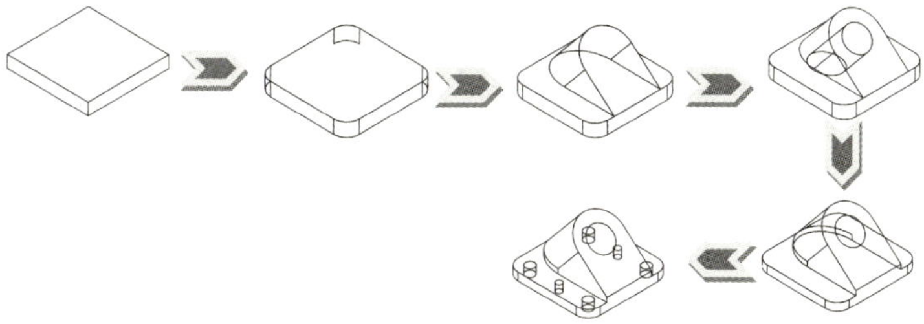

思维导图

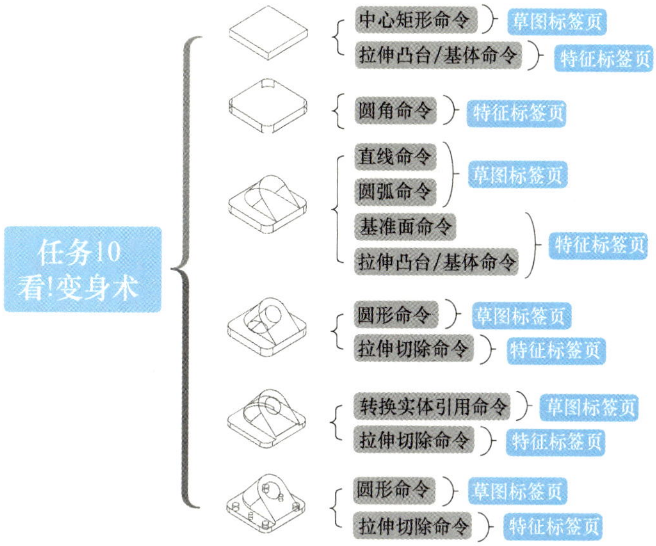

相关知识

（1）零件配置 配置可以在单一的文件中对零件生成多个设计的变化。配置提供了简便的方法来开发与管理一组有着不同尺寸或其他参数的模型。要生成一个配置，先指定名称与属性，然后再根据需要来修改模型以生成不同的设计变化。在零件文档中，配置可以生成具有不同尺寸、特征和属性（包括自定义属性）的零件系列。见表 1.10.1。

（2）系列零件设计表 通过在嵌入的 Microsoft Excel 工作表中指定参数，可以使用材料明细表构建多个不同配置的零件。

系列零件设计表保存在模型文件中，并且不会链接到原来的 Excel 文件。在模型中所进行的更改不会影响原来的 Excel 文件，也可将模型文档链接到 Excel 文件。见表 1.10.2。

在系列零件设计表中控制以下项目：

✧ 尺寸和特征的压缩状态、异形孔和向导孔的大小。

✧ 配置属性，包括材料明细表中的零件编号、派生的配置、方程式、草图几何关系、备注、材料以及自定义属性。

表 1.10.1　零件配置

<table>
<tr><th>命令条件</th><th>参数设置</th><th>结　　果</th></tr>
<tr>
<td>已完成实体建模
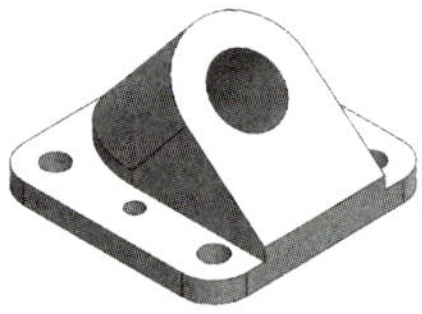</td>
<td>切换到“配置管理器”界面，在文件名上右击，单击“添加配置…（A）”，输入配置名称，单击“确定”按钮
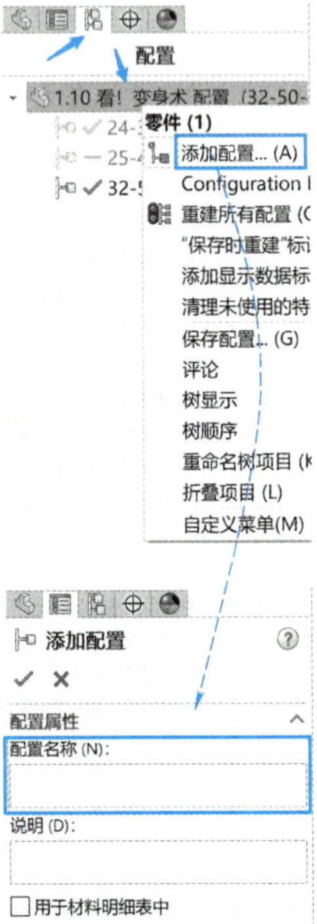</td>
<td>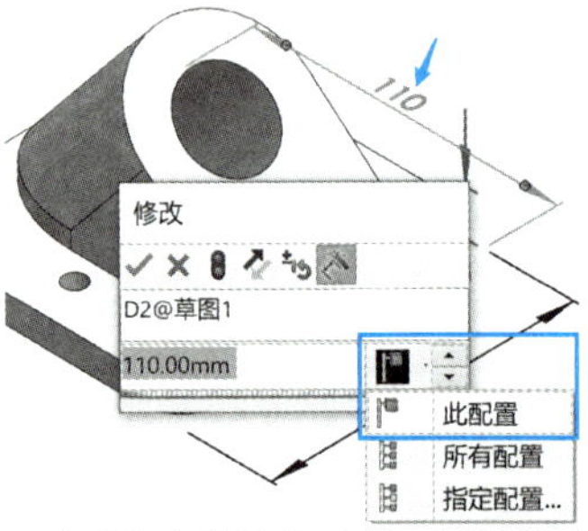
双击欲修改的尺寸，选择“此配置”，修改数值后确定（可单击“重建模型”按钮查看变身）</td>
</tr>
<tr><td>在实体状态</td><td>配置名称要方便识别变身</td><td>选择“此配置”</td></tr>
</table>

表 1.10.2　系列零件设计表

<table>
<tr><th>命令条件</th><th>参数设置</th><th>结　　果</th></tr>
<tr>
<td>已完成实体建模并且显示特征尺寸及注解
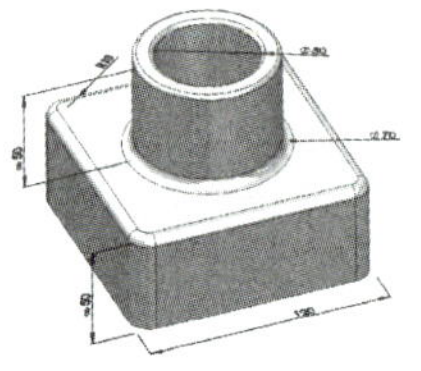
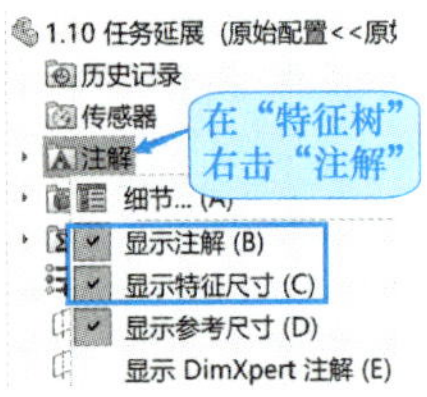</td>
<td>在菜单栏单击“插入”→“表格”→“设计表”
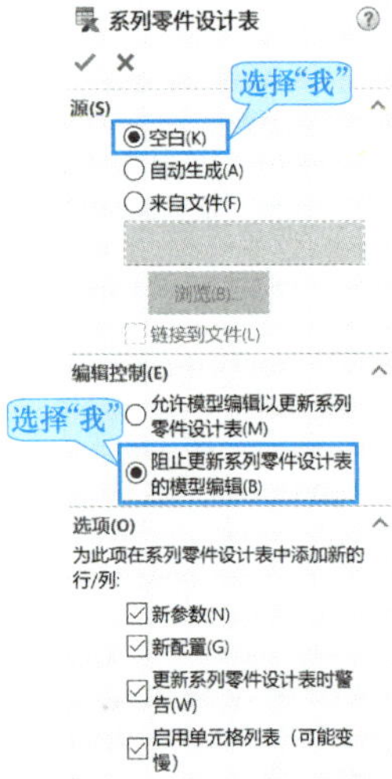</td>
<td>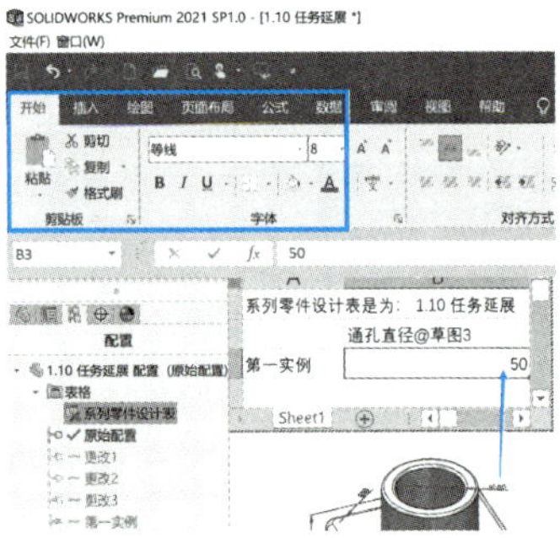
系统将显示 Excel 界面。单击欲修改的尺寸，它将自动加入到表格中。类似于在 Excel 的操作来添加新的数值，此列的每一个数值都将成为该尺寸的新配置</td>
</tr>
<tr><td>在实体状态</td><td>完成设置后单击“确定”按钮✔</td><td>完成后在绘图区空白处单击，退出表格</td></tr>
</table>

任务 11 打孔小妙招——应用异型孔向导功能

学习要点

- 圆弧、圆、直线等草图绘制命令
- 异型孔向导命令
- 相切、同心、重合几何关系

技能目标

- 掌握基本的草图绘制命令
- 掌握异型孔向导命令的应用
- 理解几何关系的添加方法

思政目标

- 具备爱岗敬业、遵纪守法的职业素养
- 具备互帮互助、团结协作的优良品质
- 具备一丝不苟、精益求精的工匠精神

任务导入

建立如图 1.11.1 所示的模型。

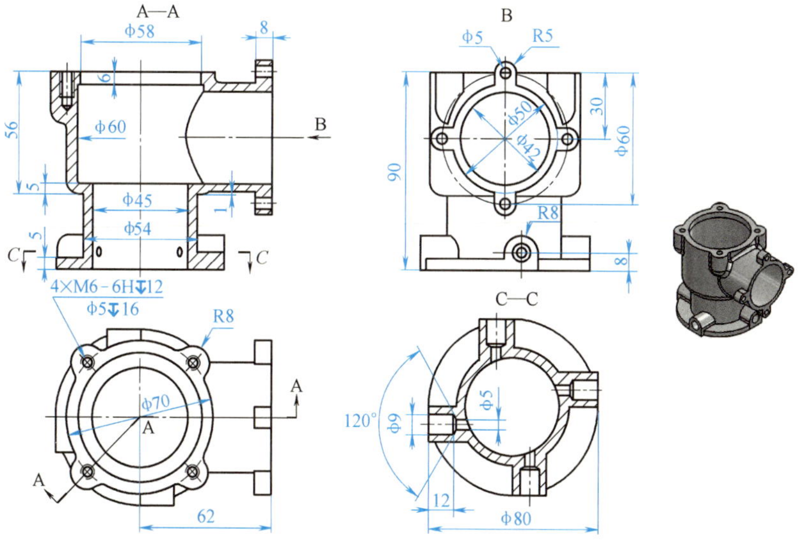

图 1.11.1 模型参考图样

任务分解

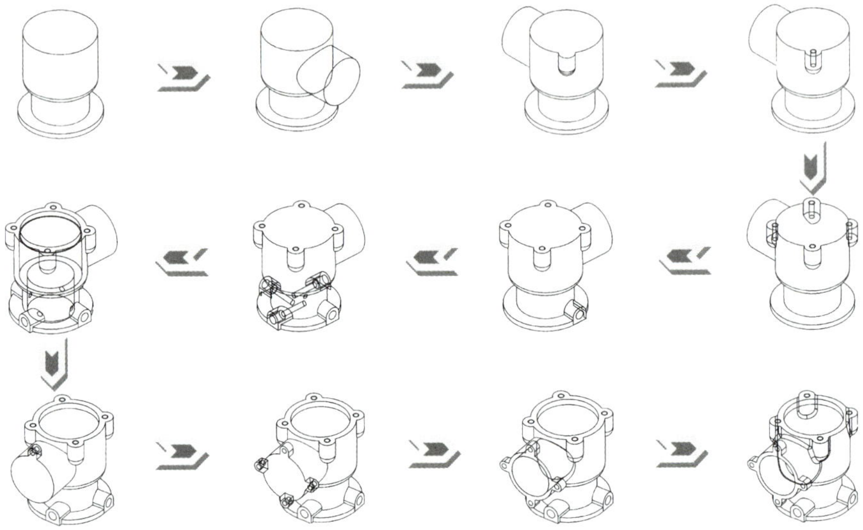

思维导图

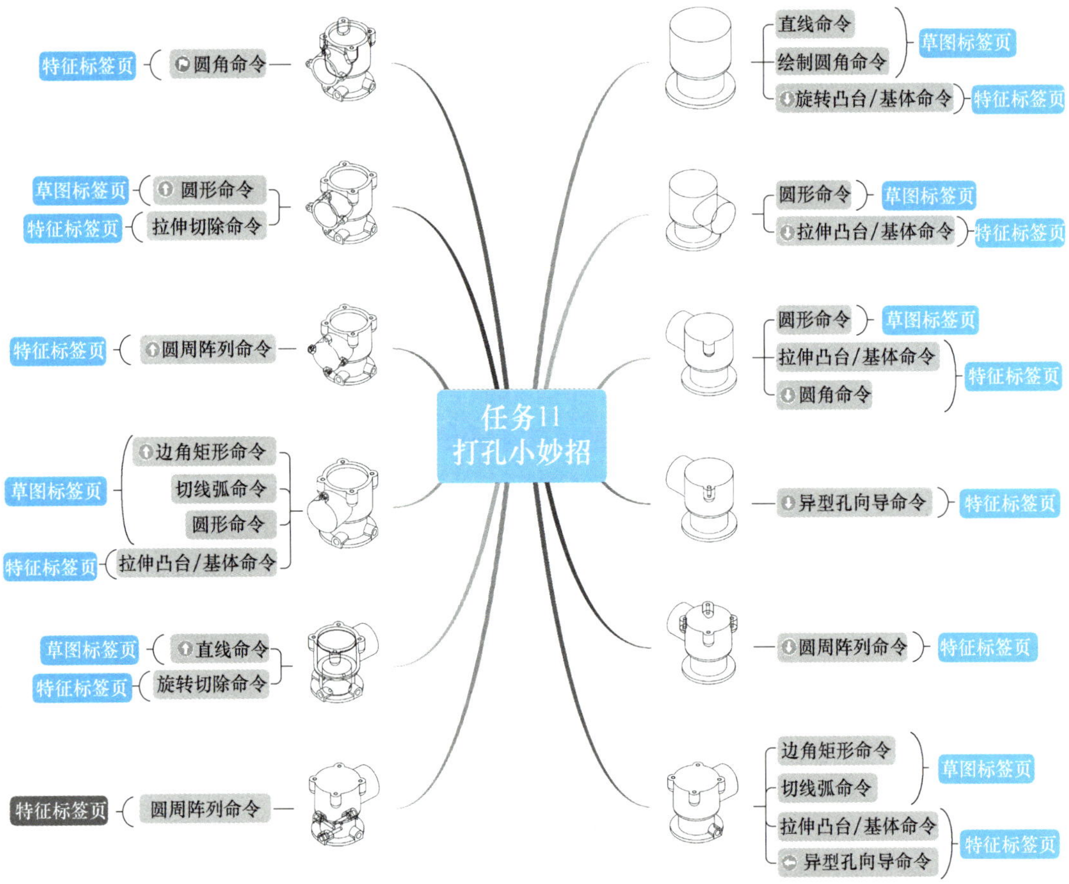
任务11
打孔小妙招
直线命令
绘制圆角命令
草图标签页
旋转凸台/基体命令
特征标签页
圆形命令
草图标签页
拉伸凸台/基体命令
特征标签页
圆形命令
草图标签页
拉伸凸台/基体命令
圆角命令
特征标签页
异型孔向导命令
特征标签页
圆周阵列命令
特征标签页
边角矩形命令
切线弧命令
草图标签页
拉伸凸台/基体命令
异型孔向导命令
特征标签页
特征标签页
圆角命令
草图标签页
圆形命令
特征标签页
拉伸切除命令
特征标签页
圆周阵列命令
草图标签页
边角矩形命令
切线弧命令
圆形命令
特征标签页
拉伸凸台/基体命令
草图标签页
直线命令
特征标签页
旋转切除命令
特征标签页
圆周阵列命令

相关知识

异型孔向导 可以使用“异型孔向导”命令生成各种类型的自定义孔，使用尺寸、草图工具、草图捕捉和推理线来定位孔中心，见表 1. 11. 1。页面将出现两个标签：

◇ 类型（默认）：用于设定孔类型参数。

◇ 位置：用于在平面或非平面上找出异型孔。使用尺寸、草图工具、草图捕捉和推理线来定位孔中心。

可以在这些标签之间转换，例如，选择“位置”标签并找出孔，然后选择“类型”标签并定义孔类型，接着再次选择“位置”标签并添加更多孔。

表 1. 11. 1　异型孔向导

<table>
<tr><th>命令条件</th><th>参数设置</th><th>结　果</th></tr>
<tr>
<td>生成零件并选择一个面
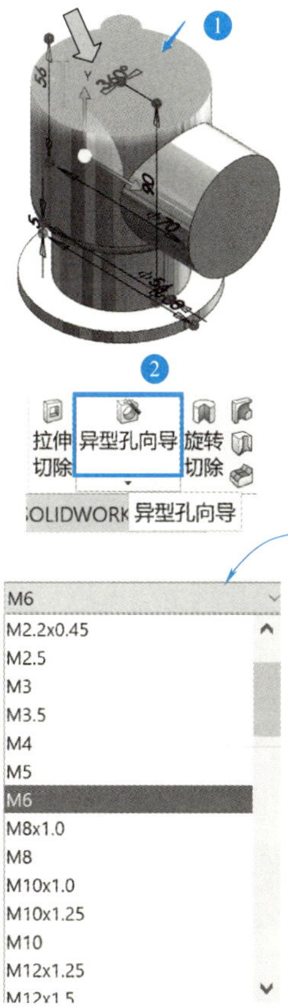
</td>
<td>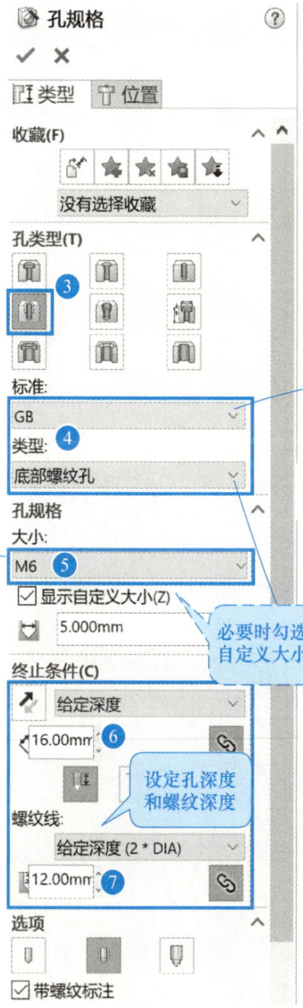
</td>
<td>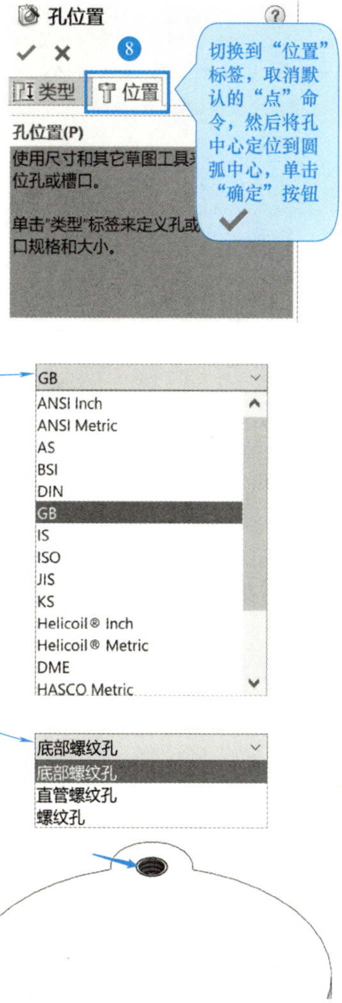
</td>
</tr>
<tr><td>在实体状态</td><td>设置好类型和尺寸后再定位</td><td>生成目标孔</td></tr>
</table>

任务实施 （表 1.11.2）

表 1.11.2 建模过程

建模步骤	图 示
1. 新建零件。在“前视基准面”新建草图，添加必要的几何关系并标注尺寸（注意旋转轴位于原点）	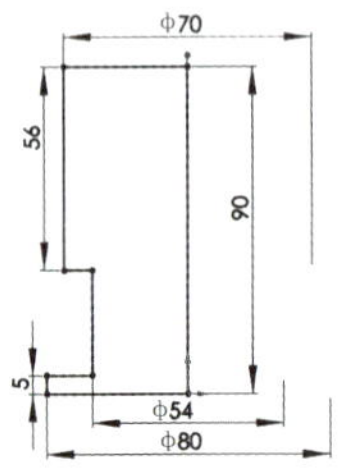
2. 在命令管理器“特征”标签页上单击“旋转凸台/基体”按钮，确认旋转角度为 360°，单击“确定”按钮完成	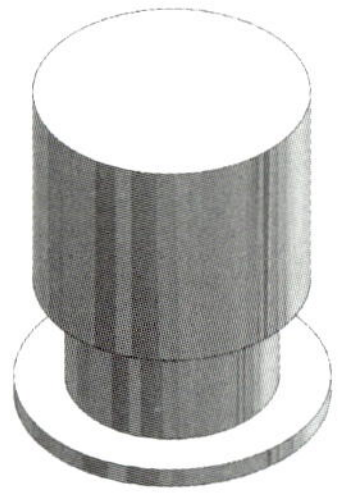
3. 在图示边线上添加 R6mm 的圆角	
4. 在“右视基准面”新建草图（圆的直径为 50mm，与上表面的距离为 30mm），然后拉伸 62mm	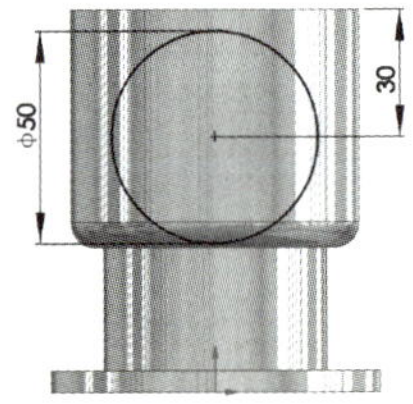 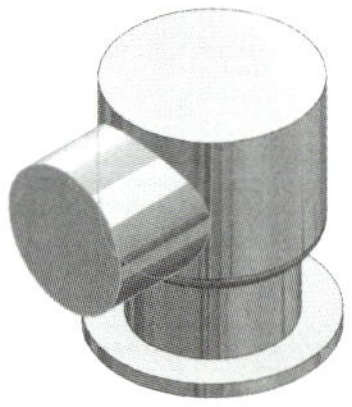
5. 在右图所示上平面新建草图（圆的直径为 16mm，圆心在上平面的圆周上，与竖直方向夹角 45°）	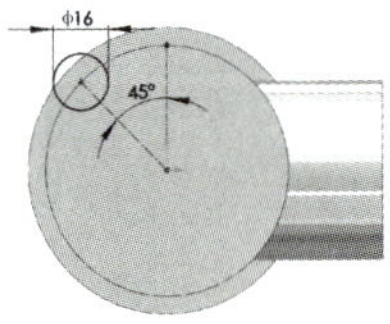 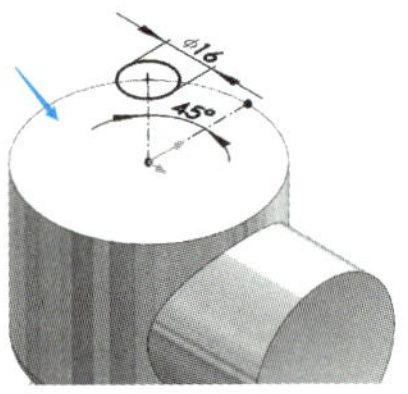
6. 在命令管理器“特征”标签页上单击“拉伸凸台/基体”按钮，将其往下拉伸 24mm（16mm+R8mm=24mm）	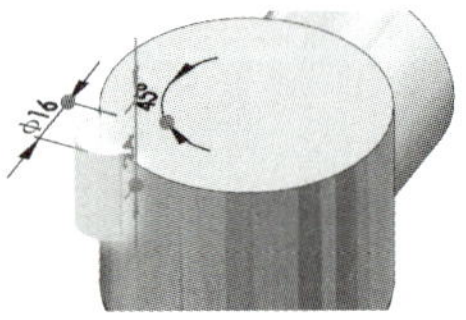

（续）

建模步骤	图　示
7. 将图示边线添加 R8mm 圆角	
8. 选中图示上表面，在命令管理器“特征”标签页上单击“异型孔向导”按钮	
9. 在“类型”标签页，“孔类型(T)”栏选择“直螺纹孔”，“标准”栏选择“GB”，“类型”栏选择“底部螺纹孔”，“孔规格”栏(大小)选择“M6”，“终止条件(C)”栏选择“给定深度”，“孔深”栏输入 16mm，“螺纹线”栏输入 12mm	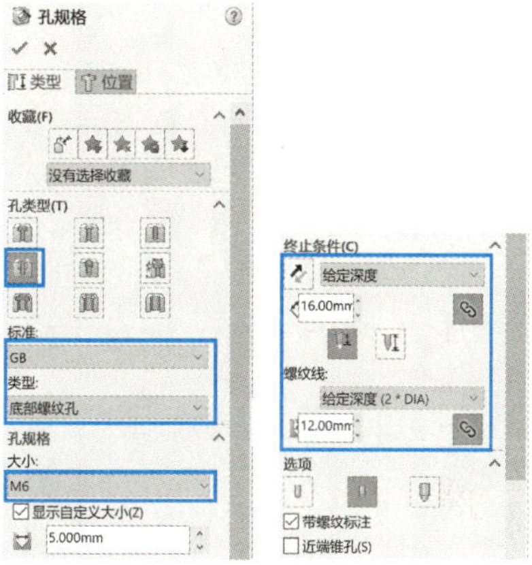
10. 切换到“位置”标签页，此时鼠标光标默认为“点”命令状态（如果有其他位置的孔要创建，可通过单击放置多个孔），将点定位到圆心处（可通过先将鼠标移动到圆弧上，然后再移到显示出来的圆心，单击放置即可）。单击“确定”按钮✔完成	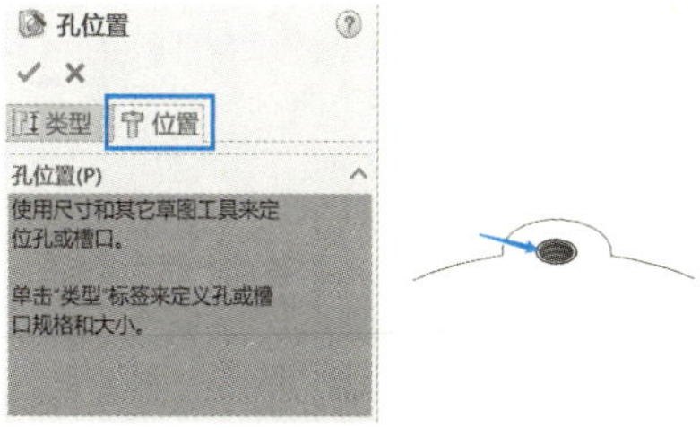
11. 如果螺纹孔未显示螺纹线，则可通过在“特征管理器”的“注解”上右击选择“细节”，在“注解属性”对话框中勾选“上色的装饰螺纹线(I)”，再单击“确定”按钮即可	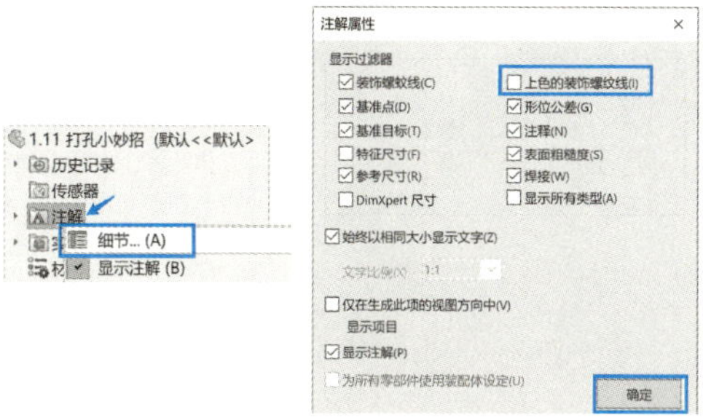

（续）

建模步骤	图　示
12. 将拉伸的小圆柱、圆角及螺纹孔圆周等间距阵列 4 个	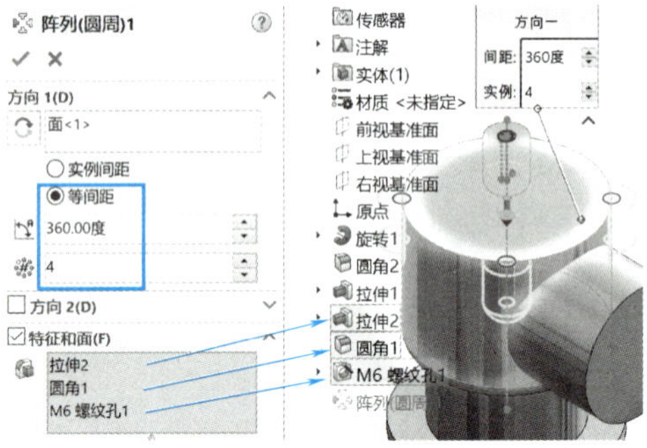
13. 在"前视基准面"新建草图，半径为 8mm，圆心高度为 8mm（注意草图的左下角的定位），拉伸至 40mm，此时刚好和底部圆周相切	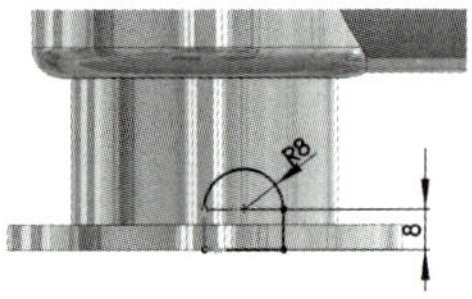 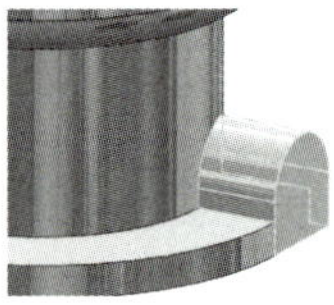
14. 选中图示表面，在命令管理器"特征"标签页上单击"异型孔向导"按钮	
15. 在"类型"标签页上，"孔类型(T)"栏选择"柱形沉孔"，"标准"栏选择"GB"，"类型"栏选择"Hex head bolts GB/T 5782—2000"，"孔规格"栏(大小)选择"M6"，勾选"显示自定义大小(Z)"，如右图所示设置尺寸。"终止条件(C)"栏选择"给定深度"，"孔深"栏为 40mm。然后切换到"位置"标签页，将孔定位于圆心，单击"确定"按钮完成	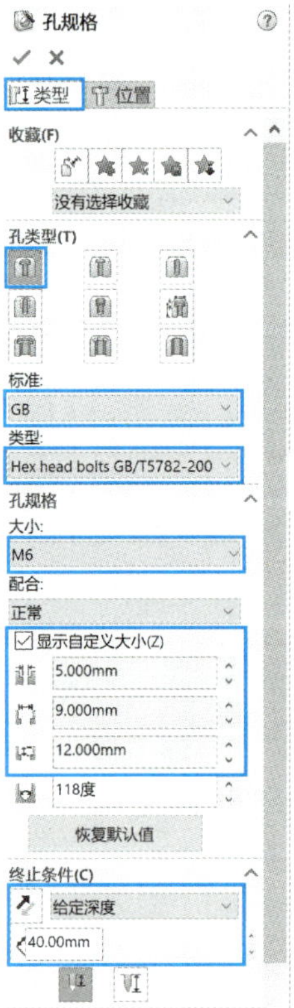 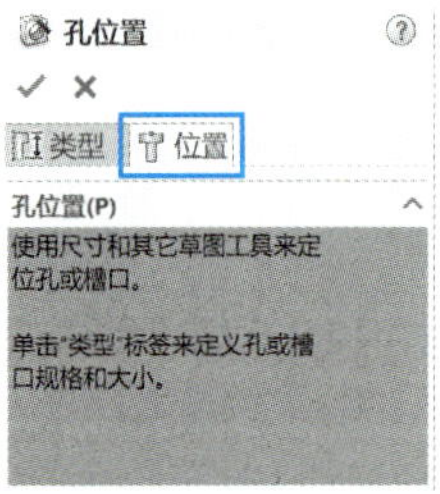 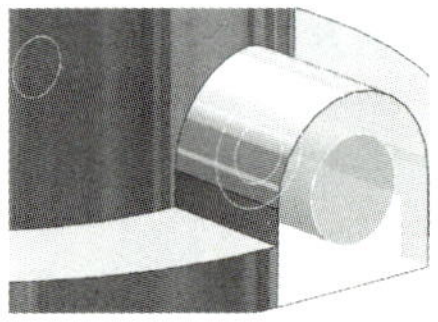

（续）

建模步骤	图示
16. 将第 15 步的沉孔内孔边线进行右图所示倒角	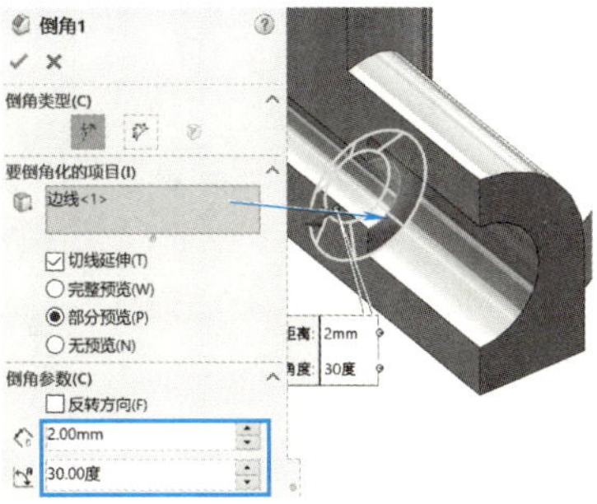
17. 将第 13~16 步的拉伸、孔及倒角特征等圆周等间距阵列 4 个	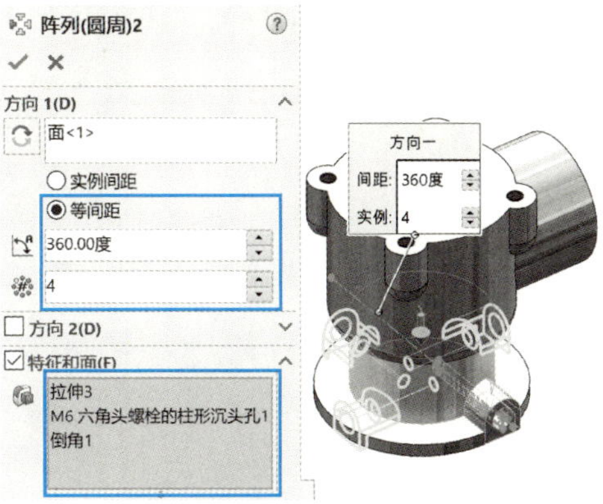
18. 在"前视基准面"新建图示草图，并绕中心线旋转切除，完成泵体内腔的创建	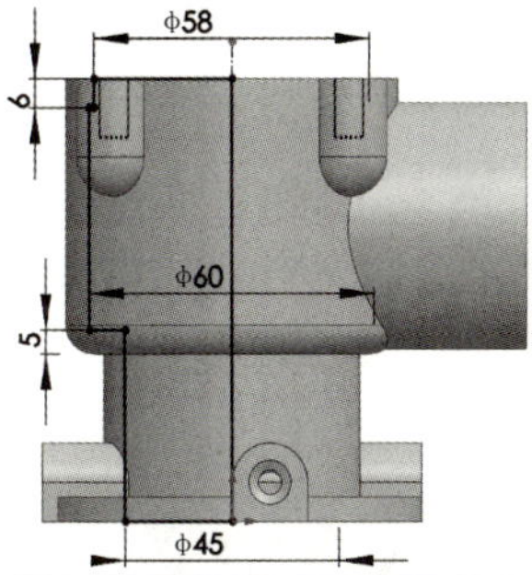
19. 在图示平面新建草图，并拉伸 8mm	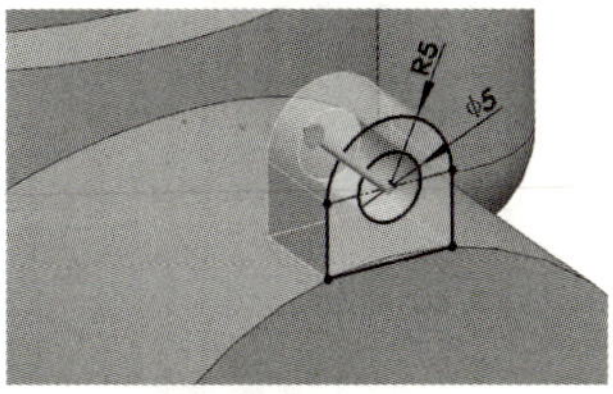
20. 将上一步的拉伸特征圆周等间距阵列 4 个	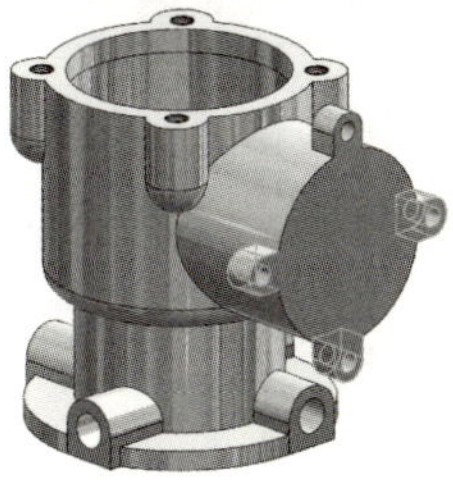

（续）

建模步骤	图　　示
21. 在侧面新建草图，绘制直径为 42mm 的圆，并切除至内壁	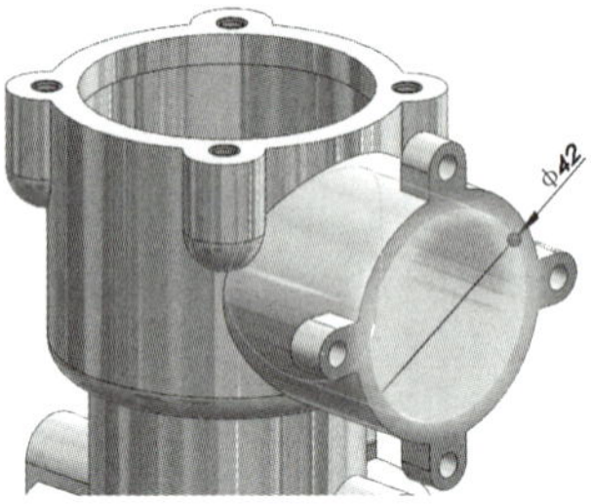
22. 对图示内壁边线添加 R1mm 的圆角	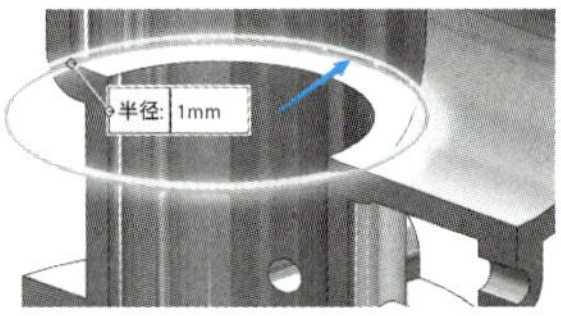
23. 添加其他部位 R3mm 的圆角	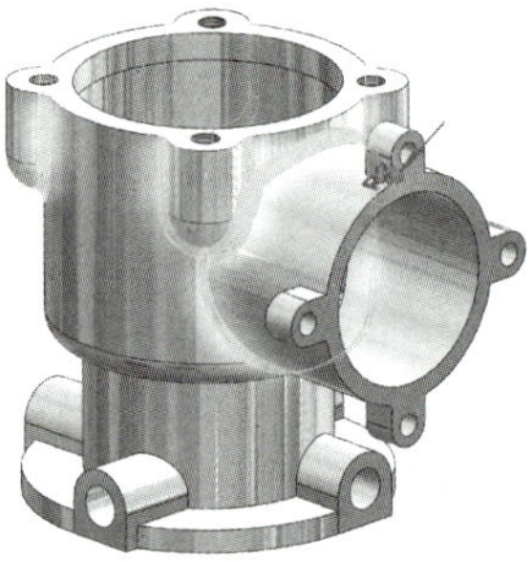

任务延展

- 建立如图 1.11.2 所示的模型。建模过程见表 1.11.3。

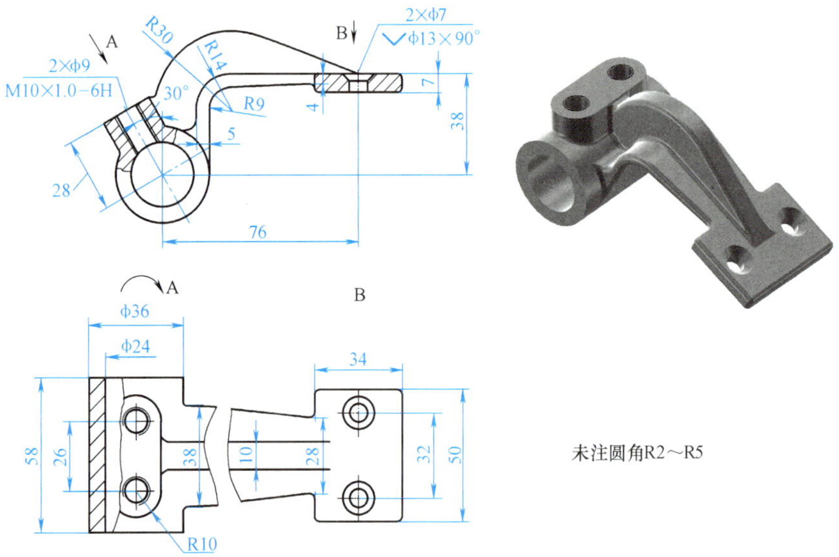

图 1.11.2　模型参考图样

表 1.11.3　建模过程

建模步骤	图　　示
1. 新建零件。在“前视基准面”作直径为36mm和24mm的同心圆并两侧对称拉伸至58mm	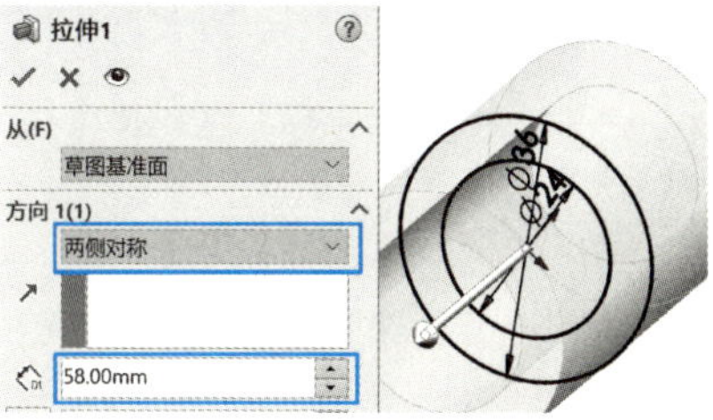
2. 在“前视基准面”作图示草图并退出	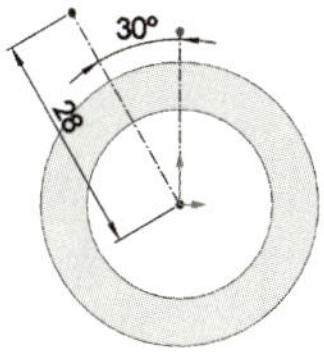
3. 通过第2步长度为28mm的中心线的端点作图示基准面	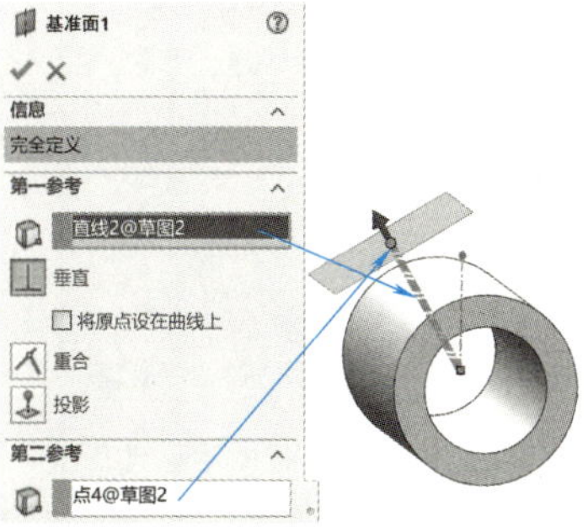
4. 在“基准面”作图示草图并拉伸至第1步的圆柱面	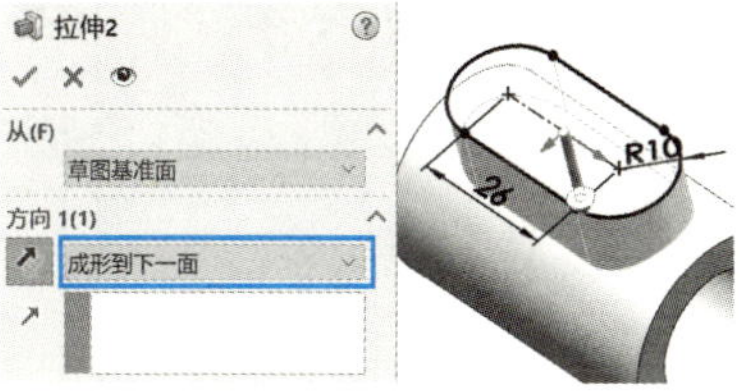
5. 在“上视基准面”作50mm×34mm的矩形，与原点的距离为76mm，向上等距38mm拉伸至7mm	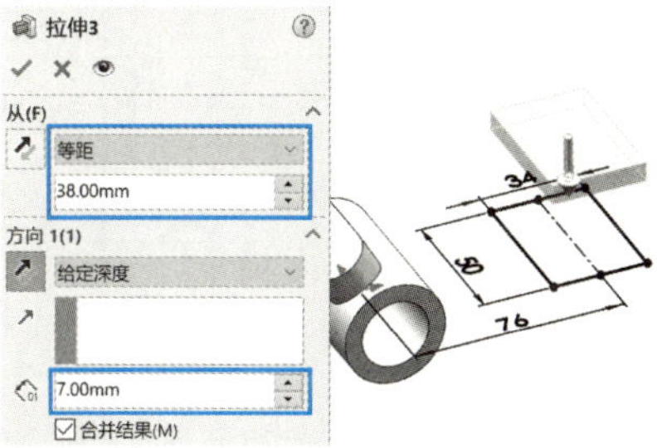
6. 在“前视基准面”作图示草图并两侧对称拉伸至38mm	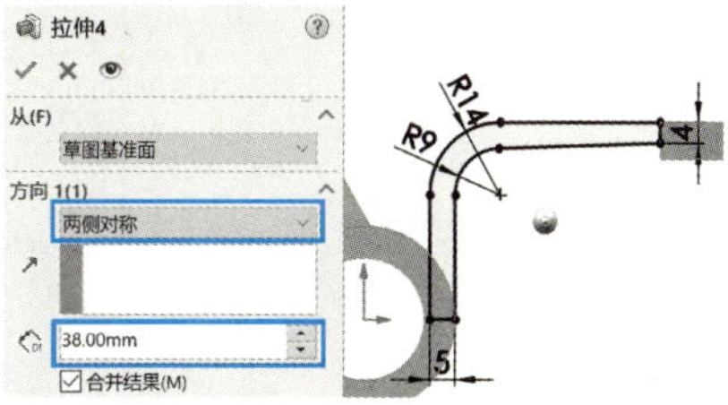

（续）

建模步骤	图　示
7. 在图示面上新建草图，绘制两个对称三角形，将其切除至“成形到一面”，如右图所示，选择外圆柱面	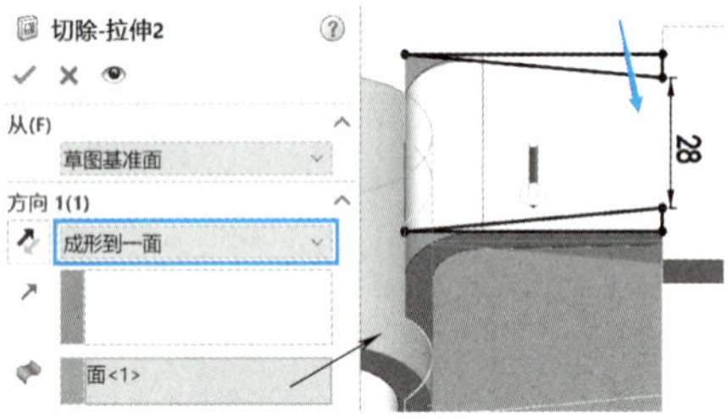
8. 在“前视基准面”作图示草图并生成宽度为10mm的筋（注意箭头所示圆弧的同心关系）	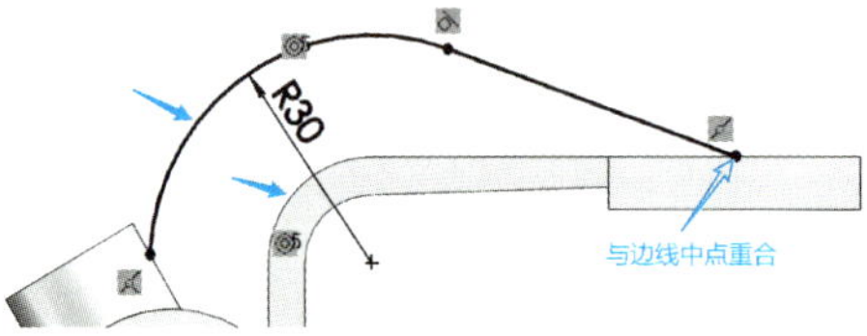
9. 选中图示表面，在命令管理器“特征”标签页上单击“异型孔向导”按钮，按图示设置孔的相关参数；然后切换到“位置”标签页，将孔按图示定位（中心线与筋边线重合，两孔对称分布），单击“确定”按钮完成	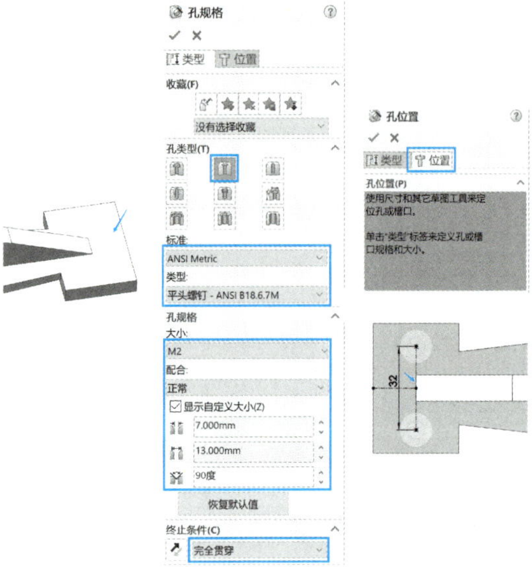
10. 同理，在图示面完成异型孔操作（注意两孔与圆柱同心）	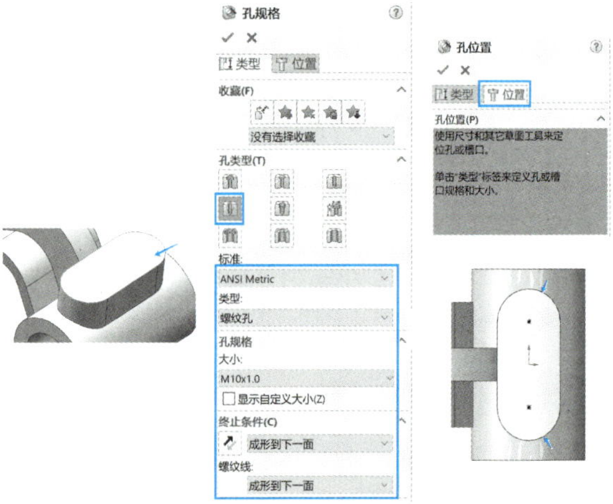

（续）

建模步骤	图　示
11. 给图示各部分添加合适的圆角	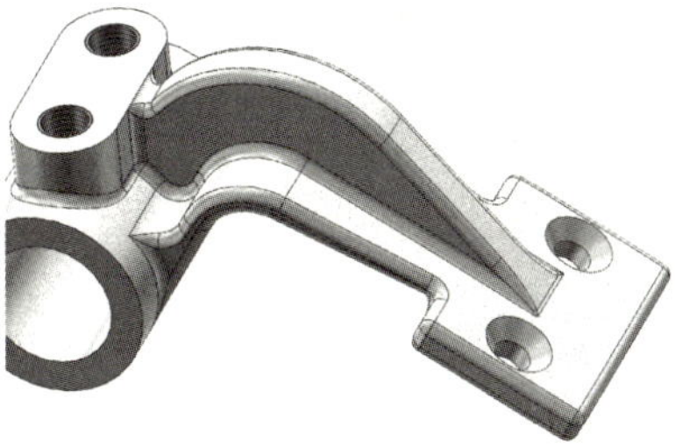

任务评价

任务评价表

专业＿＿＿＿＿　班级＿＿＿＿＿　姓名＿＿＿＿＿　学号＿＿＿＿＿　组别＿＿＿＿＿

项　目	标　准	自我评价	小组评价	教师评价
		2~10 分		
		占 50%	占 20%	占 30%
异型孔 1（步骤 8~10）	正确完成			
异型孔 2（步骤 14~15）	正确完成			
*异型孔 3（步骤 9）	正确完成			
操作熟练度	绘图快速、准确			
协作精神	交流、讨论顺畅			
纪律观念	课堂有序、讨论积极			
学习主动性	认真思考、积极回答问题			
知识应用情况	关键知识点内化			
完成任务过程中引以为自豪的做法	简捷、高效 （加分项 5~10 分）			
指导他人	帮助的人数及质量 （加分项 5~10 分）			
小　计				
总　评				

注：1. 每项满分 10 分；
　　2. 带有“*”的步骤为任务延展中的内容。

组长签字：　　　　**任课教师：**　　　　**年　　月　　日**

任务 12　盘它就对了——应用边线法兰与断裂边角功能

学习要点

➢ 矩形、圆、直线等草图绘制命令
➢ 基体法兰/薄片命令
➢ 边线法兰命令

技能目标

➢ 掌握基本的草图绘制命令
➢ 理解基体法兰/薄片命令的应用
➢ 理解边线法兰命令的应用

思政目标

➢ 具备爱岗敬业、遵纪守法的职业素养
➢ 具备互帮互助、团结协作的优良品质
➢ 具备一丝不苟、精益求精的工匠精神

任务导入

建立如图 1.12.1 所示的模型。

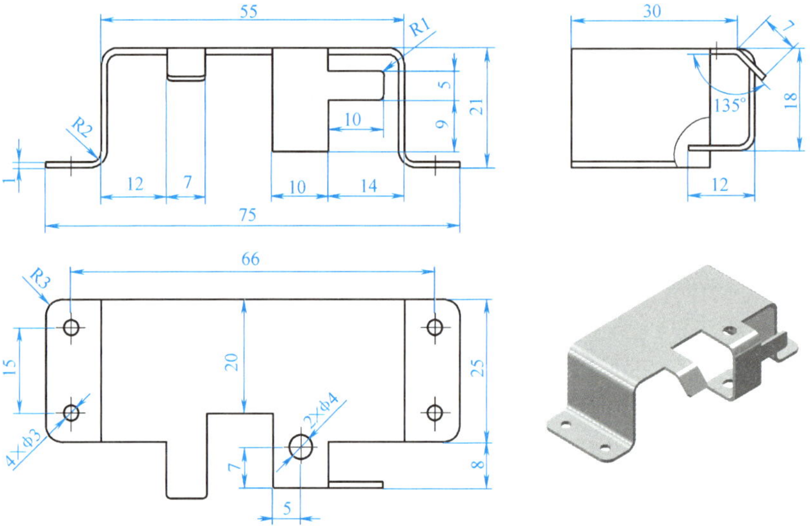

图 1.12.1　模型参考图样

任务分解

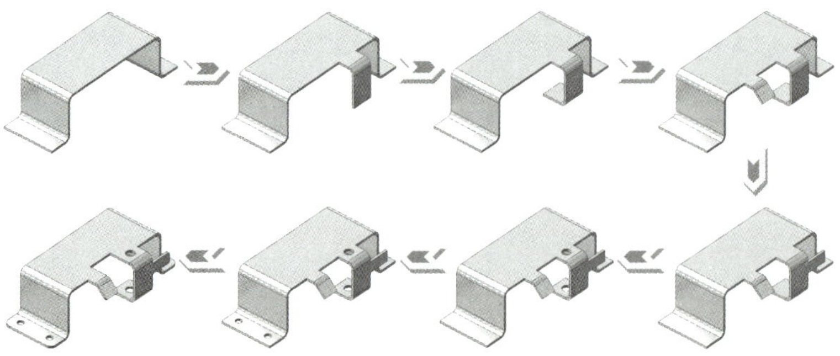

思维导图

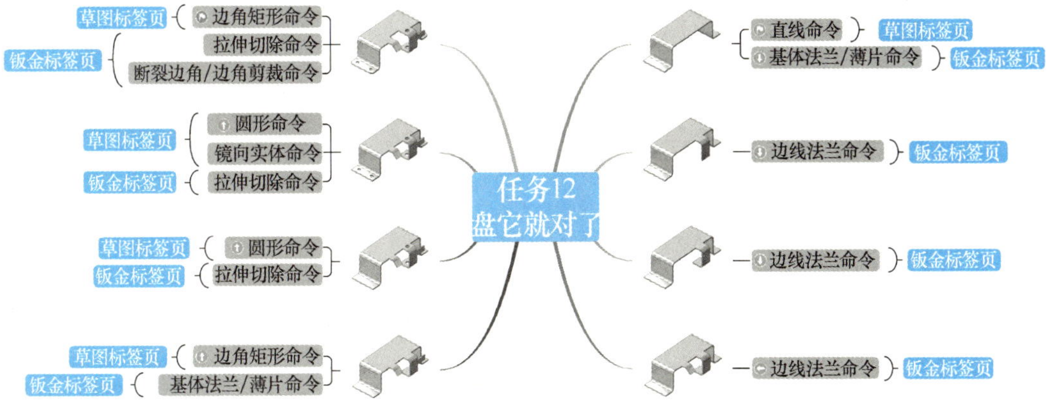

相关知识

（1）基体法兰/薄片 基体法兰是钣金零件的第一个特征，基体法兰特征是从草图生成的。基体法兰特征被添加到零件后，系统就会将该零件标记为钣金零件。可以使用“基体法兰/薄片”命令来插入薄片而不将其合并到现有零件中，从而在现有钣金零件中生成实体。对于薄片，系统会自动将薄片特征的深度设置为钣金零件的厚度；至于深度的方向，系统会自动将其设置为与钣金零件重合，从而避免实体脱节，见表1.12.1。

表1.12.1　基体法兰

命令条件	参数设置	结　　果
已完成草图（不需封闭） 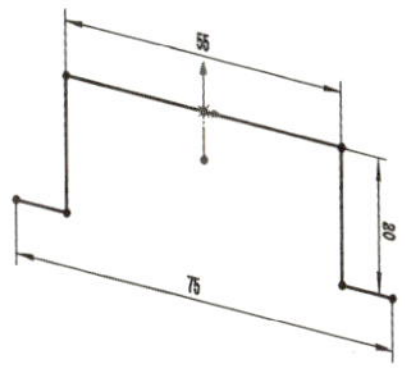	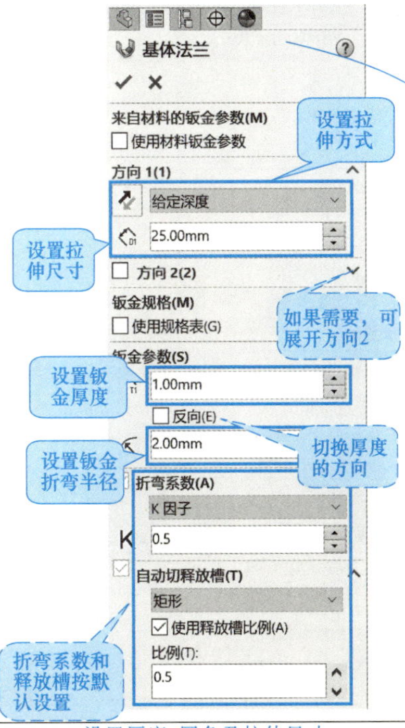	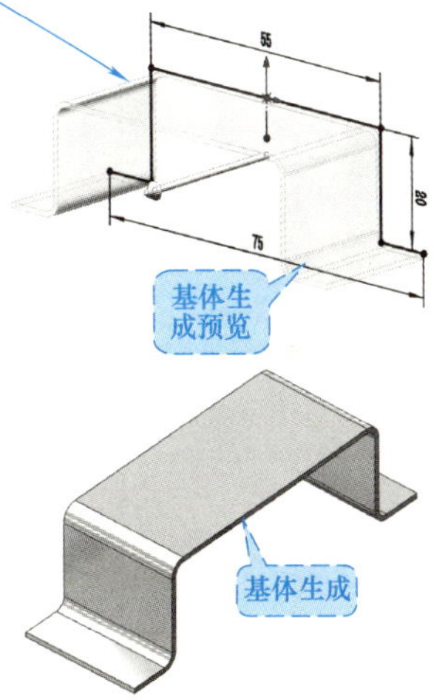
在草图状态	设置厚度、圆角及拉伸尺寸	生成基体法兰

（续）

<table>
<tr><th>命令条件</th><th>参数设置</th><th>结　　果</th></tr>
<tr><td>已完成部分实体及草图（草图可以是单一闭环、多重闭环或多重封闭轮廓；草图必须位于垂直于钣金零件厚度方向的基准面或平面上）
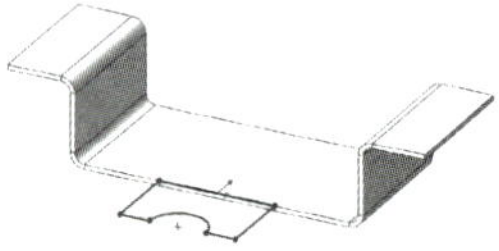</td><td>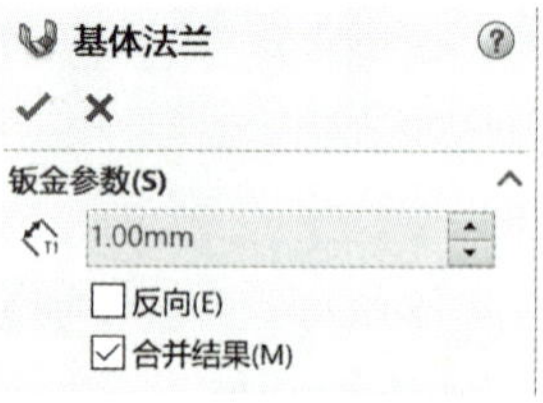

系统会自动将薄片特征的深度设置为钣金零件的厚度并自动设置为与钣金零件重合，从而避免实体脱节</td><td>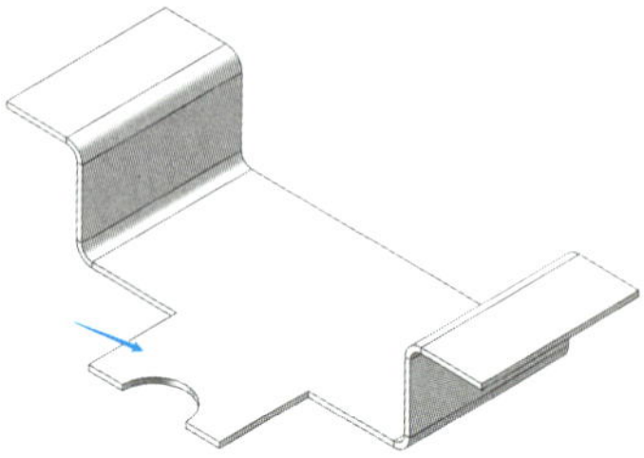</td></tr>
<tr><td>在草图状态</td><td>一般无需设置</td><td>生成薄片</td></tr>
</table>

（2）边线法兰 可添加法兰到一条或多条线性边线，以及调整角度、位置等。可创建比附加到的边线更长的边线法兰。也可以在非平面的面的非线性（圆形）边线上创建边线法兰，见表 1.12.2。

表 1.12.2　边线法兰

<table>
<tr><th>命令条件</th><th>参数设置</th><th>结　　果</th></tr>
<tr><td>已完成基体法兰
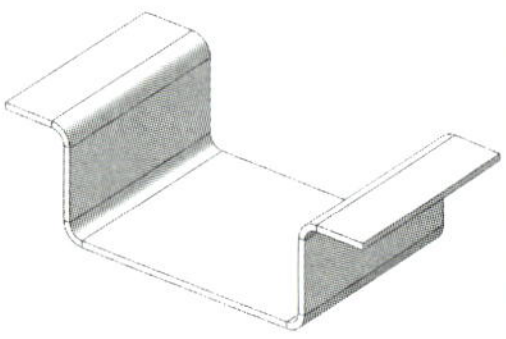</td><td>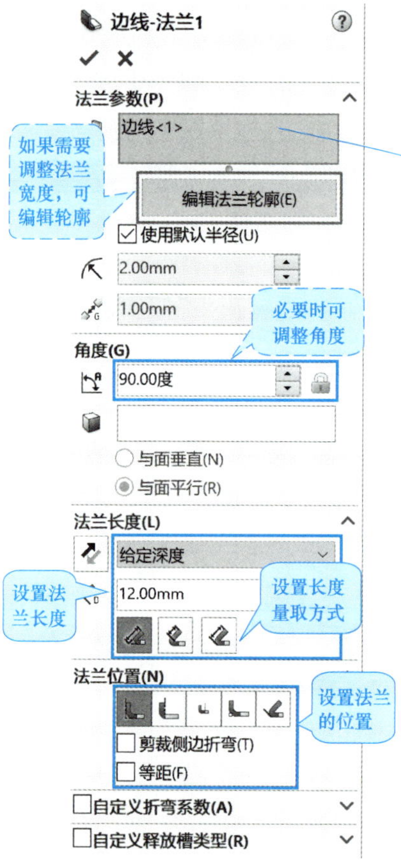
</td><td>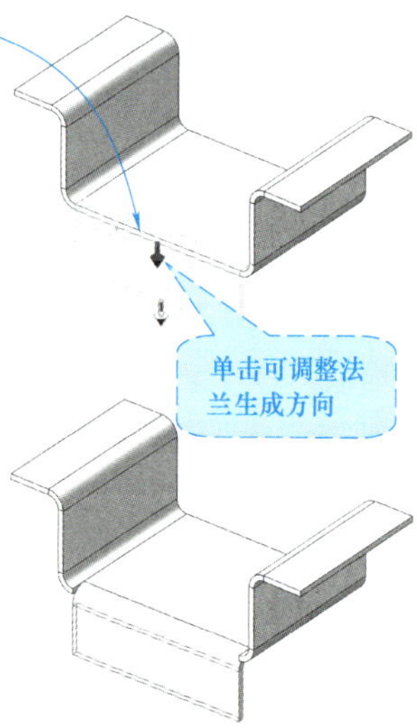
</td></tr>
<tr><td>在实体状态</td><td>设置法兰的生成信息</td><td>按设置生成边线法兰</td></tr>
</table>

任务实施 （表 1.12.3）

表 1.12.3 建模过程

建模步骤	图示
1. 新建零件。在“前视基准面”新建草图，添加必要的几何关系并标注尺寸 55mm、20mm 和 75mm（注意原点的位置）	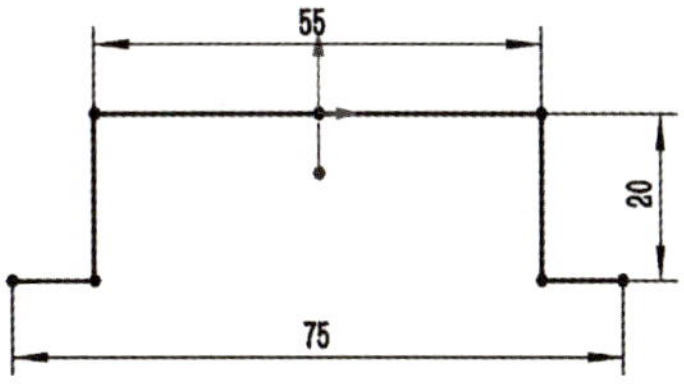
2. 在命令管理器“钣金”标签页上单击“基体法兰/薄片”按钮，“方向 1(1)”栏选择“给定深度”并输入数值 25mm，“钣金参数(S)”栏设置厚度为 1mm，半径为 2mm（注意厚度方向在内侧），其余按默认设置，单击“确定”按钮 注意：如果命令管理器未显示“钣金”标签页，则在命令管理器上右击，勾选“钣金”即可显示标签	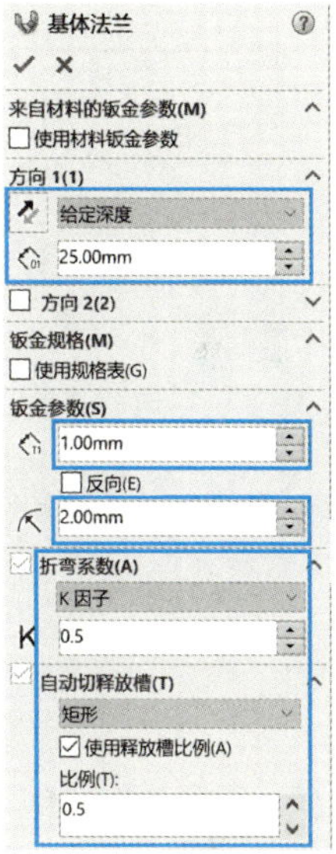
3. 在命令管理器“钣金”标签页上单击“边线法兰”按钮，选中图示边线并将鼠标光标移动到想要生成法兰的一侧，单击以放置	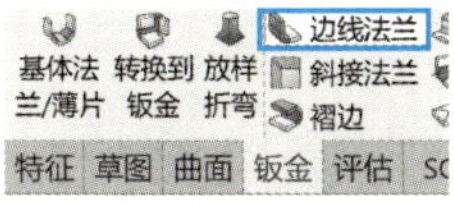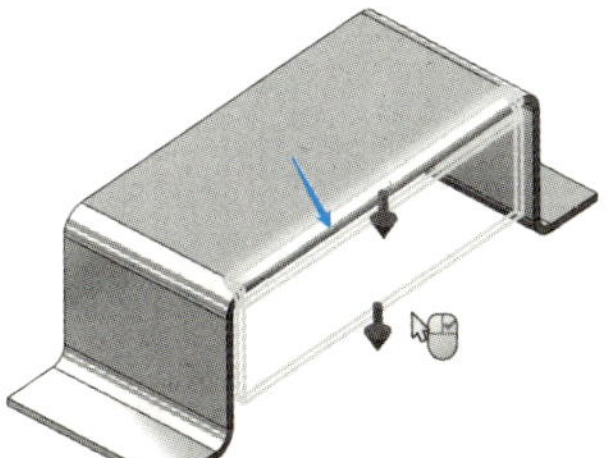
4.“法兰长度(L)”栏选择“给定深度”并输入数值 18mm，“法兰位置(N)”栏勾选“等距(F)”，选择“给定深度”并输入数值 8mm，其余按默认设置，单击“编辑法兰轮廓(E)”按钮	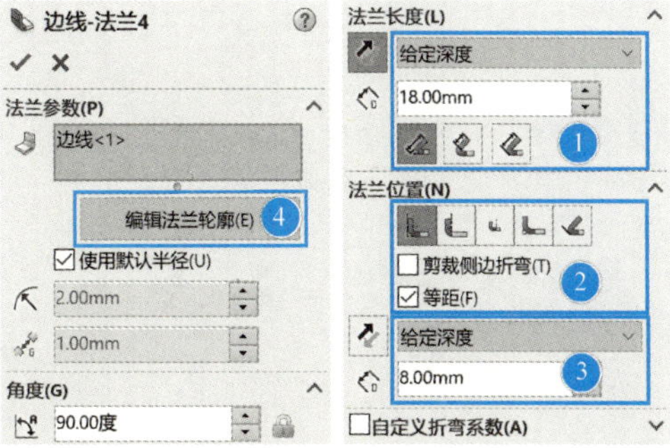

（续）

建模步骤	图　示
5. 在轮廓草图编辑完成之前，须保留此对话框，如果影响操作，可将其拖动到窗口边缘	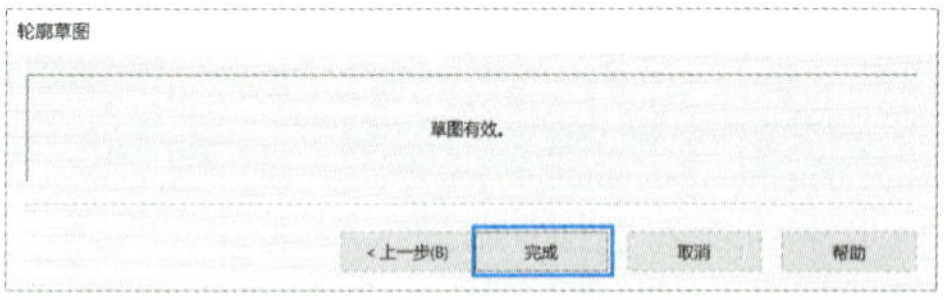
6. 修改草图如右图所示，单击“完成”按钮（可拖动左右竖直线改变其位置，高度前面已做设置，不要去动它）	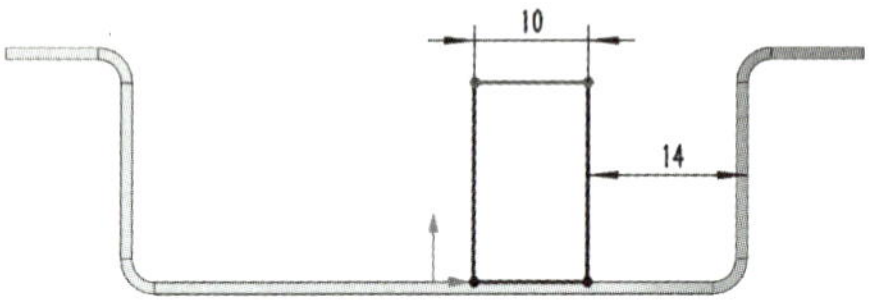
7. 在命令管理器“钣金”标签页上单击“边线法兰”按钮，选中图示边线并将鼠标光标移动到想要生成法兰的一侧，单击以放置。“法兰长度(L)”栏选择“给定深度”并输入数值 12mm，其余按默认设置，单击“确定”按钮	
8. 在命令管理器“钣金”标签页上单击“边线法兰”按钮，选中图示边线并将鼠标光标移动到想要生成法兰的一侧，单击以放置	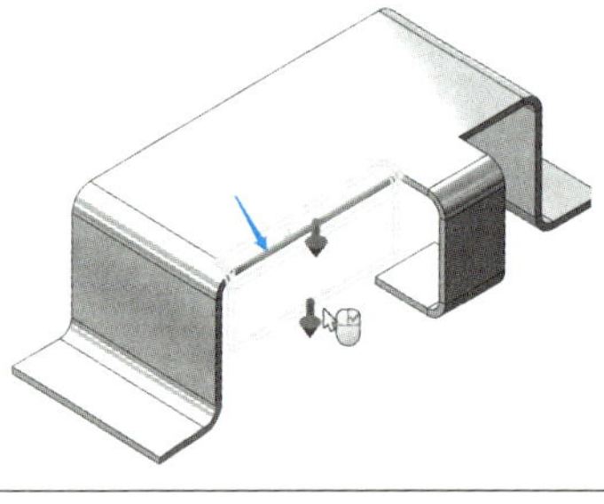
9. “角度(G)”栏输入数值 45 度，“法兰长度(L)”栏选择“给定深度”并输入数值 7mm，“法兰位置(N)”栏勾选“等距(F)”，选择“给定深度”并输入数值 6mm，其余按默认设置，单击“编辑法兰轮廓(E)”按钮	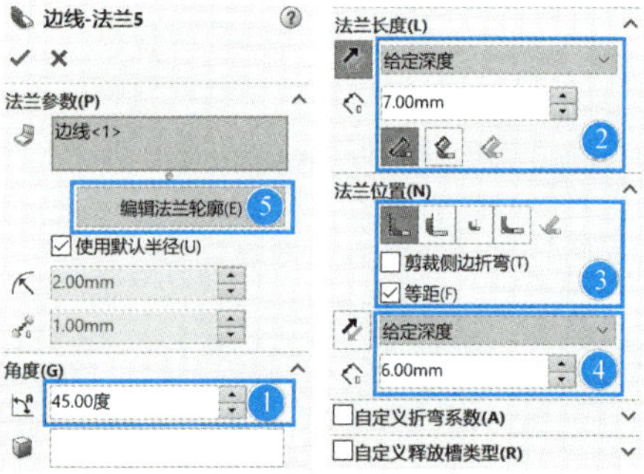

（续）

建模步骤	图　示
10. 在轮廓草图编辑完成之前，保留此对话框	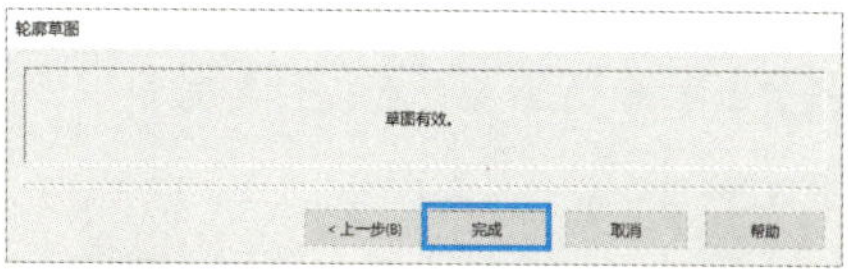
11. 修改草图如右图所示，单击“完成”按钮（可拖动左右竖直线改变其位置，高度前面已做设置，不要去动它）	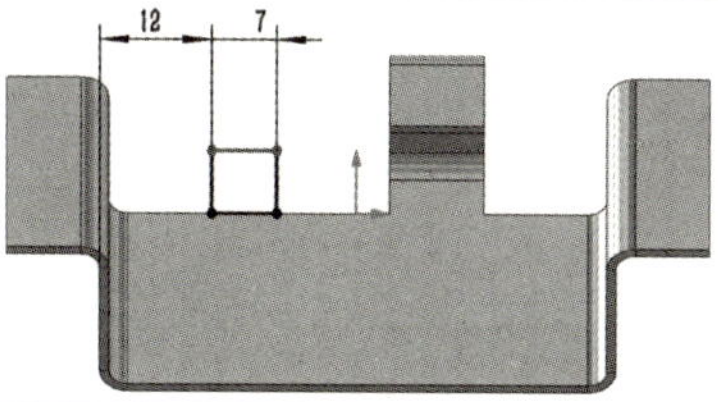
12. 在图示平面上绘制矩形，尺寸分别为 15mm、5mm 和 9mm	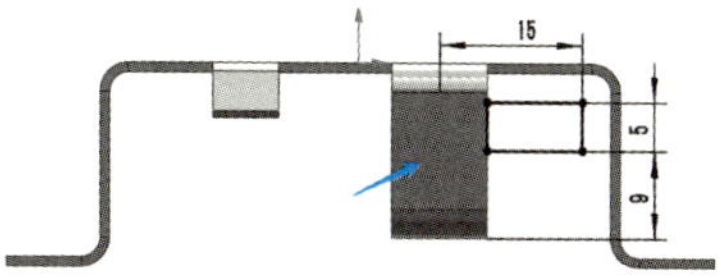
13. 在命令管理器“钣金”标签页上单击“基体法兰/薄片”按钮，系统会自动将薄片特征的深度设置为钣金零件的厚度并自动设置为与钣金零件重合，从而避免实体脱节	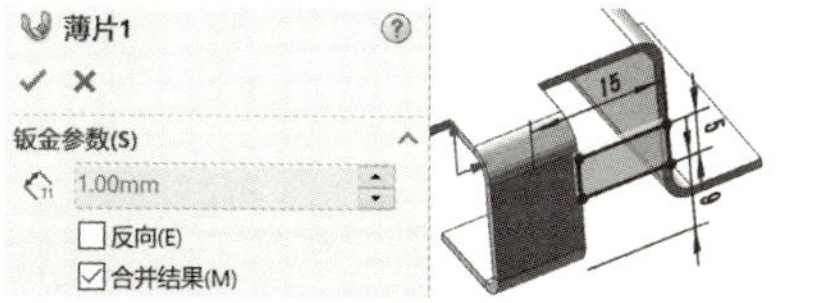
14. 在图示平面上绘制直径为 4mm 的圆，圆心距离边线法兰外平面为 7mm，距离边线法兰侧面为 5mm。在命令管理器“钣金”标签页上单击“拉伸切除”按钮，“方向 1(1)”栏选择“完全贯穿”，单击“确定”按钮	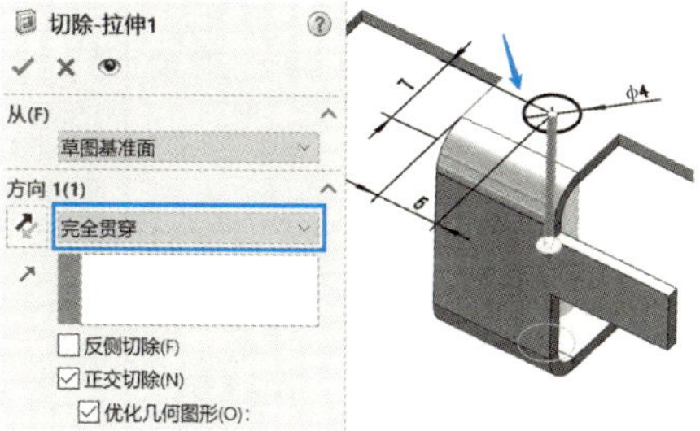
15. 在图示平面上绘制 4 个直径为 3mm 的圆，上下两圆心的距离为 15mm，左右圆心的距离为 66mm，对称分布	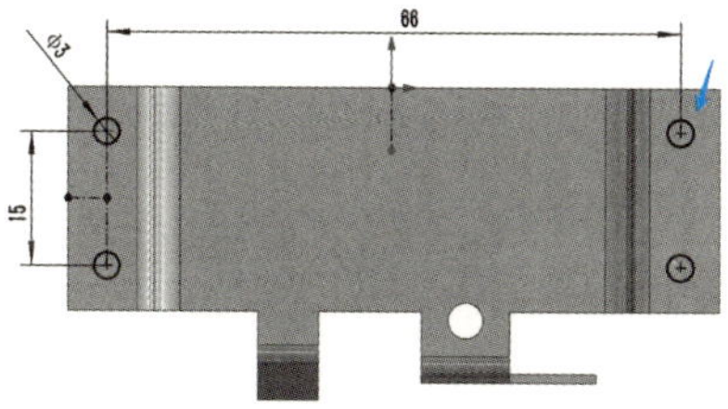
16. 在命令管理器“钣金”标签页上单击“拉伸切除”按钮，“方向 1(1)”栏选择“给定深度”并勾选“与厚度相等(L)”，单击“确定”按钮	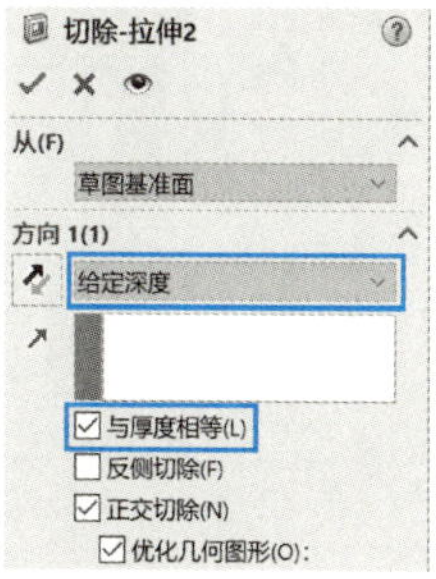

（续）

建模步骤	图　　示
17. 在命令管理器“钣金”标签页上单击“断裂边角/边角剪裁”按钮	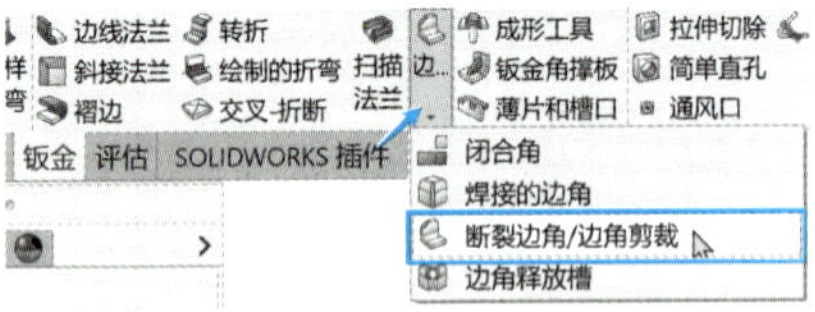
18. 添加图示 4 条边线的 R3mm 圆角	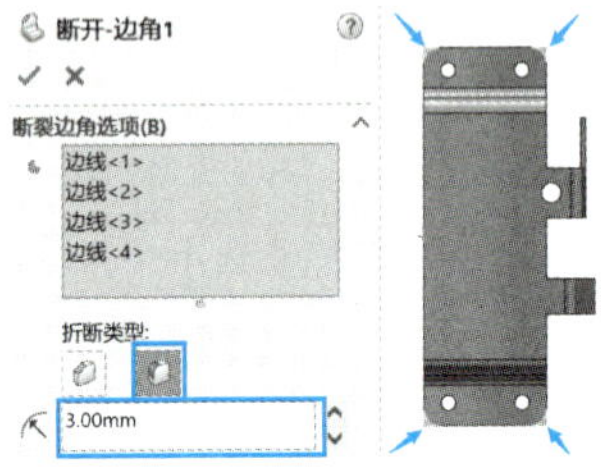
19. 同理，添加图示 6 个 R1mm 的圆角	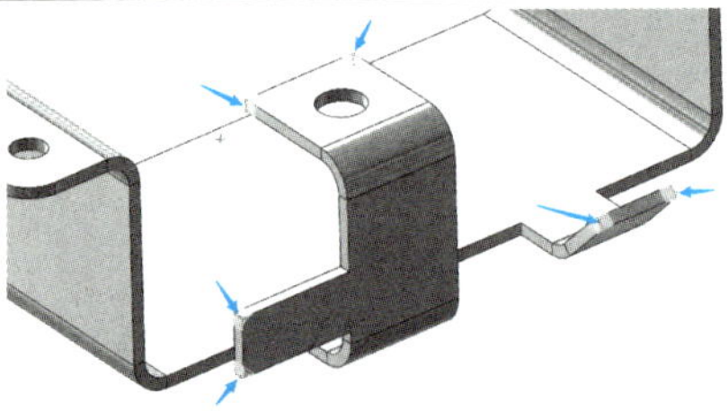
20. 在图示平面上绘制矩形，与缺口对齐，上边线与基体边线的距离为 20mm。切除至与厚度相等	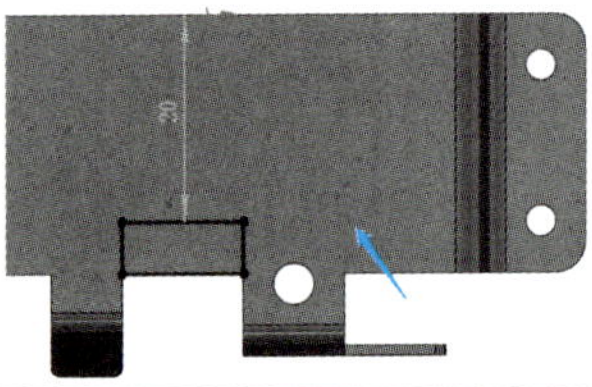

任务延展

建立如图 1.12.2 所示的模型。建模过程见表 1.12.4。

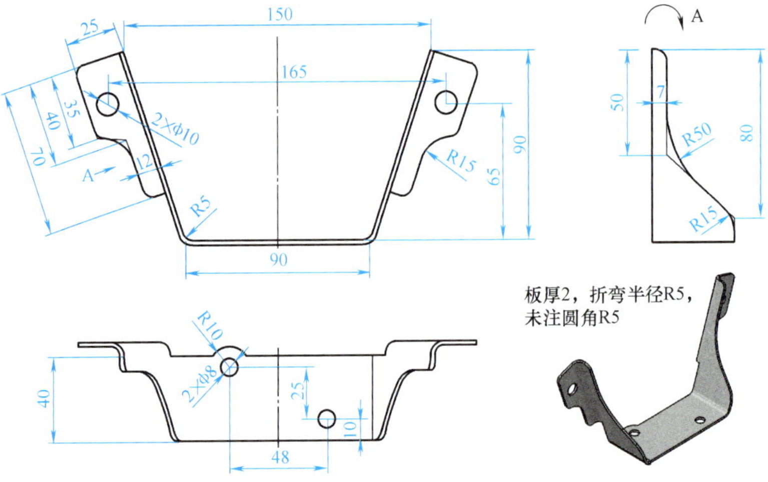

图 1.12.2　模型参考图样

表 1.12.4 建模过程

建模步骤	图示
1. 新建零件。在“前视基准面”作图示草图	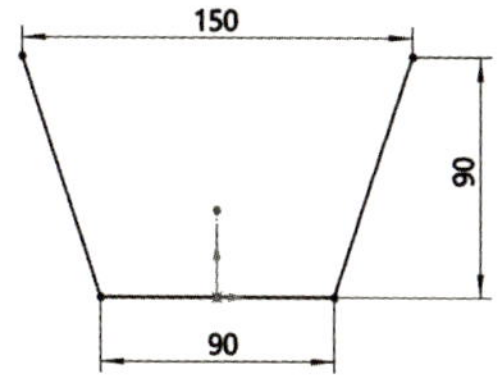
2. 在命令管理器“钣金”标签页上单击“基体法兰/薄片”按钮,“方向1(1)”栏选择“给定深度”并输入数值40mm,“钣金参数(S)”栏设置厚度为2mm,半径为5mm(注意厚度方向在外侧),其余按默认设置,单击“确定”按钮	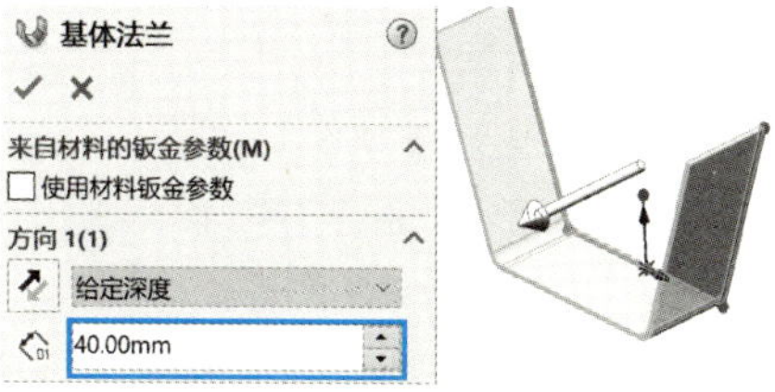
3. 在图示平面上新建草图	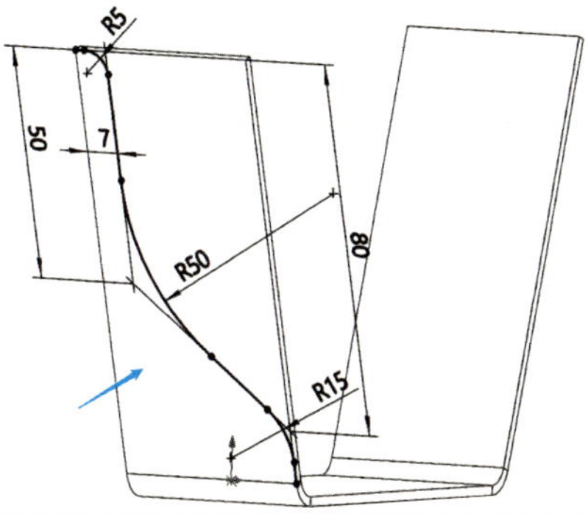
4. 在命令管理器“钣金”标签页上单击“拉伸切除”按钮,“方向1(1)”栏选择“给定深度”并勾选“与厚度相等(L)”,单击“确定”按钮(注意切除的部分,必要时选中“反侧切除(F)”以调整切除的部分)	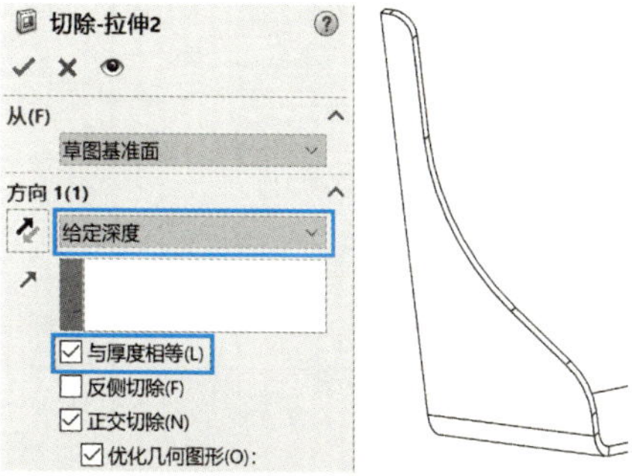
5. 在命令管理器“特征”标签页上单击“镜向”按钮,按图示设置,必要时勾选“几何体阵列(G)”,单击“确定”按钮	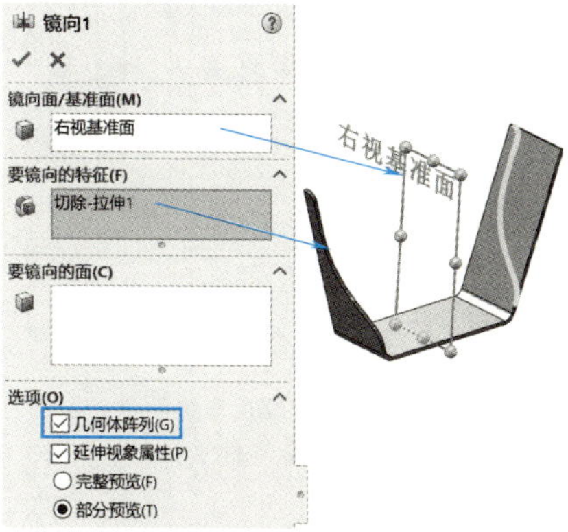

（续）

<table>
<tr><th>建模步骤</th><th>图　　示</th></tr>
<tr><td>6. 在命令管理器“钣金”标签页上单击“边线法兰”按钮，选中图示边线并将鼠标光标移动到想要生成法兰的一侧，单击以放置</td><td>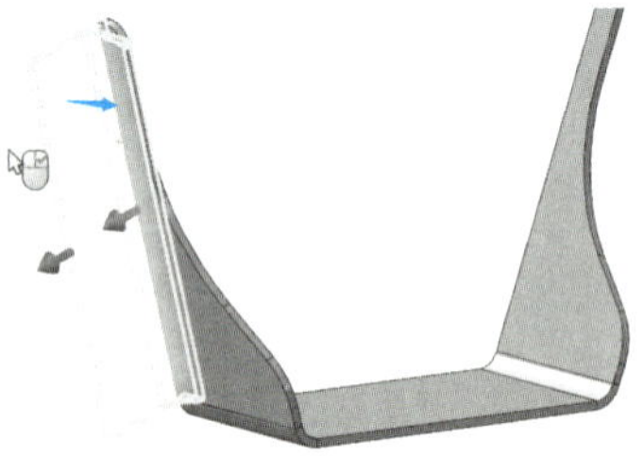</td></tr>
<tr><td>7. “法兰长度（L）”栏选择“给定深度”并输入25mm，“法兰位置（N）”栏选择“折弯在外”，其余按默认设置，单击“编辑法兰轮廓（E）”按钮</td><td>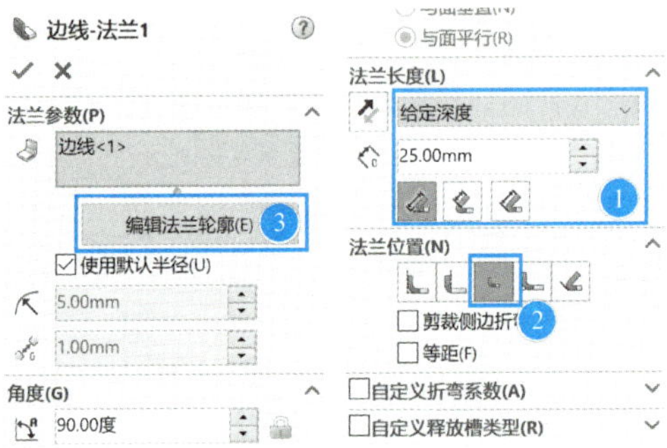
</td></tr>
<tr><td>8. 修改轮廓草图如右图所示，单击“完成”按钮</td><td>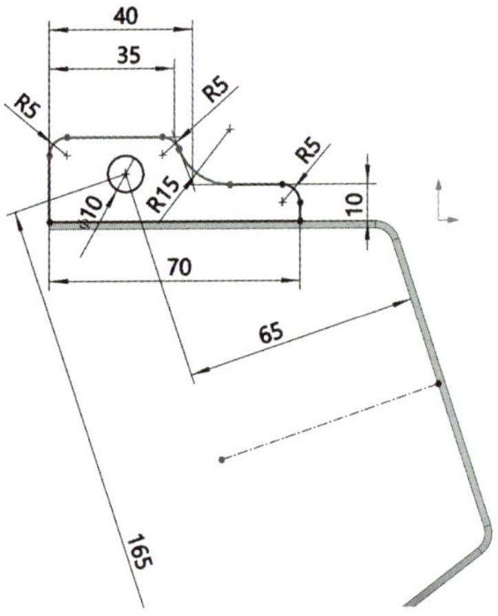
</td></tr>
<tr><td>9. 在命令管理器“特征”标签页上单击“镜向”按钮，将边线法兰镜向到另一侧，单击“确定”按钮</td><td>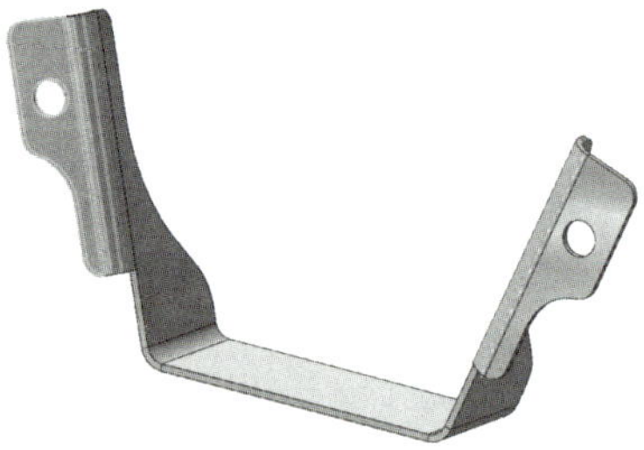</td></tr>
<tr><td>10. 在图示平面上绘制草图，在命令管理器“钣金”标签页上单击“基体法兰/薄片”按钮，系统会自动将薄片特征的深度设置为钣金零件的厚度，并自动设置为与钣金零件重合，从而避免实体脱节</td><td>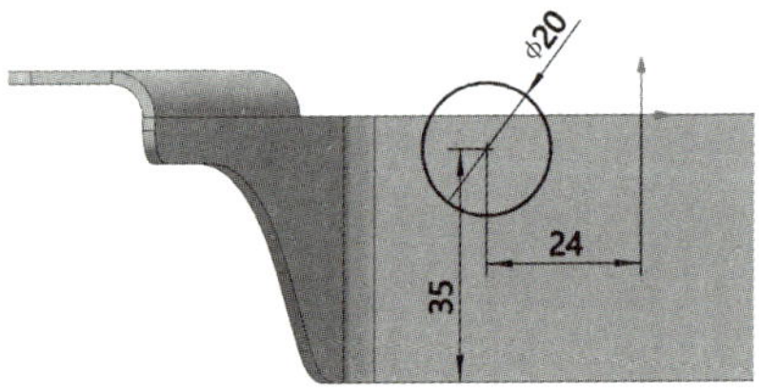
</td></tr>
</table>

（续）

建模步骤	图示
11. 在图示平面上绘制两个直径为8mm的圆，一个圆与上一步的薄片同心，另一个圆心与基体边线的距离为10mm，两圆的水平距离为48mm。在命令管理器"钣金"标签页上单击"拉伸切除"按钮，"方向1(1)"栏选择"给定深度"并勾选"与厚度相等(L)"，单击"确定"按钮	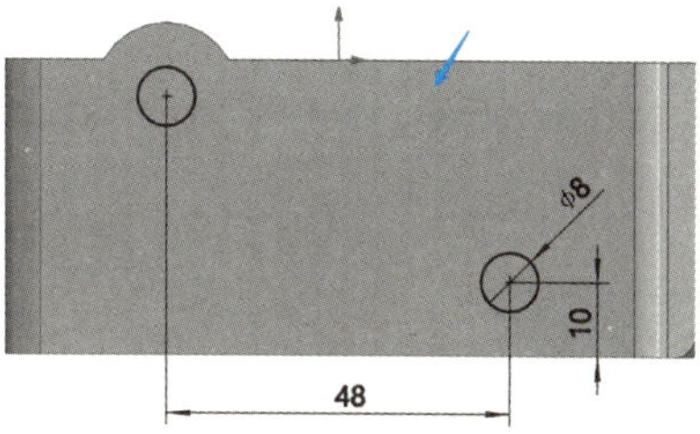

任务评价

任务评价表

专业________ 班级________ 姓名________ 学号________ 组别________

项目	标准	自我评价	小组评价	教师评价
		2~10分		
		占50%	占20%	占30%
基本法兰(步骤2)	正确完成			
边线法兰(步骤3~6)	正确完成			
薄片(步骤12~13)	正确完成			
操作熟练度	绘图快速、准确			
协作精神	交流、讨论顺畅			
纪律观念	课堂有序、讨论积极			
学习主动性	认真思考、积极回答问题			
知识应用情况	关键知识点内化			
完成任务过程中引以为自豪的做法	简捷、高效（加分项5~10分）			
指导他人	帮助的人数及质量（加分项5~10分）			
小计				
总评				

注：1. 每项满分10分；

2. 带有"*"的步骤为任务延展中的内容。

组长签字： **任课教师：** 年 月 日

任务13 百折不挠——应用转折、展开及折叠功能

学习要点

➢ 圆弧、圆、直线等草图绘制命令

➢ 转折、斜接法兰命令

➢ 展开、折叠命令

技能目标

- 掌握基本的草图绘制命令
- 理解转折、斜接法兰命令的应用
- 理解展开、折叠命令的应用

思政目标

- 具备爱岗敬业、遵纪守法的职业素养
- 具备互帮互助、团结协作的优良品质
- 具备一丝不苟、精益求精的工匠精神

任务导入

● 建立如图 1.13.1 所示的模型。

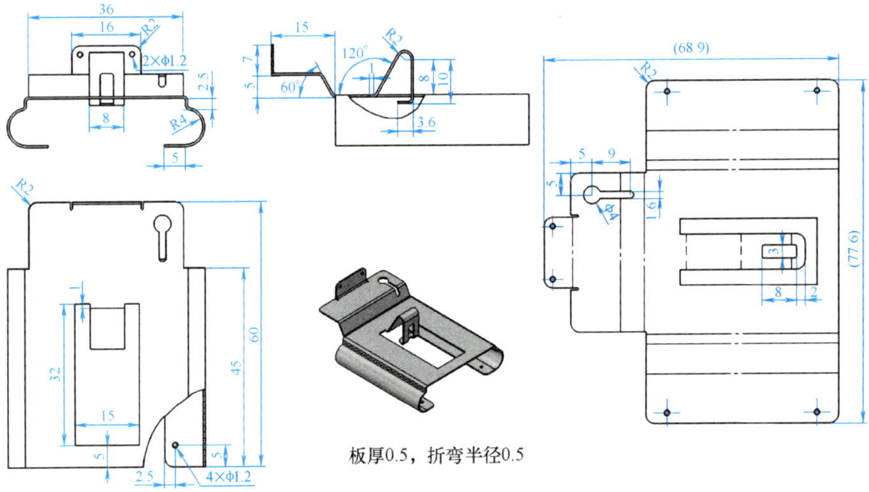

图 1.13.1　模型参考图样

任务分解

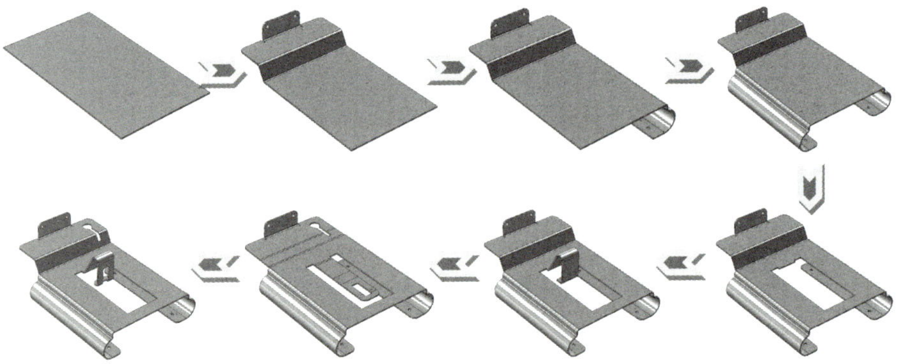

思维导图

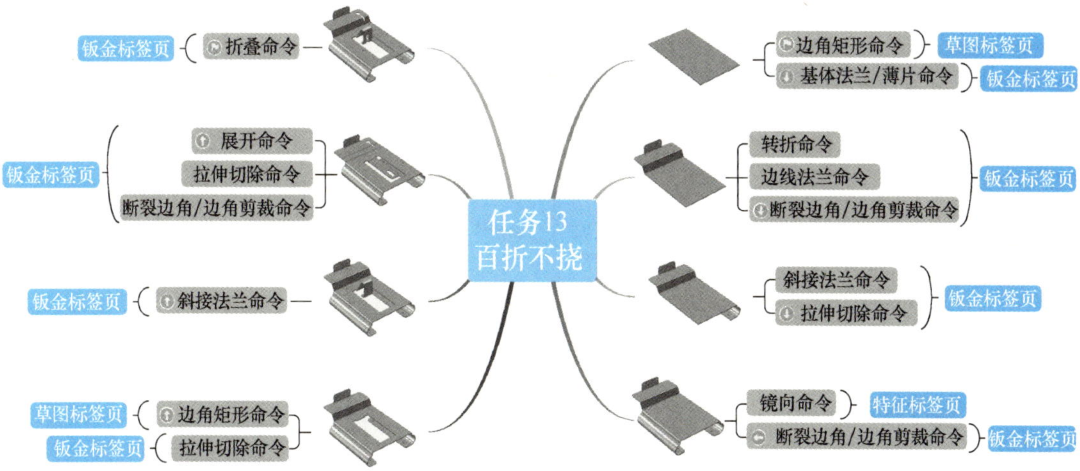

相关知识

（1）转折 通过从草图线段（草图必须只包含一根直线）生成两个折弯而将材料添加到钣金零件上。见表 1.13.1。

表 1.13.1 转折

命令条件	参数设置	结 果
已完成基体法兰和转折草图 	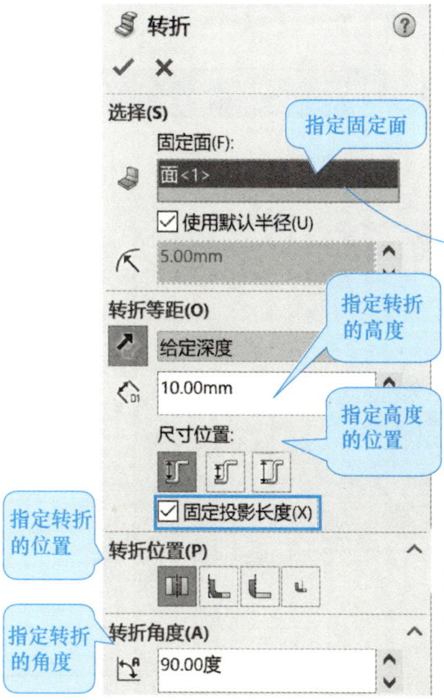	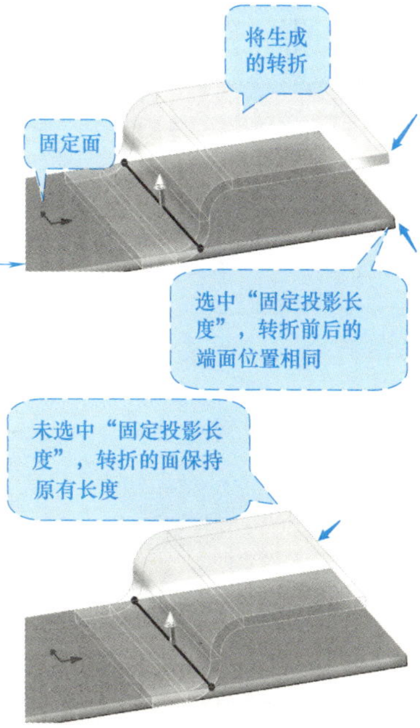
在草图或实体状态	指定固定面并设定转折参数	生成转折（带 2 个折弯）

（2）斜接法兰 将一系列法兰添加到钣金零件的一条或多条边线上，在原理上类似于实体中的扫描命令。系统自动将法兰厚度关联到钣金零件的厚度上。见表 1.13.2。

表 1.13.2 斜接法兰

命令条件	参数设置	结　果
已完成基体钣金		
在实体状态	按步骤进行	设置参考

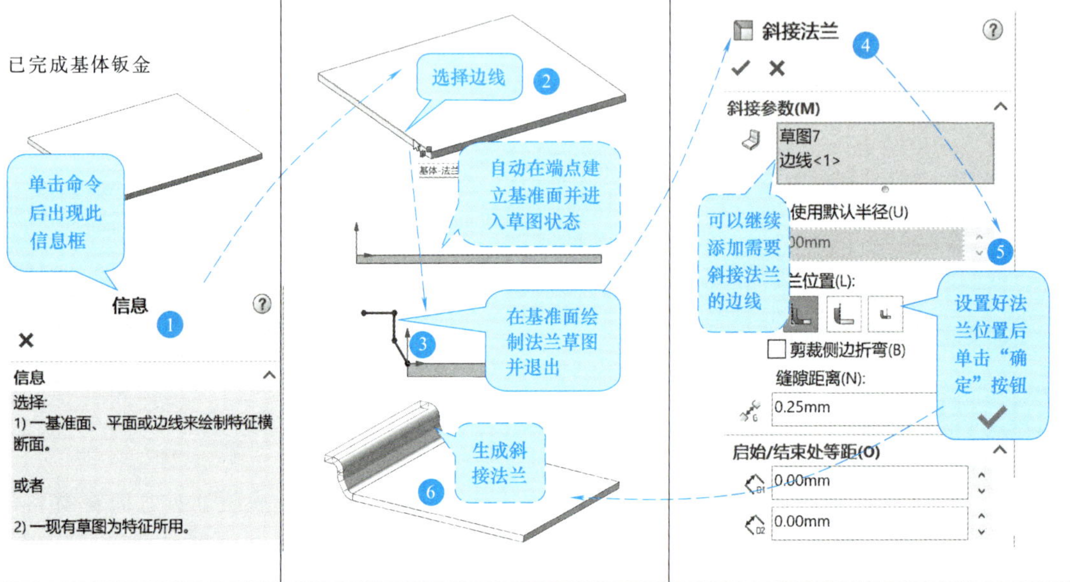

（3）展开 在钣金零件中展开一个、多个或所有折弯。见表 1.13.3。

表 1.13.3 展开

命令条件	参数设置	结　果
已完成包含折弯的钣金		
在实体状态	选择固定面和折弯	展开后的效果

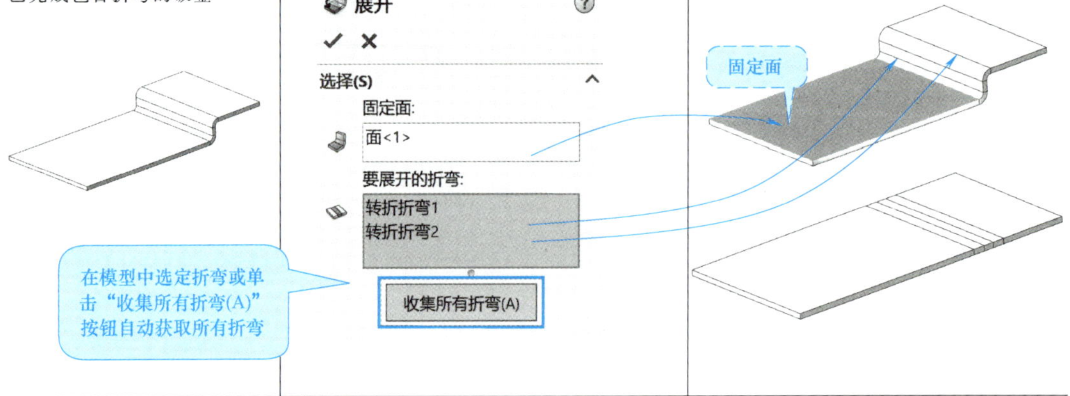

（4）折叠 在钣金零件中折叠一个、多个或所有折弯。见表 1.13.4。

表 1.13.4 折叠

命令条件	参数设置	结果
已完成包含折弯的展开钣金 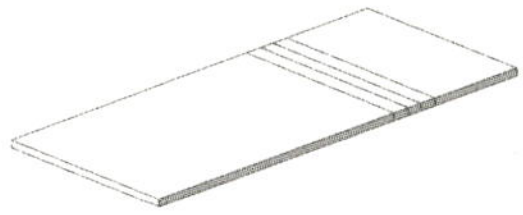	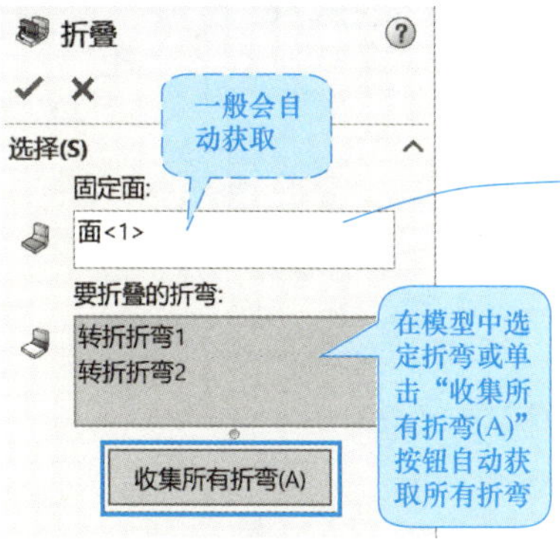	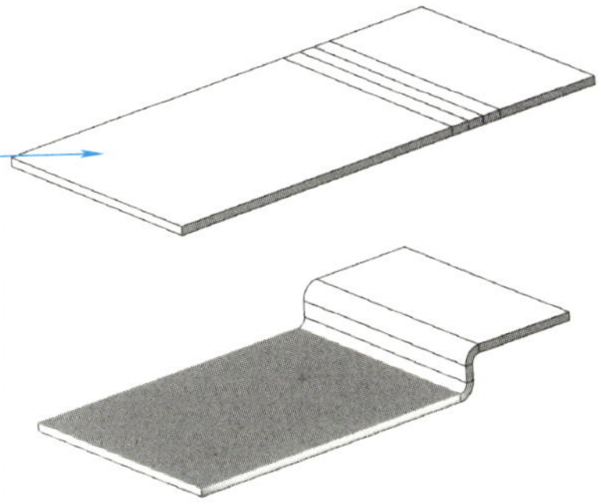
在实体状态	选择固定面和折弯	折叠后的效果

任务实施 （表 1.13.5）

表 1.13.5 建模过程

建模步骤	图示
1. 在“上视基准面”新建矩形（60mm×36mm），添加必要的水平、垂直几何关系并标注尺寸	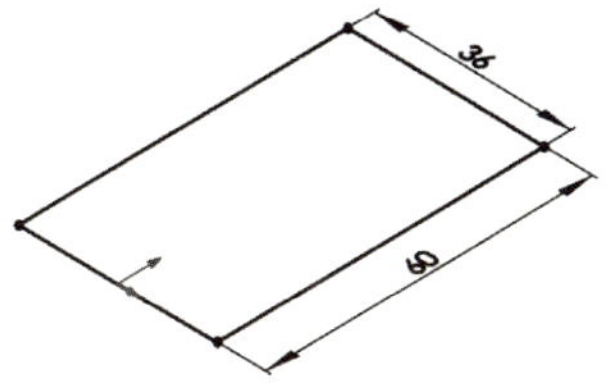
2. 在命令管理器“钣金”标签页上单击“基体法兰/薄片”按钮，“钣金参数（S）”栏厚度为0.5mm，其余按默认设置，单击“确定”按钮	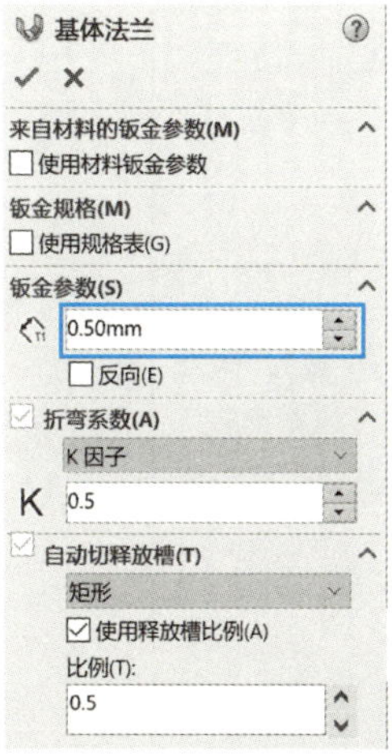 
3. 在钣金上表面绘制图示直线（距离原点45mm）	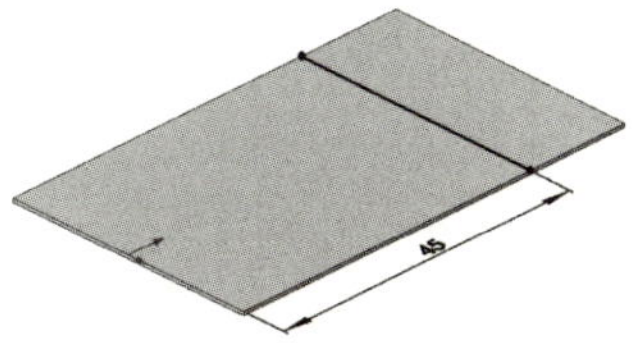

（续）

建模步骤	图　示
4. 在命令管理器“钣金”标签页上单击“转折”按钮，“固定面(F)”栏选择图示面，设置圆角半径为 0.5mm；“转折等距(O)”栏选择“给定深度”，设置值为 5mm，“尺寸位置”如图设置，勾选“固定投影长度(X)”；“转折位置(P)”栏选择折弯在外；“转折角度(A)”栏设置转折角度为 60 度。单击“确定”按钮	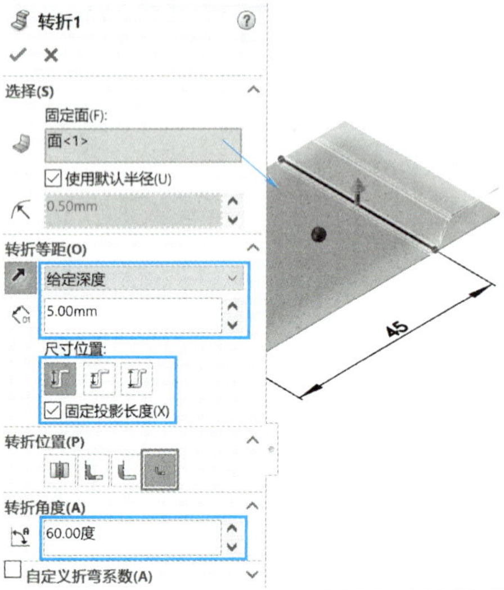
5. 在命令管理器“钣金”标签页上单击“边线法兰”按钮。选中图示边线，移动鼠标光标，使预览如图所示，单击以放置	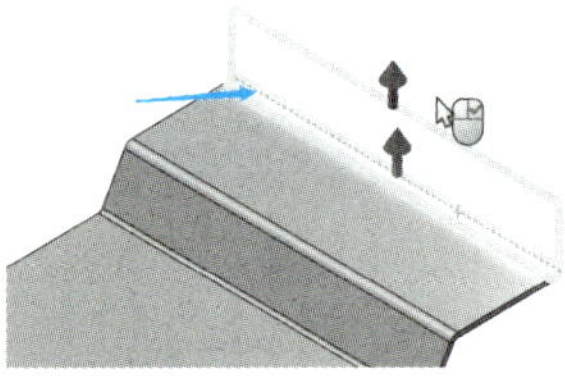
6. 勾选“自定义释放槽类型(R)”，选择“矩圆形”，并设置比例为“1”，角度和法兰位置按默认设置，再单击“编辑法兰轮廓(E)”按钮，进入法兰轮廓编辑	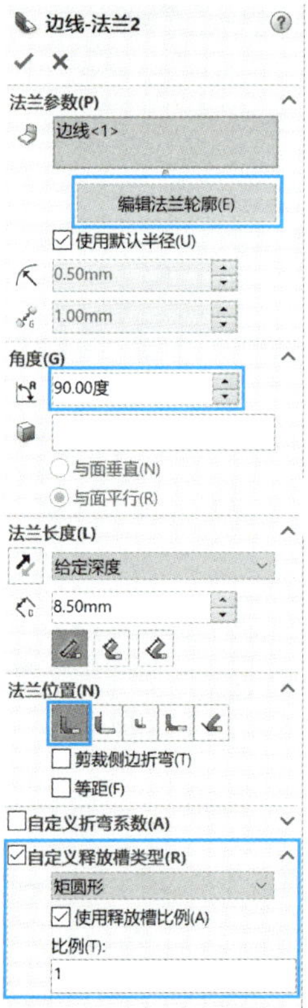

（续）

建模步骤	图　示
7. 编辑草图，使之位于边线居中位置，添加必要的几何关系并标注尺寸（注意尺寸 7 为草图边线至钣金基体下边缘的距离）。完成后单击对话框中的“完成”按钮	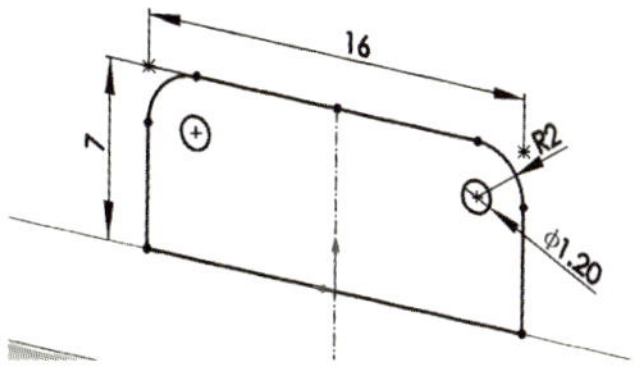
8. 在命令管理器“钣金”标签页上单击“断开边角/边角剪裁”按钮，选中图示边线，设置半径为 2mm 的圆角	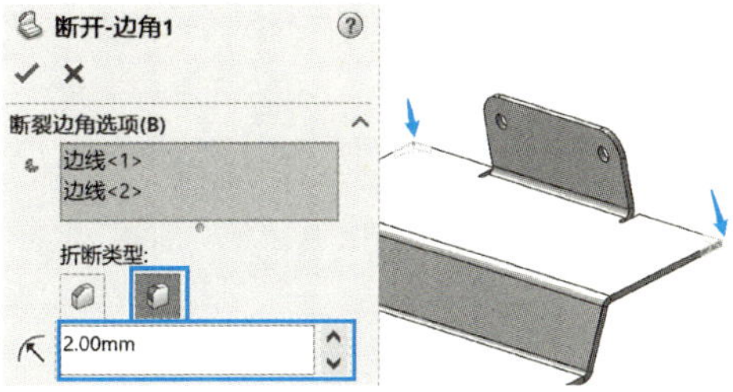
9. 在命令管理器“钣金”标签页上单击“斜接法兰”按钮，选中图示边线，在自动创建的基准面上绘制图示草图	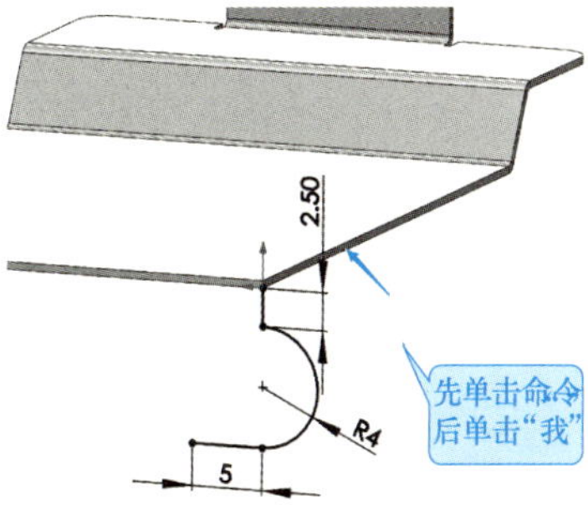
10. 退出草图。“法兰位置(L)”如右图所示设置，单击“确定”按钮✔	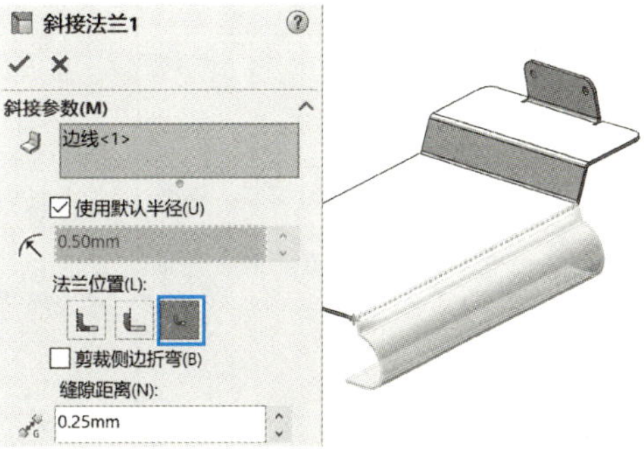
11. 在图示平面上绘制两个圆，并完成切除	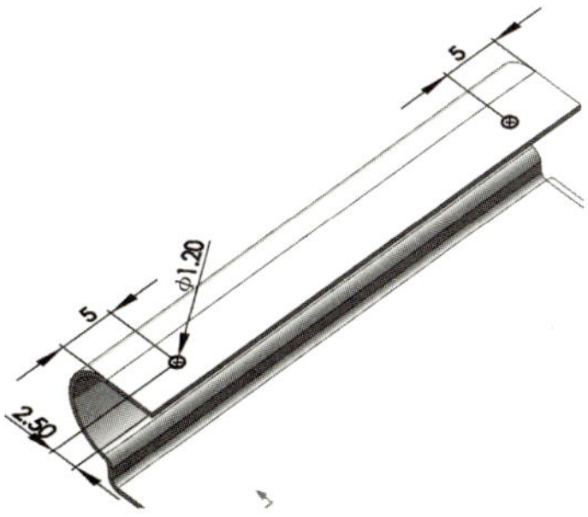

（续）

建模步骤	图　示
12. 以“右视基准面”为镜向面，将斜接法兰和两个孔镜向到另一侧	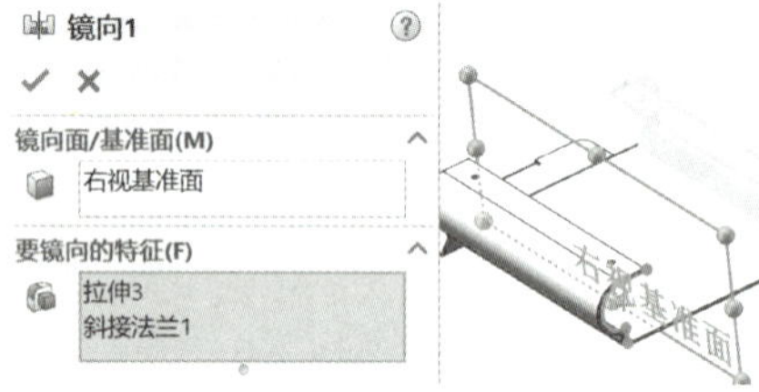
13. 在命令管理器“钣金”标签页上单击“断开边角/边角剪裁”按钮，选中图示边线，设置半径为 2mm 的圆角	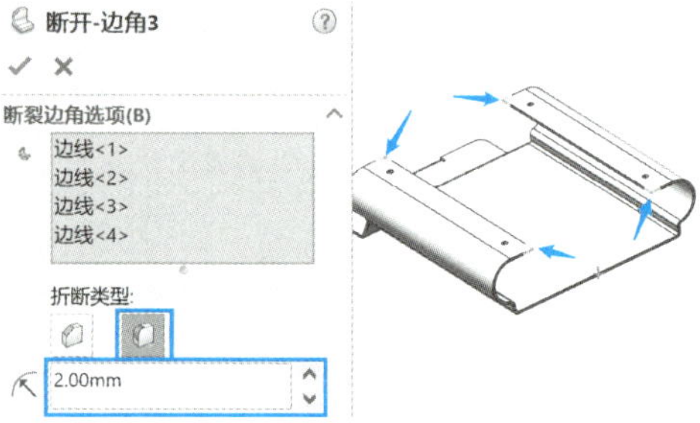
14. 在图示平面新建草图，相对于原点左右对称，并完成切除	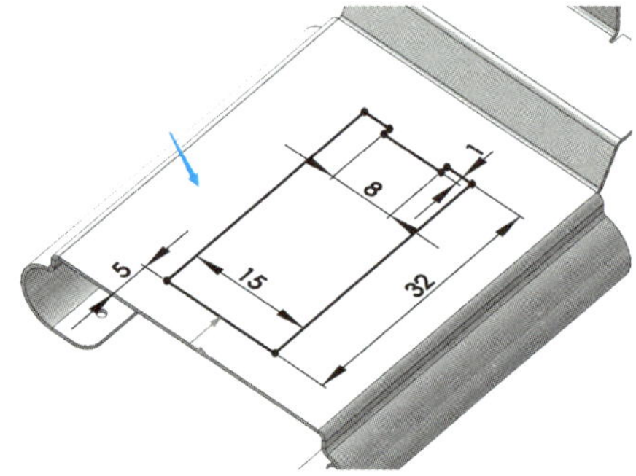
15. 在命令管理器“钣金”标签页上单击“斜接法兰”按钮，选中图示边线，在自动创建的基准面上绘制图示草图	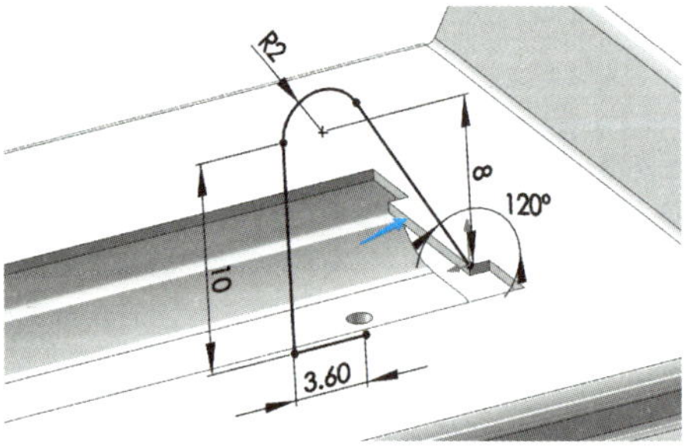
16. 按右图所示设置，完成斜接法兰	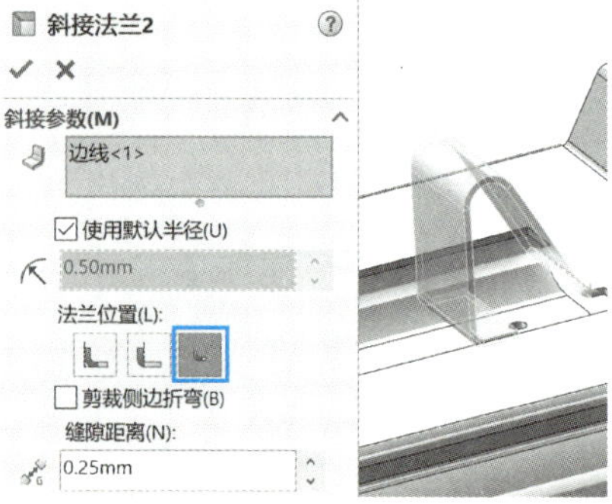

（续）

建模步骤	图　示
17. 在命令管理器“钣金”标签页上单击“展开”按钮，选中图示面作为固定面，然后单击“收集所有折弯(A)”按钮，系统将自动收集所有折弯，然后单击“确定”按钮	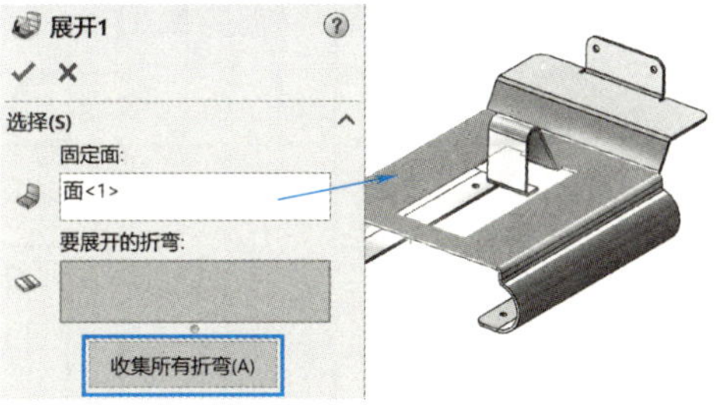
18. 在第 16 步斜接法兰的展开平面上新建草图，左右居中，并完成切除 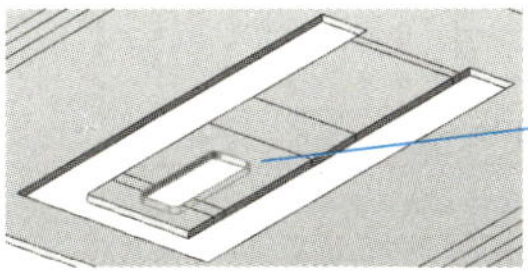	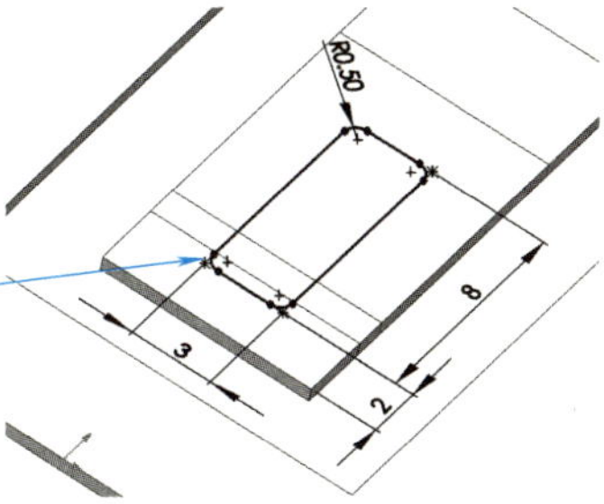
19. 在第 5~7 步边线法兰的展开平面上新建草图，并完成切除 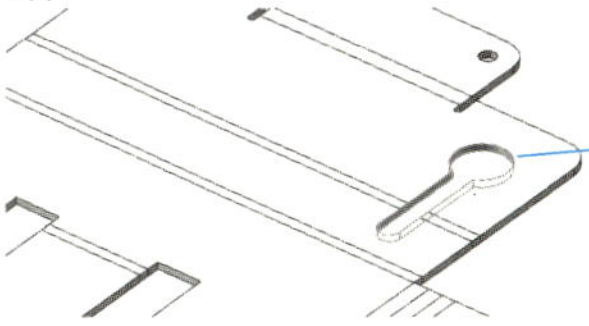	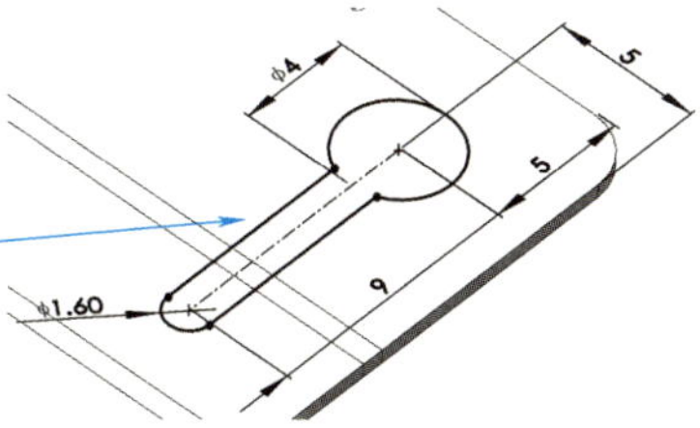
20. 完成图示 2 个 R2mm 的圆角	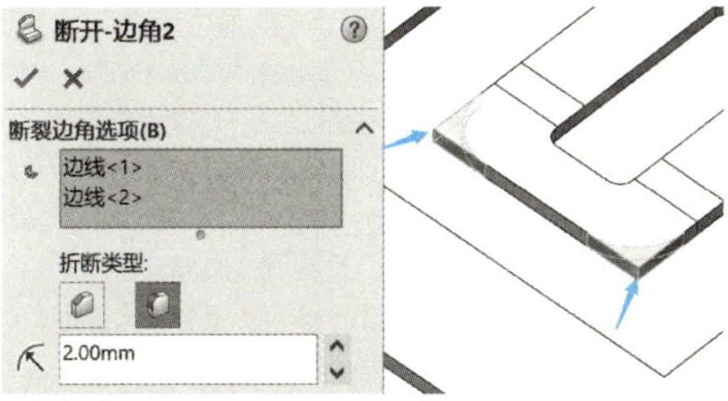
21. 在命令管理器“钣金”标签页上单击“折叠”按钮，选中图示面作为固定面（自动选定），然后单击“收集所有折弯(A)”按钮，系统将自动收集所有折弯，然后单击“确定”按钮完成	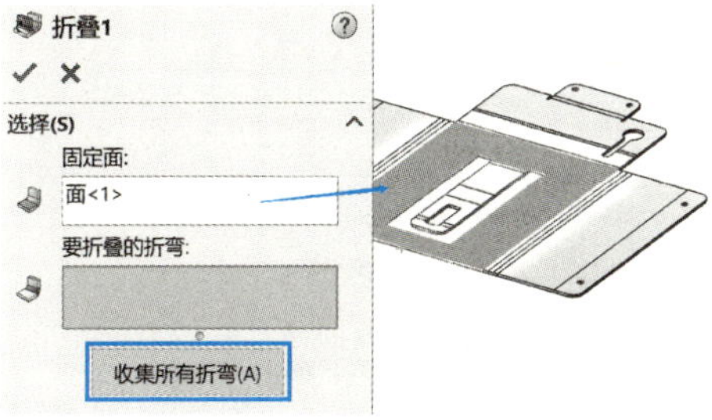

任务延展

建立如图 1.13.2 所示的模型。建模过程见表 1.13.6。

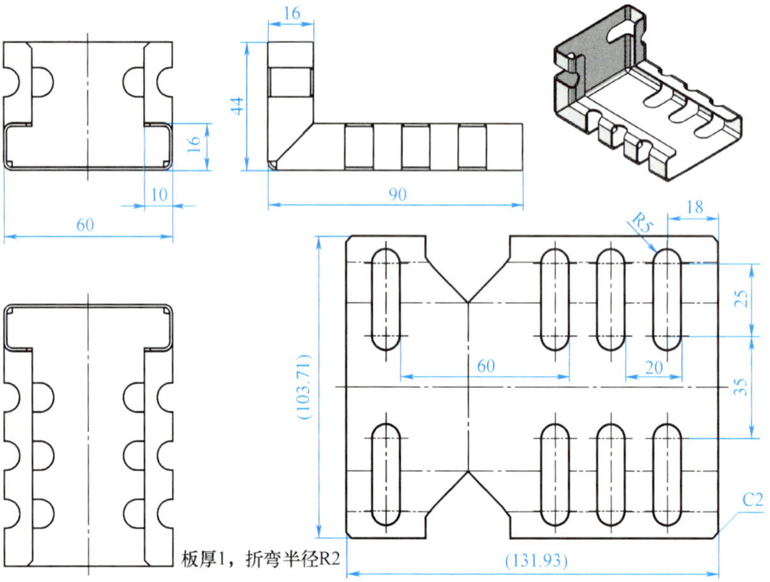

图 1. 13. 2　模型参考图样

表 1. 13. 6　建模过程

建模步骤	图　示
1. 新建零件。在"右视基准面"作图示草图	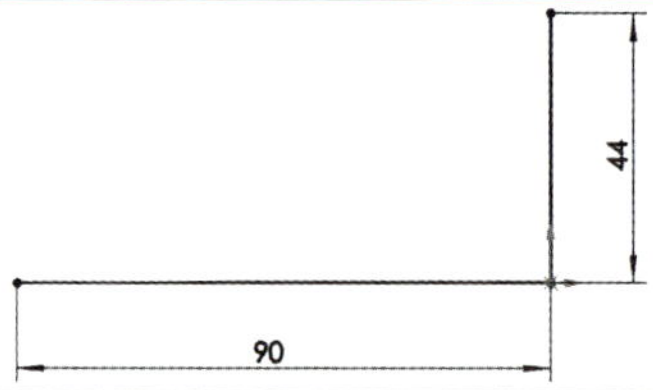
2. 在命令管理器"钣金"标签页上单击"基体法兰/薄片"按钮，"方向 1(1)"栏选择"两侧对称"并输入数值 60mm，"钣金参数(S)"栏设置厚度为 1mm，半径为 2mm（注意厚度方向在内侧，必要时勾选"反向(E)"），其余按默认设置，单击"确定"按钮	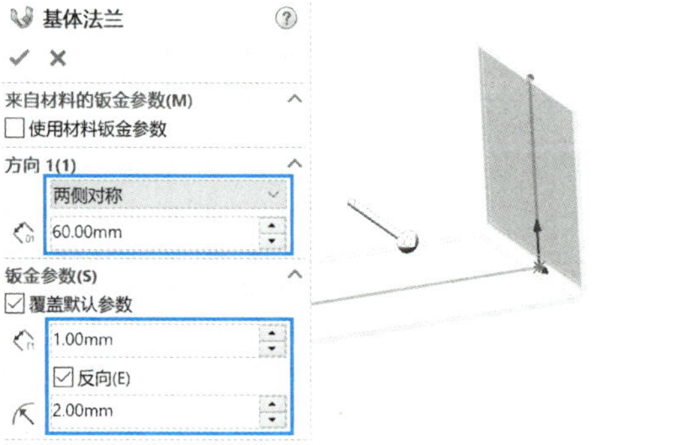
3. 在命令管理器"钣金"标签页上单击"斜接法兰"按钮，选中图示边线，在自动创建的基准面上绘制图示草图	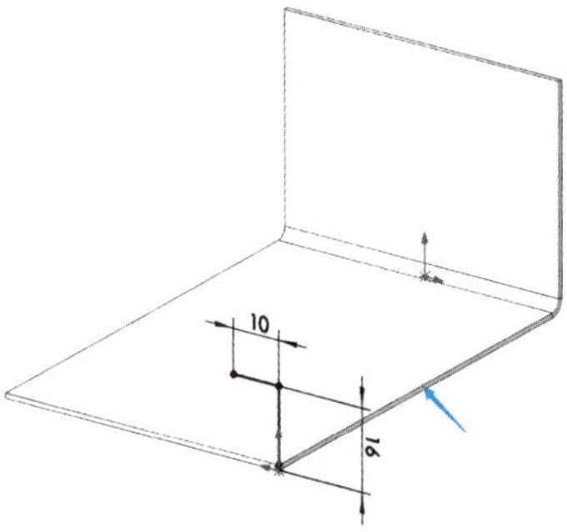

（续）

建模步骤	图　　示
4. 按图所示设置，完成斜接法兰	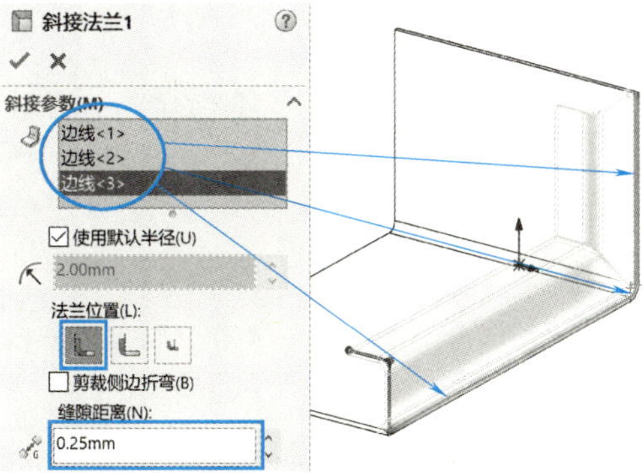
5. 在命令管理器“特征”标签页上单击“镜向”按钮，按图示设置，单击“确定”按钮	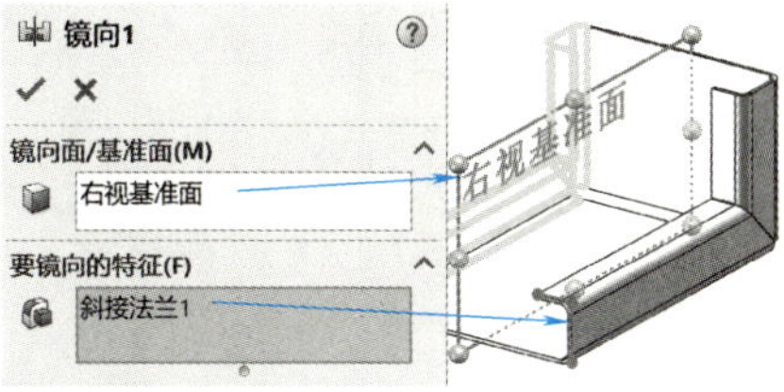
6. 在命令管理器“钣金”标签页上单击“断开边角/边角剪裁”按钮，选中图示边线，设置距离为 2mm 的倒角	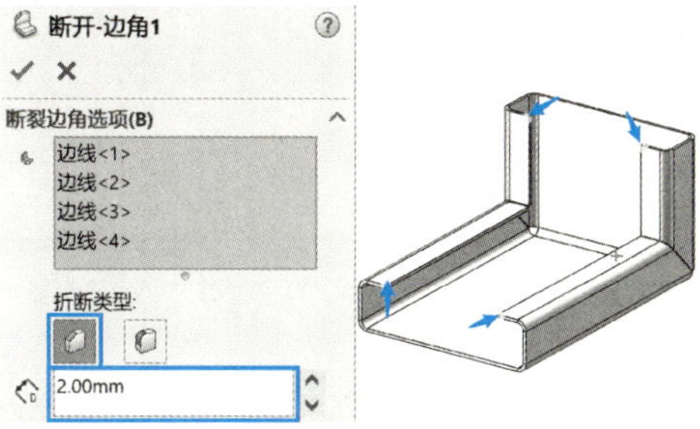
7. 在命令管理器“钣金”标签页上单击“展开”按钮，选中图示面作为固定面，然后单击“收集所有折弯(A)”按钮，系统将自动收集所有折弯，然后单击“确定”按钮	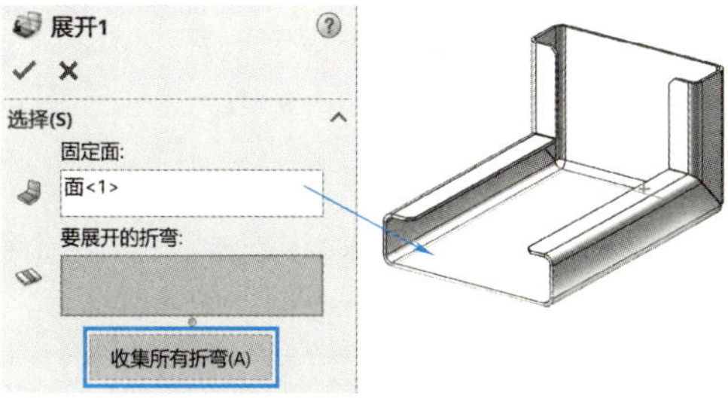
8. 在图示展开平面上新建草图并完成切除	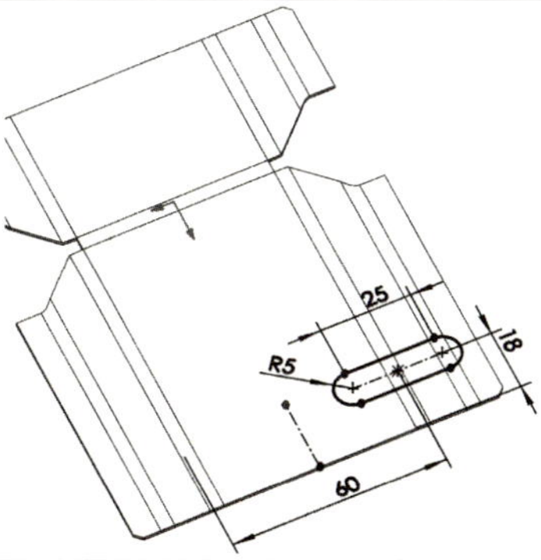

（续）

建模步骤	图　示
9. 在命令管理器“特征”标签页上单击“线性阵列”按钮，按图示设置，单击“确定”按钮	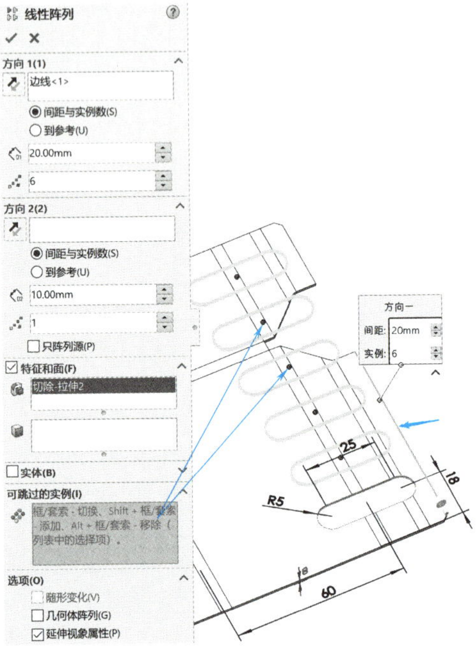
10. 在命令管理器“特征”标签页上单击“镜向”按钮，按图示设置，单击“确定”按钮	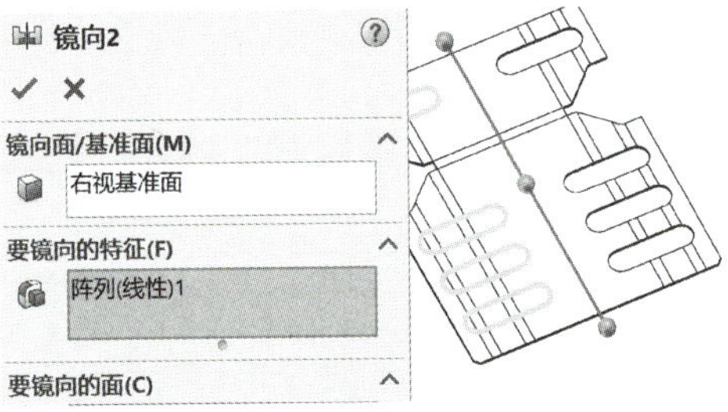
11. 在命令管理器“钣金”标签页上单击“折叠”按钮，选中图示面作为固定面（自动选定），然后单击“收集所有折弯（A）”按钮，系统将自动收集所有折弯，然后单击“确定”按钮完成	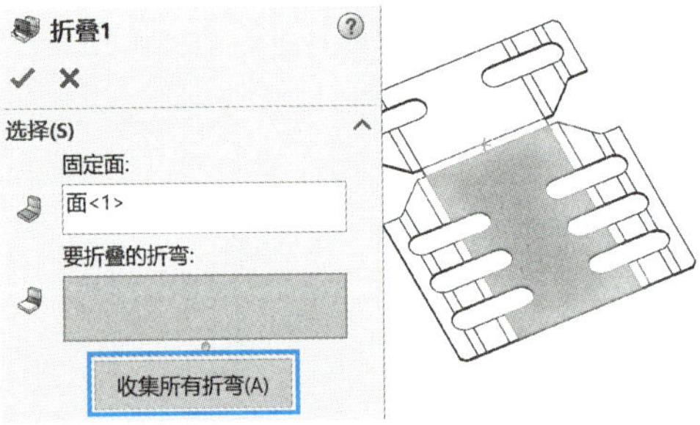

任务评价

任务评价表

专业________ 班级________ 姓名________ 学号________ 组别________

项　目	标　准	自我评价	小组评价	教师评价
		2~10分		
		占50%	占20%	占30%
转折(步骤4)	正确完成			
斜接法兰(步骤9~10)	正确完成			
展开(步骤17)	正确完成			
操作熟练度	绘图快速、准确			
协作精神	交流、讨论顺畅			
纪律观念	课堂有序、讨论积极			
学习主动性	认真思考、积极回答问题			
知识应用情况	关键知识点内化			
完成任务过程中引以为自豪的做法	简捷、高效(加分项5~10分)			
指导他人	帮助的人数及质量(加分项5~10分)			
小　计				
总　评				

注：1. 每项满分10分；
2. 带有“*”的步骤为任务延展中的内容。

组长签字： **任课教师：** **年　月　日**

任务14 心有灵犀一点通(1)——应用等距实体功能

学习要点

- 直线、圆形、等距实体等草图绘制命令
- 旋转凸台/基体、圆周阵列命令
- 基准面命令

技能目标

- 掌握旋转凸台/基体命令的应用
- 掌握圆周阵列命令的应用
- 掌握基准面的创建方法

思政目标

- 具备爱岗敬业、遵纪守法的职业素养
- 具备互帮互助、团结协作的优良品质
- 具备一丝不苟、精益求精的工匠精神

任务导入

▶ 建立如图 1.14.1 所示的模型。

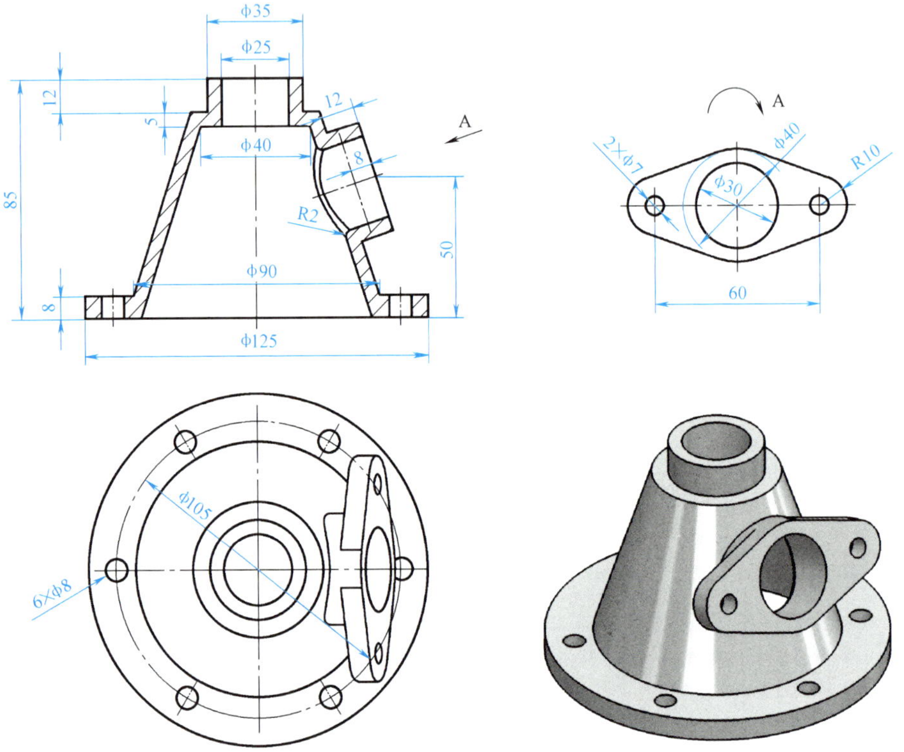

图 1.14.1　模型参考图样

任务分解

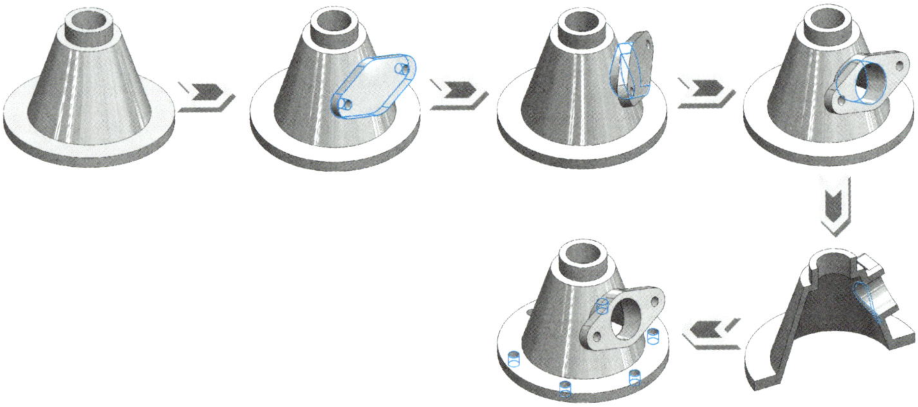

思维导图

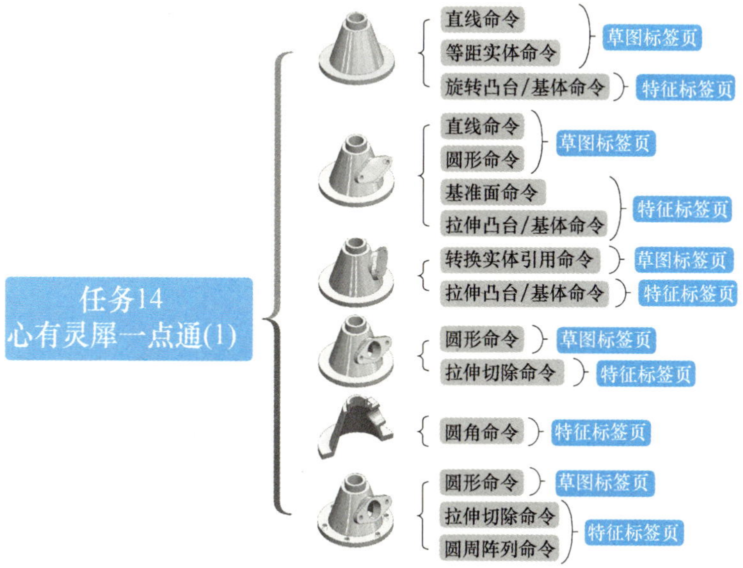

相关知识

基准面 垂直于曲线的基准面是基准面的另一种建立形式。在直（曲）线的端点上建立一个基准面，该基准面与直（曲）线的端点的切线方向垂直。建立时只需要单击直（曲）线，即可自动在离单击位置最近的端点上建立一个垂直于直（曲）线的基准面。为了更直观地确定平面的位置，建议再单击直（曲）线的端点。见表 1.14.1。

表 1.14.1 基准面

命令条件	参数设置	结果
已存在用于创建基准面的边线或草图 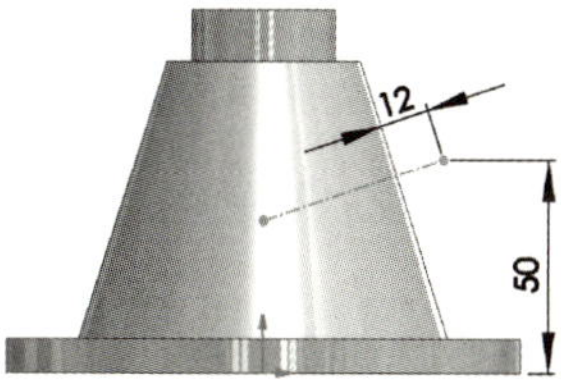 	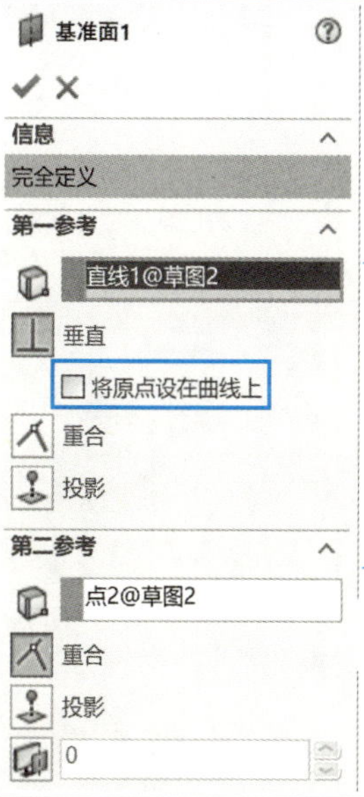 	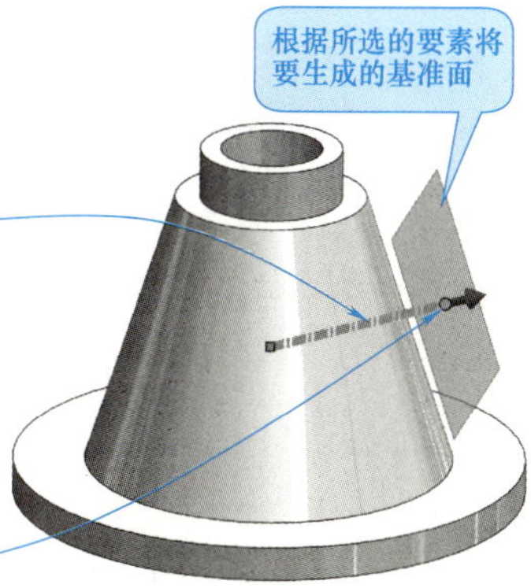
在实体状态	分别选中草图和端点	生成基准面预览效果

任务实施 （表 1.14.2）

表 1.14.2 建模过程

<table>
<tr><th>建模步骤</th><th>图 示</th></tr>
<tr><td>1. 在“前视基准面”新建草图，添加必要的几何关系并标注尺寸（注意旋转轴位于原点）</td><td>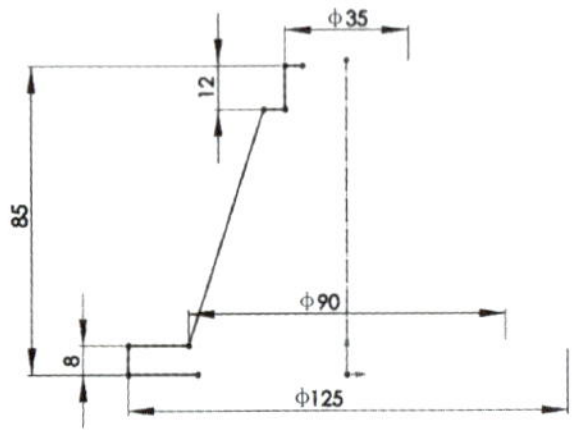
</td></tr>
<tr><td>2. 在命令管理器“草图”标签页上单击“等距实体”按钮，将图示三条边线往右侧等距 5mm</td><td>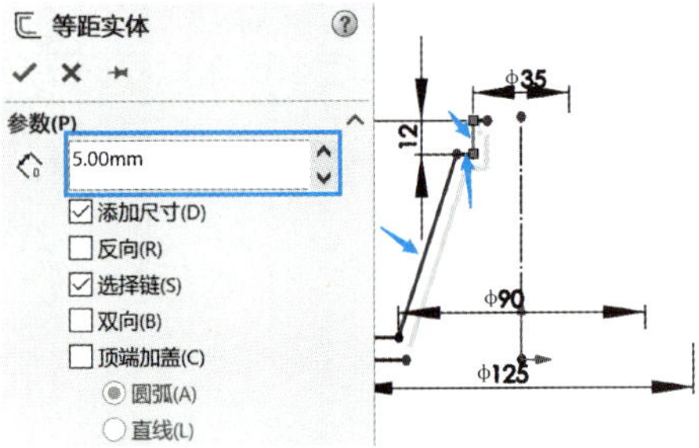
</td></tr>
<tr><td>3. 补齐线条并标注尺寸，如右图所示。注意箭头所指处的处理（用“剪裁实体命令”）</td><td>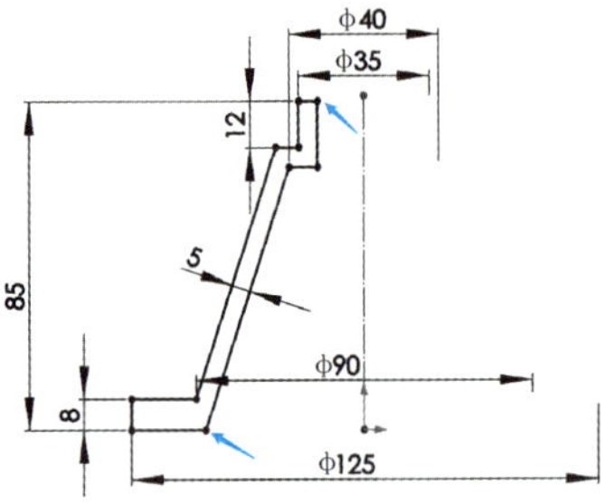
</td></tr>
<tr><td>4. 在命令管理器“特征”标签页上单击“旋转凸台/基体”按钮，确认旋转角度为 360°，单击“确定”按钮</td><td>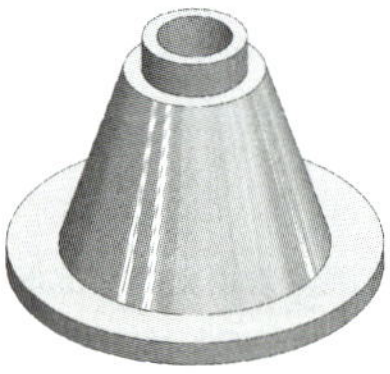</td></tr>
<tr><td>5. 在“前视基准面”新建草图，绘制图示中心线，添加箭头所指端点与原点的竖直关系</td><td>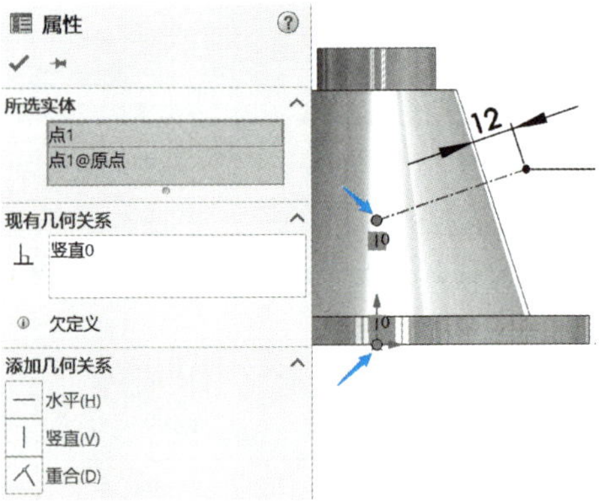
</td></tr>
</table>

（续）

建模步骤	图　　示
6. 添加中心线与实体侧边线的垂直几何关系，标注相应的尺寸后退出草图	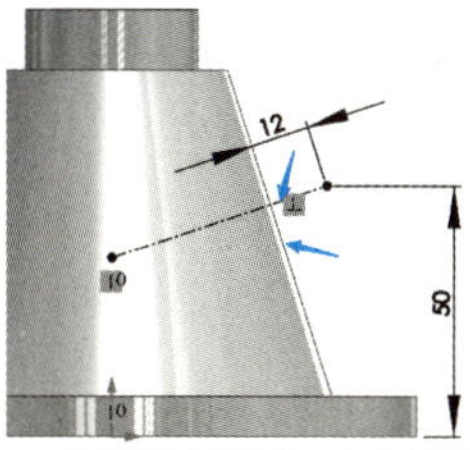
7. 在命令管理器“特征”标签页上单击“参考几何体”→“基准面”按钮。“第一参考”栏选择中心线，“第二参考”栏选择中心线的端点。单击“确定”按钮完成基准面的建立	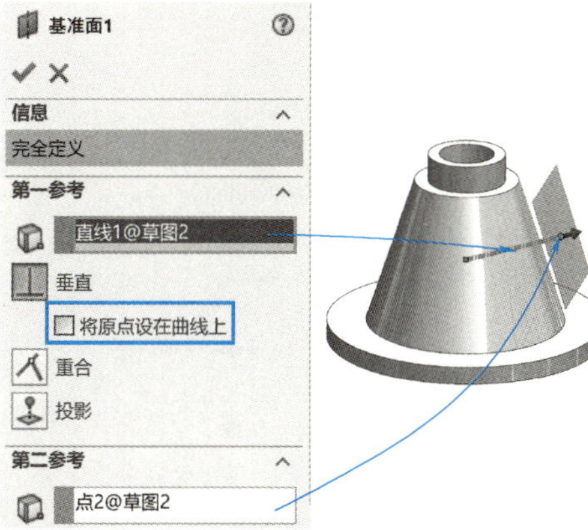
8. 在新建的基准面上新建草图，注意添加相等、相切等几何关系并标注尺寸（可运用“镜向实体”命令加快草图的绘制）	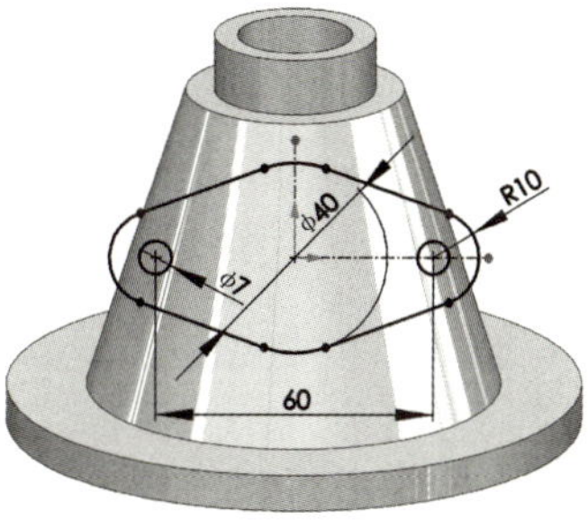
9. 将上一步草图往实体方向拉伸 8mm	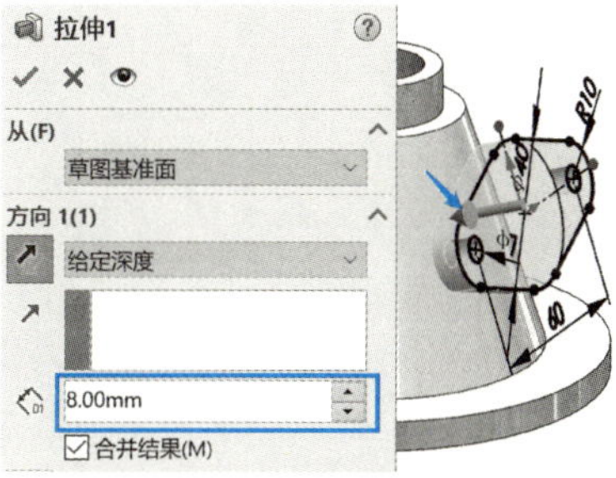
10. 在图示平面新建草图，在命令管理器“草图”标签页上单击“转换实体引用”按钮，选中图示圆弧，单击“确定”按钮，将其引用到当前草图	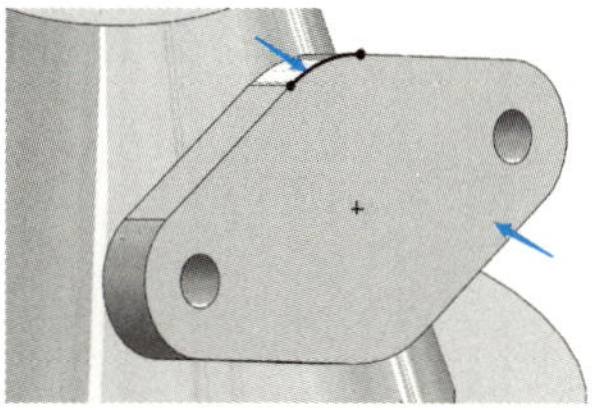

（续）

建模步骤	图　示
11. 单击拖动其中的一个端点，可延伸该线直到目标位置（另一端点），这样就完成了圆的绘制	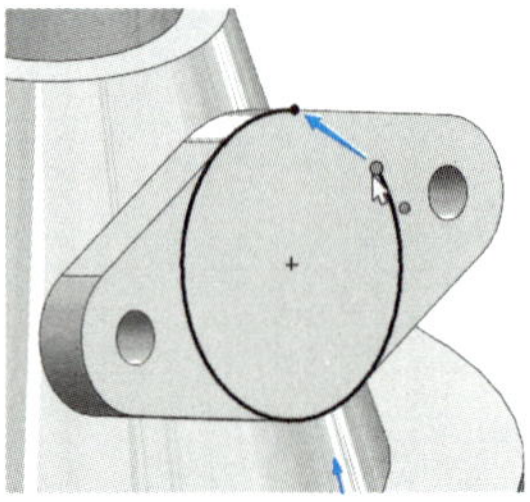
12. 拉伸刚绘制的圆到主体圆锥表面	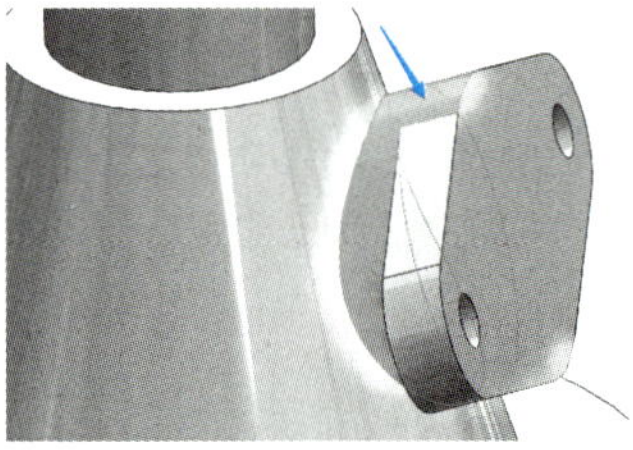
13. 在图示平面新建直径为 30mm 的圆（注意添加与外圆弧之间的同心几何关系），并切除到主体内表面	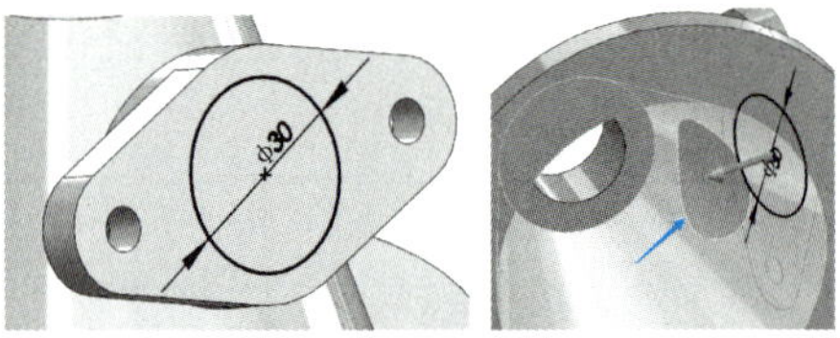
14. 添加 R2mm 圆角	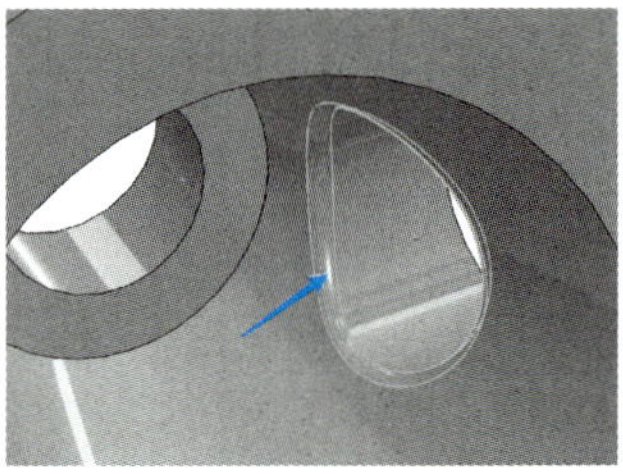
15. 在图示平面上新建草图（注意圆心和原点之间的水平几何关系），并切除至完全贯穿	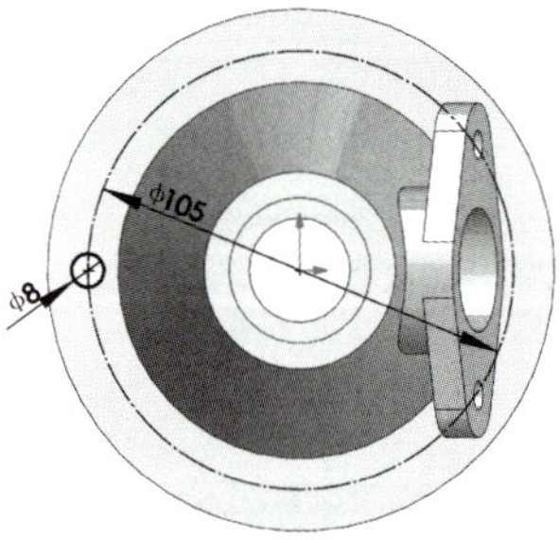
16. 等间距圆周阵列 6 个孔	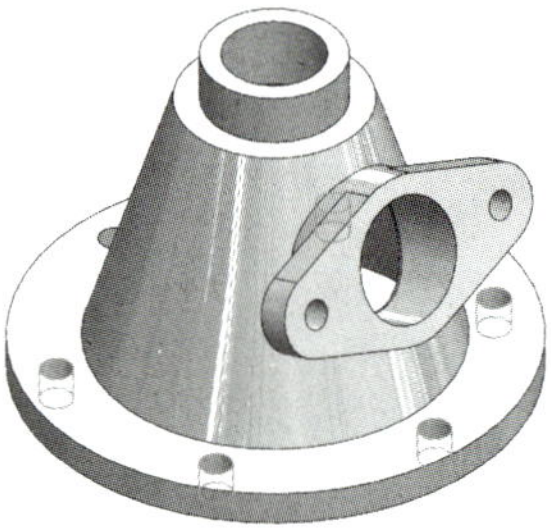

任务延展

建立如图 1.14.2 所示的模型。建模过程见表 1.14.3。

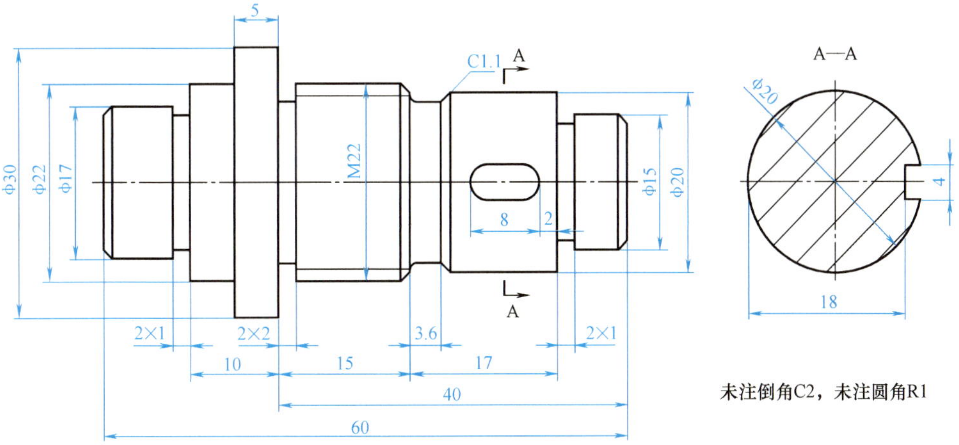

图 1.14.2　模型参考图样

表 1.14.3　建模过程

建模步骤	图　示
1. 新建零件。在“前视基准面”作图示草图，注意箭头所示三条直线相等	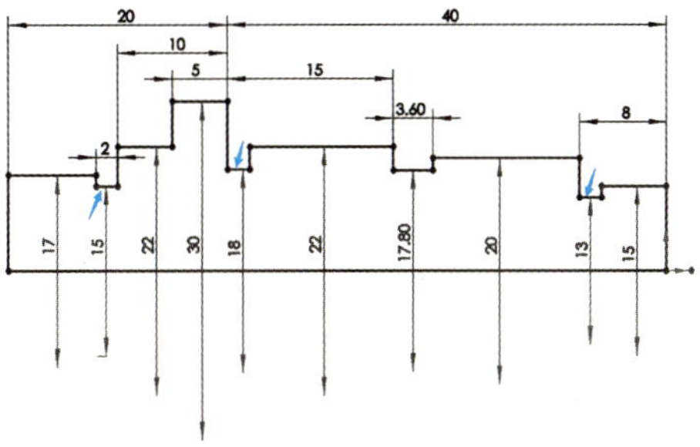
2. 在命令管理器“特征”标签页上单击“旋转凸台/基体”按钮，确认旋转角度为 360 度，单击“确定”按钮	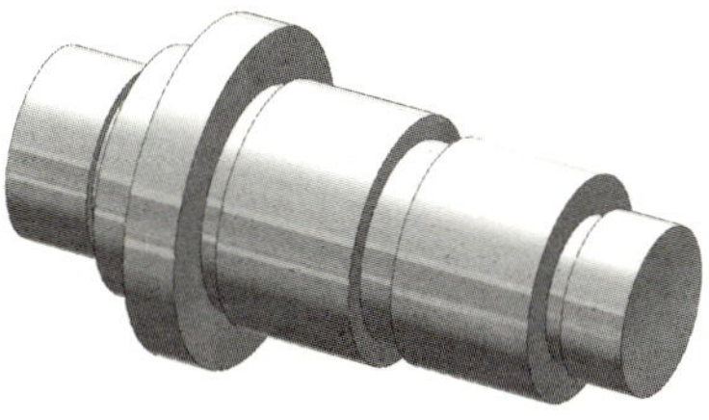
3. 在“上视基准面”作图示草图	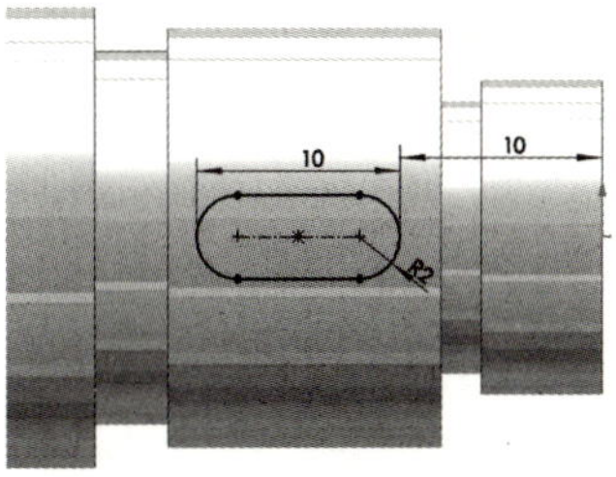

（续）

建模步骤	图　示
4. 在命令管理器“特征”标签页上单击“拉伸切除”按钮，设置如右图所示，单击“确定”按钮	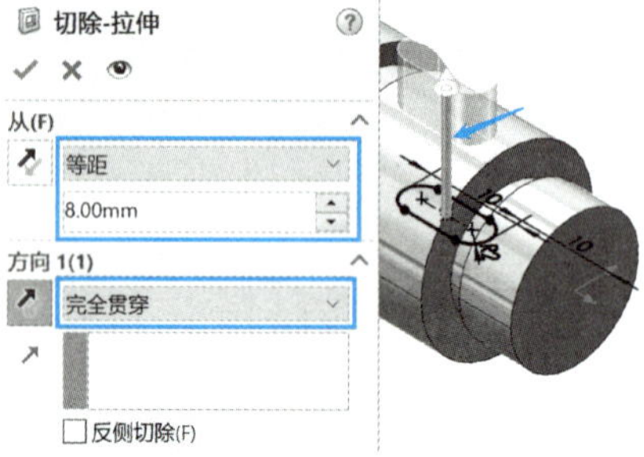
5. 在“菜单”栏单击“插入”→“注解”→“装饰螺纹线”按钮	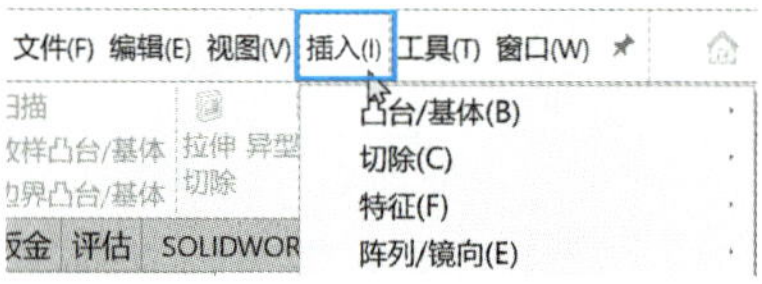
6. 在“螺纹设定(S)”栏中选中图示边线，并在“标准”项中进行设置后单击“确定”按钮	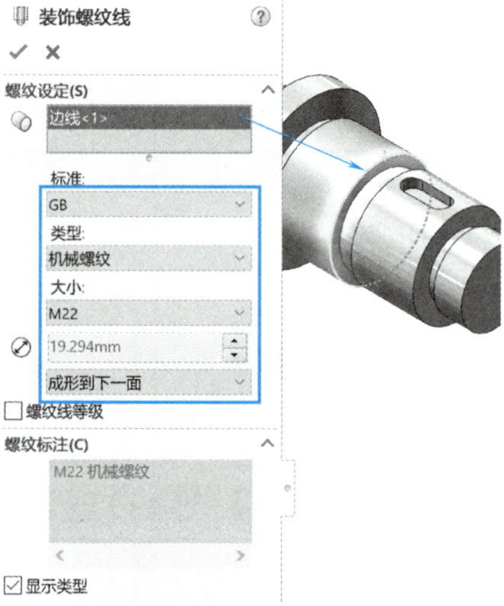
7. 对箭头所示的三条边线作1mm的倒角	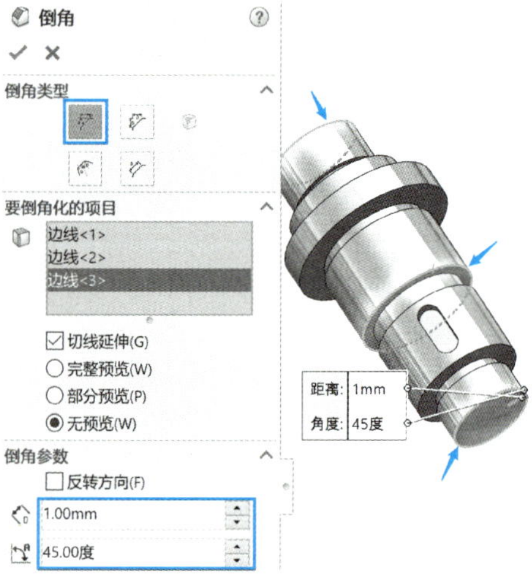

（续）

建模步骤	图示
8. 同理，完成图示边线 1.1mm 的倒角	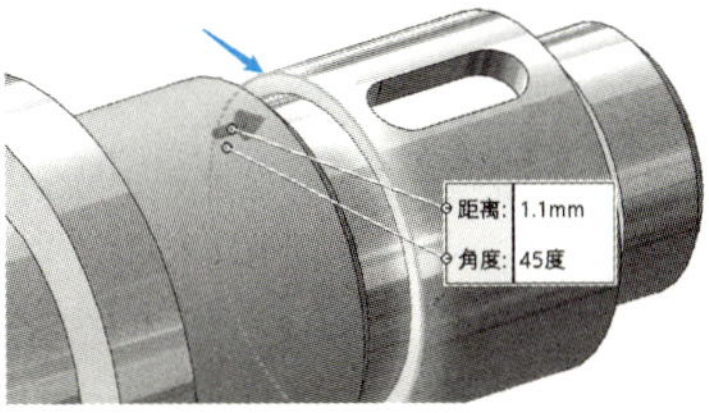
9. 在“特征树”中单击特征“切除-拉伸 1”，将尺寸修改为如右图所示	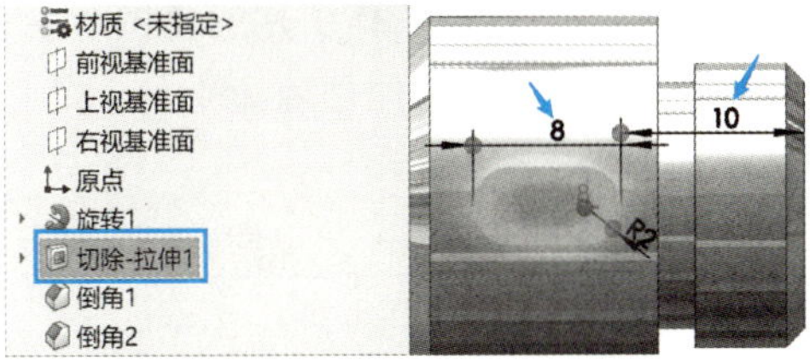
10. 添加图示边线 R1mm 的圆角	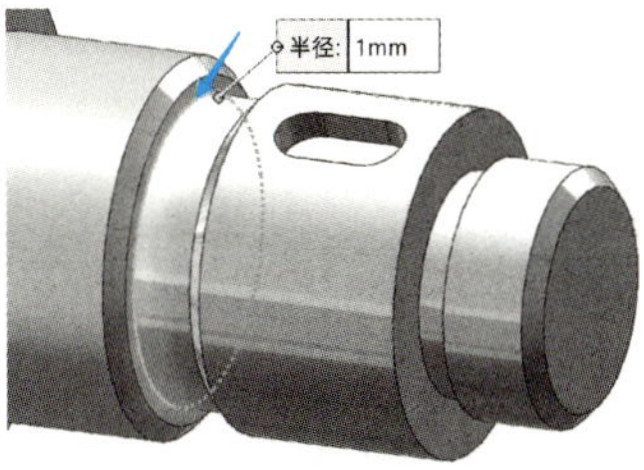

任务评价

任务评价表

专业________　班级________　姓名________　学号________　组别________

项　目	标　准	自我评价	小组评价	教师评价
		2~10 分		
		占 50%	占 20%	占 30%
等距实体（步骤 2~3）	正确完成			
创建基准面（步骤 7）	正确完成			
* 修改尺寸（步骤 9）	正确完成			
操作熟练度	绘图快速、准确			
协作精神	交流、讨论顺畅			
纪律观念	课堂有序、讨论积极			
学习主动性	认真思考、积极回答问题			
知识应用情况	关键知识点内化			
完成任务过程中引以为自豪的做法	简捷、高效（加分项 5~10 分）			
指导他人	帮助的人数及质量（加分项 5~10 分）			
小　计				
总　评				

注：1. 每项满分 10 分；
　　2. 带有“ * ”的步骤为任务延展中的内容。

组长签字：　　　　　任课教师：　　　　　年　　月　　日

任务 15 心有灵犀一点通（2）——应用命令综合体功能

学习要点

➢ 直线、圆形、转换实体引用等草图绘制命令
➢ 拉伸凸台/基体、拉伸切除命令
➢ 基准面命令

技能目标

➢ 掌握拉伸凸台/基体、拉伸切除命令的应用
➢ 掌握基准面的创建方法

思政目标

➢ 具备爱岗敬业、遵纪守法的职业素养
➢ 具备互帮互助、团结协作的优良品质
➢ 具备一丝不苟、精益求精的工匠精神

任务导入

● 建立如图 1.15.1 所示的模型。

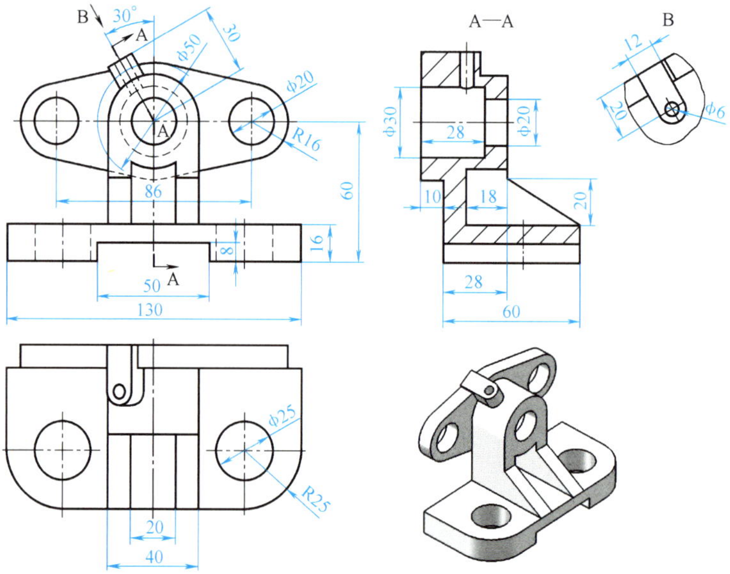

图 1.15.1 模型参考图样

任务分解

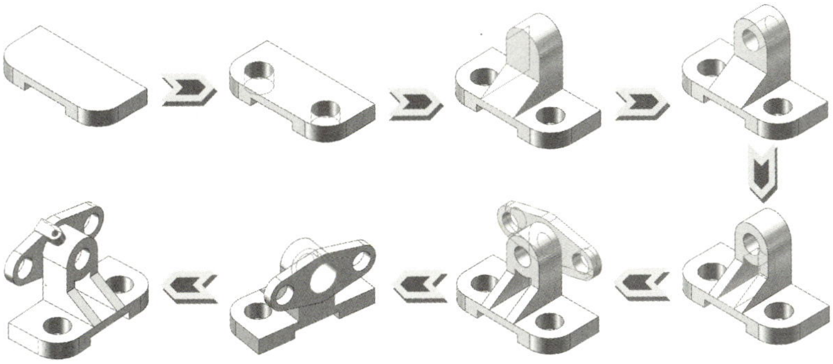

思维导图

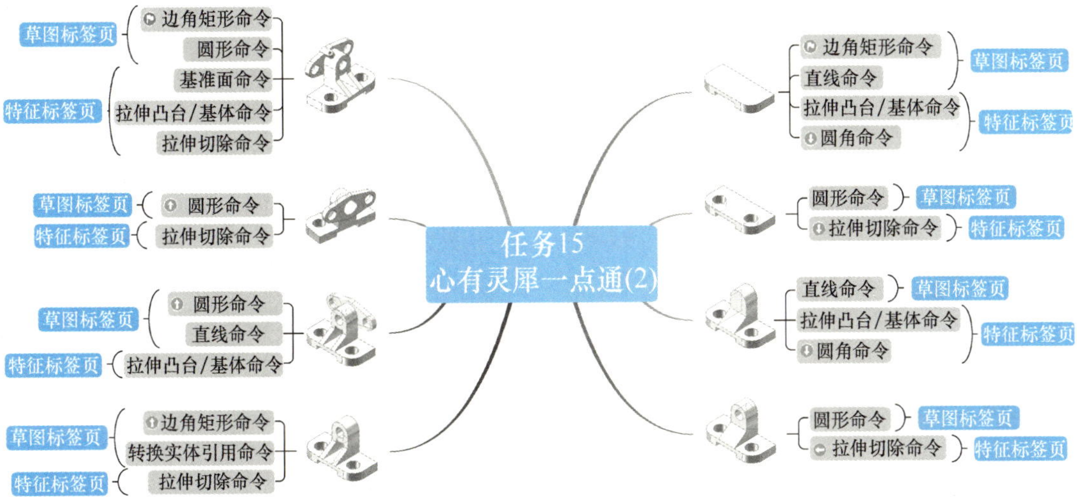

任务实施

（表 1.15.1）

表 1.15.1 建模过程

建模步骤	图示
1. 在“前视基准面”上新建草图，添加必要的几何关系并标注尺寸（注意图形相对于原点左右对称）	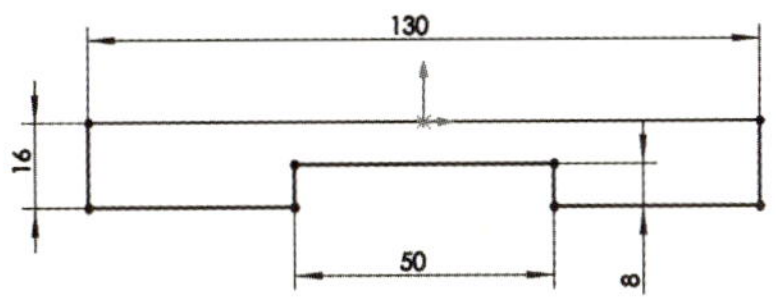
2. 在命令管理器“特征”标签页上单击“拉伸凸台/基体”按钮，拉伸至 60mm	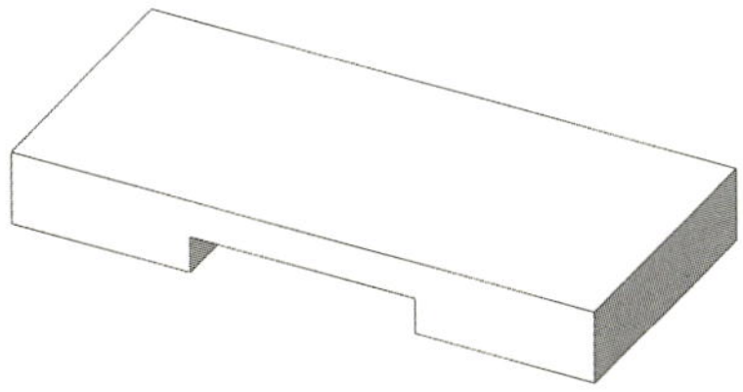

（续）

建模步骤	图　示
3. 在命令管理器“特征”标签页上单击“圆角”按钮，对图示边线添加 R25mm 的圆角	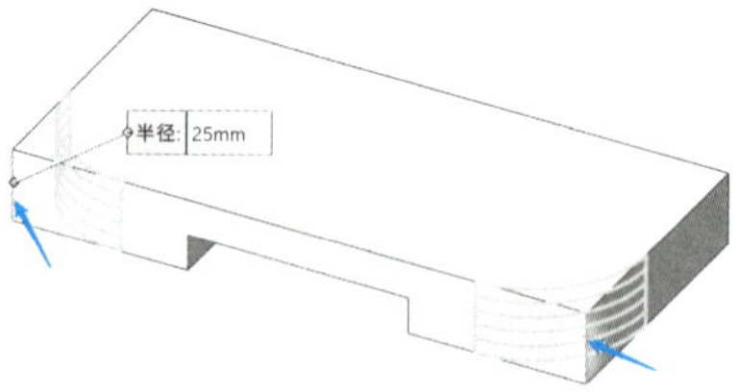
4. 在图示平面绘制两个直径为 25mm 的圆（与圆角同心），切除至完全贯穿	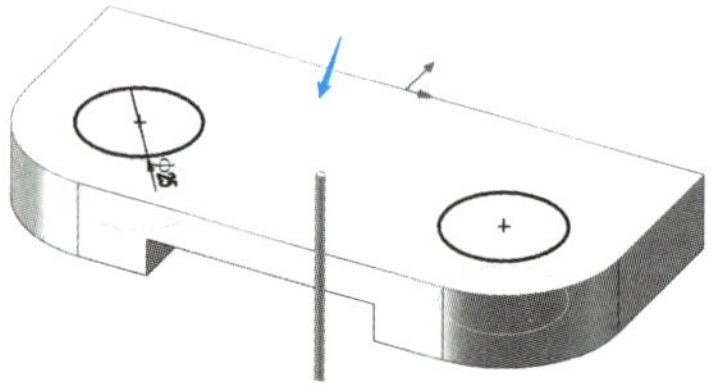
5. 在“右视基准面”绘制图示草图，两侧对称拉伸至 40mm	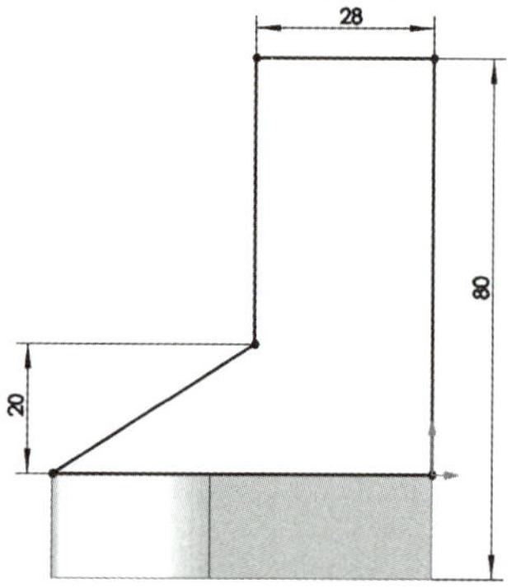
6. 在命令管理器“特征”标签页上单击“圆角”按钮，按顺序选择 3 个面完成圆角操作	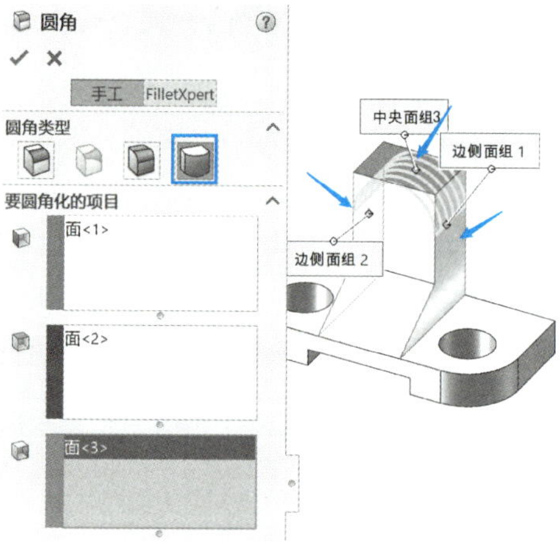
7. 在图示平面新建 ϕ20mm 的圆并切除至完全贯穿	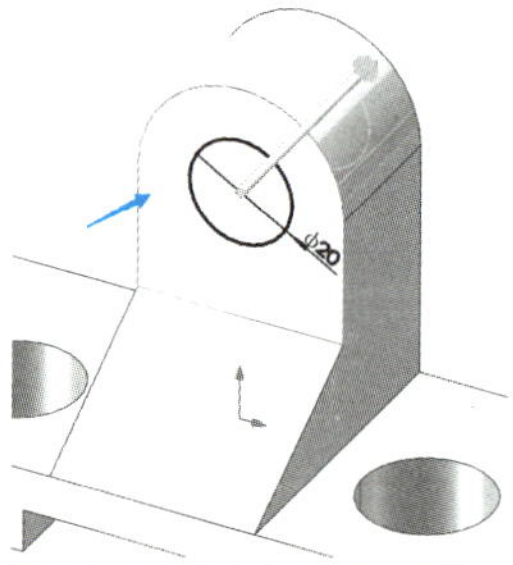

（续）

建模步骤	图　　示
8. 在图示平面绘制草图（与箭头标示的两圆弧同心）	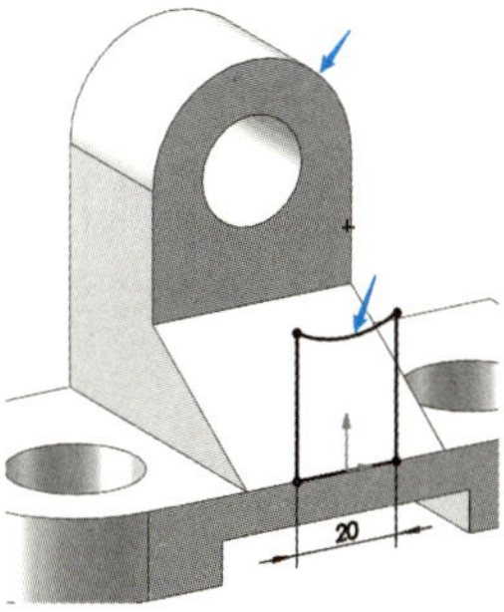
9. 在命令管理器“特征”标签页上单击“拉伸切除”按钮，设置如右图所示，单击“确定”按钮	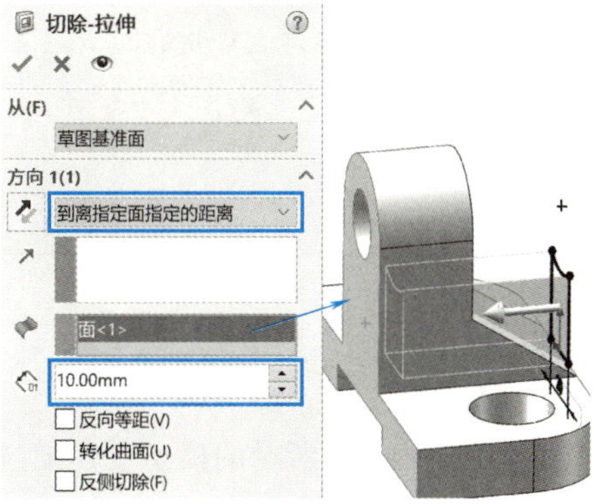
10. 在图示平面新建草图，拉伸 10mm（远离实体的方向）	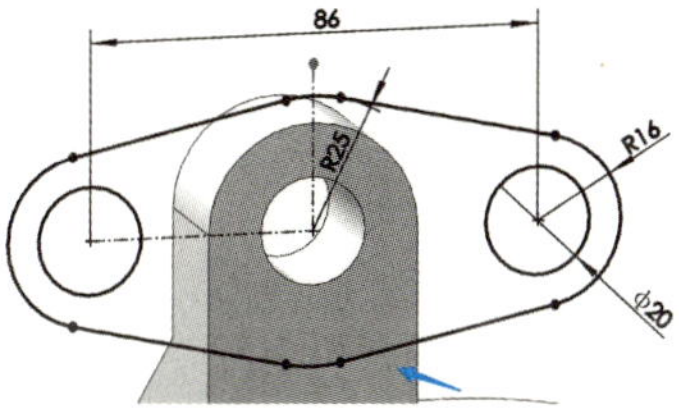
11. 在图示平面绘制 ϕ30mm 的同心圆。在命令管理器“特征”标签页上单击“拉伸切除”按钮，设置如右图所示，单击“确定”按钮	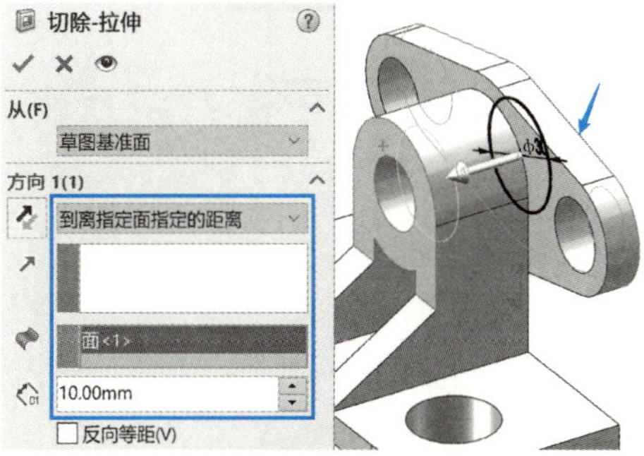
12. 在“前视基准面”绘制草图，并通过箭头所示端点创建与该中心线垂直的基准面	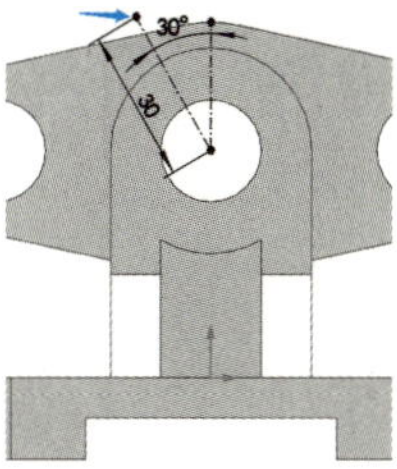

（续）

建模步骤	图　　示
13. 在新创建的基准面建立图示草图并拉伸至下一面	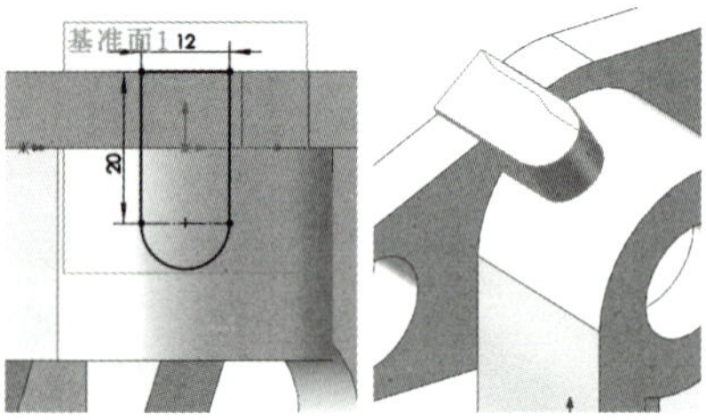
14. 在图示平面新建 ϕ6mm 的同心圆并切除至下一面	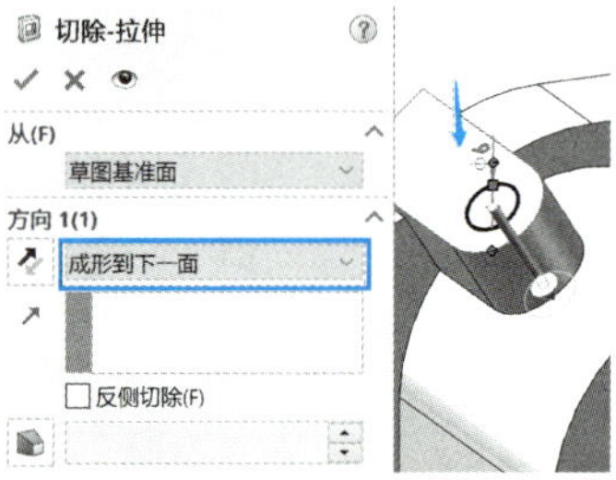

任务延展

建立如图 1.15.2 所示的模型。建模过程见表 1.15.2。

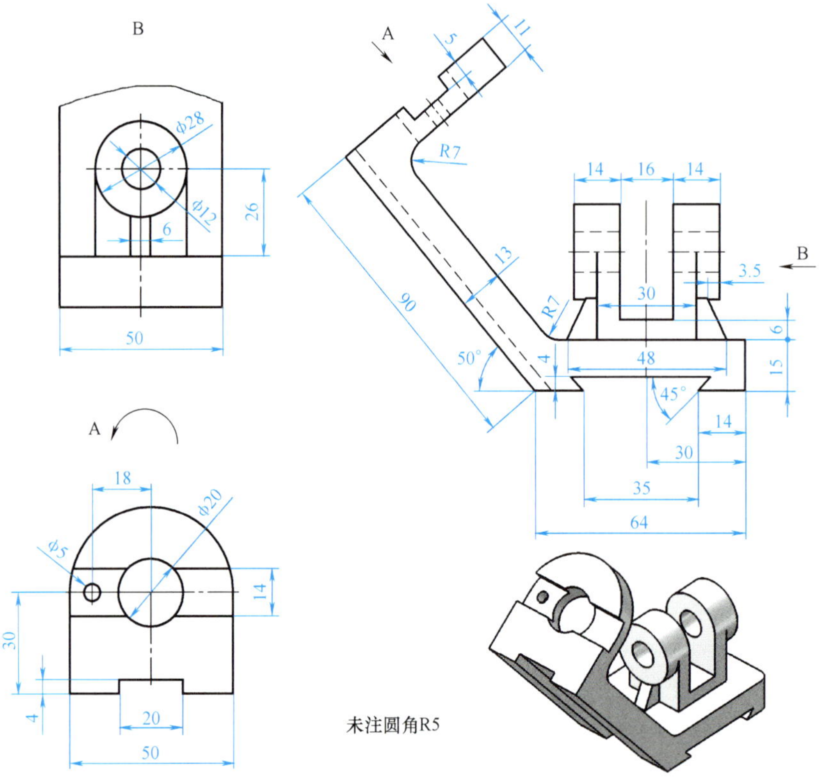

图 1.15.2　模型参考图样

表 1.15.2　建模过程

建模步骤	图　示
1. 新建零件。在“前视基准面”作图示草图,两侧对称拉伸至 50mm	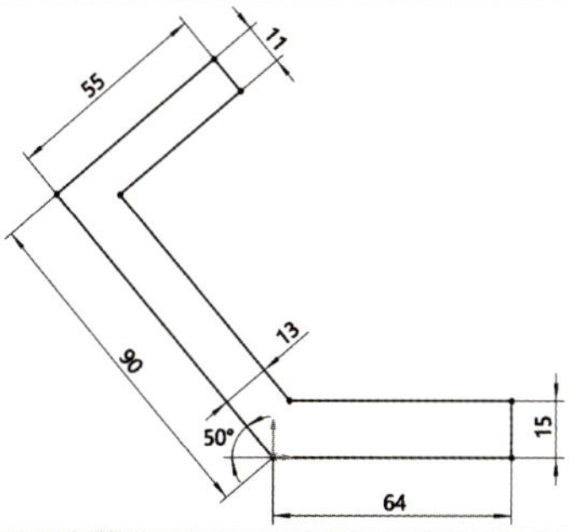
2. 在图示平面绘制草图并切除至完全贯穿	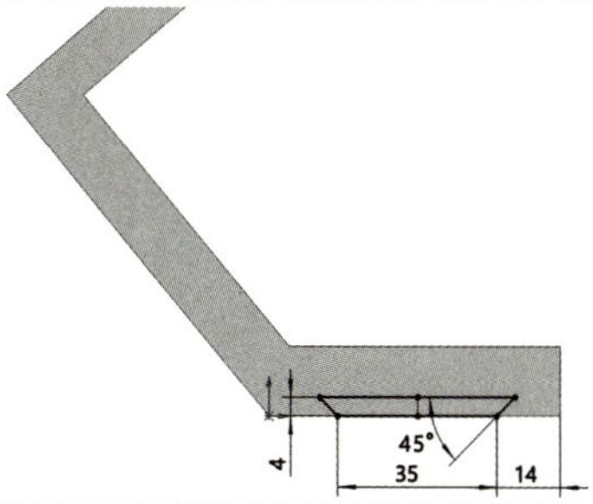
3. 在图示平面绘制草图,切除至完全贯穿(注意矩形位于居中位置)	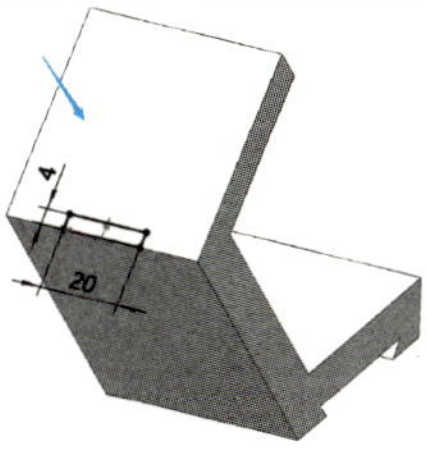
4. 在命令管理器“特征”标签页上单击“圆角”按钮,如图所示,按顺序选择 3 个面完成圆角操作	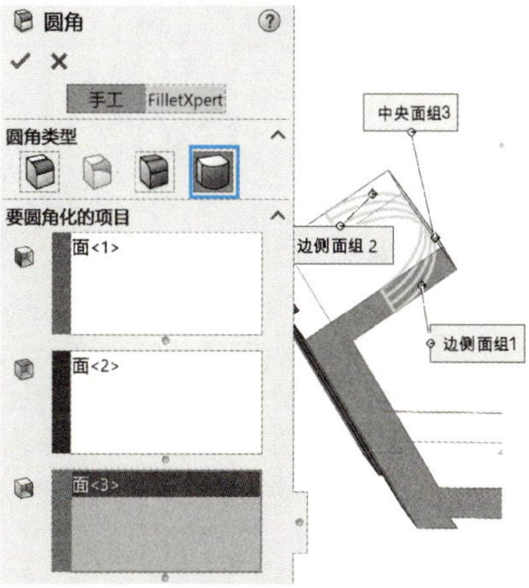
5. 在图示平面绘制两个圆,注意两圆在同一高度,并且箭头所示两圆同心。并切除至下一平面	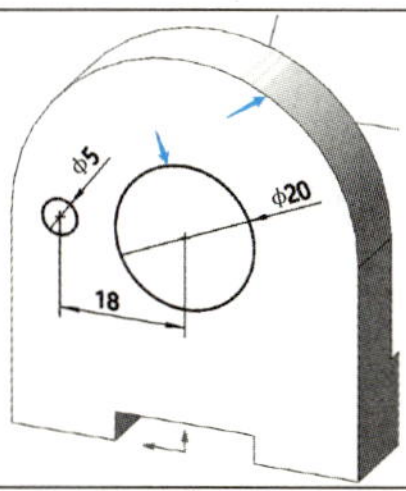

（续）

建模步骤	图　示
6. 在图示平面绘制矩形并切除至完全贯穿	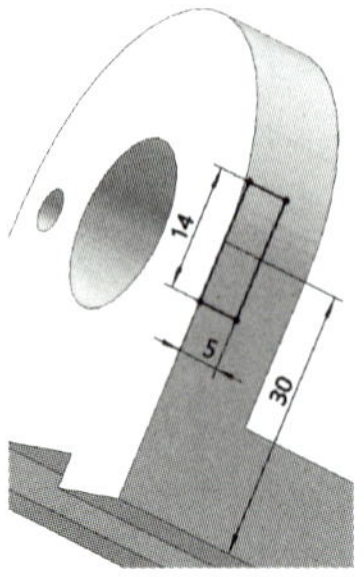
7. 在“前视基准面”绘制矩形，两侧对称拉伸至 28mm	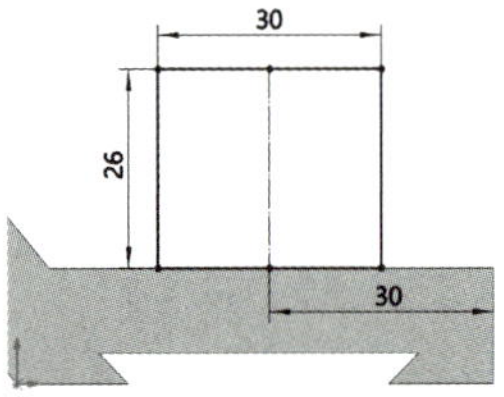
8. 在图示平面矩形上边线中点绘制一个 ϕ28mm 的圆，设置拉伸参数	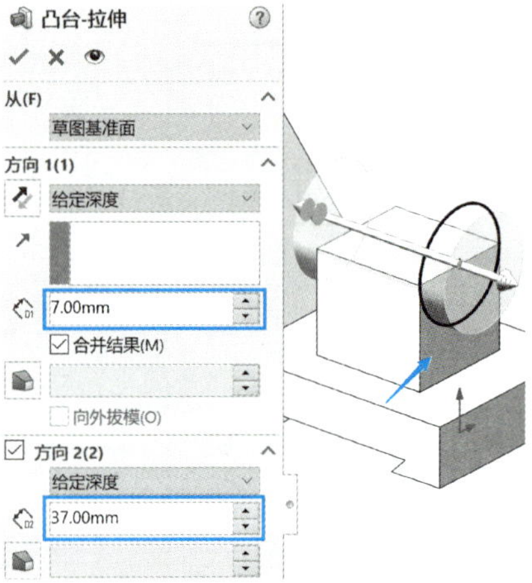
9. 在圆柱端面绘制 ϕ12mm 的同心圆并切除至下一平面	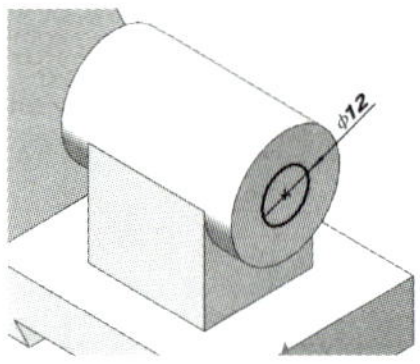
10. 在图示平面绘制矩形并切除至完全贯穿	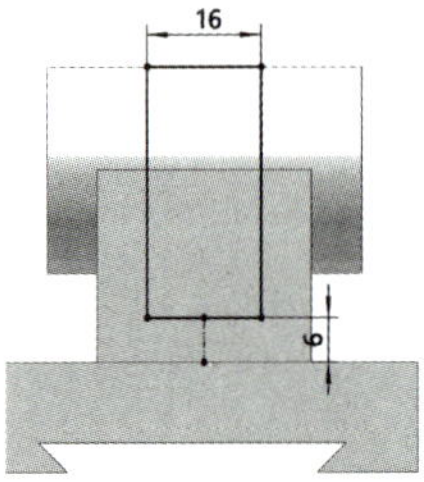

（续）

建模步骤	图　示
11. 在“前视基准面”绘制直线，上端点在边线中点，生成宽度为 6mm 的筋。另一侧生成同样的筋	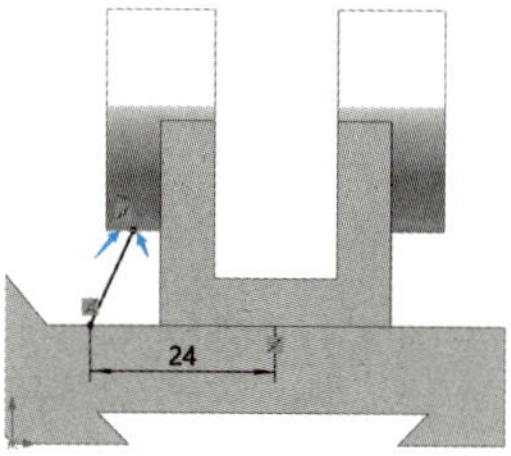
12. 添加图示边线的 R5mm 圆角	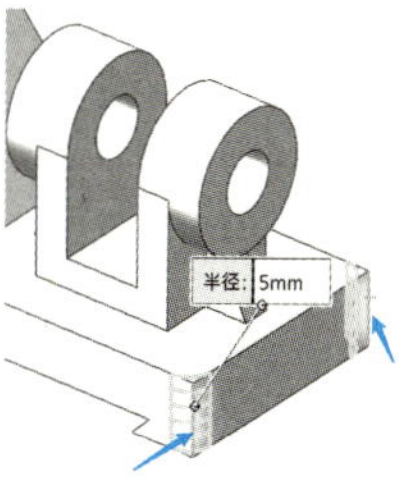
13. 添加图示边线的 R7mm 圆角	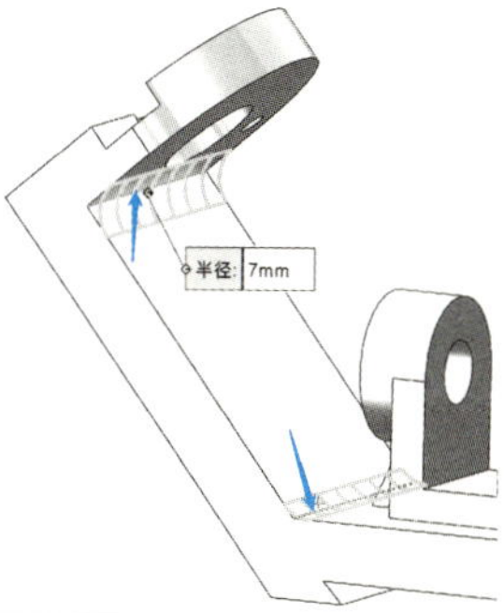

任务评价

任务评价表

专业________ 班级________ 姓名________ 学号________ 组别________

项　目	标　准	自我评价	小组评价	教师评价
		2 ~10 分		
		占 50%	占 20%	占 30%
完整圆角（步骤 6）	正确完成			
拉伸实体（步骤 13）	正确完成			
* 多方向拉伸实体（步骤 8）	正确完成			
操作熟练度	绘图快速、准确			
协作精神	交流、讨论顺畅			

（续）

项目	标准	自我评价	小组评价	教师评价
		2~10分		
		占50%	占20%	占30%
纪律观念	课堂有序、讨论积极			
学习主动性	认真思考、积极回答问题			
知识应用情况	关键知识点内化			
完成任务过程中引以自豪的做法	简捷、高效 （加分项 5~10分）			
指导他人	帮助的人数及质量 （加分项 5~10分）			
小计				
总评				

注：1. 每项满分10分；
2. 带有“*”的步骤为任务延展中的内容。

组长签字： 任课教师： 年 月 日

项目 2

CHAPTER 2

零件装配

任务 1　装配其实很简单——如何对齐零件

学习要点

➢ 零件的一般装配方法
➢ 同轴心、重合等装配关系
➢ 宽度装配关系

技能目标

➢ 掌握零件的一般装配方法
➢ 理解同轴心、重合等装配方法
➢ 理解宽度装配方法

思政目标

➢ 具备爱岗敬业、遵纪守法的职业素养
➢ 具备互帮互助、团结协作的优良品质
➢ 具备一丝不苟、精益求精的工匠精神

任务导入

▶ 建立如图 2.1.1 所示的装配体。

图 2.1.1　装配体参考图样

任务分解

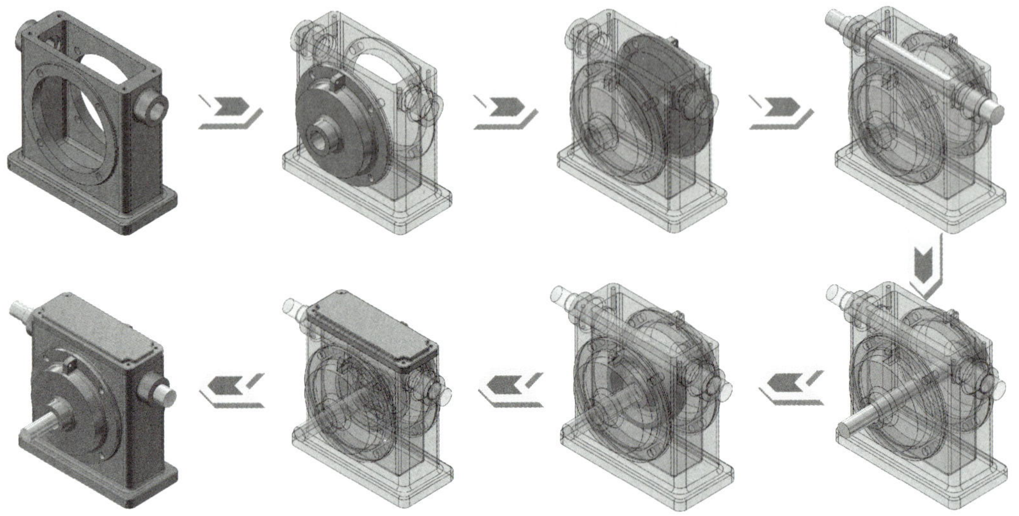

思维导图

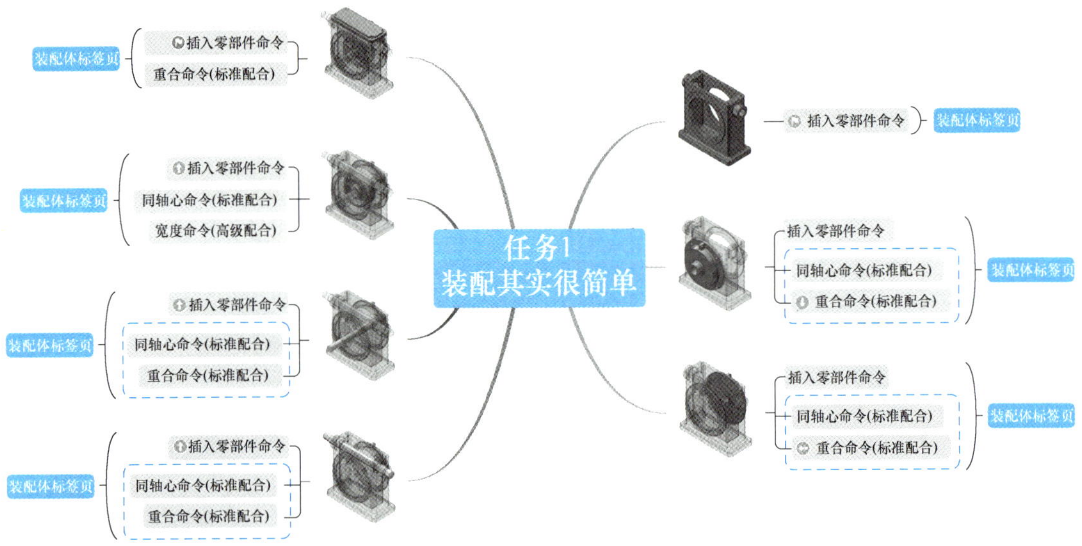

相关知识

（1）标准配合 所有配合类型会始终显示在属性管理器中，但只有适用于当前选择的配合才可供使用，见表 2.1.1。

（2）高级配合之宽度配合 约束两个平面之间的标签，见表 2.1.2。

表 2.1.1 标准配合

命令条件	参数设置	配合含义
已完成相关零件的绘制并导入到装配体文件	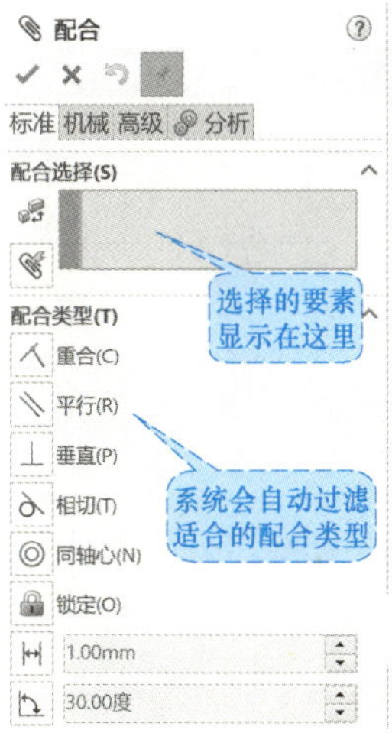	重合：将所选面、边线及基准面定位 平行：放置所选项，这样它们彼此间保持等间距 垂直：将所选项以彼此间 90°角度而放置 相切：将所选项以彼此间相切而放置 同轴心：将所选项放置于共享同一中心线 距离：将所选项以彼此间指定的距离而放置 配合对齐：根据需要切换配合对齐选项 同向对齐：与所选面正交的向量指向同一方向 反向对齐：与所选面正交的向量指向相反方向
在装配体状态	选择欲配合的要素	系统自动过滤适用的配合类型

表 2.1.2 宽度配合

命令条件	参数设置	结果
已完成相关零件的绘制并导入到装配体文件 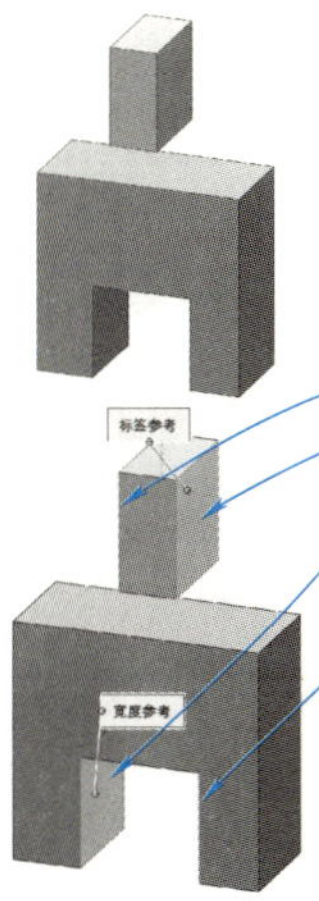	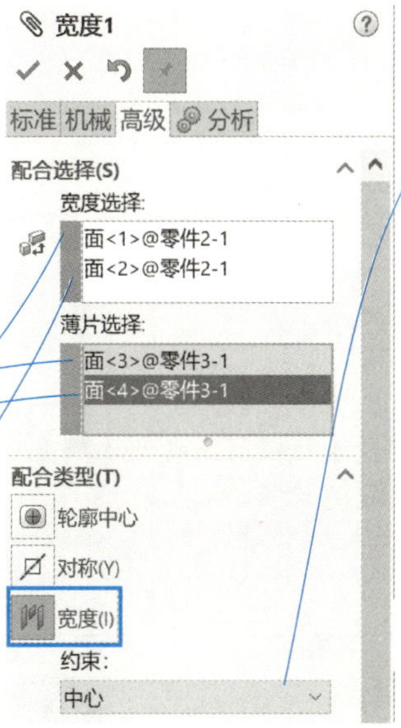	 中心：将约束标签置于凹槽宽度中心 自由：让零部件在与其相关的所选面或基准面的限制范围内任意移动 尺寸：设置从一个选择集到最接近相反面或基准面的距离或角度尺寸 百分比：基于从一组选择集至另一组选择集的百分比值设置距离或角度
在装配体状态	“宽度”和“薄片”分别选择两个平面	配合后的效果（薄片位于槽中心）

任务实施（表 2.1.3）

表 2.1.3　装配过程

装配步骤	图　示
1. 新建装配体文件	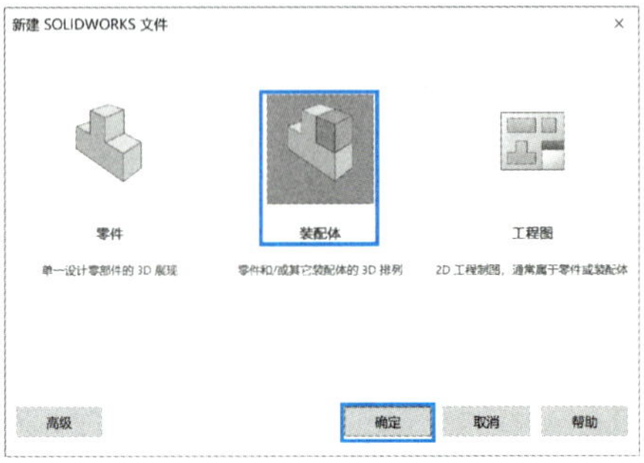
2. 系统将自动执行“插入零部件”命令（如果不小心关闭了此命令，可从命令管理器“装配体”标签页上单击“插入零部件”按钮，执行命令）。单击“浏览（B）…”按钮	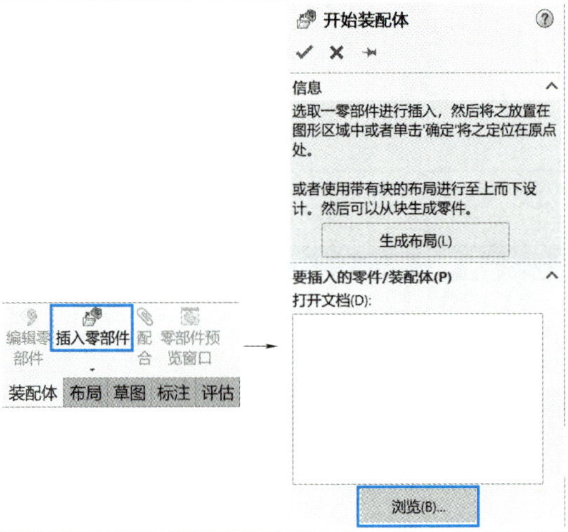
3. 在教学资源包“2.1 装配其实很简单”文件夹中找到零件“Housing”，单击“打开”按钮	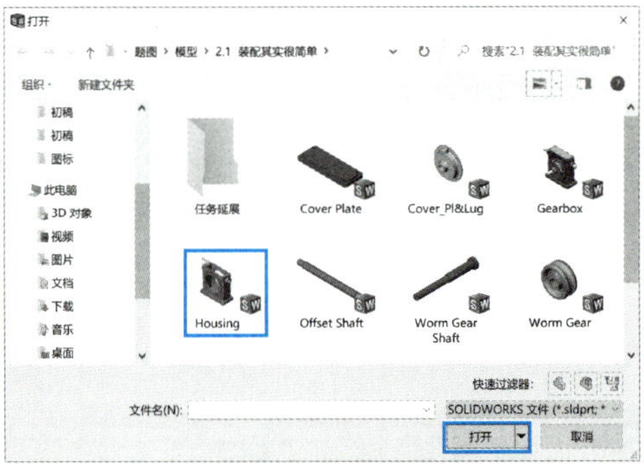
4. 资源管理器自动关闭，回到 SolidWorks 装配体界面，选中的零件也跟随鼠标光标出现在绘图区域中。此时，单击“确定”按钮✓或直接在绘图区域单击放置零件，零件将自动定位到原点作为固定件（即后续装配的基准件）	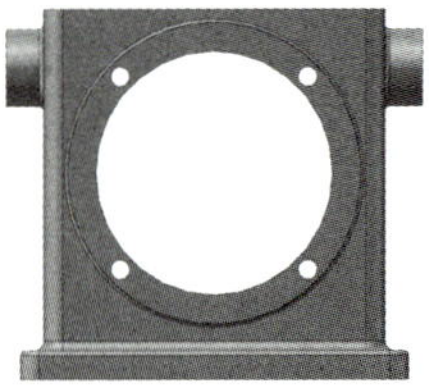

（续）

装配步骤	图　　示
5. 在命令管理器“装配体”标签页上单击“插入零部件”按钮，类似第2~3步的操作，单击“浏览(B)…”按钮，在教学资源包对应文件夹中找到零件“Cover_Pl&Lug”，单击“打开”按钮，然后在绘图区域单击放置零件	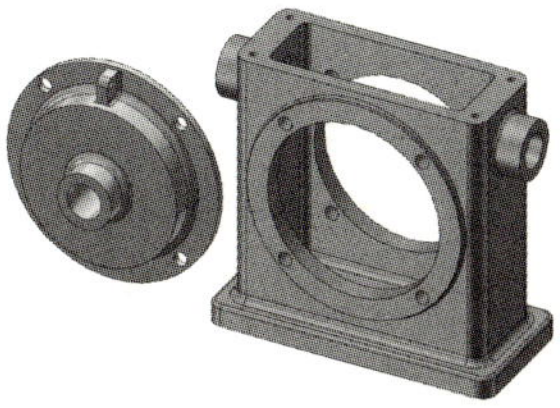
6. 在命令管理器“装配体”标签页上单击“配合”按钮	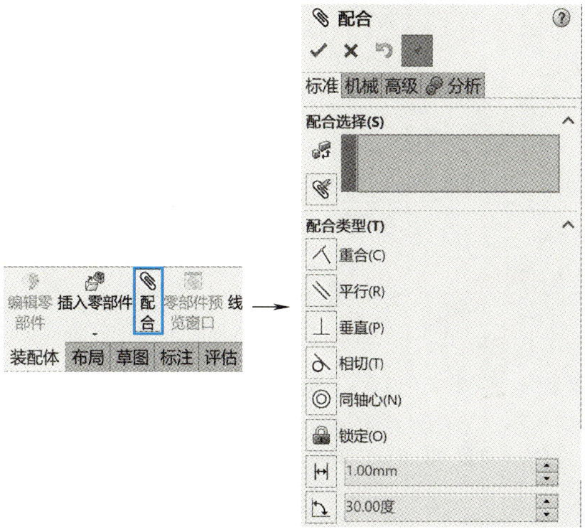
7. 选中图示两个面	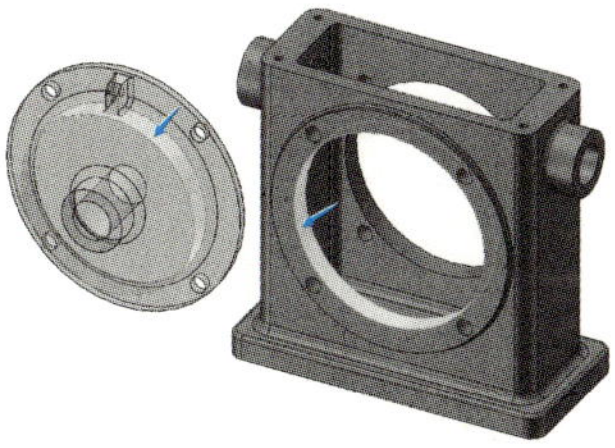
8. 系统弹出“配合工具栏”，同时自动推荐“同轴心”配合，接受系统的推荐后，直接单击“确定”按钮，完成该项配合	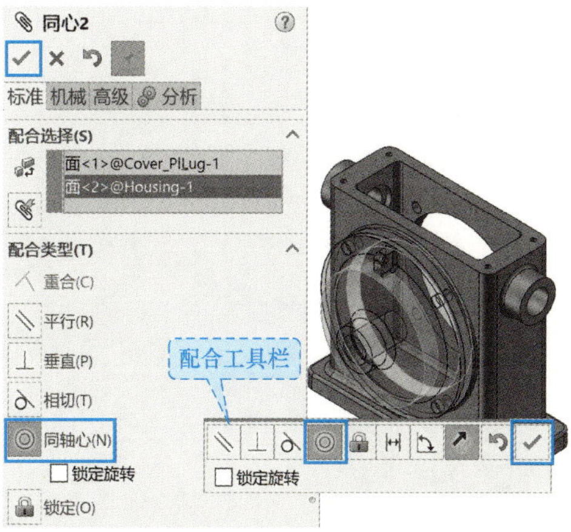

（续）

装配步骤	图　示
9. 选中图示两个圆柱面，系统弹出“配合工具栏”，同时自动推荐“同轴心”配合，接受系统的推荐后，直接单击“确定”按钮，完成该项配合	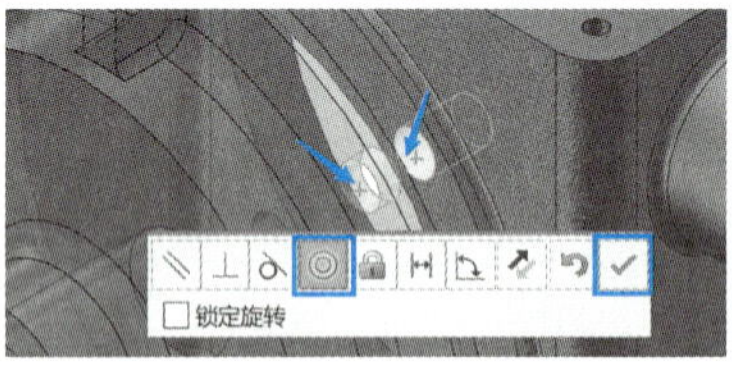
10. 选中图示两个平面，添加“重合”配合	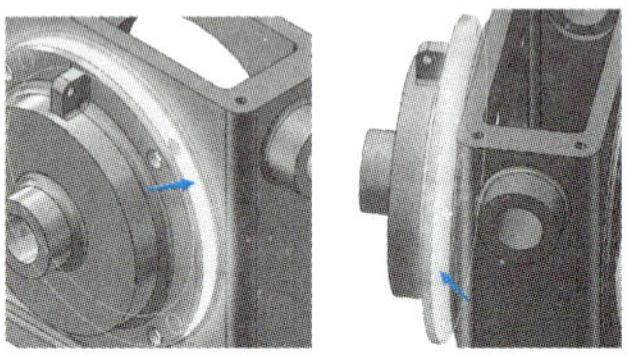
11. 再次单击按钮或按钮结束配合命令（也可以直接右击）	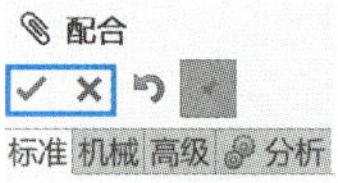
12. 重复第5步或按下键盘<Ctrl>键的同时在绘图区域或特征树拖动零件“Cover_Pl&Lug”到另一位置，复制一个副本	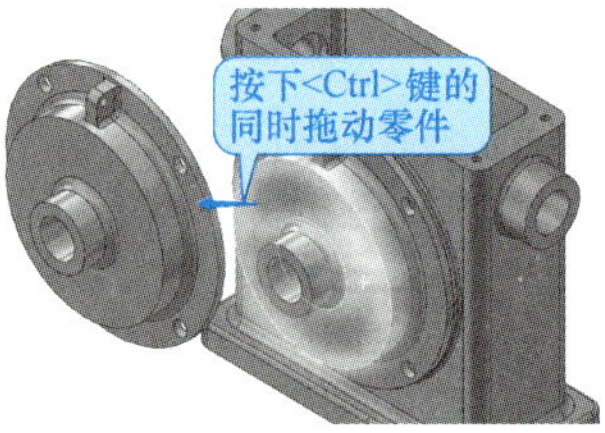
13. 参考第6~10步，完成另一侧的装配	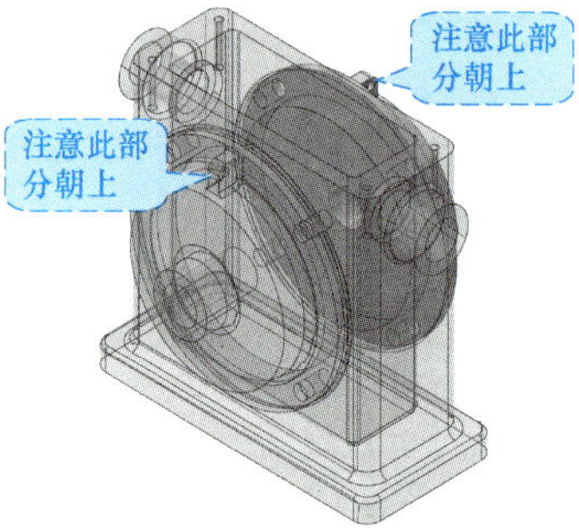
14. 将零件“Offset Shaft”导入装配体	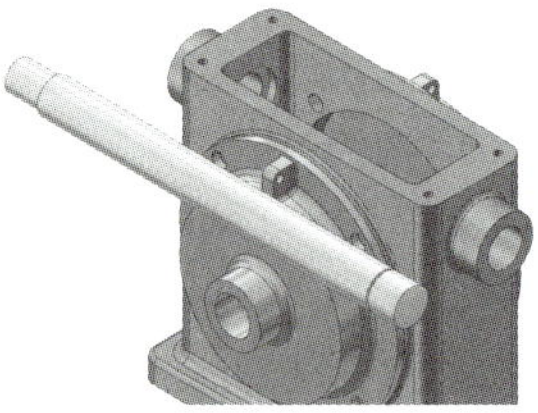
15. 在命令管理器“装配体”标签页上单击“配合”按钮，选中图示两个面，添加“同轴心”配合，单击“确定”按钮，完成该项配合	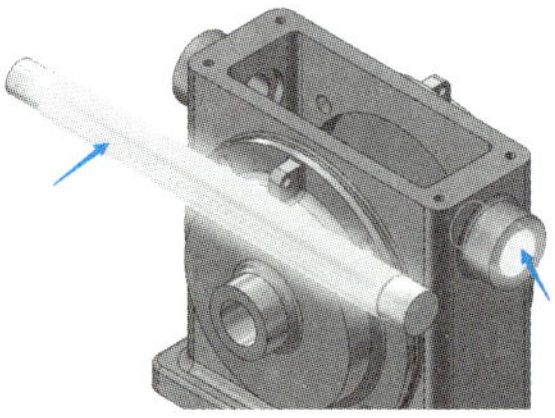

（续）

装配步骤	图　示
16. 选中图示两个平面，添加“重合”配合。然后退出“配合”命令	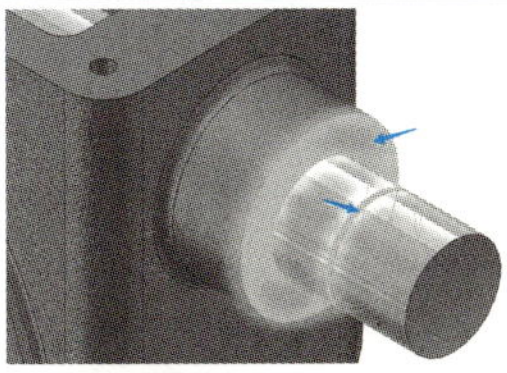
17. 将零件“Worm Gear Shaft”导入装配体	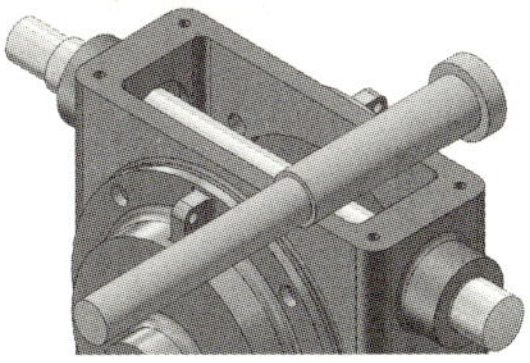
18. 添加图示两个面的“同轴心”配合	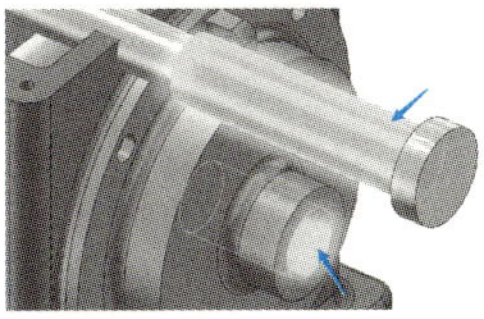
19. 添加图示两个面的“重合”配合	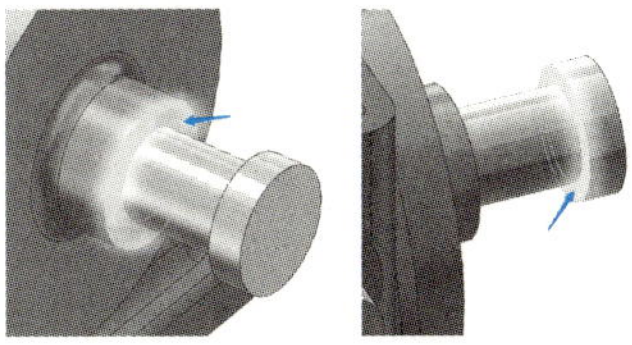
20. 将零件“Worm Gear”导入装配体	
21. 添加零件“Worm Gear”内孔和零件“Worm Gear Shaft”之间的“同轴心”配合	
22. 添加零件“Worm Gear”和零件“Housing”之间的“宽度”配合，使零件“Worm Gear”位于零件“Housing”居中的位置	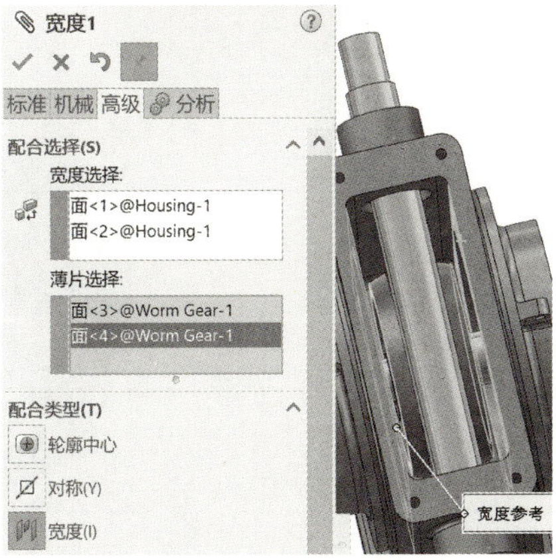

（续）

装配步骤	图　示
23. 将零件“Worm Gear”导入装配体	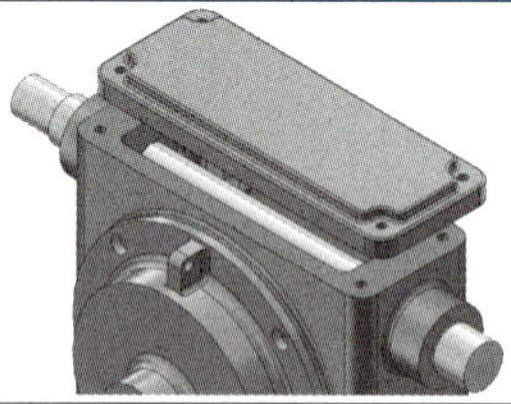
24. 添加图示两个面的“重合”配合	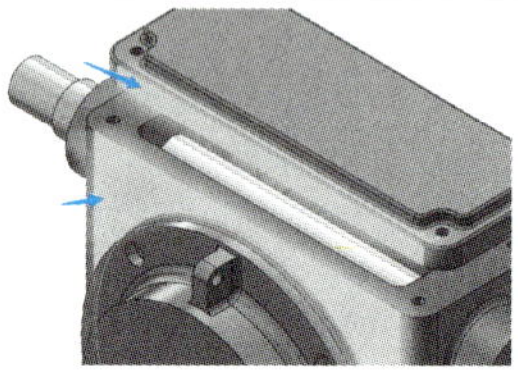
25. 添加图示两个面的“重合”配合	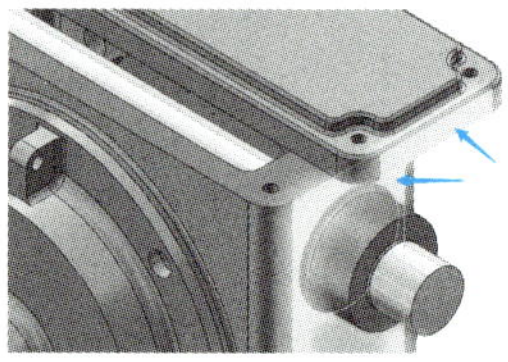
26. 添加图示两个面的“重合”配合	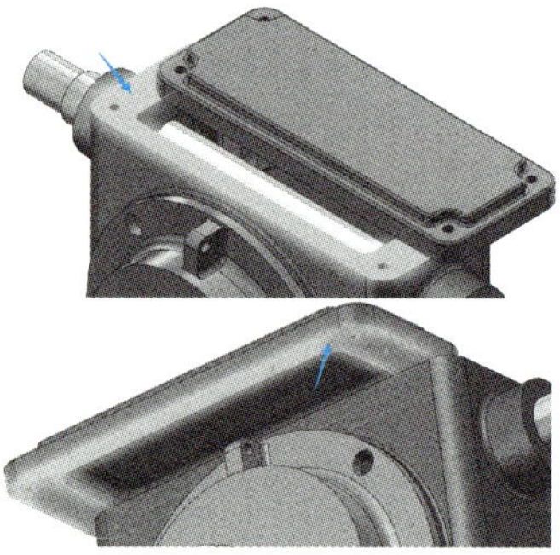

任务延展

建立如图 2.1.2 所示的装配体。建模过程见表 2.1.4。

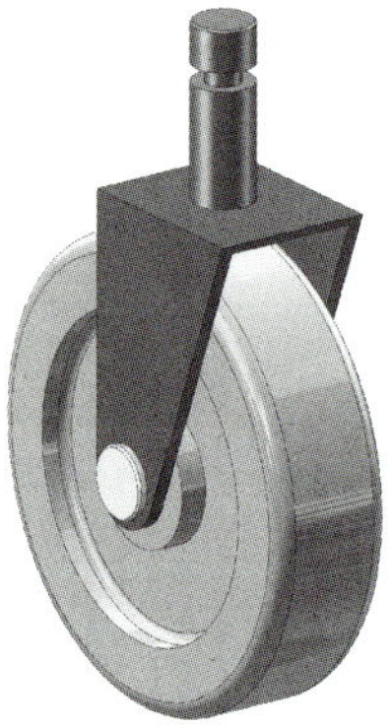

图 2.1.2　装配体参考图样

表 2.1.4 装配过程

<table>
<tr><th>装配步骤</th><th>图 示</th></tr>
<tr><td>1. 新建装配体文件</td><td>—</td></tr>
<tr><td>2. 系统将自动执行“插入零部件”命令(如果不小心关闭了此命令,可从命令管理器“装配体”标签页上单击“插入零部件”按钮,执行命令)。单击“浏览(B)…”按钮</td><td>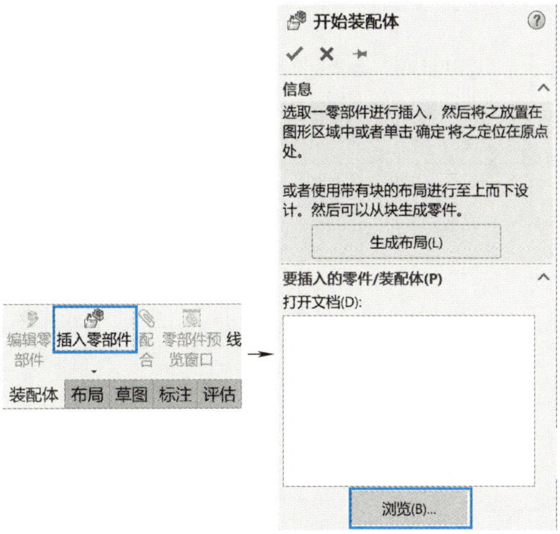
</td></tr>
<tr><td>3. 在教学资源包对应文件夹中找到“零件 1”文件,单击“打开”按钮</td><td>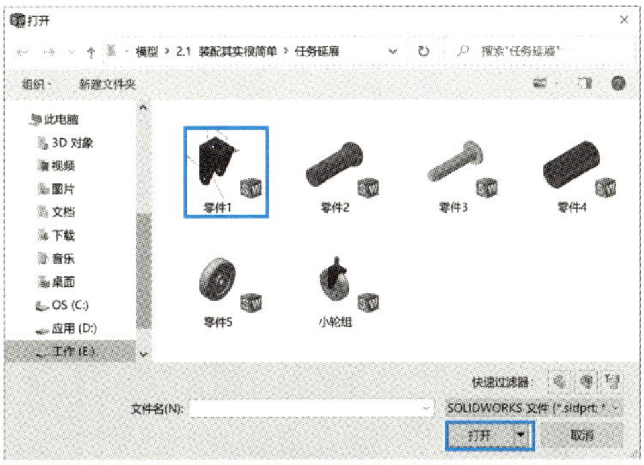
</td></tr>
<tr><td>4. 资源管理器自动关闭,回到 SolidWorks 装配体界面,选中的零件也跟随鼠标光标出现在绘图区域中。此时,单击“确定”按钮✔或直接在绘图区域单击放置零件,零件将自动定位到原点作为固定件(即后续装配的基准件)</td><td></td></tr>
<tr><td>5. 在命令管理器“装配体”标签页上单击“插入零部件”按钮,类似第 2~3 步的操作,单击“浏览(B)…”按钮,在教学资源包对应文件夹中找到“零件 2”文件,单击“打开”按钮,然后在绘图区域单击放置零件</td><td>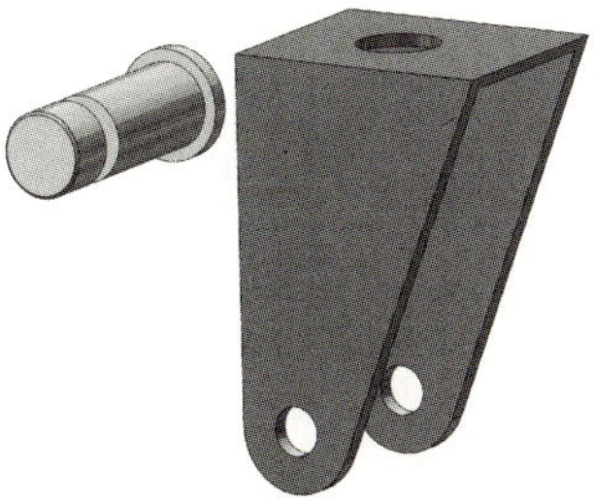</td></tr>
</table>

（续）

<table>
<tr><th>装配步骤</th><th>图　　示</th></tr>
<tr><td>6. 在命令管理器“装配体”标签页上单击“配合”按钮</td><td>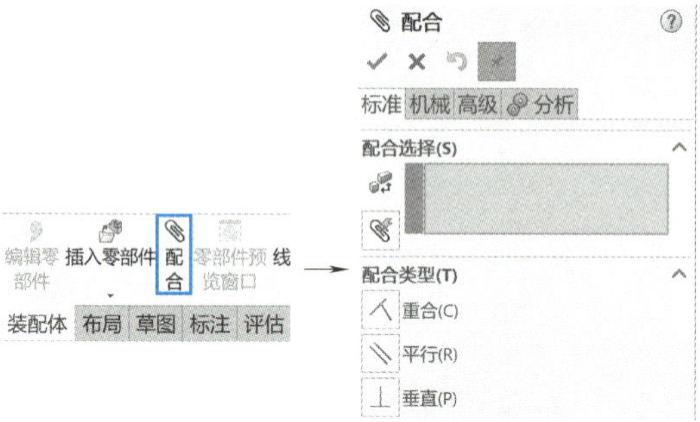
</td></tr>
<tr><td>7. 选中图示两个面</td><td>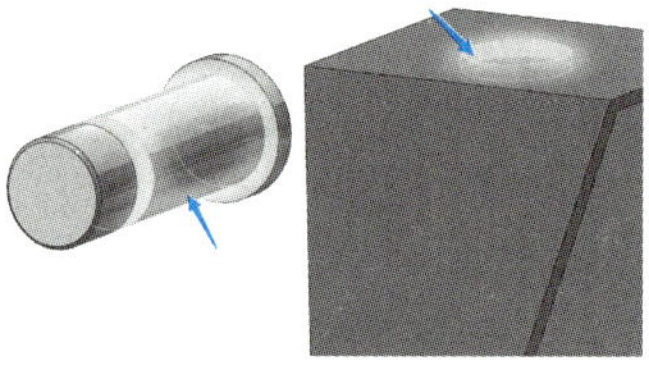</td></tr>
<tr><td>8. 系统弹出“配合工具栏”，同时自动推荐“同轴心”配合，接受系统的推荐后，直接单击“确定”按钮，完成该项配合</td><td>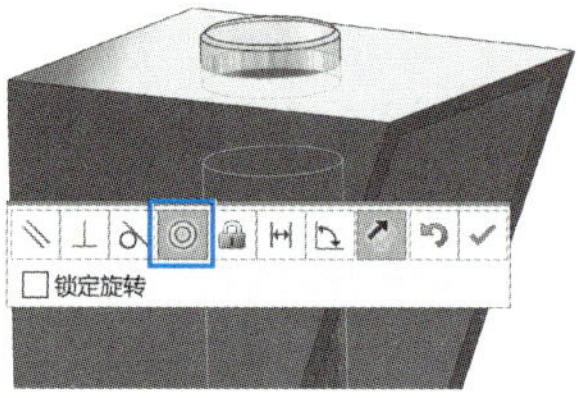
</td></tr>
<tr><td>9. 选中图示两个平面，添加“重合”配合</td><td>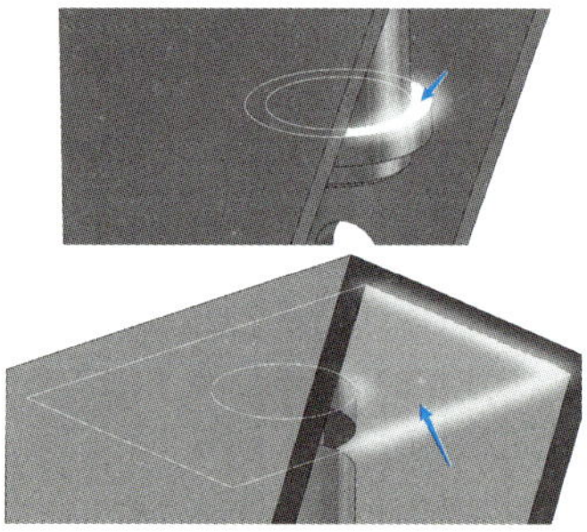</td></tr>
<tr><td>10. 再次单击按钮或按钮结束配合命令（也可以直接右击）</td><td>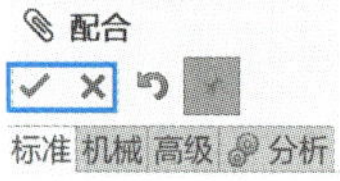
</td></tr>
<tr><td>11. 将“零件 4”和“零件 5”导入装配体</td><td>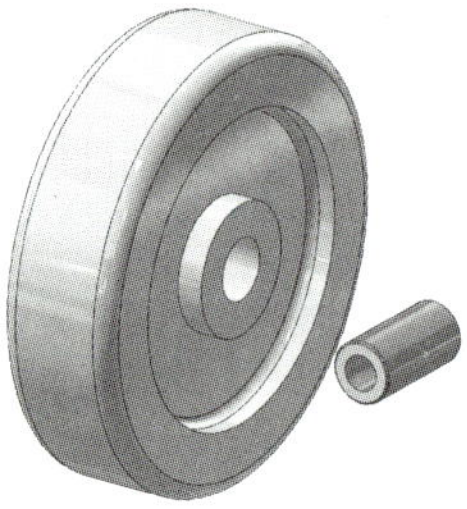</td></tr>
</table>

（续）

装配步骤	图　　示
12. 在命令管理器“装配体”标签页上单击“配合”按钮，选中图示两个面，添加“同轴心”配合，单击“确定”按钮，完成该项配合	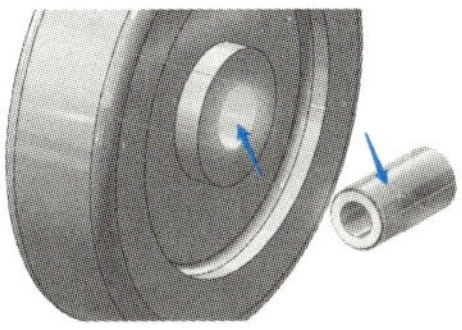
13. 选中图示两个平面，添加“重合”配合	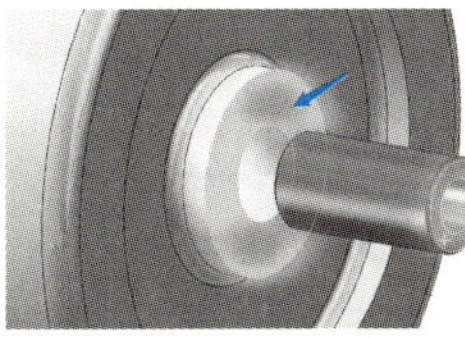
14. 选中图示两个圆柱面，添加“同轴心”配合	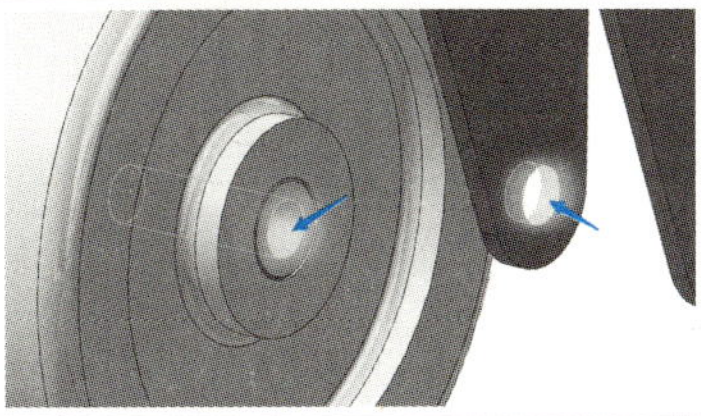
15. 添加“零件 5”和“零件 1”之间的“宽度”配合，使“零件 5”位于“零件 1”的居中位置	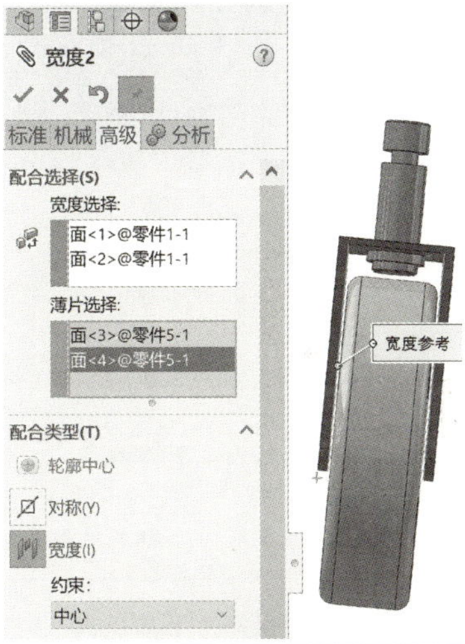
16. 将“零件 3”导入装配体	
17. 选中图示两个圆柱面，添加“同轴心”配合。必要时单击“反转配合对齐”按钮，使“零件 3”如右图所示朝向	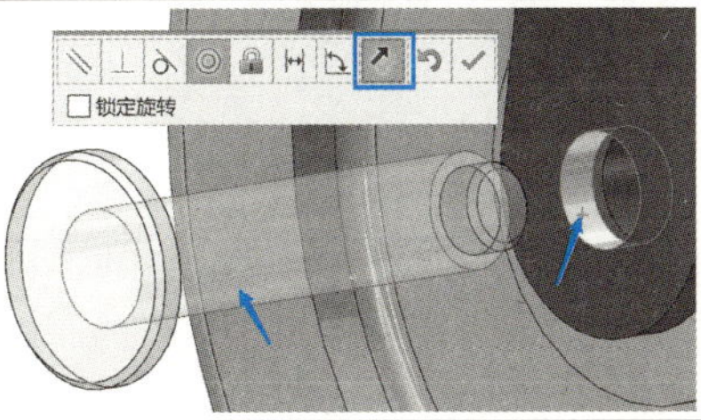

（续）

装配步骤	图　示
18. 选中图示两个平面，添加“重合”配合	 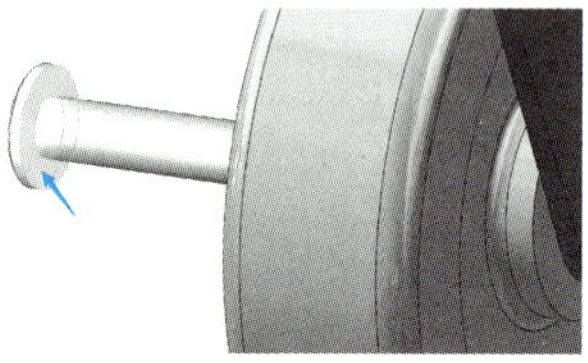

任务评价

任务评价表

专业＿＿＿＿＿　班级＿＿＿＿＿　姓名＿＿＿＿＿　学号＿＿＿＿＿　组别＿＿＿＿＿

项　目	标　准	自我评价	小组评价	教师评价
		2~10分		
		占50%	占20%	占30%
同轴心配合（步骤6~8）	正确完成			
复制零件（步骤12）	正确完成			
宽度配合（步骤22）	正确完成			
操作熟练度	绘图快速、准确			
协作精神	交流、讨论顺畅			
纪律观念	课堂有序、讨论积极			
学习主动性	认真思考、积极回答问题			
知识应用情况	关键知识点内化			
完成任务过程中引以为自豪的做法	简捷、高效（加分项 5~10分）			
指导他人	帮助的人数及质量（加分项 5~10分）			
小　计				
总　评				

注：1. 每项满分10分；
2. 带有“*”的步骤为任务延展中的内容。

组长签字：　　　　**任课教师：**　　　　**年　　月　　日**

任务2 我的地盘我作主——如何保留零件的自由度

学习要点

- 同轴心、重合、平行等装配关系
- 子装配体
- 零件属性

技能目标

- 掌握同轴心、重合、平行等装配方法
- 理解子装配体的概念
- 理解零件属性的应用

思政目标

- 具备爱岗敬业、遵纪守法的职业素养
- 具备互帮互助、团结协作的优良品质
- 具备一丝不苟、精益求精的工匠精神

任务导入

建立如图2.2.1所示的装配体。

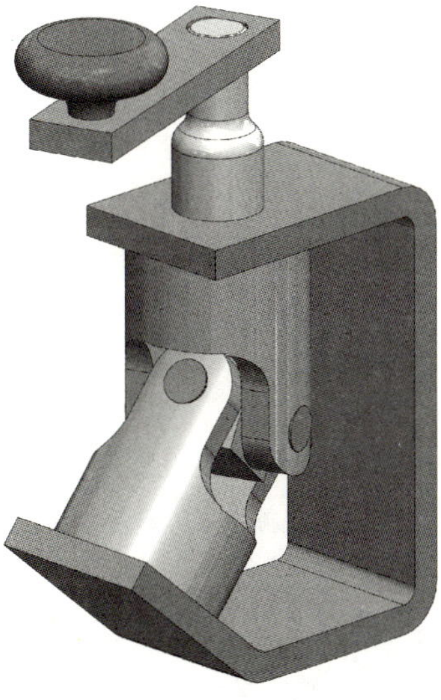

图2.2.1 装配体参考图样

任务分解

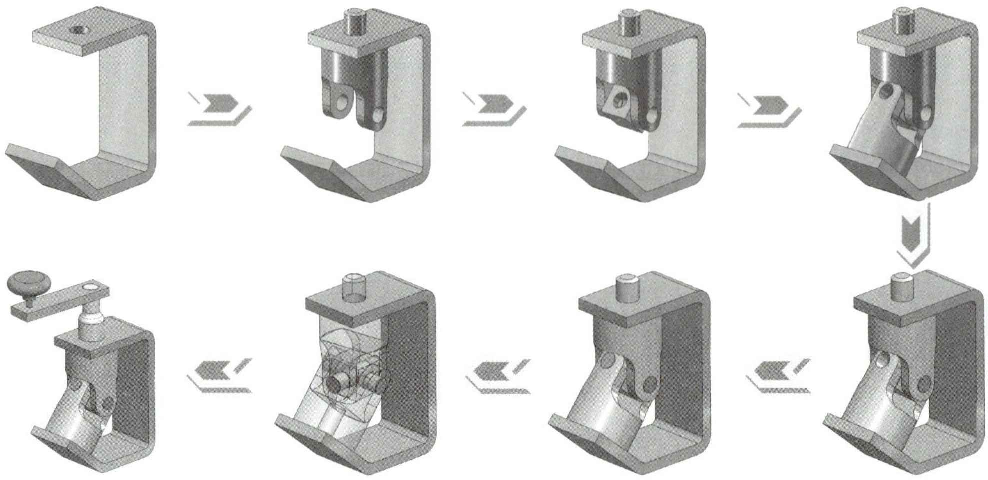

思维导图

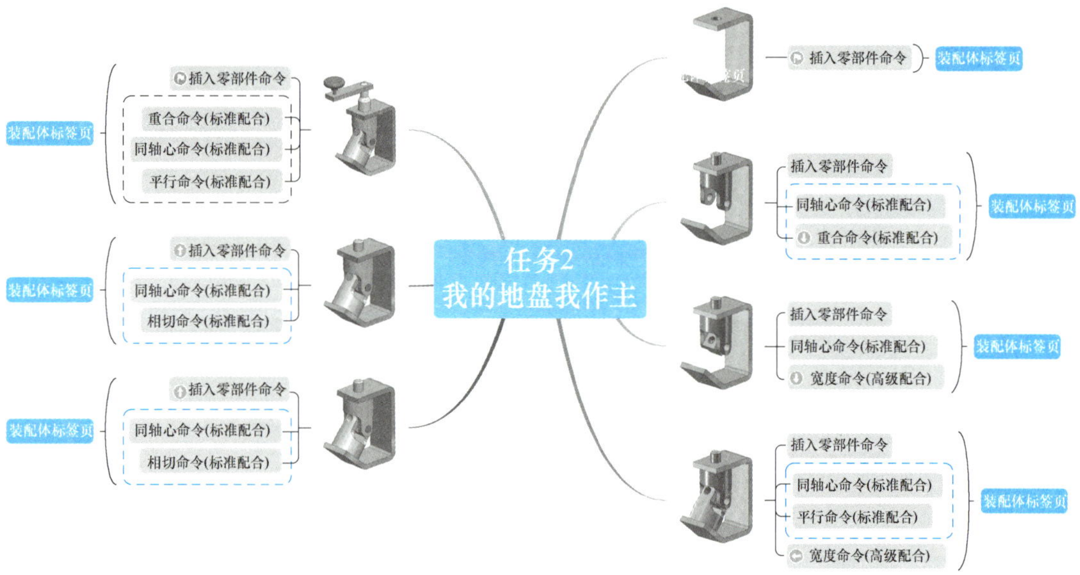

相关知识

（1）子装配体　当装配体是另一个装配体的零部件时，称它为子装配体。可以多层嵌套子装配体，以反映设计的层次关系。见表2.2.1。

（2）零件属性　当一个零件中存在多个形态（多个配置）时，在插入到装配体中时，可通过零件属性调整插入时的形态。见表2.2.2。

表 2.2.1 子装配体

生成子装配体有数种方法	还原子装配体有两种方法
1. 可以生成一个单独操作的装配体文件,然后将它插入更高层的装配体,使其成为一个子装配体 2. 在编辑顶层装配体时,可以插入一个新的、空白的子装配体到任何一层装配体层次关系中,然后用多种方式将该零部件添加到该子装配体中 3. 可以通过选择一组已经包含在装配体中的零部件来构成子装配体,这样就可以一步生成子装配体并添加零部件	1. 在 FeatureManager 设计树中,右击一个子装配体或按 <Ctrl>键+选择多个装配体,然后在右键菜单中选择“解散子装配体”。也可以单击子装配体的图标,然后单击“编辑”→“还原装配体” 2. 要从图形区域还原一个子装配体,则右击该子装配体的任一零件,然后在右键菜单中单击“选择子装配体”,再在图形区域右击,在弹出菜单中选择“解散子装配体”

注：可以将一个子装配体还原为单个零部件，从而将零部件在装配体层次关系中向上移动一层

表 2.2.2 零件属性

命令条件	参数设置	结　果
零件存在多个配置(形态) 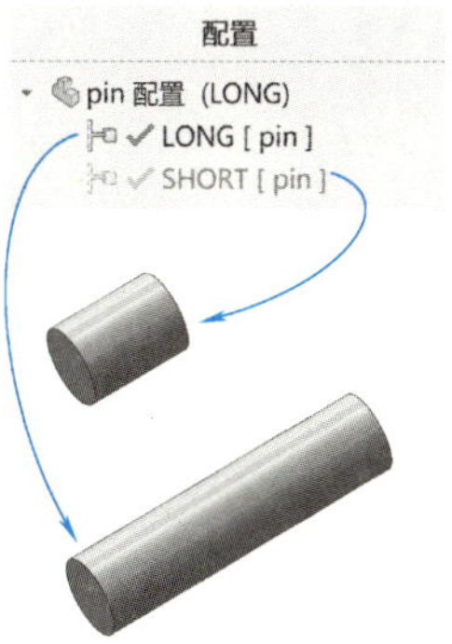 	插入装配体后,在零件或零件名称上进行: 方法 1:在快捷工具栏中单击“零部件属性”按钮 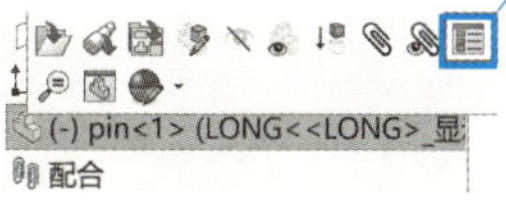 方法 2:在快捷工具栏中直接选择配置  	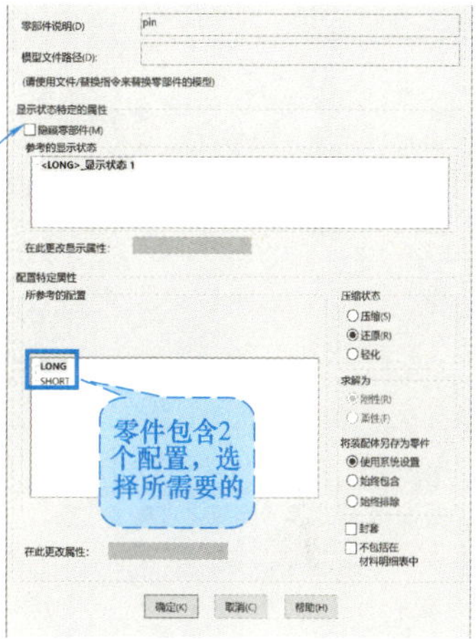
在装配体状态	也可以右击	选择后单击“确定”按钮

任务实施 (表 2.2.3)

表 2.2.3 装配过程

装配步骤	图　示
1. 新建装配体文件	—
2. 在教学资源包对应文件夹中找到零件“bracket”并将其作为第一个零件插入装配体	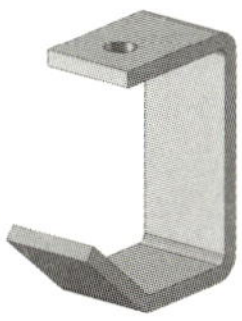

（续）

装配步骤	图　示
3. 再将零件“Yoke_male” 插入装配体	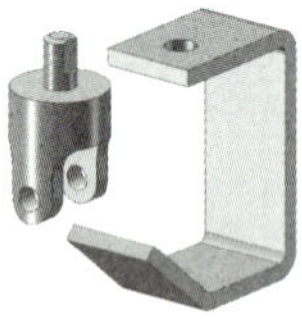
4. 添加图示两个圆柱面的“同轴心”配合	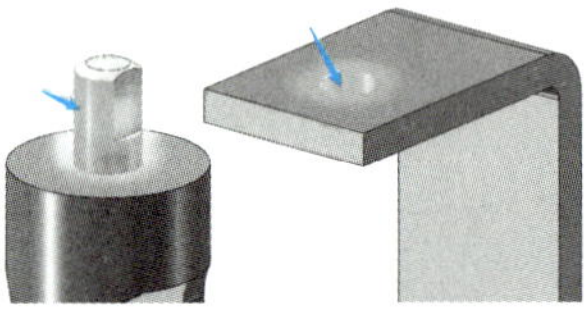
5. 添加图示两个平面的“重合”配合	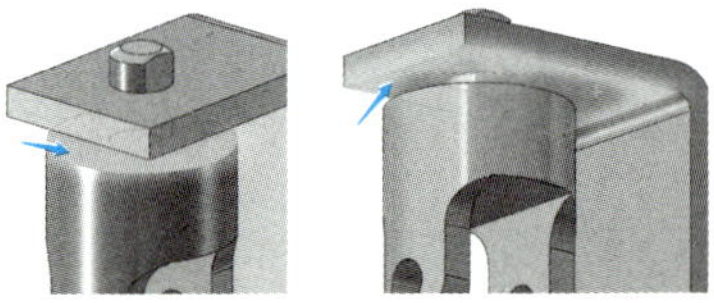
6. 将零件“spider” 插入装配体	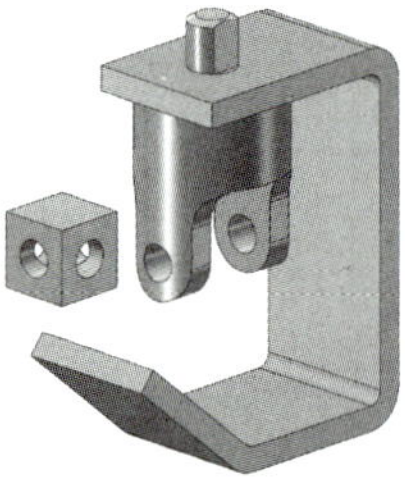
7. 添加图示孔的“同轴心”配合	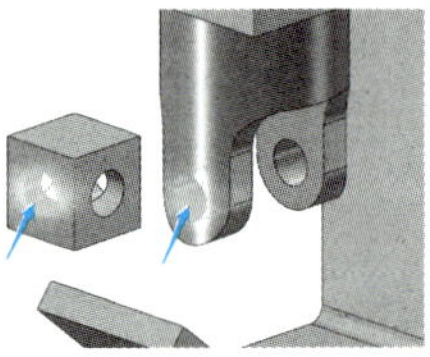
8. 添加“宽度”配合，将零件“spider”置于零件“Yoke_male”槽中心位置	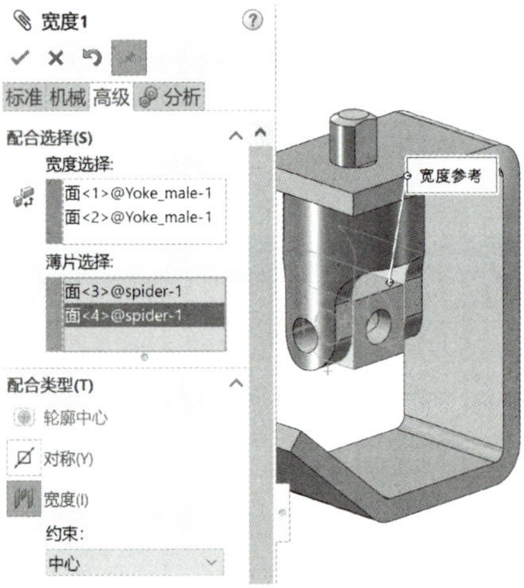

（续）

装配步骤	图　示
9. 将零件“Yoke_female” 插入装配体	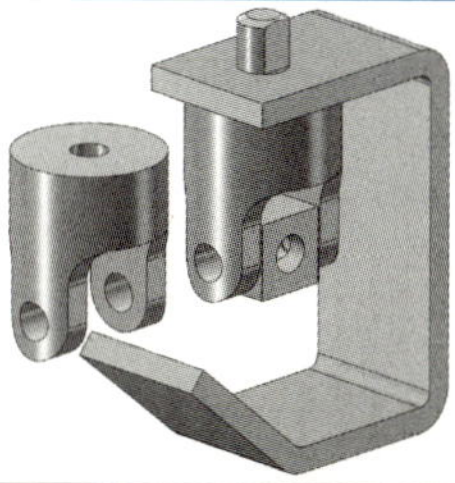
10. 添加图示两孔的“同轴心”配合	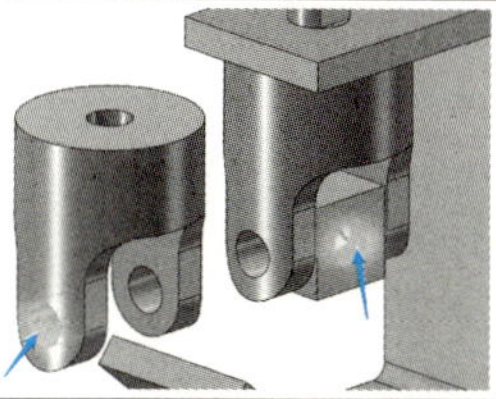
11. 添加“宽度”配合，将零件“spider”置于零件“Yoke_female”槽中心位置	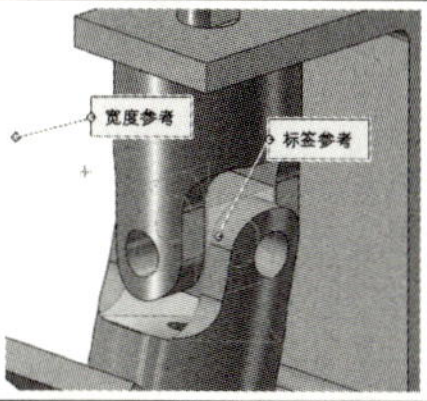
12. 添加图示两个平面的“平行”配合	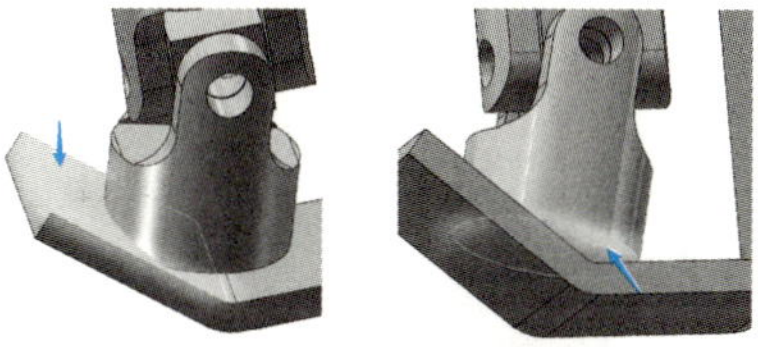
13. 将零件“pin” 插入装配体	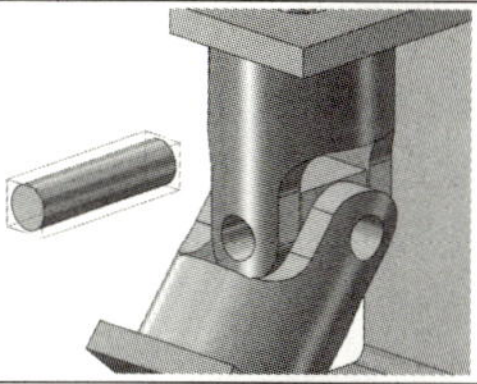
14. 添加图示圆柱面的“同轴心”配合	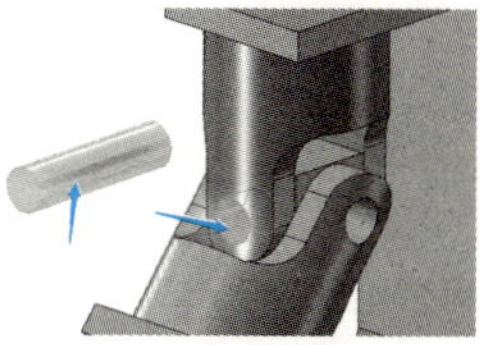
15. 添加图示表面的“相切”配合	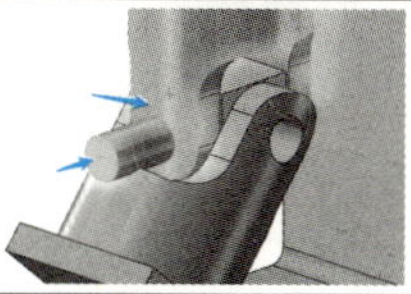
16. 按下<Ctrl>键并单击，从特征树复制零件“pin”（也可以通过正常的方法再次插入零件“pin”）	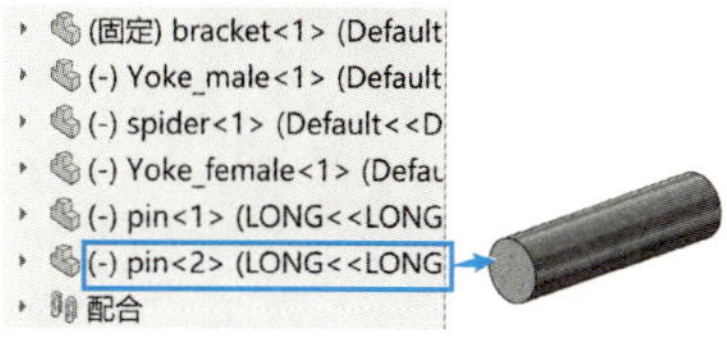

（续）

装配步骤	图　示
17. 在零件“pin<2>”上单击，在快捷工具栏中选择“SHORT”配置项并单击“确定”按钮，零件“pin<2>”将显示为短形态	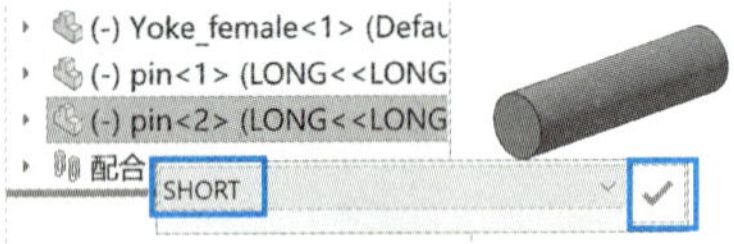
18. 添加图示圆柱面的“同轴心”配合	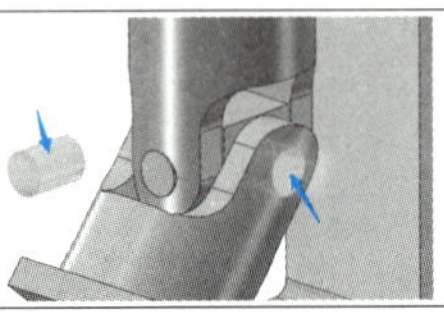
19. 添加图示表面的“相切”配合（必要时反向）	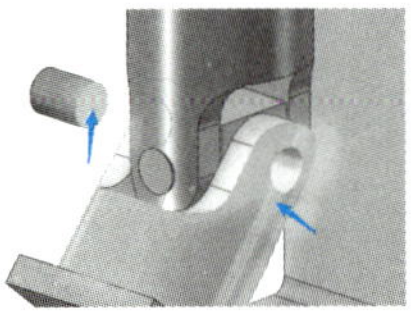
20. 复制短形态的零件“pin”，将视图旋转至合适的位置，便于装配另一侧	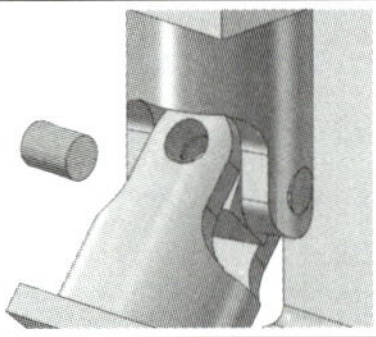
21. 重复第18、19步，装配好另一侧的短零件“pin”	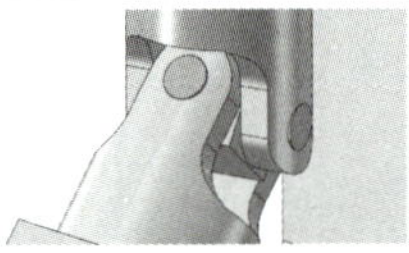
22. 另外新建一个装配体文件	—
23. 将零件“crank-shaft”作为第一个零件插入装配体	
24. 再将零件“crank-arm”插入装配体	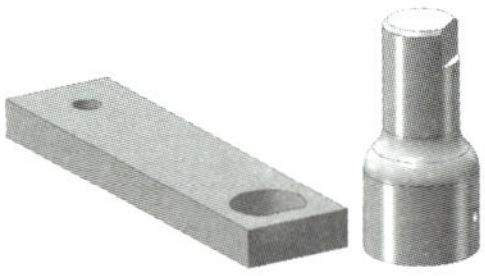
25. 添加图示两个圆柱面的“同轴心”配合	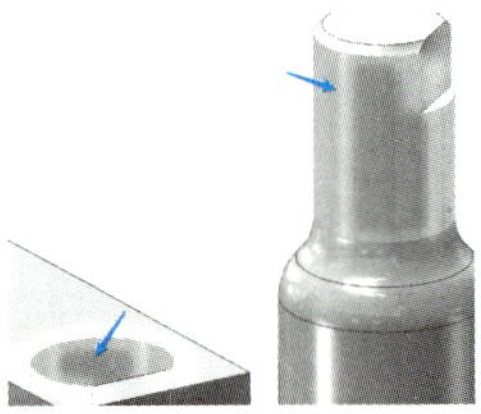
26. 添加图示两个平面的“重合”配合	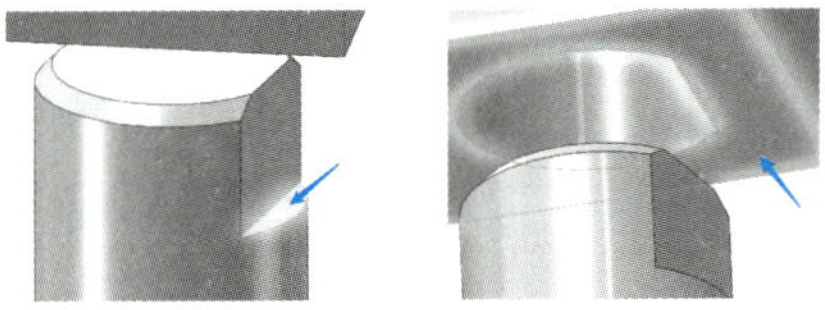

（续）

装配步骤	图　　示
27. 添加图示两个平面的“重合”配合	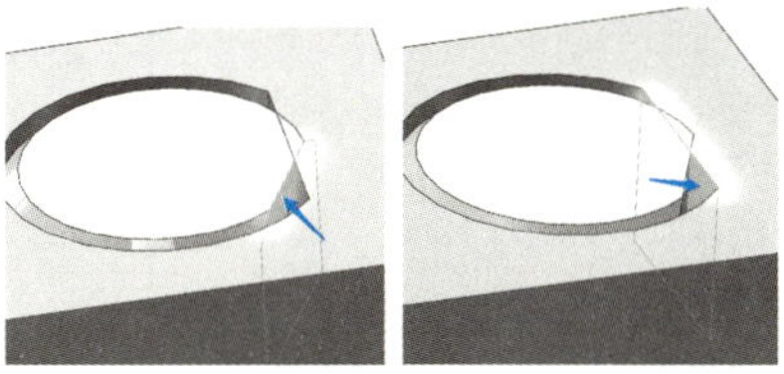
28. 将零件“crank-knob”插入装配体	
29. 添加图示两个圆柱面的“同轴心”配合	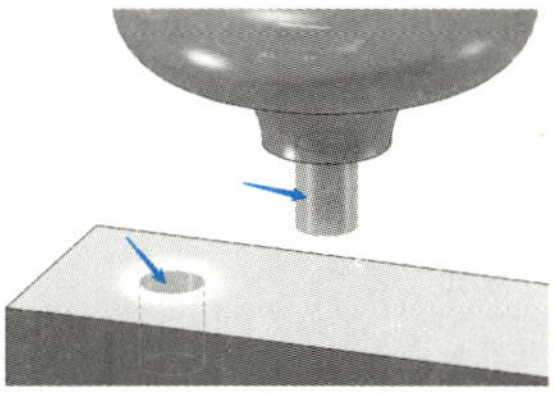
30. 添加图示两个平面的“重合”配合。然后保存此装配体，文件名自定	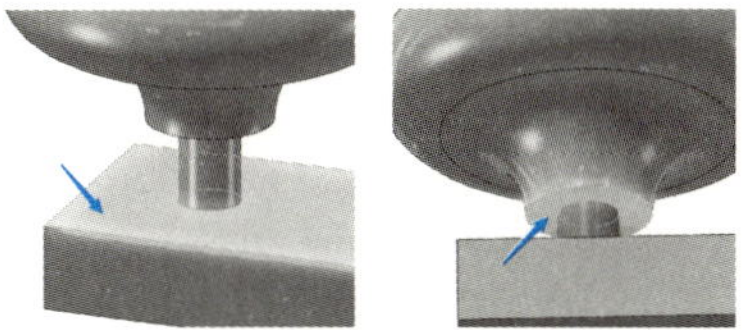
31. 在菜单栏单击“窗口”，回到第一个装配体	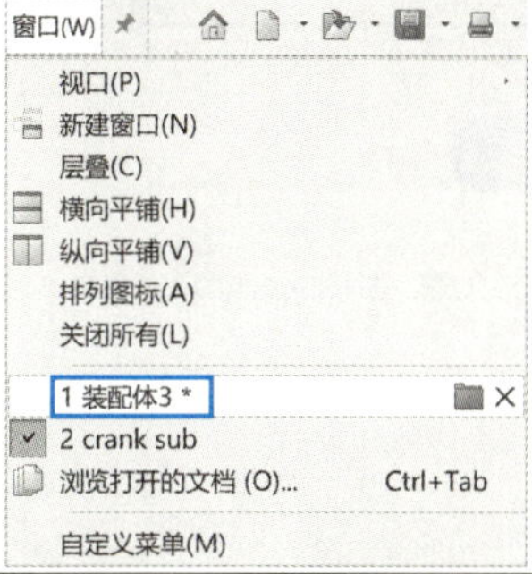
32. 将刚刚保存的装配体（即子装配体）作为零部件插入到装配体	
33. 添加图示两个平面的“平行”配合（必要时反向），使之位于同侧	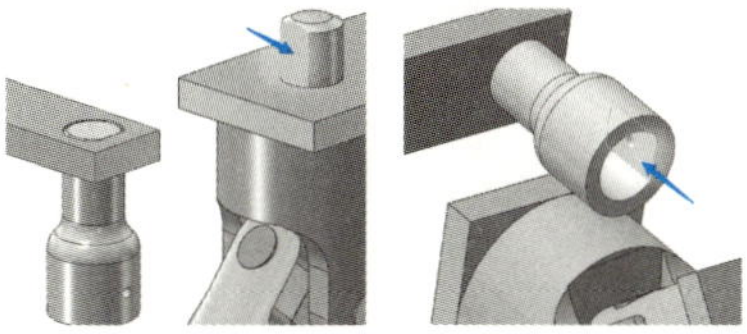

（续）

装配步骤	图　示
34. 添加图示两个圆柱面的“同轴心”配合	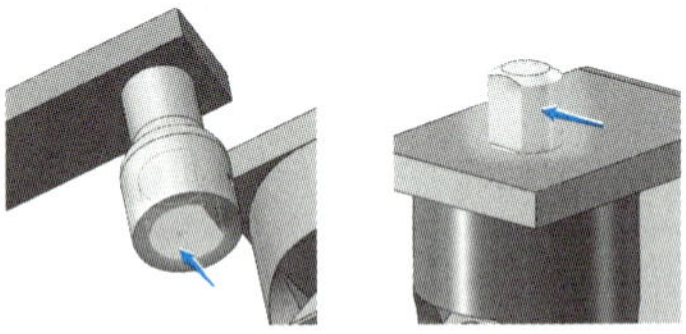
35. 添加图示两个平面的“重合”配合	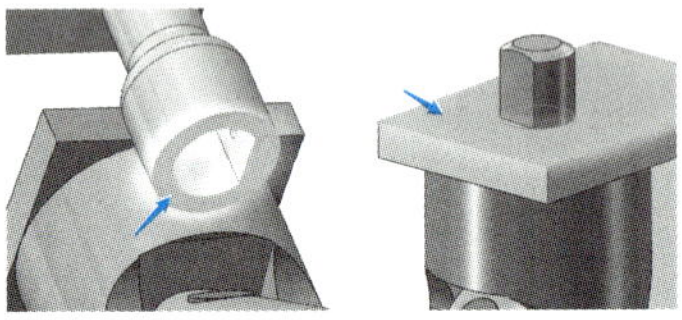
36. 拖动零件，可使万向节转动	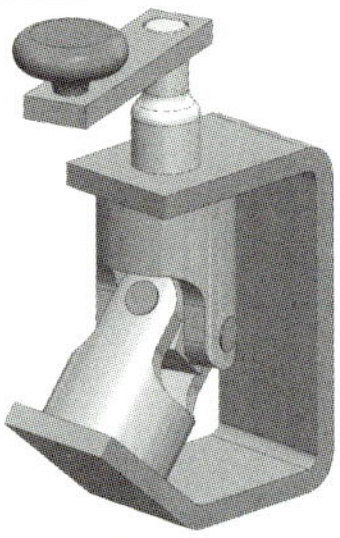
37. 插入的子装配体各零件间会失去保留的自由度，若要恢复，则可在特征树子装配体名称上单击，在快捷工具栏中单击“使子装配体为柔性”按钮即可	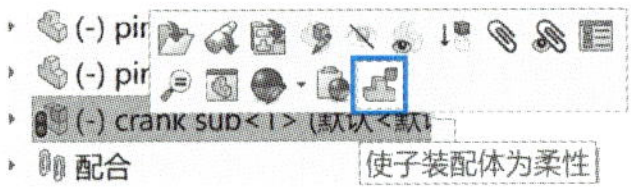

任务延展

建立如图 2.2.2 所示的装配体。装配过程见表 2.2.4。

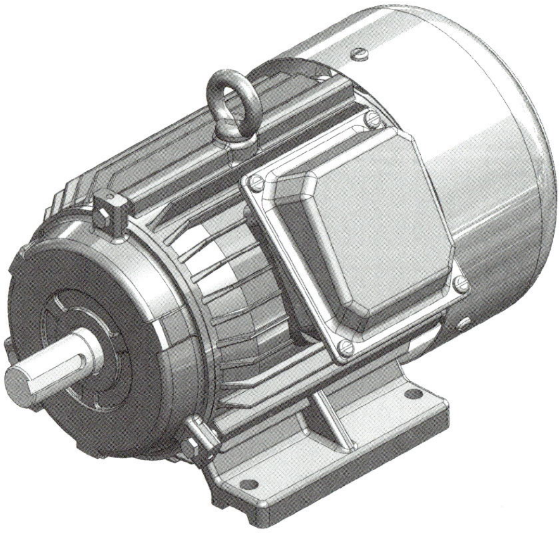

图 2.2.2　装配体参考图样

表 2.2.4　装配过程

装配步骤	图　示
1. 新建装配体文件	—
2. 系统将自动执行“插入零部件”命令(如果不小心关闭了此命令,可从命令管理器“装配体”标签页上单击“插入零部件”按钮,执行命令),在弹出对话框中再单击“浏览(B)…”按钮	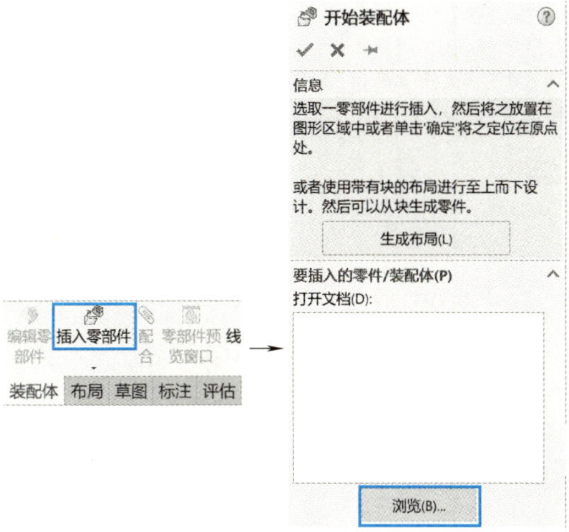
3. 在教学资源包对应文件夹中找到零件“壳体”,单击“打开”按钮,在绘图区域单击以放置零件(可以发现壳体是倾斜放置的)	
4. 在特征管理器“壳体”上右击,在快捷菜单中单击“浮动”,“壳体”前面的“固定”标示消失,变为(-),即未完全定义	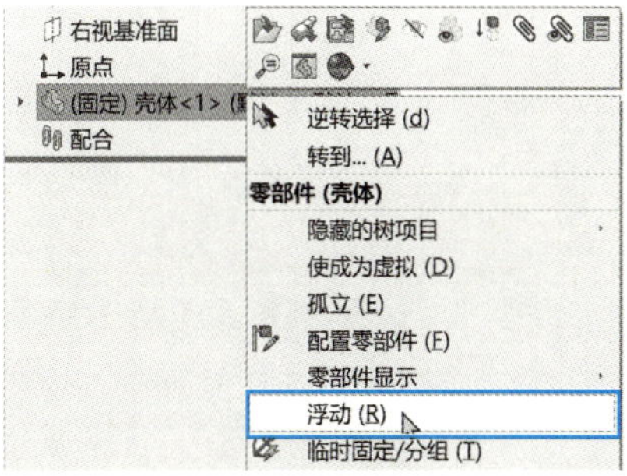
5. 在前导(视图)工具栏上单击“隐藏所有类型”按钮右侧的小三角▼,选中“观阅临时轴”和“观阅原点”	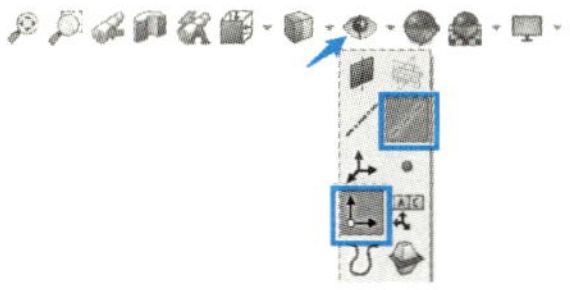

（续）

装配步骤	图　示
6. 添加装配体“上视基准面”和壳体底面的“平行”配合	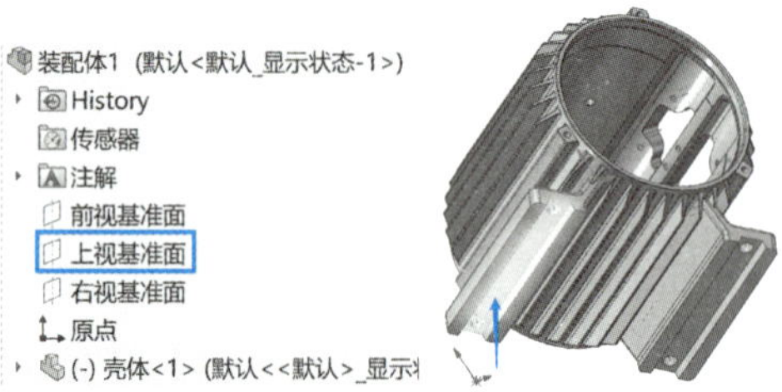
7. 添加装配体“右视基准面”和图示临时轴的“重合”配合	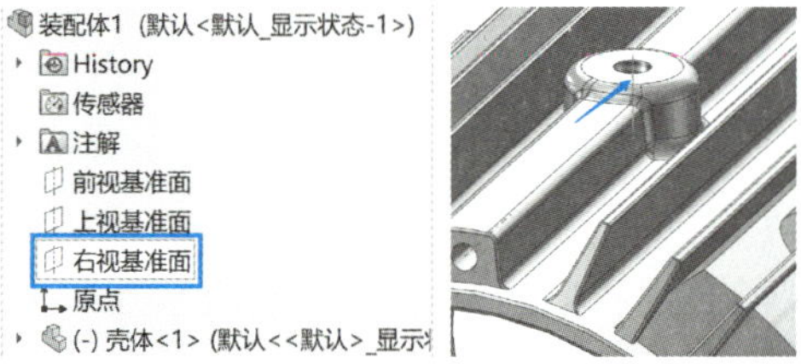
8. 添加“壳体原点”和“装配体原点”的“重合”配合（如果提示错误，则取消勾选“对齐轴（X）”） 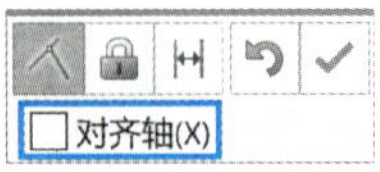	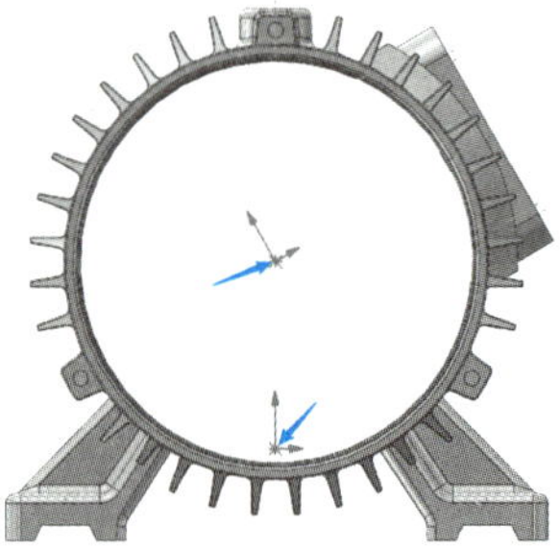
9. 添加装配体“前视基准面”和壳体端面的“平行”配合	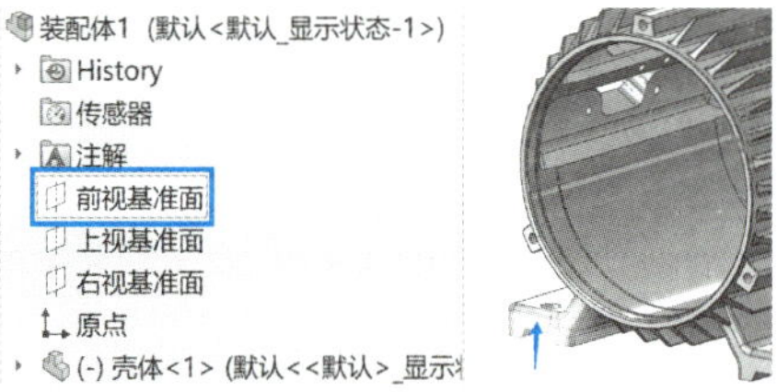
10. 关闭“观阅临时轴”和“观阅原点”显示。将零件“定子”和“转子”插入装配体	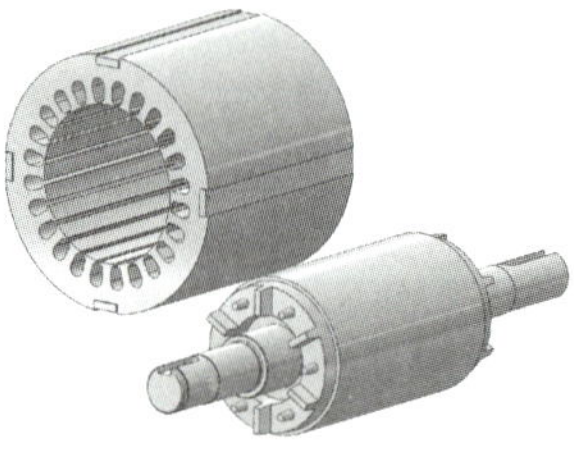

（续）

装配步骤	图　示
11. 选中图示两个平面，添加“重合”配合	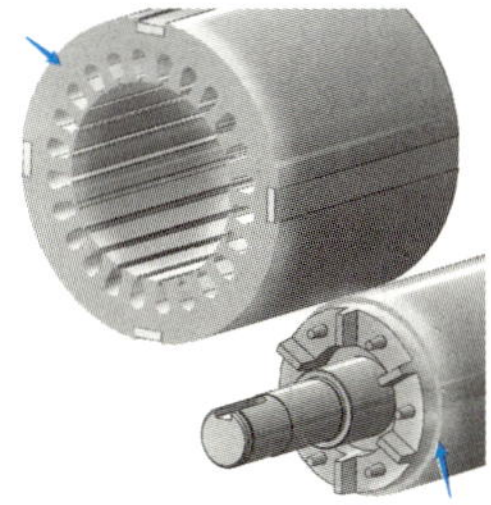
12. 添加图示定子和转子圆柱面的“同轴心”配合	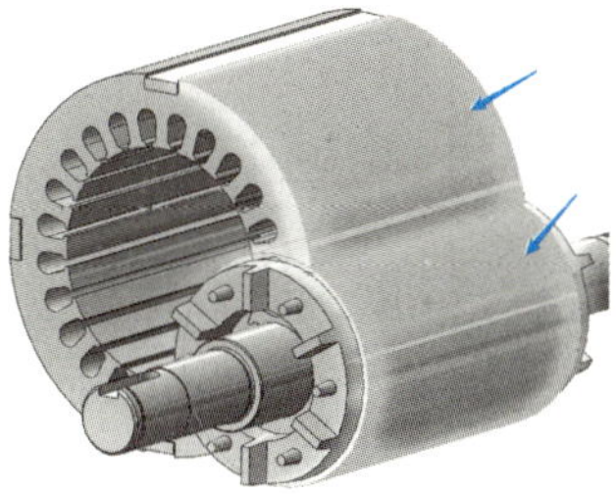
13. 添加壳体“前视基准面”和转子“前视基准面”的“重合”配合	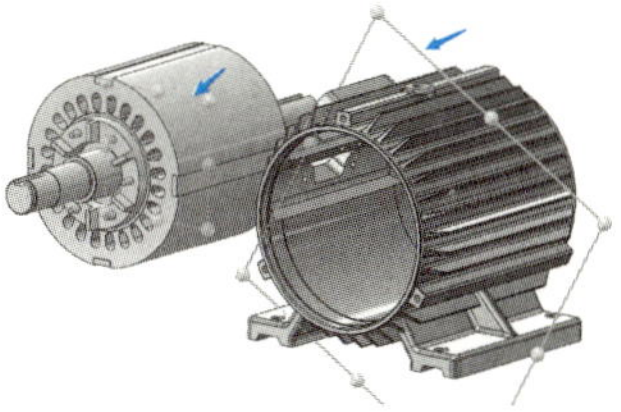
14. 添加图示定子和壳体圆柱面的“同轴心”配合	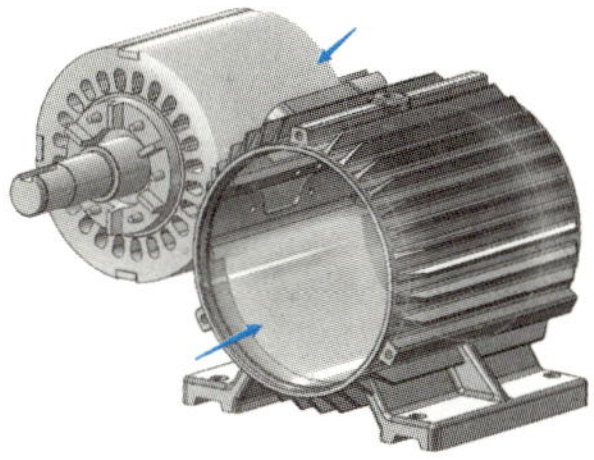
15. 插入零件“轴承 6205”并添加“同轴心”配合	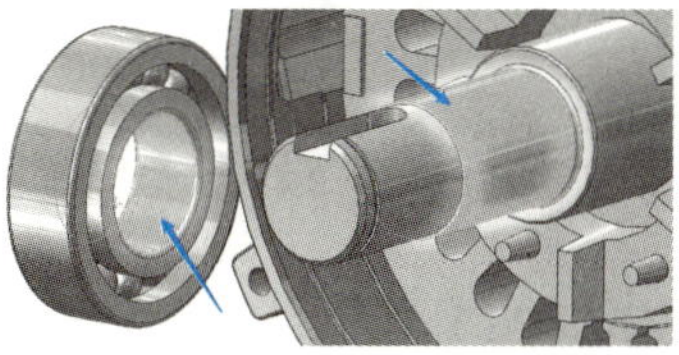
16. 添加轴承端面和轴肩端面的“重合”配合，同理添加另一侧的轴承及配合	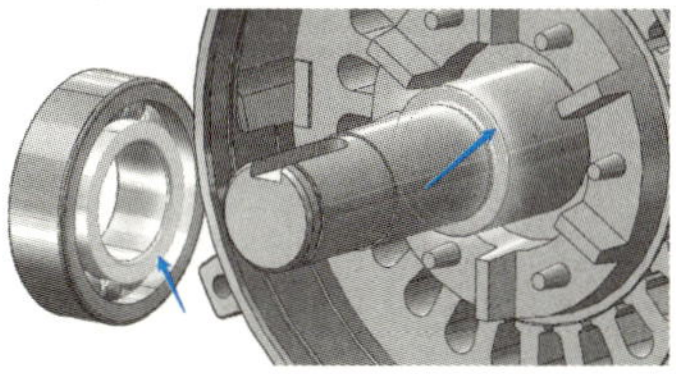

（续）

装配步骤	图示
17. 将零件“后端盖”插入装配体	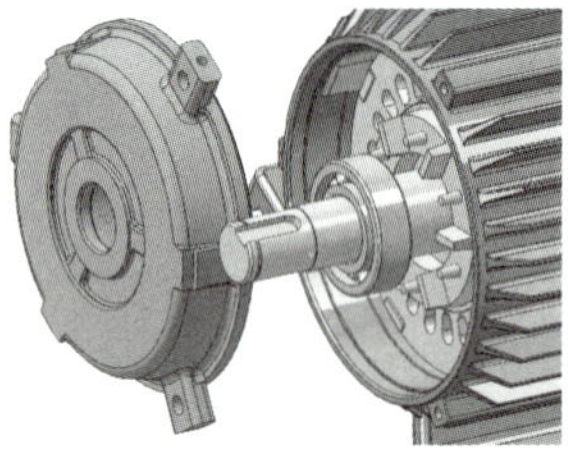
18. 添加后端盖端面与壳体端面的“重合”配合	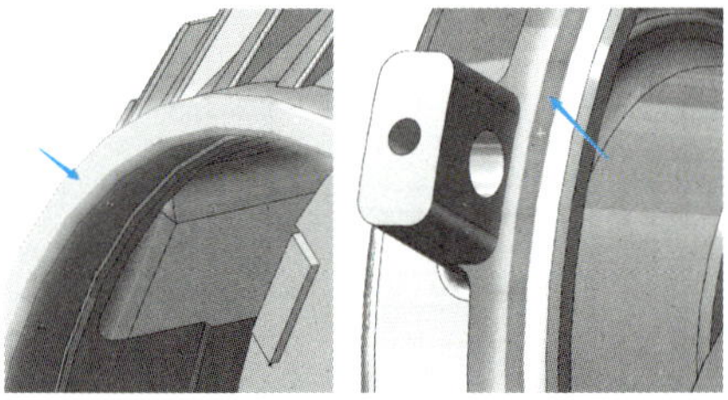
19. 添加图示“同轴心”配合◎	
20. 添加图示“同轴心”配合◎，同理添加另一侧的端盖及配合	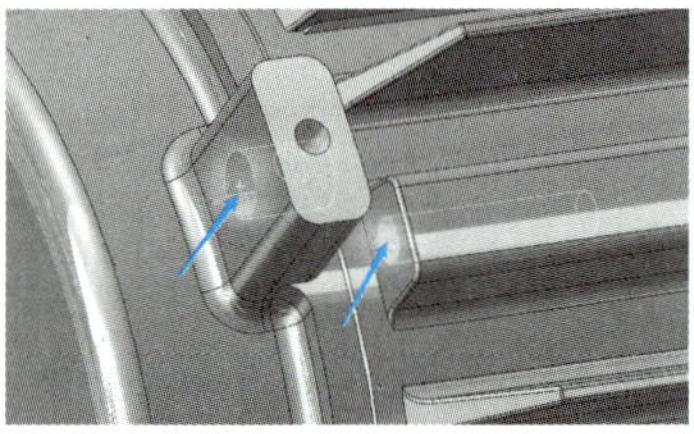
21. 插入零件“扇叶”，并添加“同轴心”配合◎	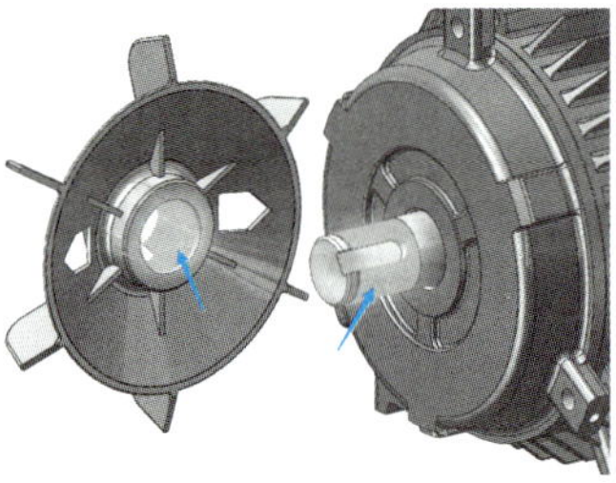
22. 添加端面的“重合”配合	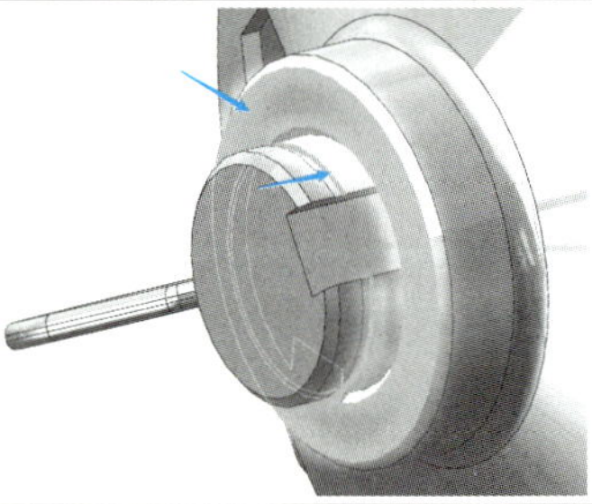

（续）

装配步骤	图　示
23. 添加键槽底面和边线的“平行”配合	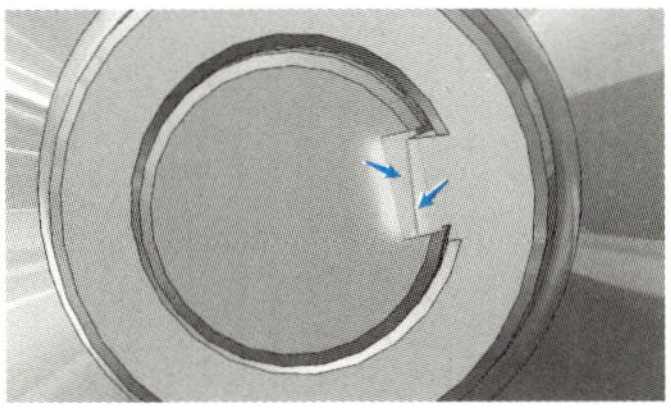
24. 插入零件“轴挡 24”，并添加“重合”配合	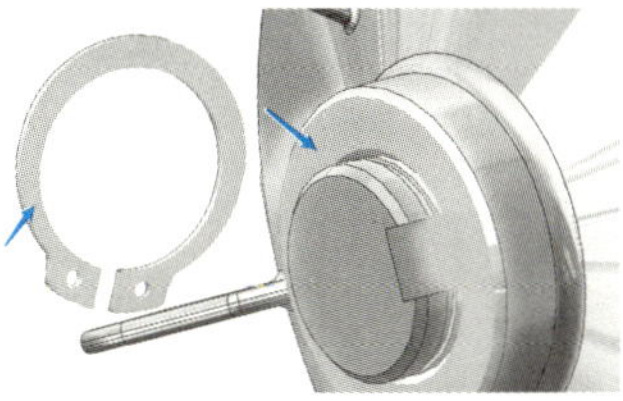
25. 添加图示“同轴心”配合◎	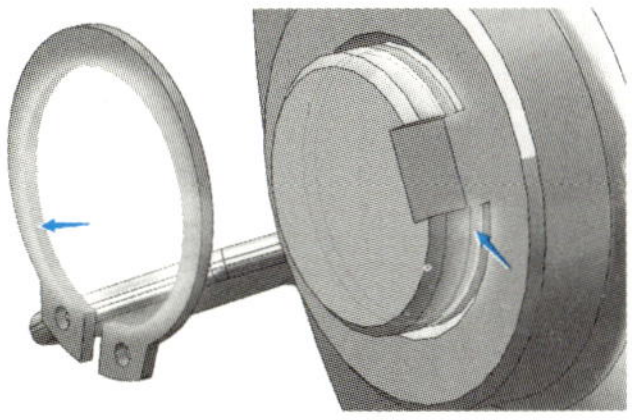
26. 添加图示“平行”配合	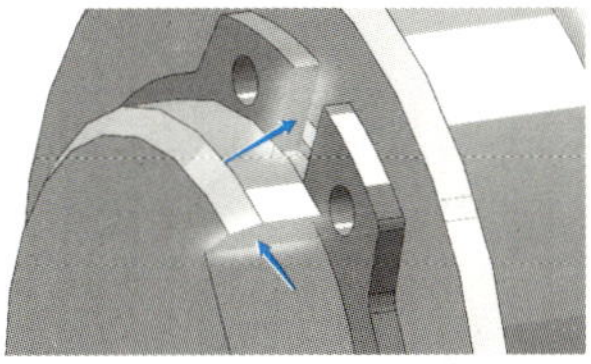
27. 插入零件“扇叶罩”，并添加“同轴心”配合◎	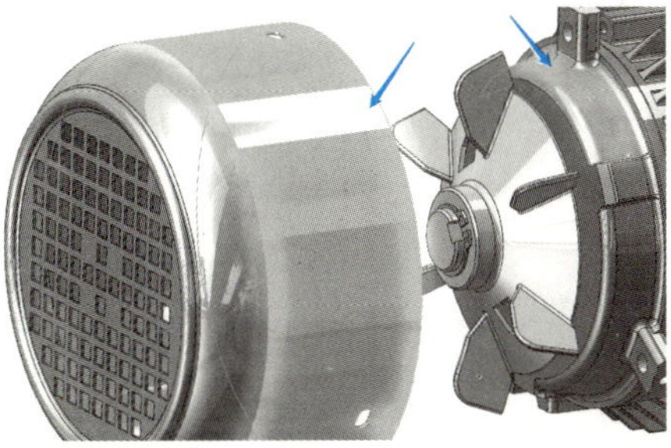
28. 添加壳体“上视基准面”和扇叶罩“右视基准面”的“重合”配合，必要时切换方向，出现如图所示选项设置	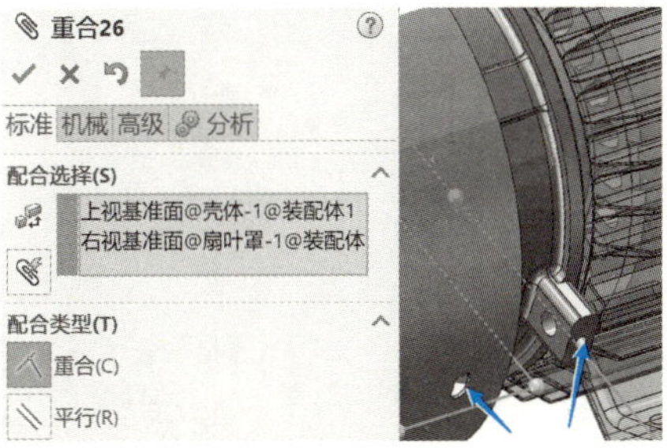

（续）

装配步骤	图　　示
29. 添加图示两平面的“距离”配合，输入值 70mm 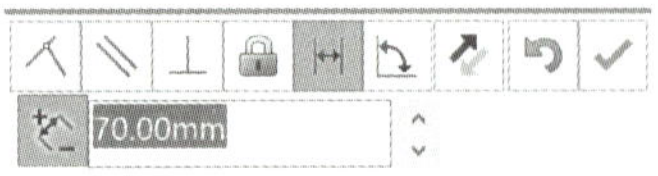	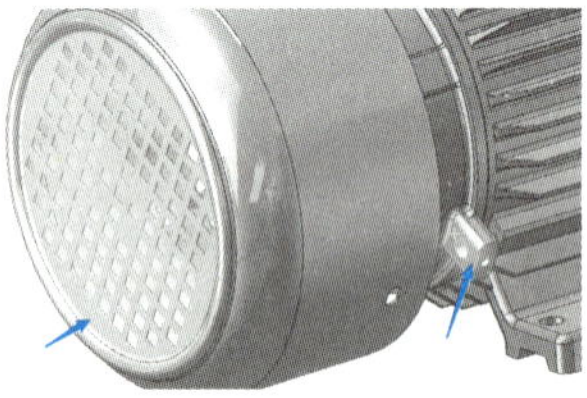
30. 插入零件“接线盒座”，并添加“重合”配合	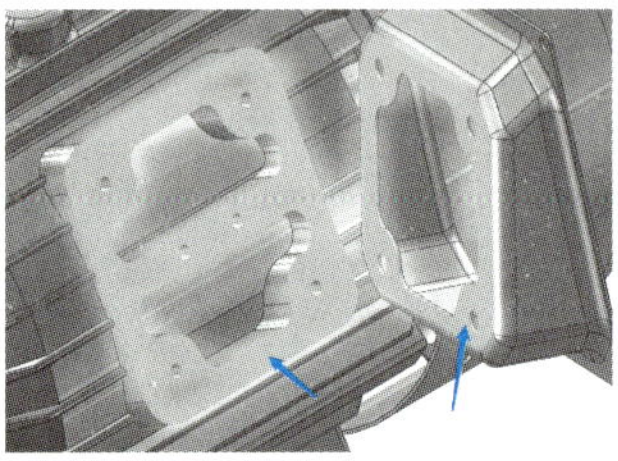
31. 添加“同轴心”配合，再添加对角孔“同轴心”配合	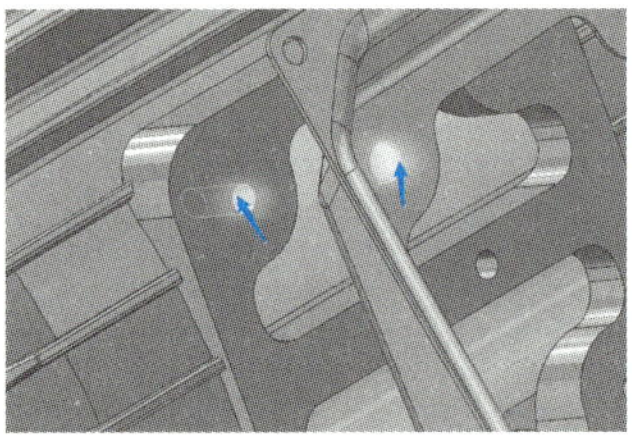
32. 插入零件“螺钉 M5×8”，放置时直接移至配合的孔的端面，出现符号时单击以放置，完成自动配合	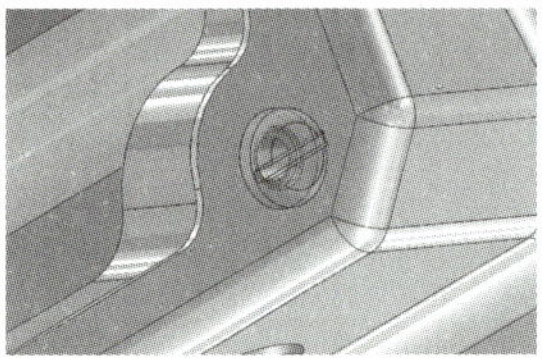
33. 在命令管理器“装配体”标签页上单击“线性阵列”按钮，如右图所示设置，单击“确定”按钮	

（续）

装配步骤	图　示
34. 插入零件“接线盒盖”，并添加“重合”配合（必要时单击“反向”按钮）	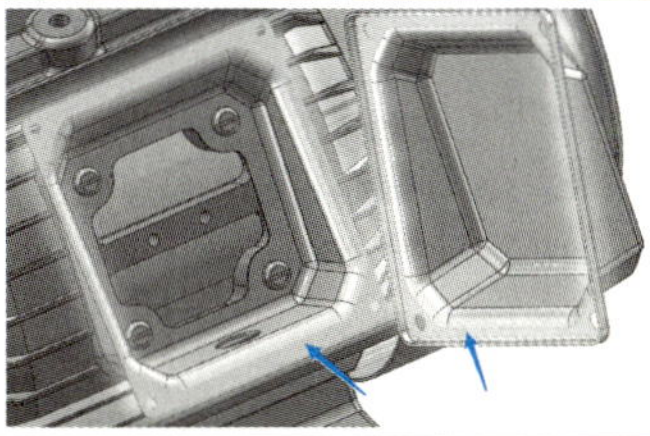
35. 添加两对角孔“同轴心”配合	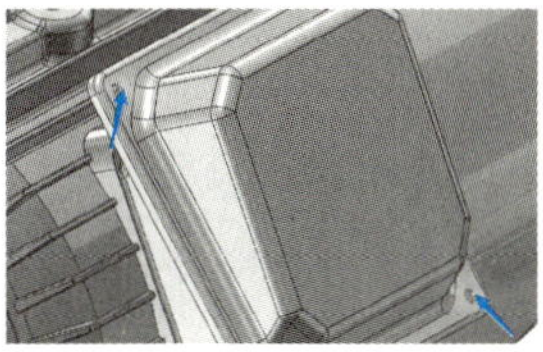
36. 参考第 32～33 两步，完成零件“螺钉 M5×8”的装配	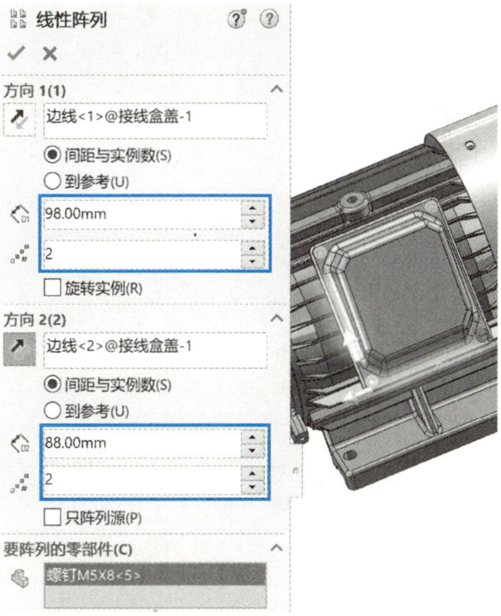
37. 单击零件“扇叶罩”，在快捷工具栏中单击“隐藏零部件”按钮隐藏零件	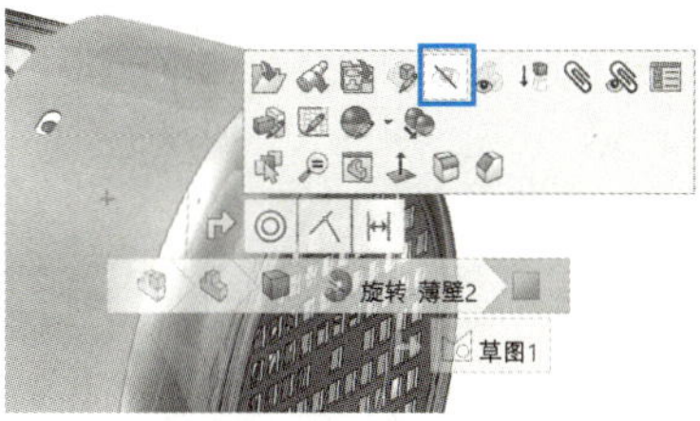
38. 类似于“螺钉 M5×8”的装配，完成“六角头螺栓 M6×30”两侧的装配	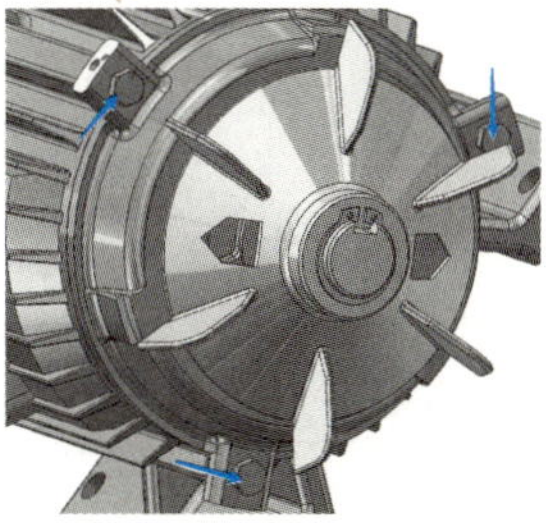

（续）

装配步骤	图　示
39. 单击零件“扇叶罩”，在快捷工具栏中单击“隐藏零部件”按钮显示零件	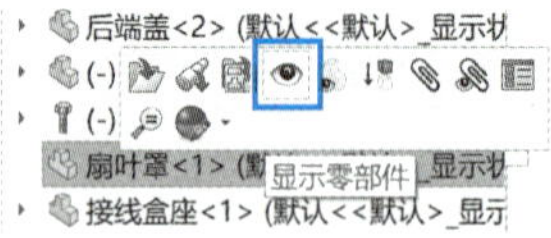
40. 插入“螺钉 M5×8”，将其装配于零件“扇叶罩”孔处，添加“同轴心”配合和“相切”配合。使用“圆周零部件阵列”命令完成其他两个螺钉的装配	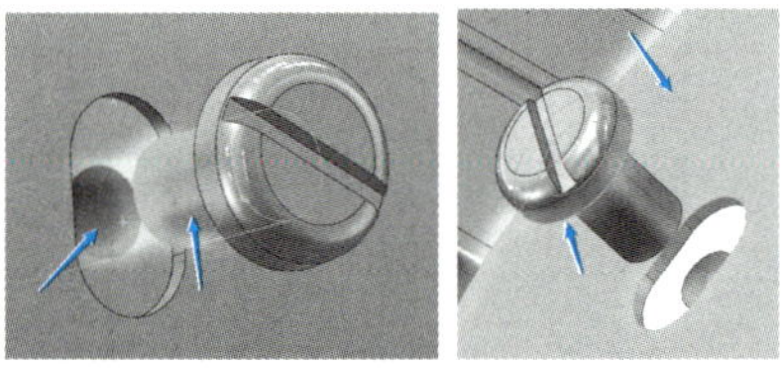
41. 插入零件“吊环螺钉”，并添加“同轴心”配合	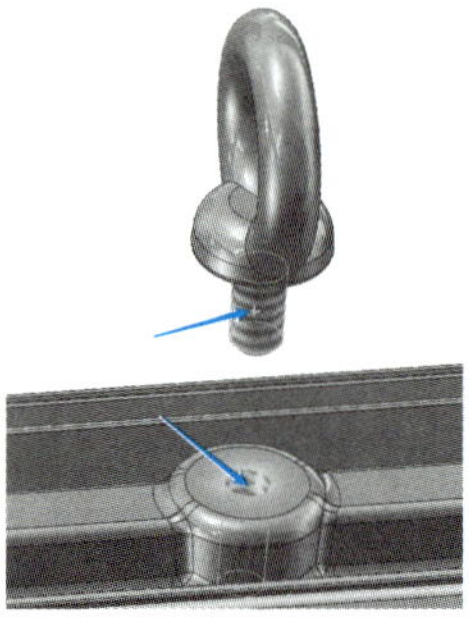
42. 添加“重合”配合，结果如右图所示	
43. 添加吊环“前视基准面”和壳体“前视基准面”的“重合”配合，完成装配	

任务评价

任务评价表

专业＿＿＿＿　班级＿＿＿＿　姓名＿＿＿＿　学号＿＿＿＿　组别＿＿＿＿

项　目	标　准	自我评价	小组评价	教师评价
		2～10 分		
		占 50%	占 20%	占 30%
复制零件“pin”（步骤 16）	正确完成			
改变零件形态（步骤 17）	正确完成			
* 零部件阵列（步骤 33）	正确完成			
操作熟练度	绘图快速、准确			
协作精神	交流、讨论顺畅			
纪律观念	课堂有序、讨论积极			
学习主动性	认真思考、积极回答问题			
知识应用情况	关键知识点内化			
完成任务过程中引以为自豪的做法	简捷、高效（加分项 5～10 分）			
指导他人	帮助的人数及质量（加分项 5～10 分）			
小　计				
总　评				

注：1. 每项满分 10 分；
2. 带有“*”的步骤为任务延展中的内容。

组长签字：　　**任课教师：**　　**年　月　日**

任务 3　爆炸吧，装配君——展现零件的拆装细节

学习要点

➢ 爆炸视图

技能目标

➢ 理解爆炸视图的创建方法

思政目标

➢ 具备爱岗敬业、遵纪守法的职业素养
➢ 具备互帮互助、团结协作的优良品质

➢ 具备一丝不苟、精益求精的工匠精神

任务导入

建立如图 2. 3. 1 所示的装配体爆炸视图。

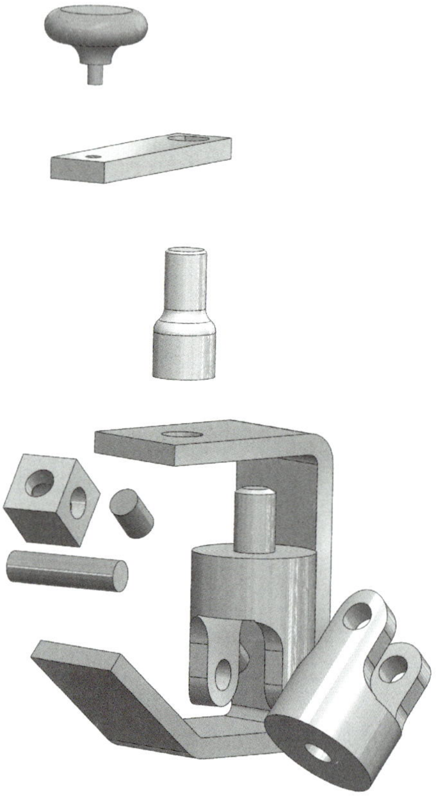

图 2. 3. 1　装配体爆炸视图参考图样

任务分解

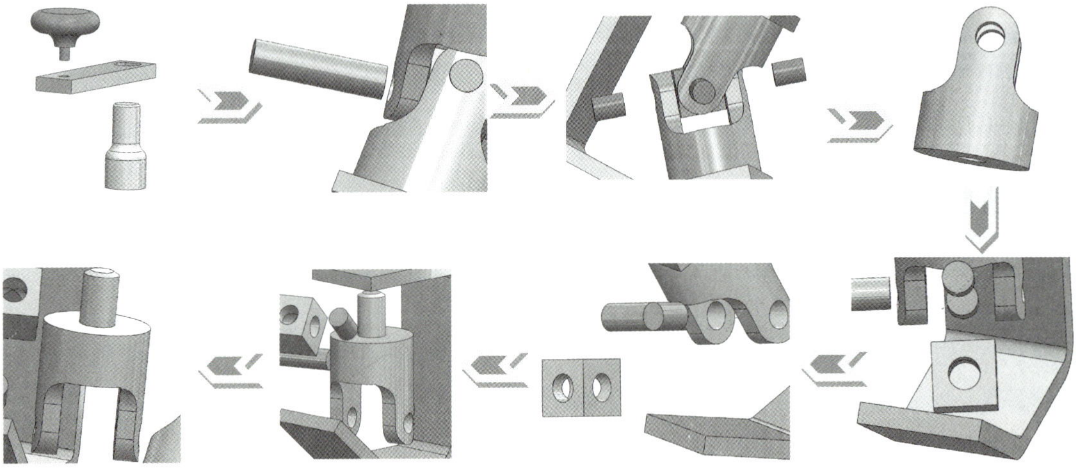

思维导图

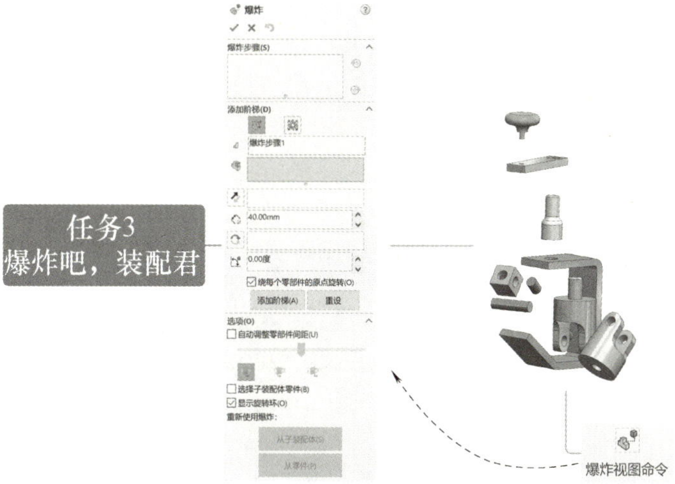

相关知识

爆炸视图 通过在图形区域中选择和拖动零件来生成爆炸视图，从而生成一个或多个爆炸步骤，见表 2.3.1。

表 2.3.1 爆炸视图

命令条件	参数设置	结果
零件已完成装配 	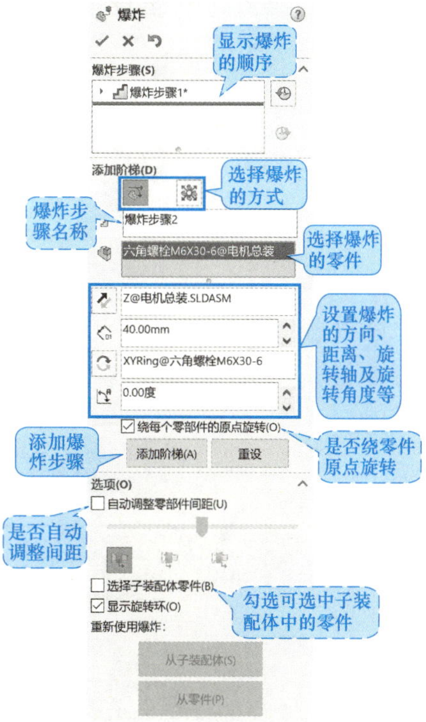	
在装配体状态	按提示设置	选中的零件按要求拆解

生成爆炸视图，需要执行以下选项之一：

1）单击“爆炸视图”按钮。

2）单击“插入”→“爆炸视图”按钮。

3）在 Configuration Manager（配置管理器）中，右击配置名称，然后单击“新爆炸视图”按钮。

任务实施（表 2.3.2）

表 2.3.2 爆炸过程

装配步骤	图示
1. 打开装配体文件	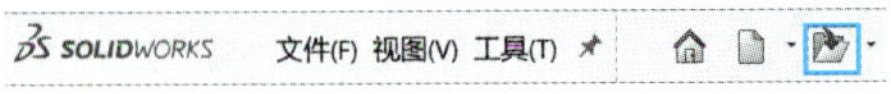
2. 在教学资源包对应文件夹中找到装配体“万向接头”，单击“打开”按钮，打开装配体	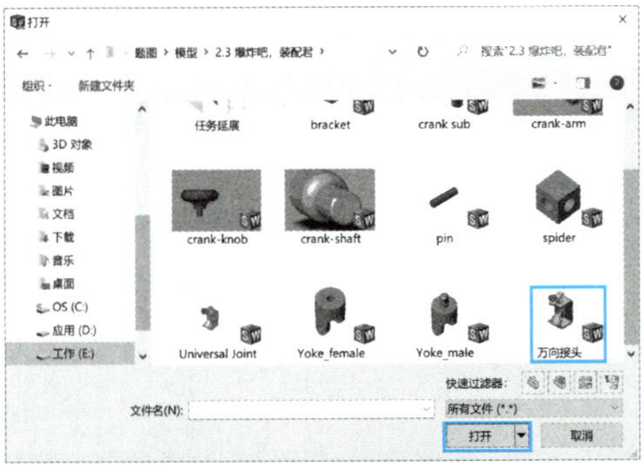
3. 在命令管理器“装配体”标签页上单击“爆炸视图”按钮	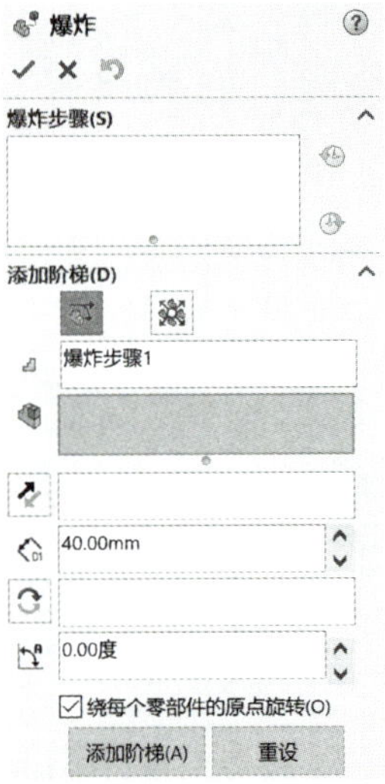
4. 勾选“自动调整零部件间距（U）”和“选择子装配体零件（B）”（因为接下来要选择的是子装配体中的零件）	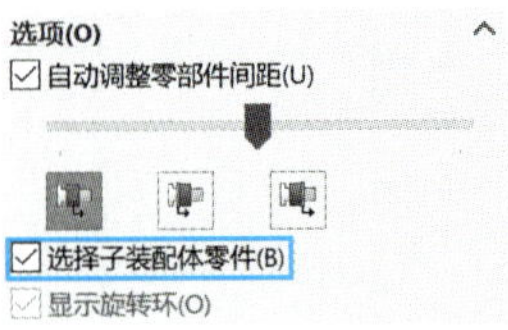

（续）

装配步骤	图　示
5. 选择图示 3 个零件，设置添加阶梯方式为"常规步骤"，单击"Y 轴"（将爆炸方向指定为 Y 轴方向），设置爆炸距离为 40mm，单击"添加阶梯（A）"按钮，完成第一个爆炸步骤	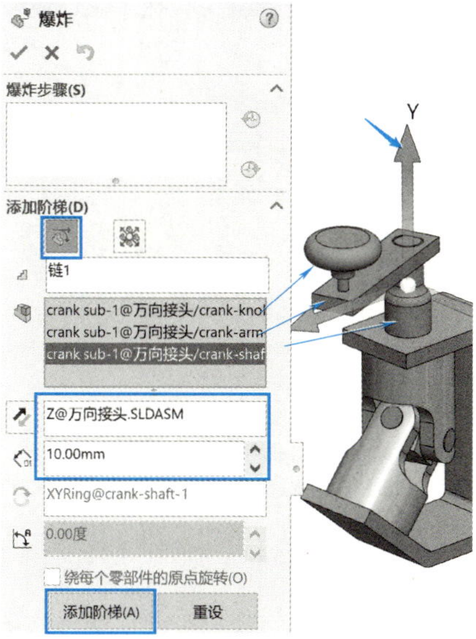
6. 选择长的"Pin"零件，设置爆炸方向为 X 轴，单击"添加阶梯（A）"按钮（如果发现三根坐标轴与想要移动的方向不同，请右击任一坐标轴，在快捷菜单中单击"与选择对齐…（I）"按钮。必要时可单击"反向"按钮反转方向）	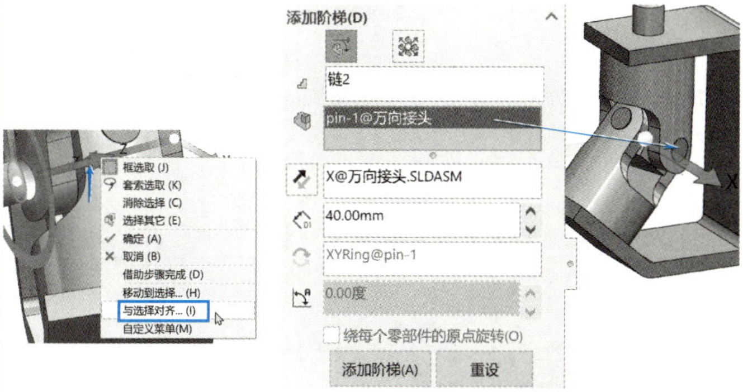
7. 选择两个短的"Pin"零件，设置添加阶梯方式为"径向步骤"，爆炸距离为 15mm，单击"添加阶梯（A）"按钮	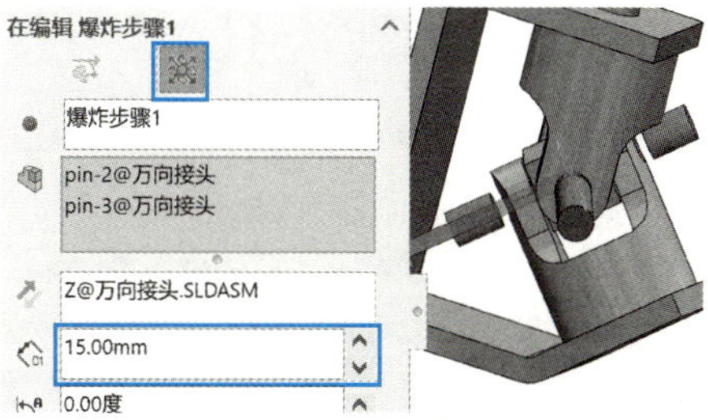
8. 选择"Yoke_female"零件，设置添加阶梯方式为"常规步骤"，并且单击"X 轴"，设置爆炸距离为 80mm，单击"添加阶梯（A）"按钮	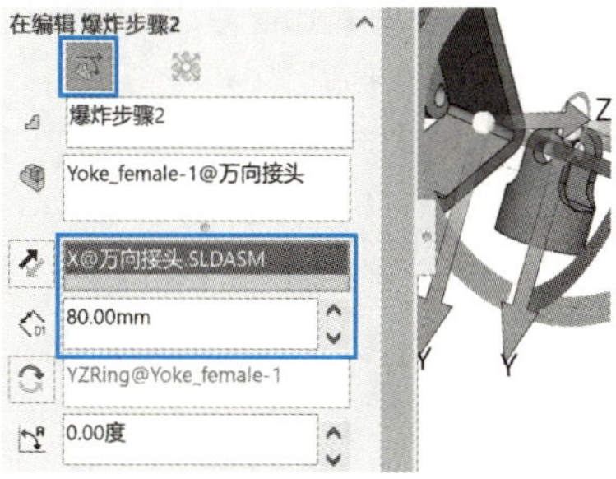

（续）

<table>
<tr><th>装配步骤</th><th>图　　示</th></tr>
<tr><td>9. 选择“spider”零件，设置添加阶梯方式为“常规步骤”，单击“Y 轴”，设置爆炸距离为 30mm，单击“添加阶梯（A）”按钮</td><td>
</td></tr>
<tr><td>10. 继续选择“spider”零件，发现三根坐标轴与想要移动的方向不同，右击任一坐标轴，在快捷菜单中单击“与选择对齐…（I）”按钮，再次单击“spider”零件</td><td>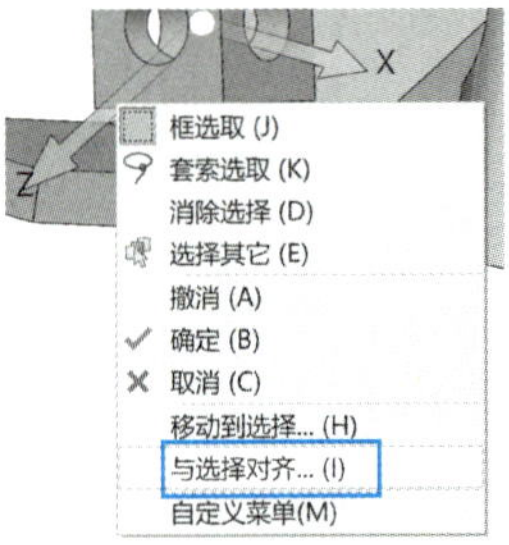
</td></tr>
<tr><td>11. 设置爆炸方向为 Z 轴，爆炸距离为 100mm，单击“添加阶梯（A）”按钮</td><td>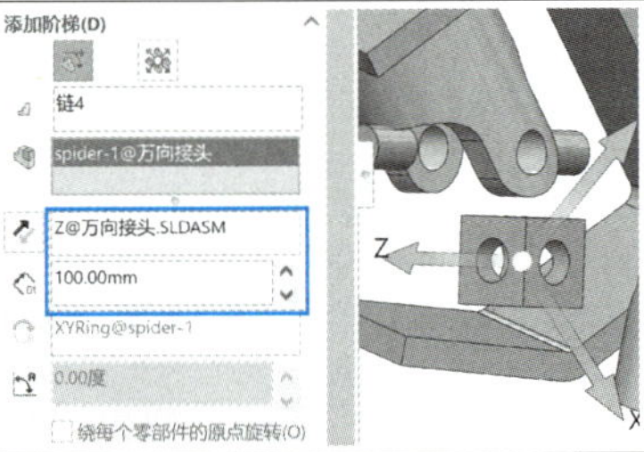
</td></tr>
<tr><td>12. 发现之前短的“pin”零件与接下来要爆炸的零件有干涉，需要进行修改</td><td>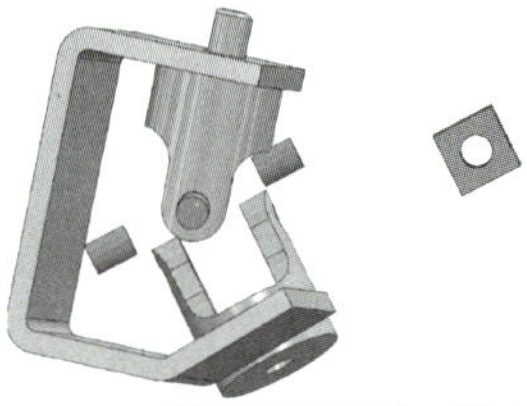</td></tr>
<tr><td>13. 在“爆炸步骤（S）”栏中找到相应的步骤并选中，修改距离为 25mm，单击“完成”按钮</td><td>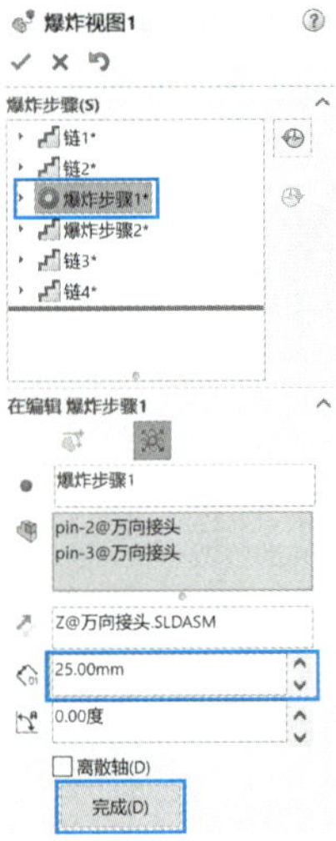
</td></tr>
</table>

（续）

装配步骤	图　示
14. 选择“Yoke_male”零件，设置添加阶梯方式为“常规步骤”，爆炸方向为 Y 轴（注意方向），爆炸距离为 25mm，单击“添加阶梯（A）”按钮	
15. 继续选择“Yoke_male”零件，设置爆炸方向为 X 轴，爆炸距离为 35mm，单击“添加阶梯（A）”按钮。至此，此装配体已完成爆炸视图的创建，单击“确定”按钮✔	
16. 切换到“配置管理器”页面，展开左侧小三角符号，即可看到创建的爆炸视图，在其上右击，可以进行“爆炸”“解除爆炸”等操作。如果想要修改爆炸视图，可单击“编辑特征（E）”项	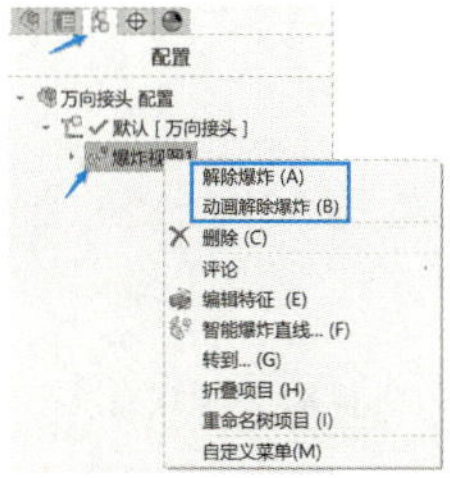

任务延展

▶ 建立如图 2.3.2 所示的装配体爆炸视图。爆炸过程见表 2.3.3。

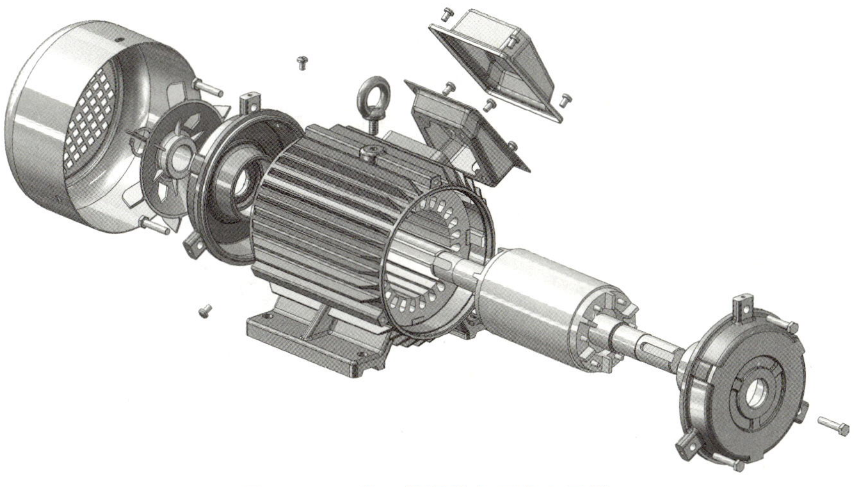

图 2.3.2　装配体爆炸视图参考图样

表 2.3.3　爆炸过程

装配步骤	图　　示
1. 在教学资源包对应文件夹中找到装配体“电机总装”，单击“打开”按钮，打开装配体	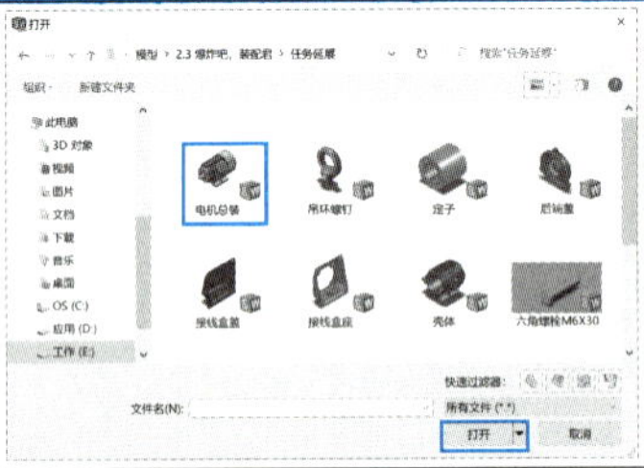
2. 在命令管理器“装配体”标签页上单击“爆炸视图”按钮，选择“接线盒盖”上的4个零件“螺钉 M5×8”，如右图所示设置（爆炸距离可更远些），单击“添加阶梯（A）”按钮，完成第一个爆炸步骤	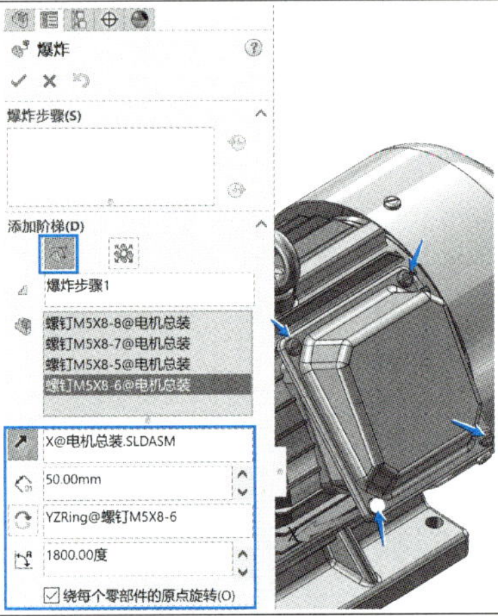
3. 选择“接线盒盖”零件，拖动 X 轴到合适的位置（此时的鼠标光标显示为），右击，完成此爆炸步骤	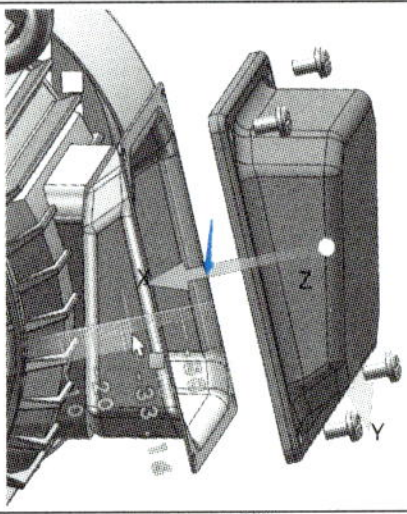
4. 选择“接线盒座”上的 4 个零件“螺钉 M5×8”，单击“添加阶梯（A）”按钮	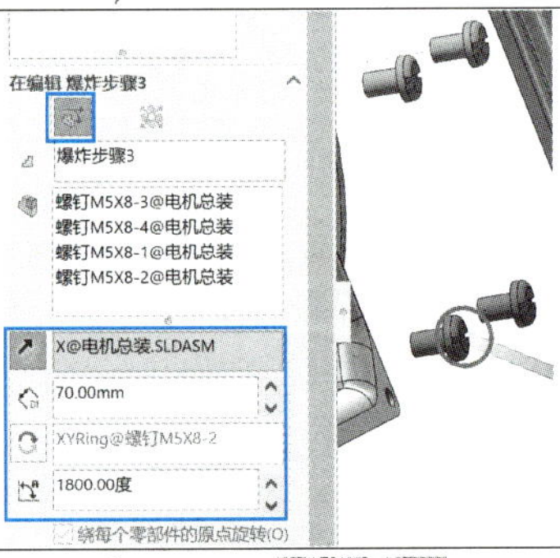
5. 选择“接线盒座”零件，拖动 X 轴到合适的位置（此时的鼠标光标显示为），右击完成	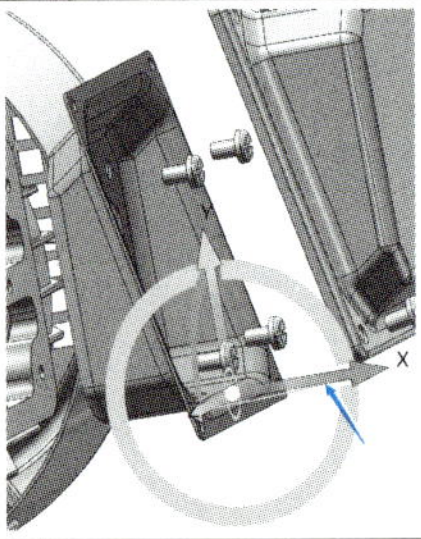

（续）

<table>
<tr><th>装配步骤</th><th>图　示</th></tr>
<tr><td>6. 选择“扇叶罩”上的 3 个零件“螺钉 M5×8”，单击“添加阶梯（A）”按钮</td><td>
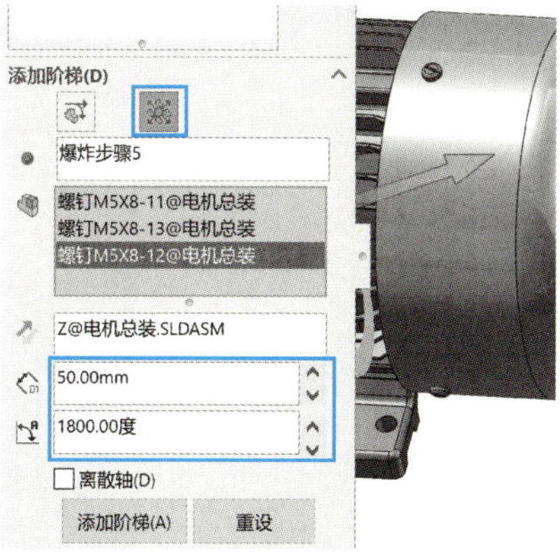

</td></tr>
<tr><td>7. 选择“扇叶罩”零件，拖动 Z 轴到合适的位置，右击完成</td><td>
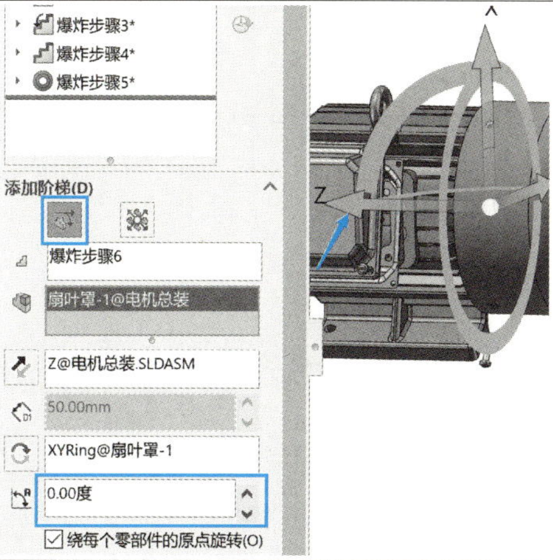

</td></tr>
<tr><td>8. 选择“轴挡 24”零件，拖动 Z 轴到合适的位置，右击完成</td><td>
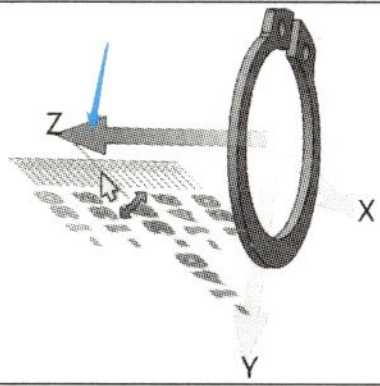

</td></tr>
<tr><td>9. 选择“扇叶”零件，拖动 X 轴到合适的位置，右击完成</td><td>
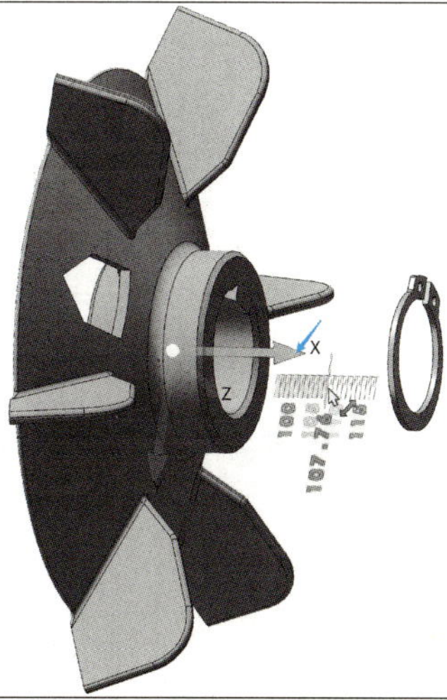

</td></tr>
</table>

（续）

装配步骤	图　　示
10. 继续选择同侧的 3 个零件“六角螺栓 M6×30”，如右图所示设置（爆炸距离可更远些），单击“添加阶梯（A）”按钮	
11. 继续选择同侧的“后端盖”零件，拖动 Z 轴到合适的位置，右击完成	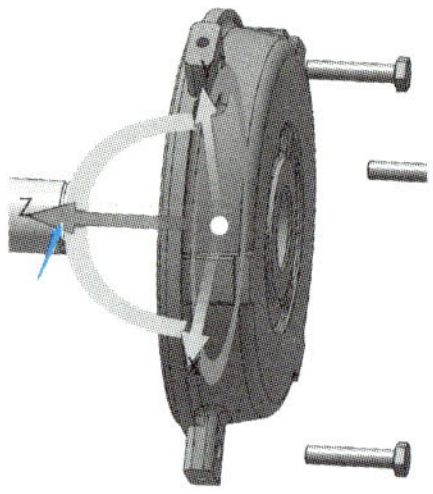
12. 继续选择同侧的“轴承”零件，拖动 X 轴到合适的位置，右击完成	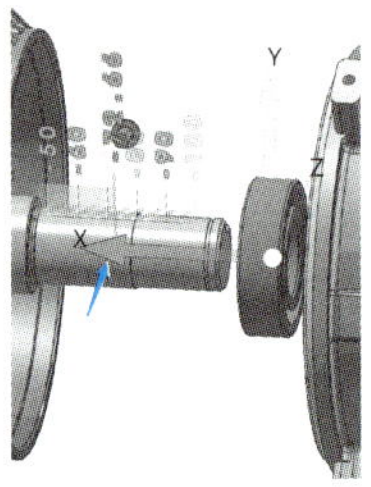
13. 同理，完成另一侧相关零件爆炸操作	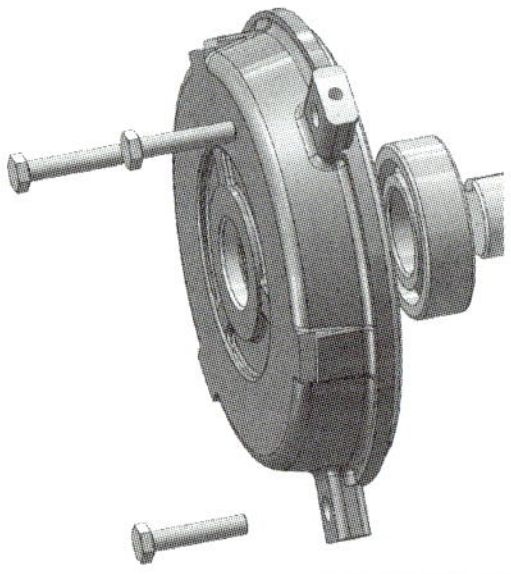
14. 选择“转子”零件，拖动 Z 轴到合适的位置，右击完成	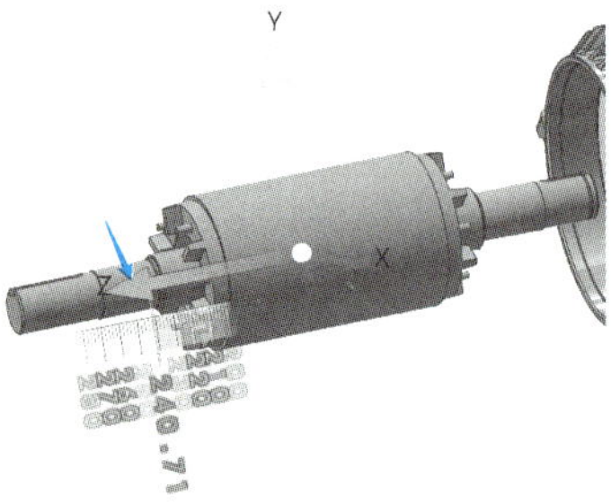

（续）

装配步骤	图示
15. 最后选择“吊环螺钉”零件，设置后，单击“添加阶梯（A）”按钮	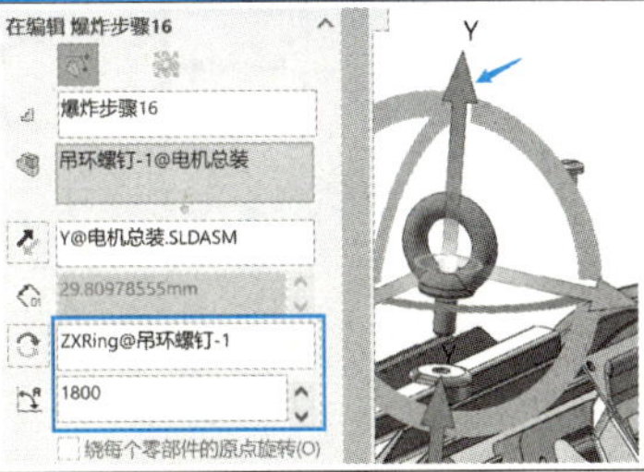
16. 完成后的爆炸步骤如右图所示	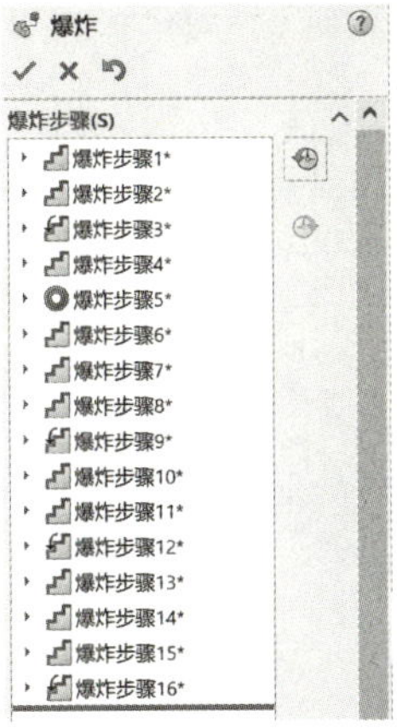

任务评价

任务评价表

专业＿＿＿＿＿ 班级＿＿＿＿＿ 姓名＿＿＿＿＿ 学号＿＿＿＿＿ 组别＿＿＿＿＿

项目	标准	自我评价	小组评价	教师评价
		2~10分		
		占50%	占20%	占30%
子装配体爆炸（步骤5）	正确完成			
径向爆炸（步骤7）	正确完成			
＊带旋转爆炸（步骤2）	正确完成			
操作熟练度	绘图快速、准确			
协作精神	交流、讨论顺畅			
纪律观念	课堂有序、讨论积极			
学习主动性	认真思考、积极回答问题			
知识应用情况	关键知识点内化			
完成任务过程中引以为自豪的做法	简捷、高效（加分项 5~10分）			
指导他人	帮助的人数及质量（加分项 5~10分）			
小计				
总评				

注：1. 每项满分10分；
2. 带有“＊”的步骤为任务延展中的内容。

组长签字：　　　任课教师：　　　年　月　日

项目3
CHAPTER 3
制作工程图

任务1 让投影嗨起来——工程图起步

学习要点

- 视图调色板
- 视图显示样式
- 尺寸标注

技能目标

- 了解基本视图的创建方法
- 理解视图显示样式的调整方法
- 理解模型尺寸的标注方法

思政目标

- 具备爱岗敬业、遵纪守法的职业素养
- 具备互帮互助、团结协作的优良品质
- 具备一丝不苟、精益求精的工匠精神

任务导入

建立如图3.1.1所示的工程图。

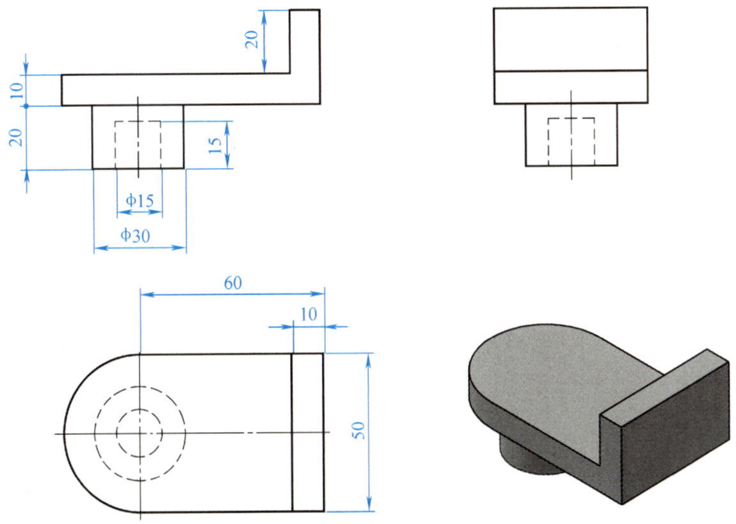

图 3.1.1 工程图参考图样

任务分解

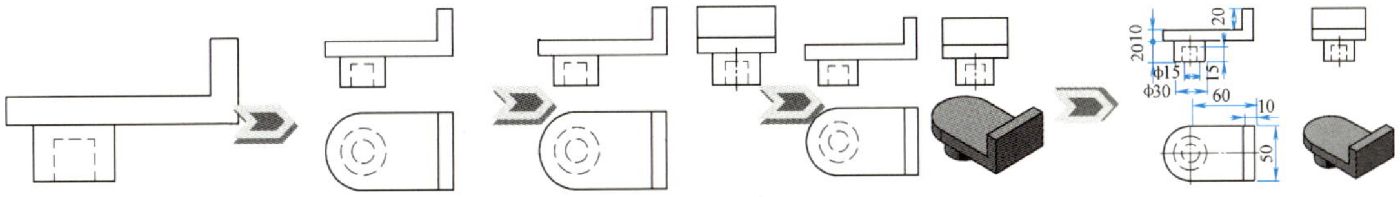

思维导图

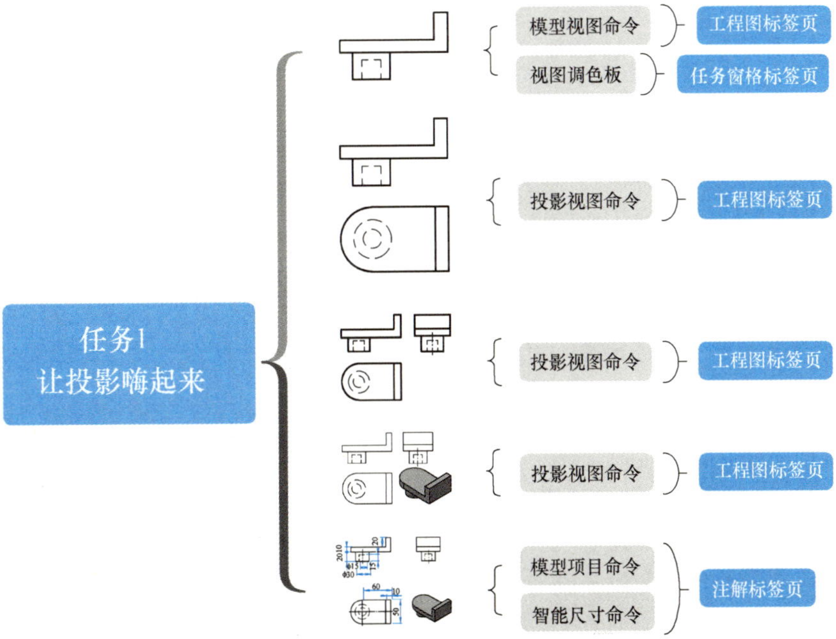

相关知识

（1）视图调色板 它位于屏幕右侧的任务窗口中，可快速插入一个或多个预定义的视图到工程图中。它包含所选模型的标准视图、注解视图、剖面视图和平板形式（钣金零件）图像。可以将视图拖到工程图纸中生成工程视图。每个视图作为模型视图而生成。见表 3.1.1。

表 3.1.1　视图调色板

命令条件	参数设置	结　　果
已新建工程图文件	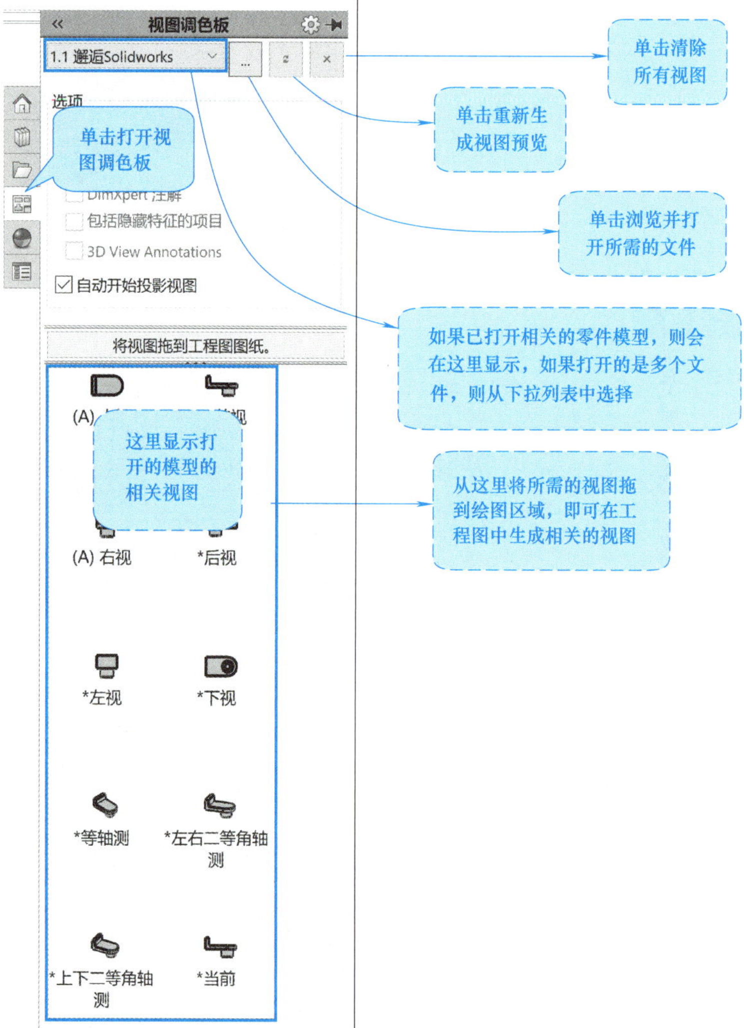	
在工程图状态	在屏幕右侧位置打开	将视图拖到工程图纸即可完成

（2）模型项目 可以将模型文件（零件或装配体）中的尺寸、注解以及参考几何体插入到工程图中。可以将项目插入到所选特征、装配体零部件、装配体特征、工程视图或者所有视图中。当插入项目到所有工程图视图时，尺寸和注解会在最适合的视图中出现。显示在部分视图的特征，例如局部视图或剖视图，会先在这些视图中标注尺寸。见表 3.1.2。

表 3.1.2 模型项目

<table>
<tr><th>命令条件</th><th>参数设置</th><th>结果</th></tr>
<tr><td>已插入相关的视图
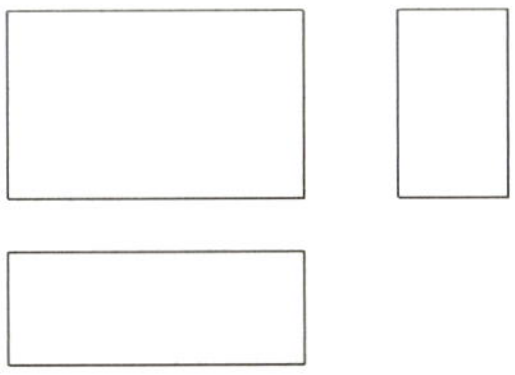
单击“模型项目”按钮。
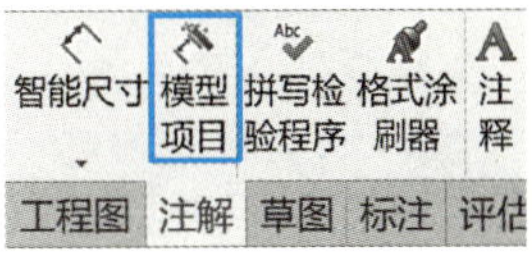
</td>
<td>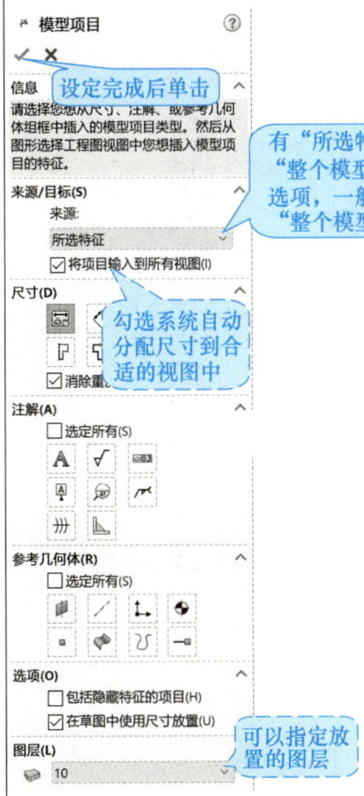
</td>
<td>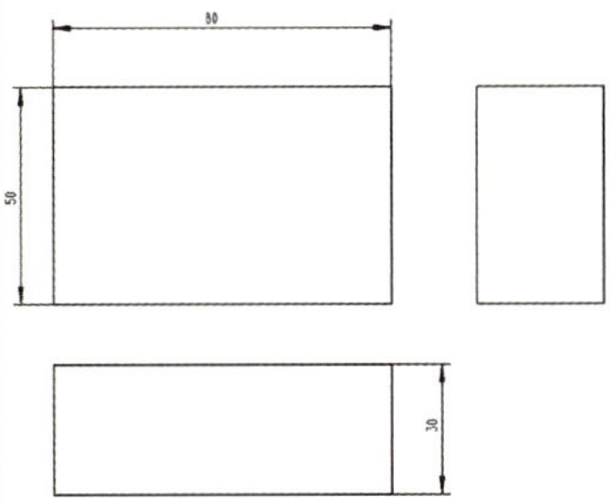</td></tr>
<tr><td>在工程图状态</td><td>设定来源为整个模型</td><td>系统自动标注尺寸</td></tr>
</table>

任务实施 （表 3.1.3）

表 3.1.3 作图过程

<table>
<tr><th>操作步骤</th><th>图示</th></tr>
<tr><td>1. 新建工程图文件</td><td>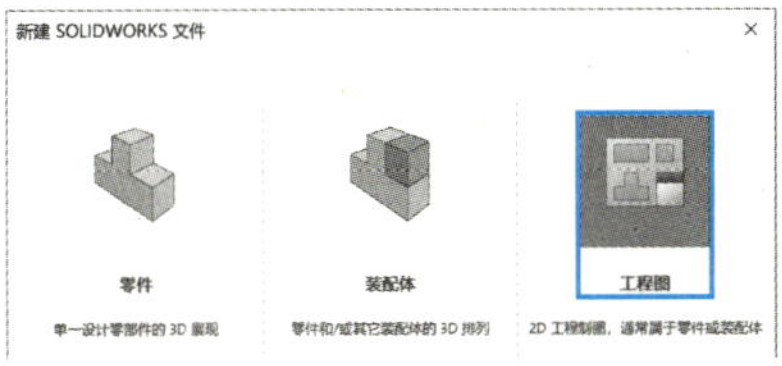
</td></tr>
<tr><td>2. 系统会自动出现一张图纸，此时的图纸大小可能不是所需要的。在左侧特征树中右击“图纸 1”，在快捷菜单中单击“属性…（G）”按钮</td><td>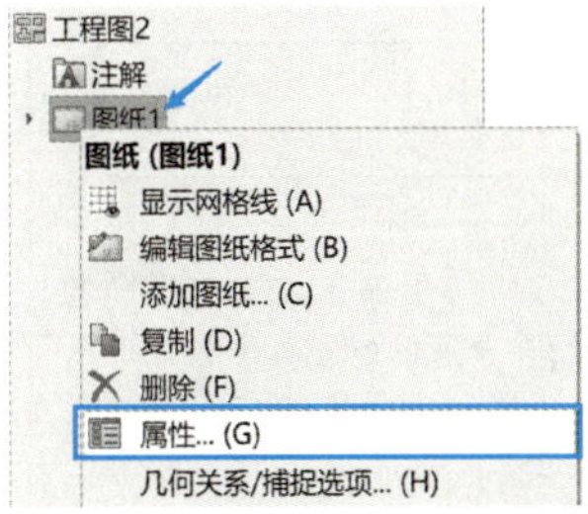
</td></tr>
</table>

（续）

<table>
<tr><th>操作步骤</th><th>图　示</th></tr>
<tr><td>3. 在图纸属性中，可设置图纸的名称、比例、视角、图纸格式/大小等。这里设置比例为 1∶2，图纸大小为 A4（GB），然后单击“应用更改”按钮。绘图区域中的图纸将自动更新为所设置的样式（必要时可单击前导视图工具栏的“整屏显示全图”按钮，显示全部图纸）
</td><td>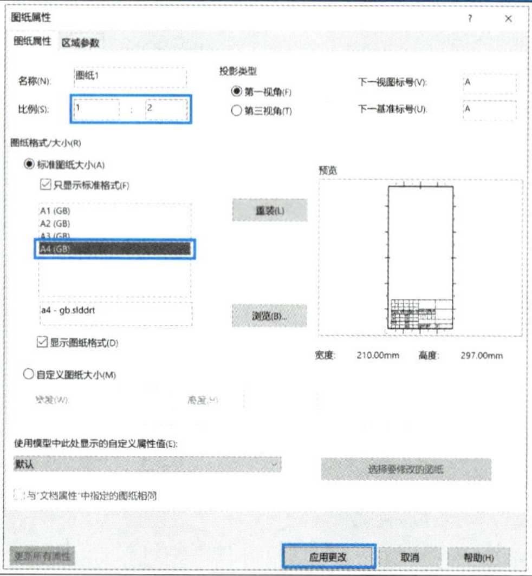</td></tr>
<tr><td>4. 单击屏幕右侧的“视图调色板”按钮，打开视图调色板</td><td></td></tr>
<tr><td>5. 单击“浏览”按钮，打开教学资源包中文件“1.1 邂逅 SolidWorks”，在视图调色板中将显示该模型的相关视图</td><td>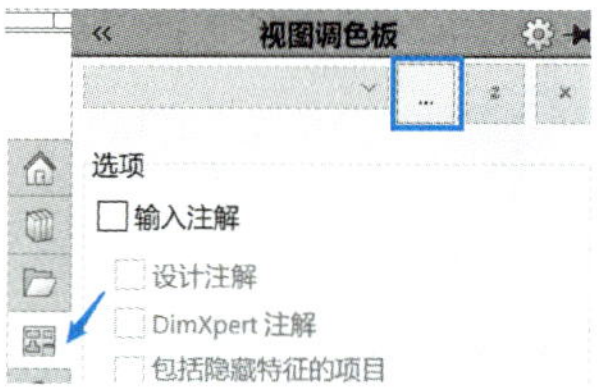</td></tr>
<tr><td>6. 将“后视”拖动到图纸中，作为主视图</td><td>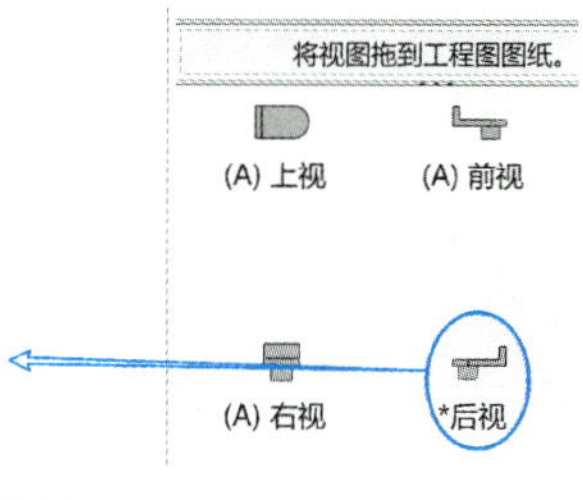</td></tr>
<tr><td>7. 向下移动鼠标光标，系统自动以主视图为基准作俯视图投影，在合适的位置单击放置视图</td><td>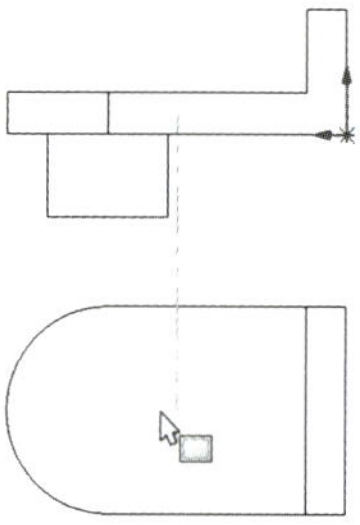</td></tr>
</table>

（续）

操作步骤	图　示
8. 向右移动鼠标光标，系统自动以主视图为基准作左视图投影，在合适的位置单击放置视图	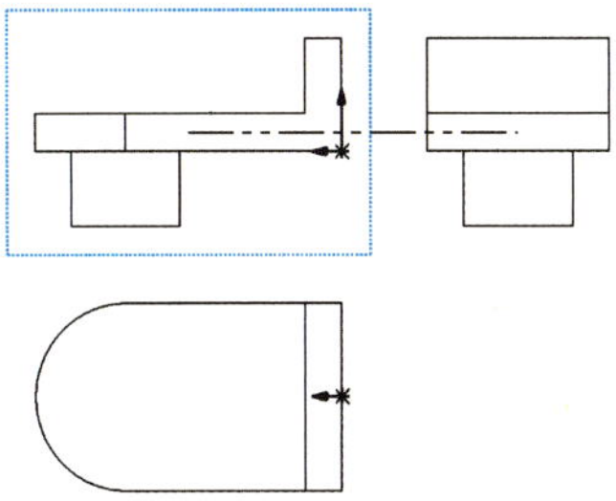
9. 向4个对角移动鼠标光标，系统自动以主视图为基准作轴测图投影。这里选择“右上角”的轴测投影，在合适的位置单击放置视图。至此，所有所需视图已生成完毕，单击“确定”按钮完成	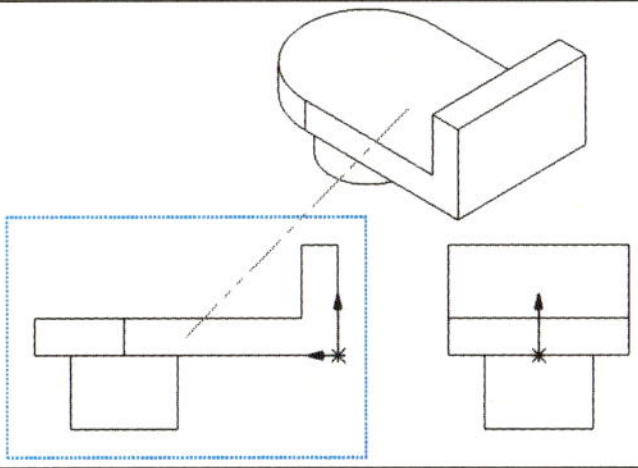
10. 将鼠标光标移动到上一步生成的视图上，在视图周围会出现红色虚框，将鼠标光标移动到虚框附近，光标会转变成移动样式	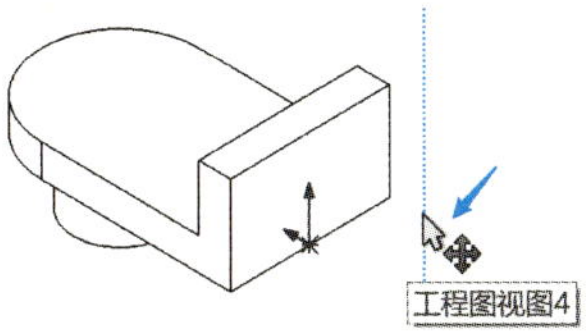
11. 单击将上一步生成的轴测图拖动到合适的位置	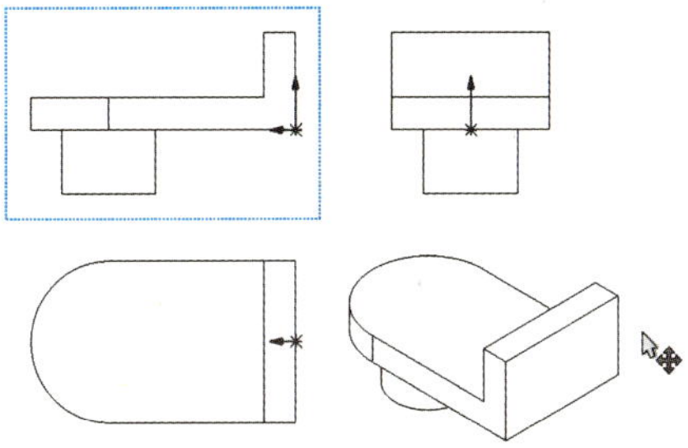
12. 选中轴测图，在“前导（视图）”工具栏中单击“显示类型”按钮，在下拉列表中单击“带边线上色”按钮，将该视图转变为上色模式（其他视图生成方法相同）	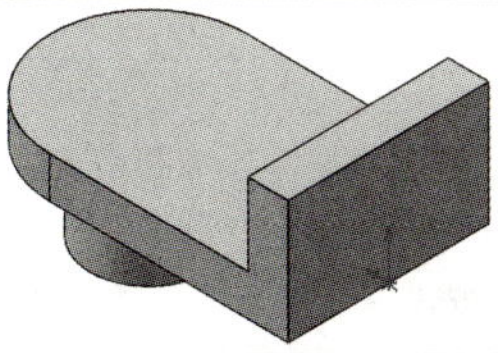
13. 选中主视图，在“前导（视图）”工具栏中单击“显示类型”按钮，在下拉列表中单击“隐藏线可见”按钮，三个视图自动将隐藏线显示为虚线	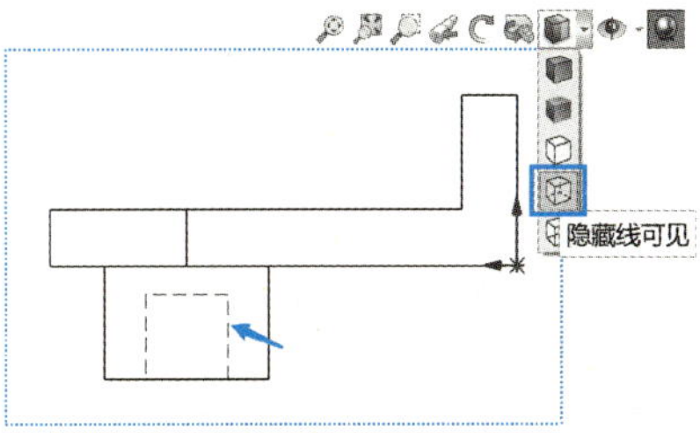
14. 在命令管理器“注解”标签页上单击“模型项目”按钮	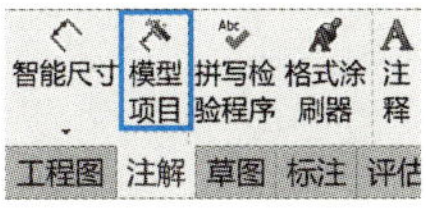

（续）

<table>
<tr><th>操作步骤</th><th>图　示</th></tr>
<tr><td>15.“来源/目标(S)”栏选择“整个模型”，并且确认已勾选下方的“将项目输入到所有视图(I)”；“图层(L)”栏选择“标注层”，单击“确定”按钮✔。各尺寸将自动分配到相关的视图中</td><td>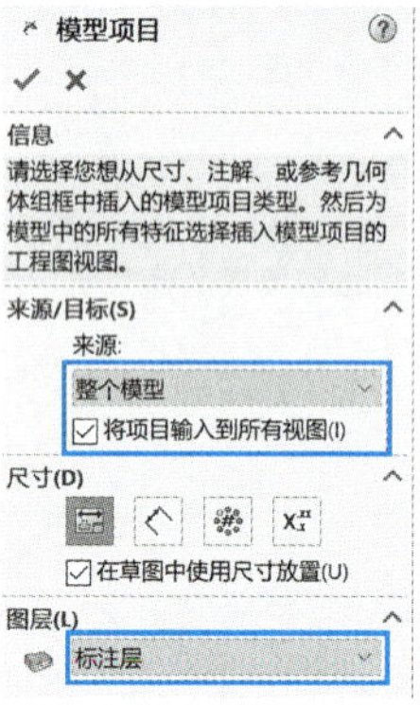
</td></tr>
<tr><td>16. 单击并拖动各尺寸到合适的位置。如果视图间的距离不够，可适当拖动视图调整位置</td><td>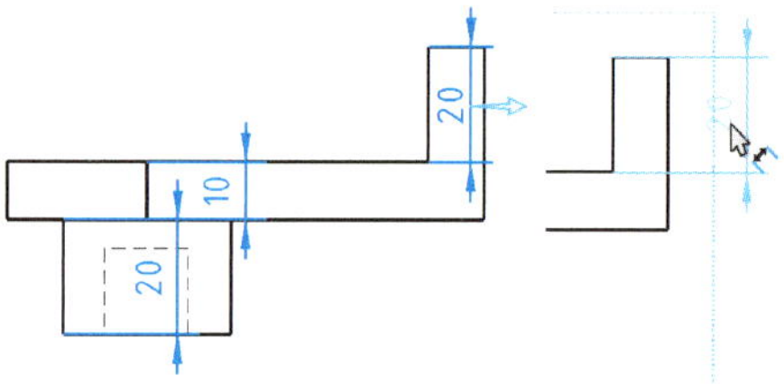</td></tr>
<tr><td>17. 如果有个别尺寸未自动标注，则在命令管理器“注解”标签页上单击“智能尺寸”按钮，进行手动标注</td><td>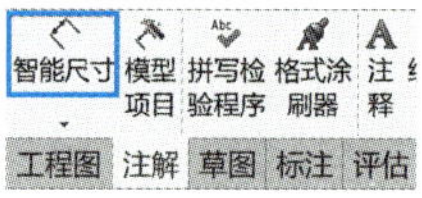
</td></tr>
<tr><td>18. 手动标注虚线孔的直径和深度</td><td>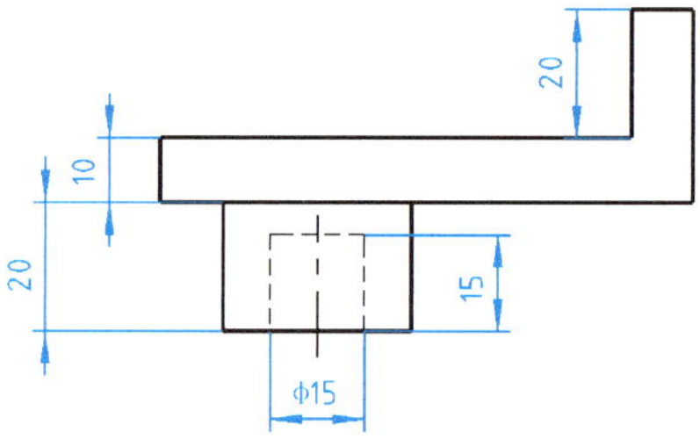
</td></tr>
<tr><td>19. 按住<Shift>键，同时单击拖动左视图上的ϕ30mm尺寸到主视图，再松开鼠标和键盘，将尺寸移到主视图（如果按住<Ctrl>键则是复制操作）</td><td>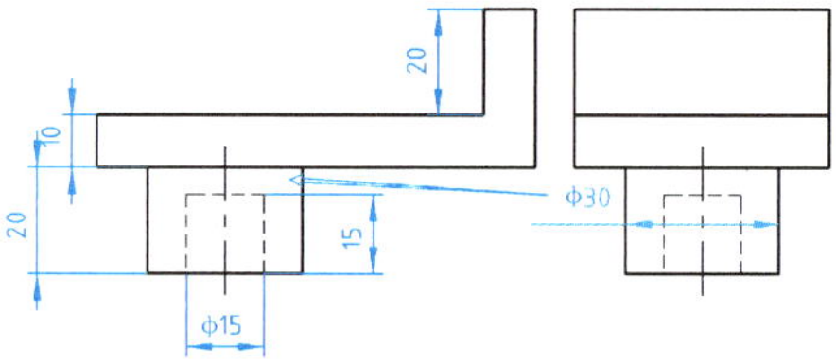
</td></tr>
<tr><td>20. 单击尺寸ϕ30mm，在箭头周边将显示圆形控点。单击圆形控点，可改变箭头的方向；右击圆形控点，则可改变箭头的样式。这里将箭头的方向改成内侧</td><td>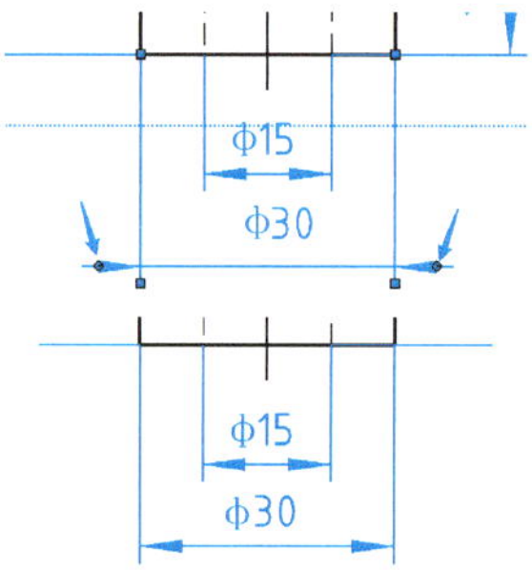
</td></tr>
</table>

（续）

操作步骤	图　示
21. 单击尺寸 10mm，右击下方的圆形控点，将下方的箭头改成直线。同理，完成尺寸 20mm 上方箭头改圆点的操作	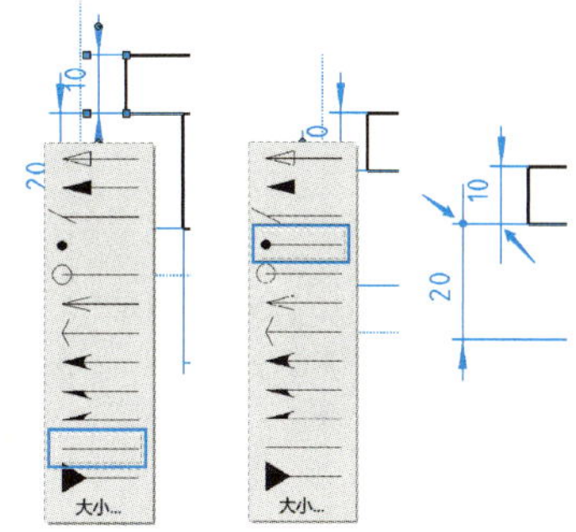
22. 拖动尺寸 10mm 或 20mm，将显示黄线指示线，将两者对齐	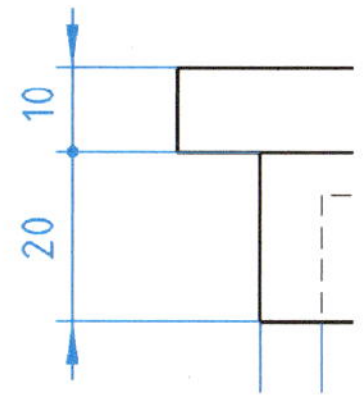
23. 继续调整其他尺寸，使所有尺寸位置合适	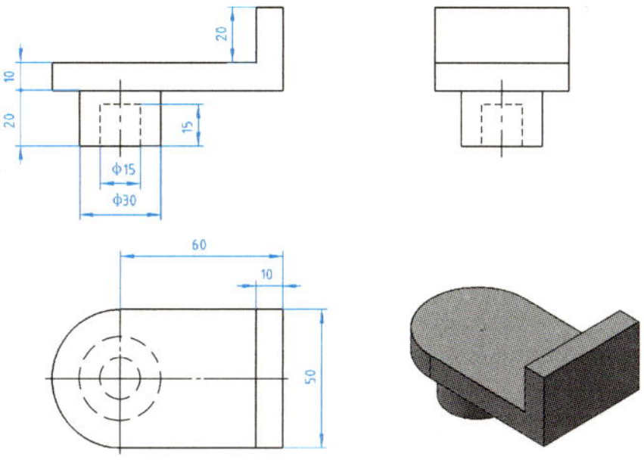

任务延展

▶ 建立如图 3.1.2 所示的工程图。作图过程见表 3.1.4。

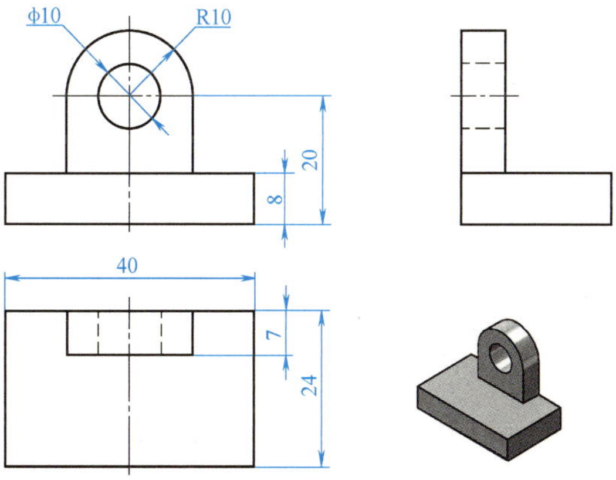

图 3.1.2　工程图参考图样

表 3.1.4 作图过程

操作步骤	图示
1. 新建工程图文件	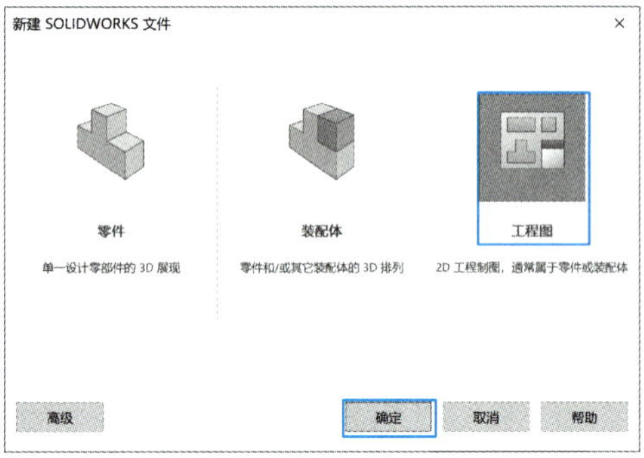
2. 系统会自动出现一张图纸，此时的图纸大小可能不是所需要的。在左侧特征树中右击“图纸 1”，在快捷菜单中单击“属性…（G）”按钮。设置比例为 1∶1，图纸大小为 A4（GB），然后单击“应用更改”按钮	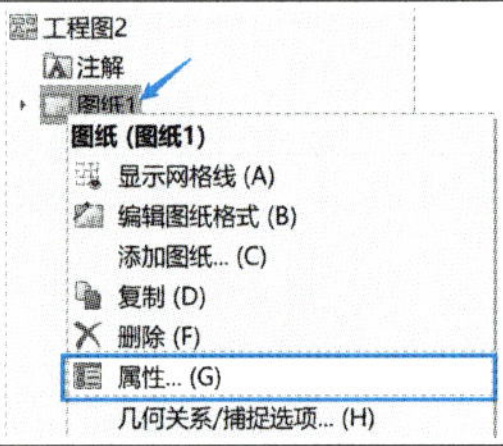
3. 单击屏幕右侧的“视图调色板”按钮，打开视图调色板。单击“浏览”按钮，打开教学资源包中文件“1.1 任务延展”。在视图调色板中将显示该模型的相关视图	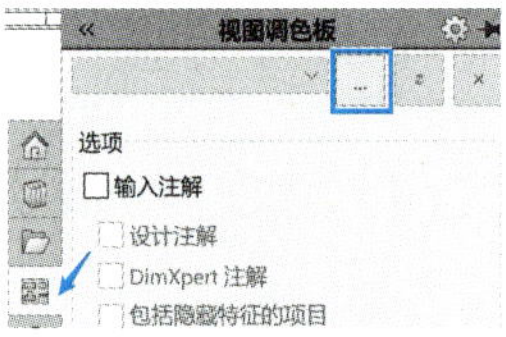
4. 将“后视”拖动到图纸中，作为主视图	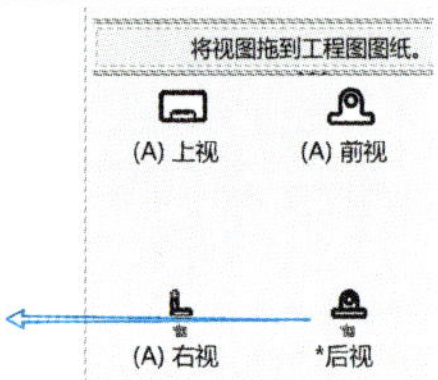
5. 分别向下、向右、向右上角移动鼠标光标，系统自动以主视图为基准作俯视图投影、左视图投影及轴测图投影。在合适的位置单击以放置视图。至此，所有需要的视图已生成完毕，单击“确定”按钮✔完成。再拖动轴测图至合适的位置	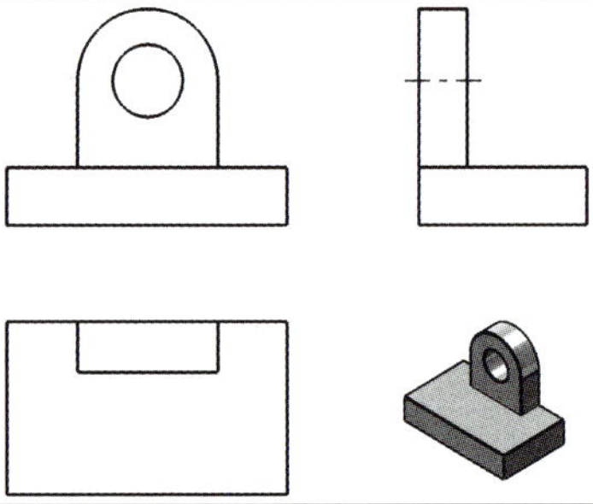
6. 选中主视图，在“前导（视图）”工具栏中单击“显示类型”按钮，在下拉列表中单击“隐藏线可见”按钮，三个视图自动将隐藏线显示为虚线	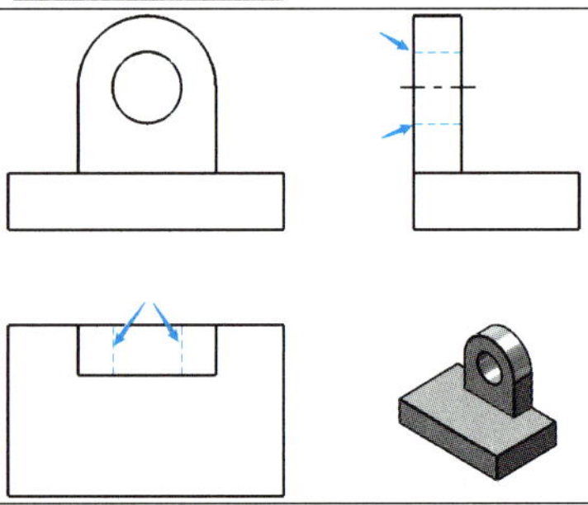

（续）

操作步骤	图　示
7. 在命令管理器“注解”标签页上单击“模型项目”按钮	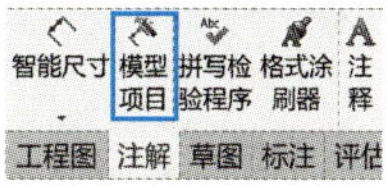
8.“来源/目标(S)”栏选择“模型项目”，并且确认已勾选下方的“将项目输入到所有视图(I)”；“图层(L)”栏选择“标注层”，单击“确定”按钮。各尺寸将自动分配到相关的视图中	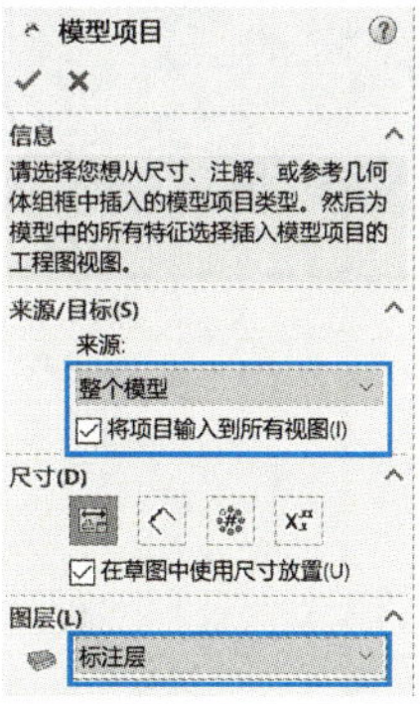
9. 单击拖动各尺寸到合适的位置。如果视图间的距离不够，可适当拖动视图调整位置。如果有个别尺寸未自动标注，则在命令管理器“注解”标签页上单击“智能尺寸”按钮，进行手动标注	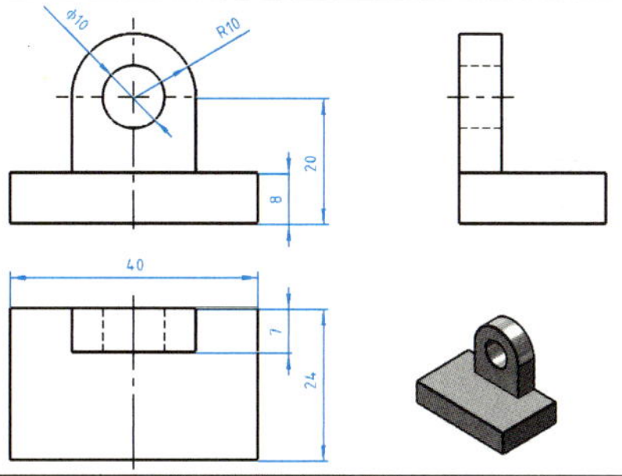
10. 单击尺寸 ϕ10mm，切换到“引线”标签页，“尺寸界线/引线显示(W)”栏取消勾选“使用文档第二箭头(D)”；勾选“自定义文字位置”并选择“折断引线，水平文字”项，单击“确定”按钮。同理，完成尺寸 R10mm 的标注	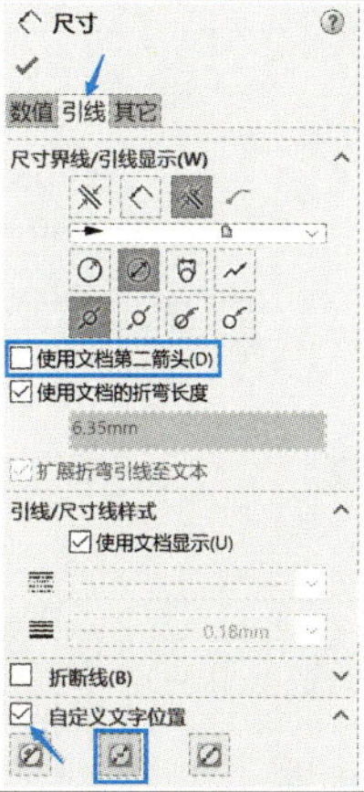
11. 继续调整其他尺寸，使所有尺寸位置合适	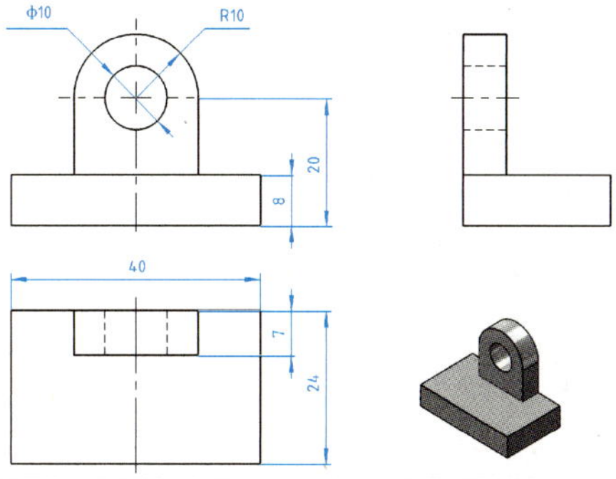

任务评价

任务评价表

专业＿＿＿＿＿　班级＿＿＿＿＿　姓名＿＿＿＿＿　学号＿＿＿＿＿　组别＿＿＿＿＿

项　目	标　准	自我评价	小组评价	教师评价
		2~10 分		
		占 50%	占 20%	占 30%
调整图纸属性（步骤 2~3）	正确完成			
建立视图（步骤 6~11）	正确完成			
调整尺寸（步骤 19~22）	正确完成			
操作熟练度	绘图快速、准确			
协作精神	交流、讨论顺畅			
纪律观念	课堂有序、讨论积极			
学习主动性	认真思考、积极回答问题			
知识应用情况	关键知识点内化			
完成任务过程中引以为自豪的做法	简捷、高效（加分项 5~10 分）			
指导他人	帮助的人数及质量（加分项 5~10 分）			
小　计				
总　评				

注：1. 每项满分 10 分；
　　2. 带有“*”的步骤为任务延展中的内容。

组长签字：　　　　**任课教师：**　　　　**年　　月　　日**

任务 2　随心所欲剖切——展现零件内部细节

学习要点

- ➢ 视图调色板
- ➢ 断开的剖视图
- ➢ 剖面视图

技能目标

- ➢ 掌握基本视图的创建方法
- ➢ 理解断开的剖视图命令的应用
- ➢ 理解剖面视图命令的应用

思政目标

- ➢ 具备爱岗敬业、遵纪守法的职业素养

➢ 具备互帮互助、团结协作的优良品质
➢ 具备一丝不苟、精益求精的工匠精神

任务导入

建立如图 3.2.1 所示的工程图。

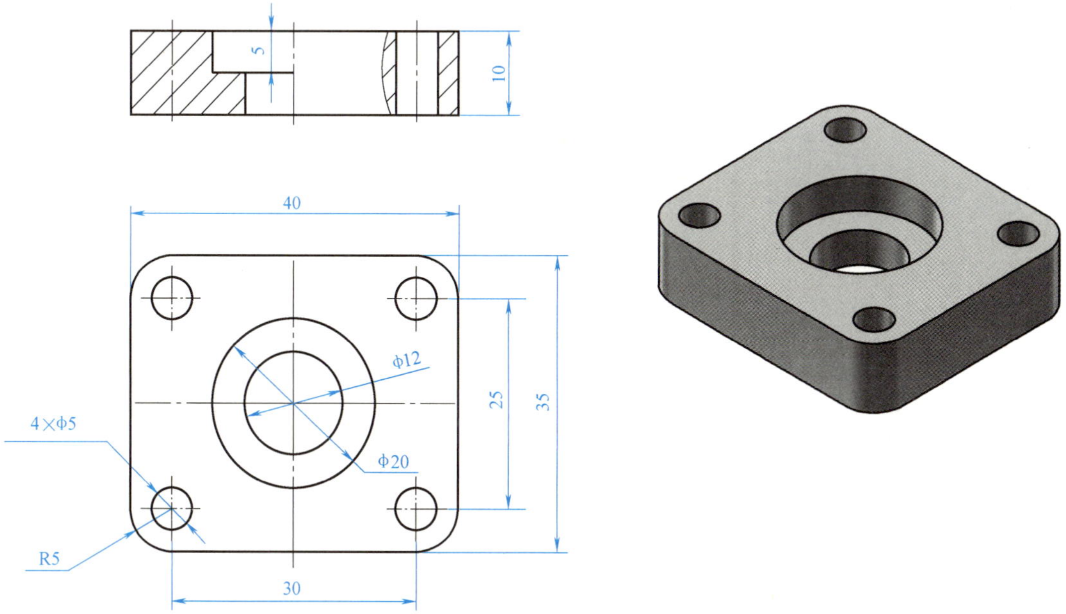

图 3.2.1 工程图参考图样

任务分解

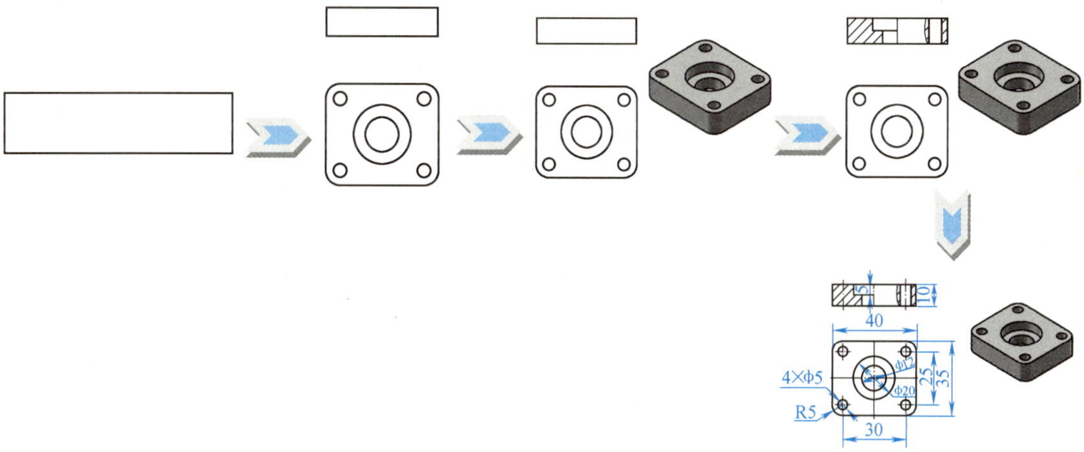

思维导图

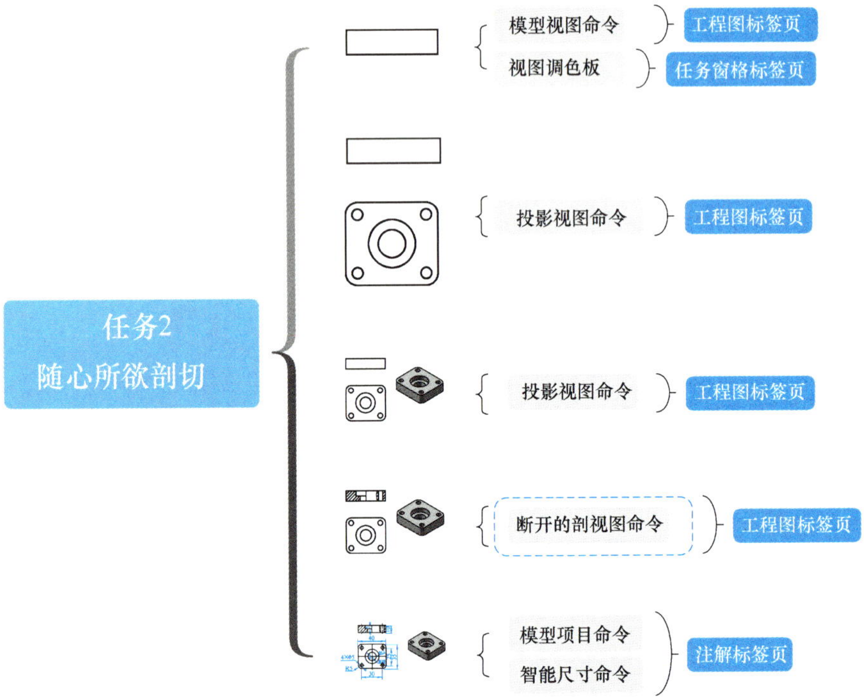

相关知识

（1）断开的剖视图 在工程图中剖切零件或装配体的某部分以显示内部结构，系统会自动在所有零部件的剖切面上生成剖面线。断开的剖视图为现有工程视图的一部分，而不是单独的视图。闭合的轮廓通常是样条曲线。定义断开的剖视图见表 3.2.1。

表 3.2.1 断开的剖视图

命令条件	参数设置	结果
已完成基本的视图，在命令管理器“工程图”标签页上单击“断开的剖视图”按钮 	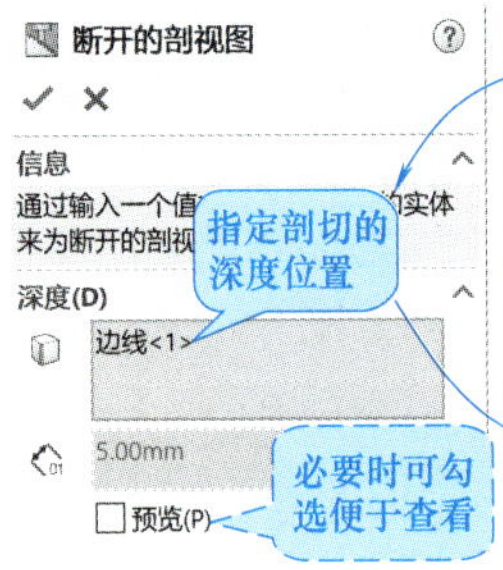	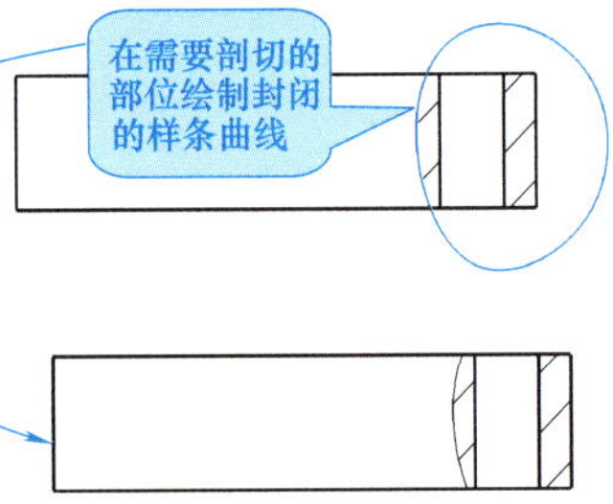
在工程图状态	绘制样条线后才会出现设置	按指定的剖切位置生成局部剖视图

（2）剖面视图 在工程图视图中剖切零件或装配体以显示内部结构，系统会自动在所有零部件的剖切面上生成剖面线。通过使用剖切线切割父视图，可以在工程图中建立剖面视图。剖面视图可以是直切剖面或者是用阶梯剖切线定义的等距剖面。见表 3.2.2。

表 3.2.2 剖面视图

命令条件	参数设置	结　果
已完成基本的视图，在命令管理器“工程图”标签页上单击“剖面视图”按钮 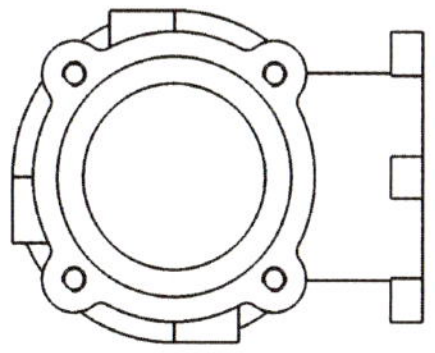	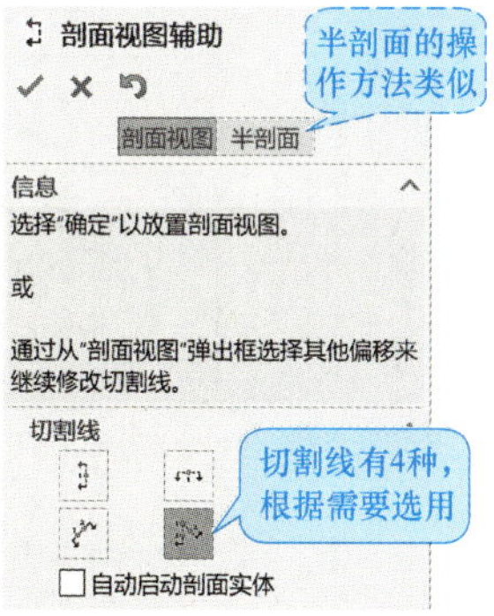	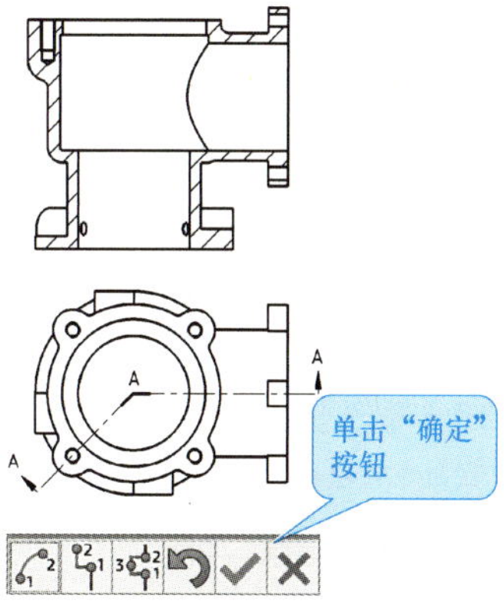
在工程图状态	选择合适的切割线按提示操作	在指定的剖切位置生成剖面视图

任务实施（表 3.2.3）

表 3.2.3 作图过程

操作步骤	图　示
1. 新建工程图文件	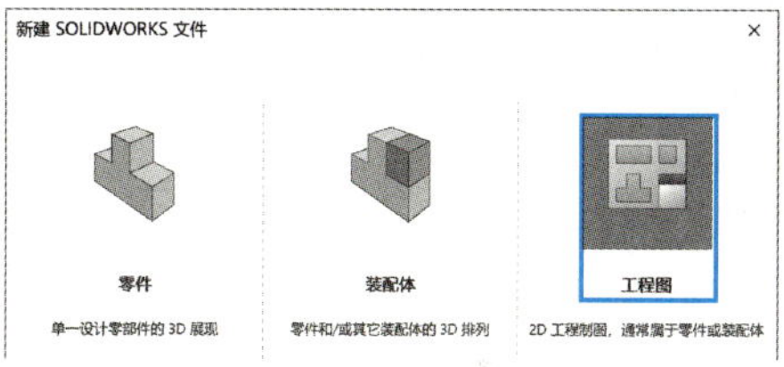
2. 系统会自动出现一张图纸，此时的图纸大小可能不是所需要的。在左侧特征树中右击“图纸 1”，在快捷菜单中单击“属性…(G)”按钮。设置比例为 1∶1，图纸大小为 A4(GB)，然后单击“应用更改”按钮	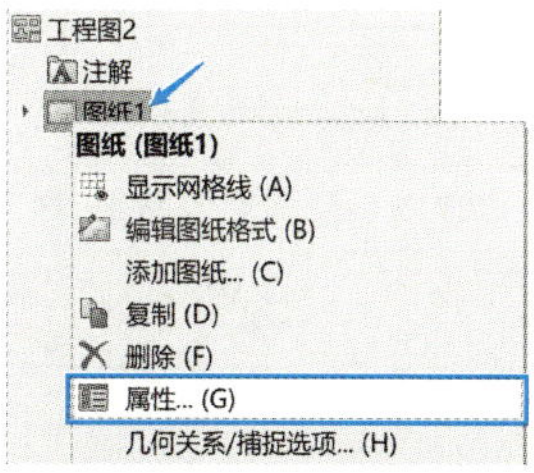
3. 单击屏幕右侧的“视图调色板”按钮，打开视图调色板。单击“浏览”按钮，打开教学资源包中文件“1.3 我会克隆技术”。在视图调色板中将显示该模型的相关视图	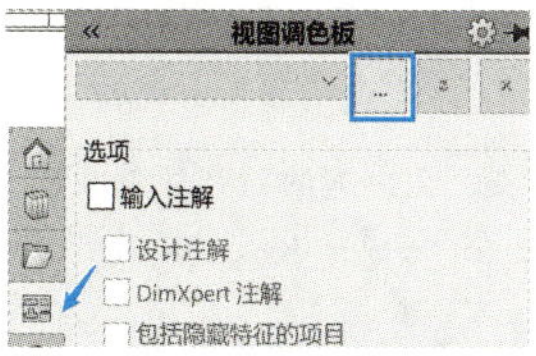
4. 将“后视”拖动到图纸中，作为主视图	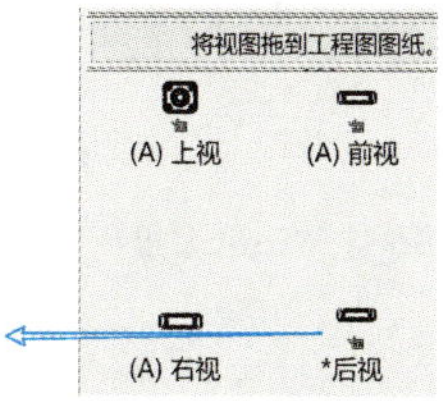

（续）

操作步骤	图　示
5. 分别选择“向下”“右上角”并移动鼠标光标，系统自动以主视图为基准作俯视图投影及轴测图投影，在合适的位置单击放置视图。至此，所有所需视图已生成完毕，单击“确定”按钮✔完成。拖动轴测图至合适的位置	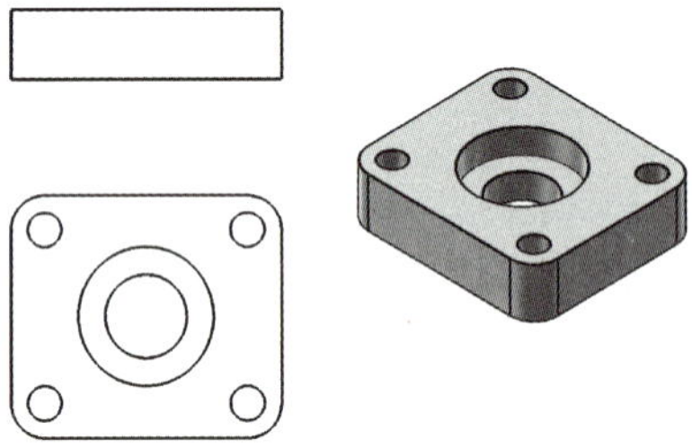
6. 在命令管理器“工程图”标签页上单击“断开的剖视图”按钮	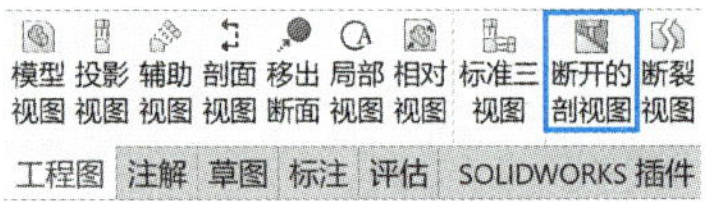
7. 光标自动变为样条曲线样式，此时，在主视图上绘制样条曲线（可以先选中主视图再单击命令），将要剖开的部分封闭起来	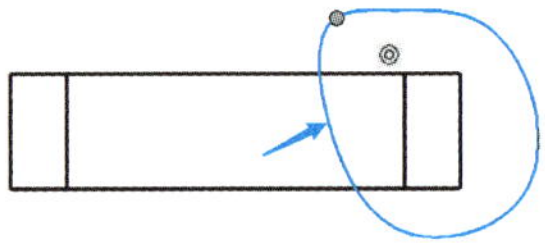
8. 当样条曲线封闭时，左侧会出现断开的剖视图属性栏。单击要剖切的位置，这里要剖切到小圆心，选择图示小圆边线即可。必要时，也可勾选下方的“预览”复选框，实时查看剖面情况。设置完成后单击“确定”按钮✔	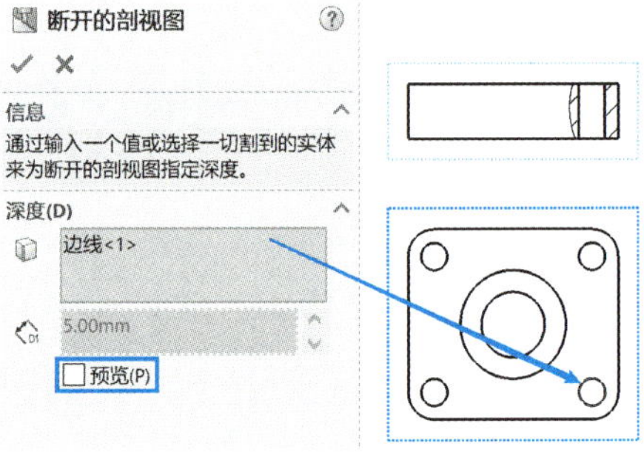
9. 在命令管理器“草图”标签页上单击“边角矩形”按钮，在主视图上绘制图示矩形，注意包括整个左半部分	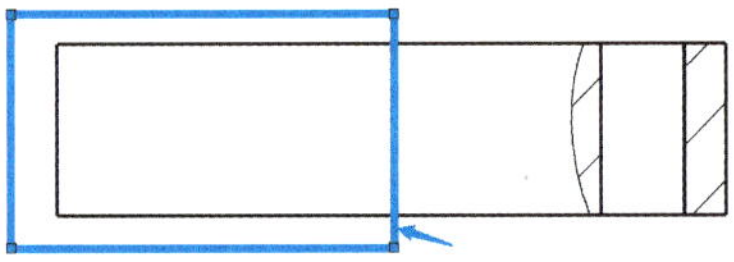
10. 在命令管理器“工程图”标签页上单击“断开的剖视图”按钮。在出现的断开的剖视图属性栏上做图示设置，完成后单击“确定”按钮✔	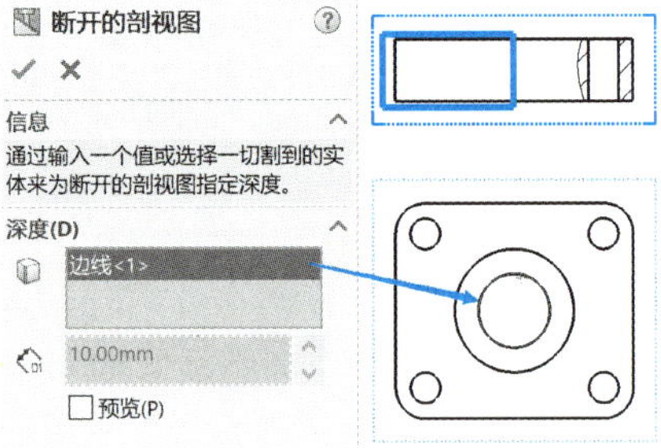
11. 在命令管理器“注解”标签页上单击“模型项目”按钮	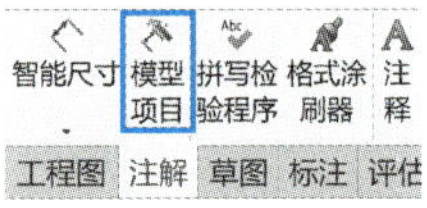

（续）

<table>
<tr><th>操作步骤</th><th>图　　示</th></tr>
<tr><td>12. “来源/目标(S)”栏选择“整个模型”，并且确认已勾选下方的“将项目输入到所有视图(I)”；“图层(L)”栏选择“标注层”，单击“确定”按钮。各尺寸将自动分配到相关的视图中</td><td>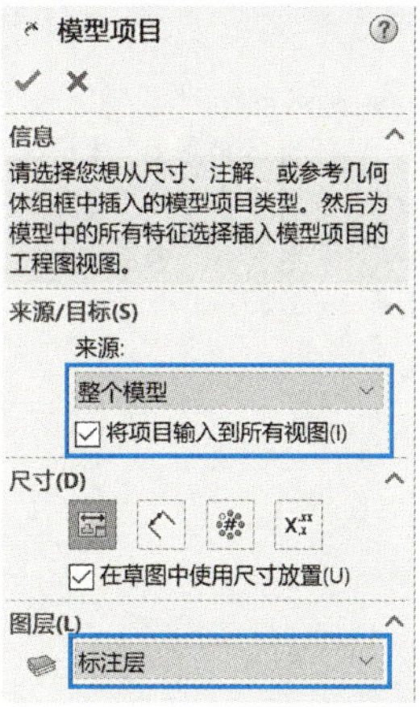
</td></tr>
<tr><td>13. 单击拖动各尺寸到合适的位置。如果视图间的距离不够，可适当拖动视图调整位置</td><td>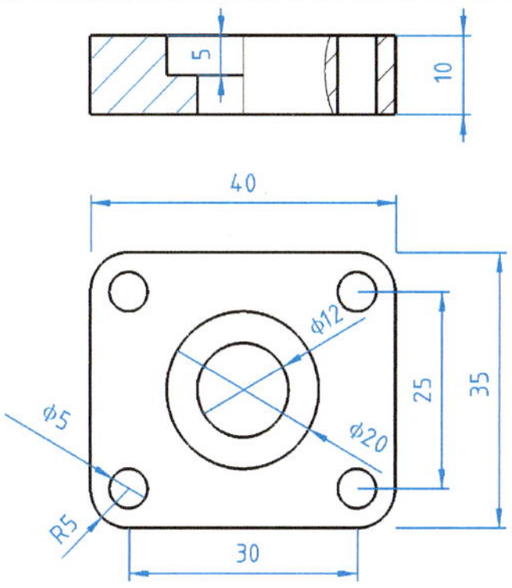
</td></tr>
<tr><td>14. 如果有个别尺寸未自动标注（或者是不方便调整，可先将其删除），再在命令管理器“注解”标签页上单击“智能尺寸”按钮，进行手动标注</td><td>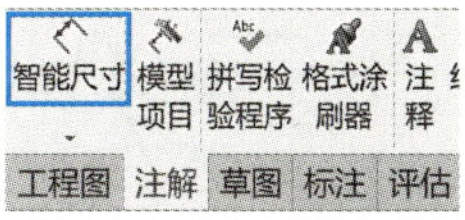
</td></tr>
<tr><td>15. 在命令管理器“注解”标签页上单击“中心线”按钮</td><td>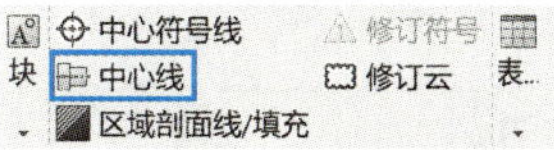
</td></tr>
<tr><td>16. 单击图示 2 条边线，将添加孔的中心线（自行添加其他需要此类中心线的地方）</td><td>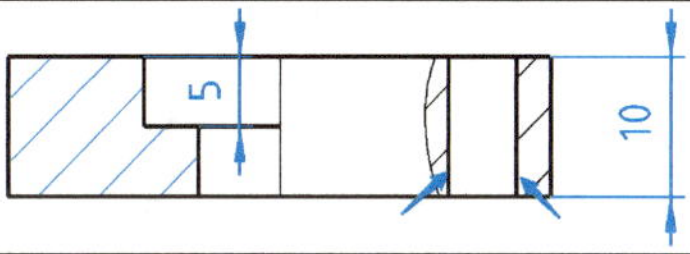
</td></tr>
<tr><td>17. 在命令管理器“注解”标签页上单击“中心符号线”按钮</td><td>
</td></tr>
<tr><td>18. 单击图示 4 个圆，将添加圆的中心线（自行添加其他需要此类中心线的地方）</td><td>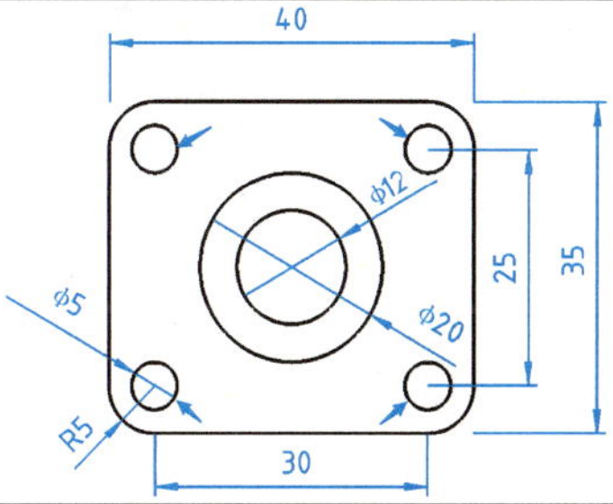
</td></tr>
</table>

（续）

操作步骤	图　示
19. 单击尺寸 ϕ12mm，切换到“引线”标签页，“尺寸界线/引线显示（W）”栏取消勾选“使用文档第二箭头（D）”；勾选“自定义文字位置”并选择“折断引线，水平文字”项，单击“确定”按钮✔。同理，完成尺寸 ϕ20mm、ϕ5mm 和 R5mm 的标注	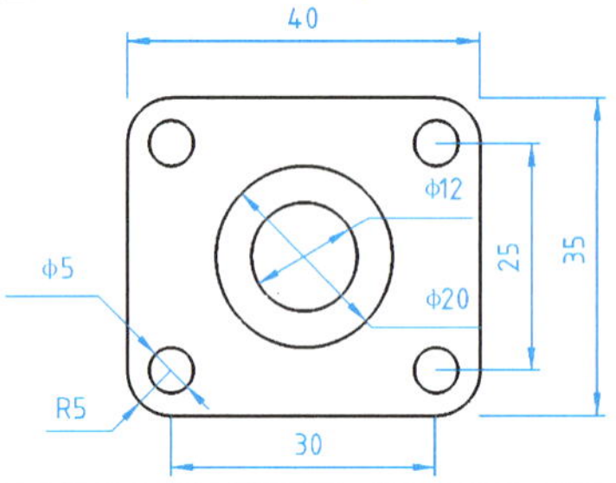
20. 单击尺寸 ϕ5mm，“标注尺寸文字（I）”栏中加上前缀“4×”，单击“确定”按钮✔。继续调整其他尺寸，直到符合标准	

任务延展

➤ 建立如图 3.2.2 所示的工程图。作图过程见表 3.2.4。

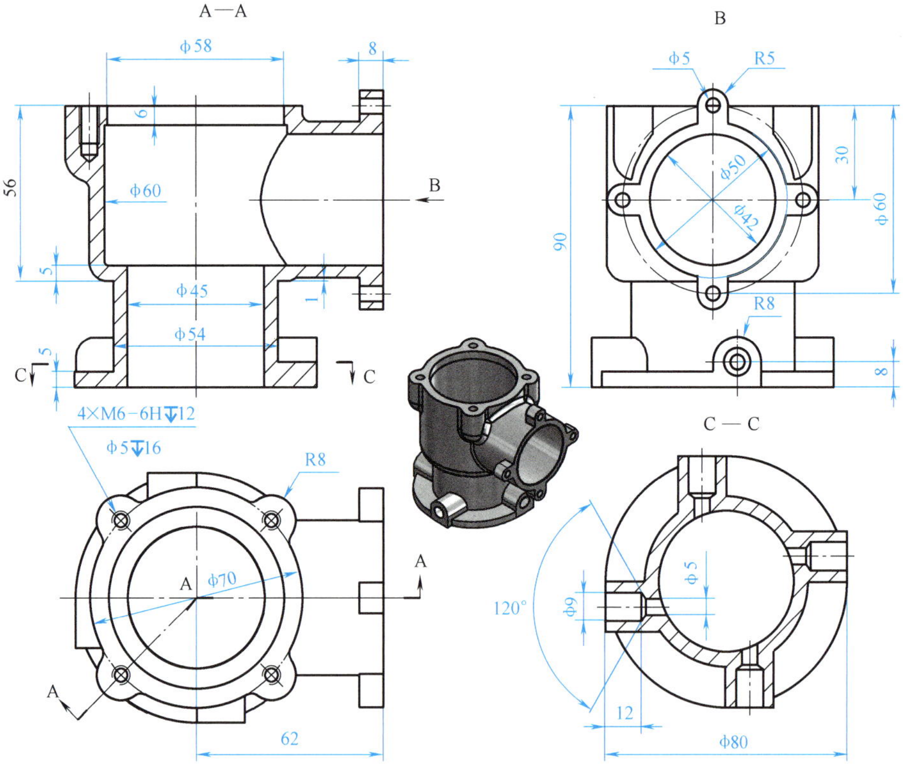

图 3.2.2　工程图参考图样

表 3.2.4 作图过程

操作步骤	图 示
1. 新建工程图文件	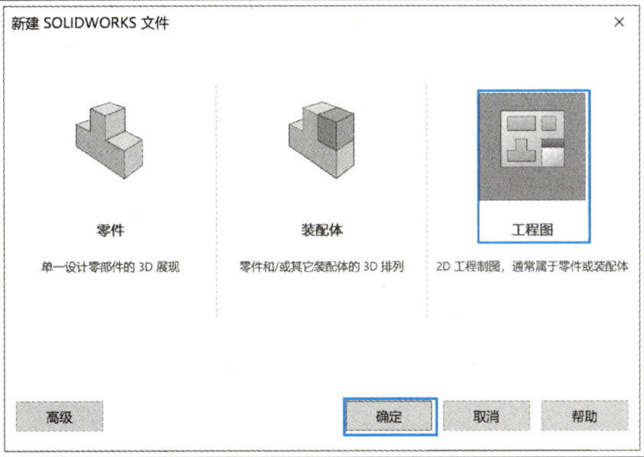
2. 系统会自动出现一张图纸，此时的图纸大小可能不是所需要的。在左侧特征树中右击“图纸 1”，在快捷菜单中单击“属性…（G）”按钮，设置比例为 1 ∶ 2，图纸大小为 A4（GB），然后单击“应用更改”按钮	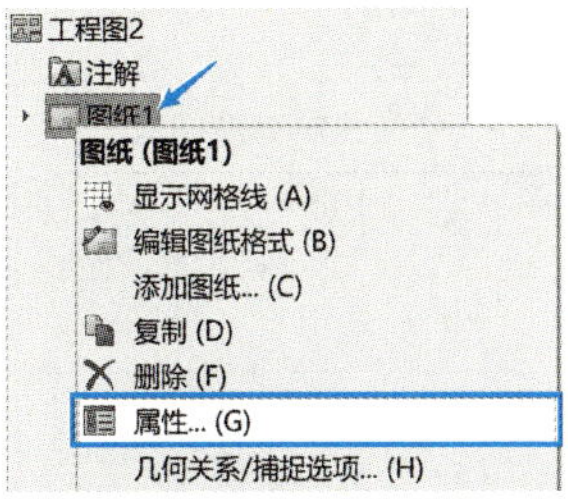
3. 单击屏幕右侧的“视图调色板”按钮，打开视图调色板。单击“浏览”按钮，打开教学资源包中文件“1.11 打孔小妙招”。在视图调色板中将显示该模型的相关视图	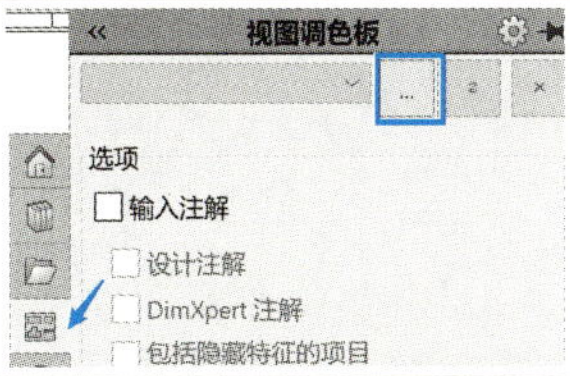
4. 将“上视”拖动到图纸中，作为俯视图	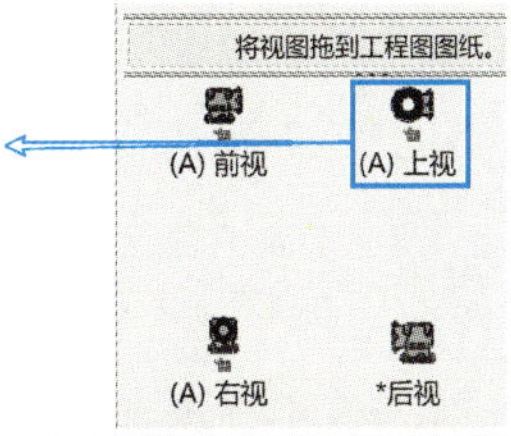
5. 在命令管理器“工程图”标签页上单击“剖面视图”按钮	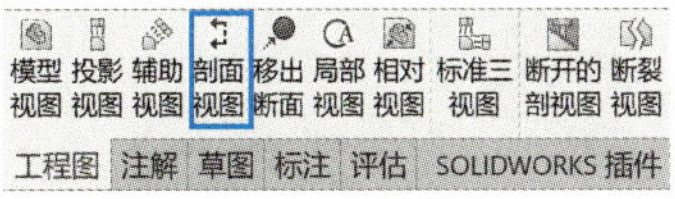
6. 在“剖面视图”标签页上，“切割线”栏选择“对齐”按钮。此时，光标为状态	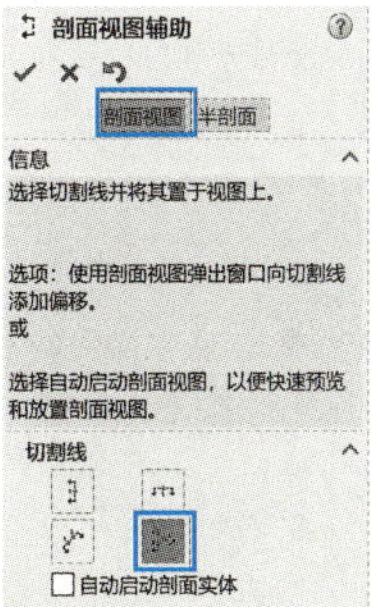

（续）

操作步骤	图　示
7. 在俯视图❶处单击，放置拐点，然后在❷处单击，放置第一剖切位置，最后在❸处单击，放置第二剖切位置	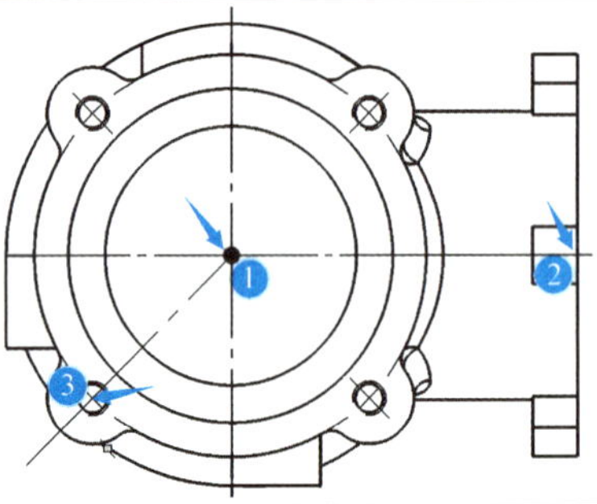
8. 右击或单击“确定”按钮✔。左边属性管理器中“切除线(L)”栏设置字母为“A”，必要时可单击“反转方向”按钮，使剖视图如右图所示 	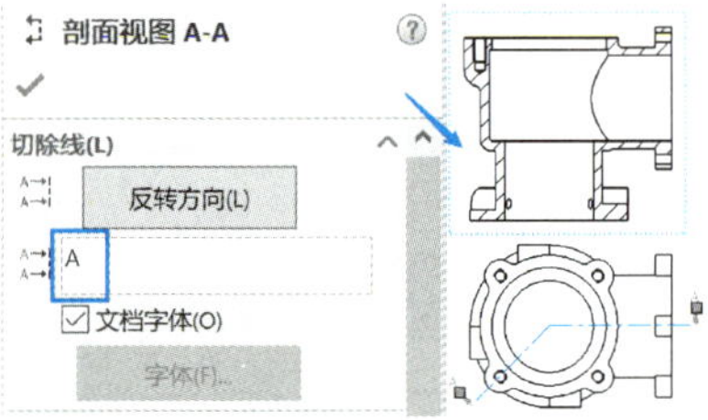
9. 在命令管理器“工程图”标签页上单击“辅助视图”按钮	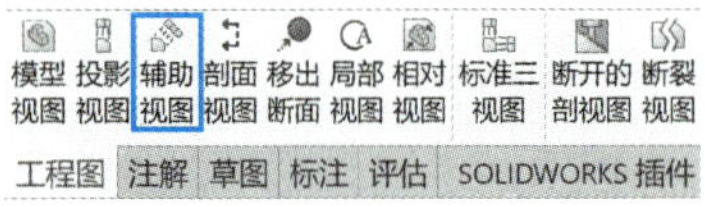
10. 单击图示边线	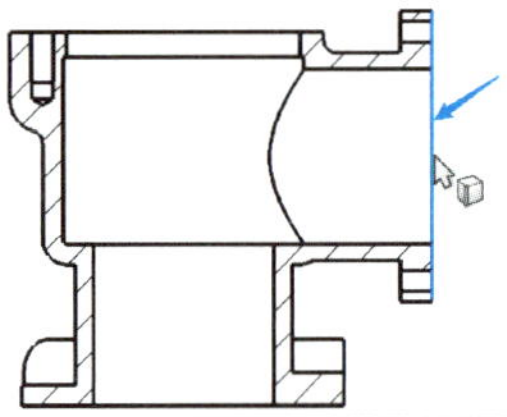
11. 设置字母“B”，单击将视图放置在左侧，如右图所示	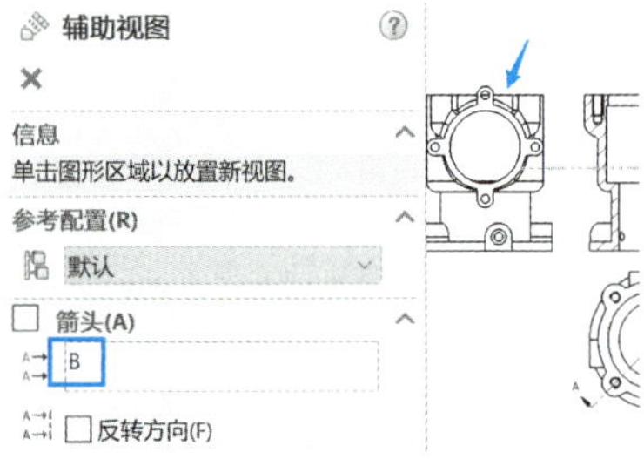
12. 将上一步生成的视图拖动到主视图的右侧	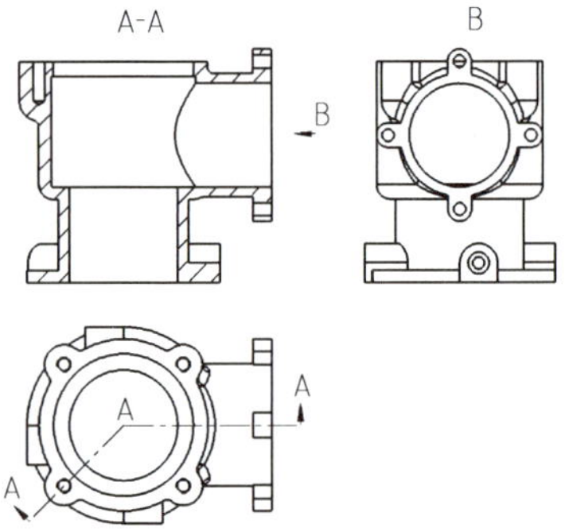

（续）

操作步骤	图　示
13. 在命令管理器“工程图”标签页上单击“剖面视图”按钮	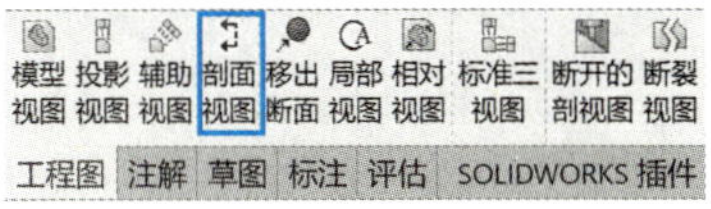
14. 在“剖面视图”标签页上，“切割线”栏选择“水平”按钮。此时，光标为状态	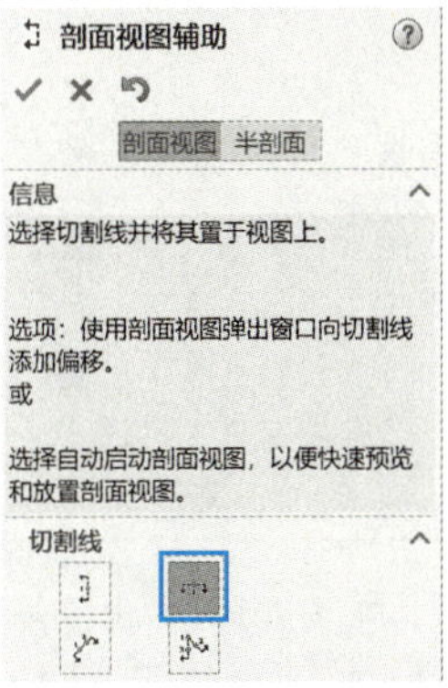
15. 在主视图箭头处单击，放置剖切线	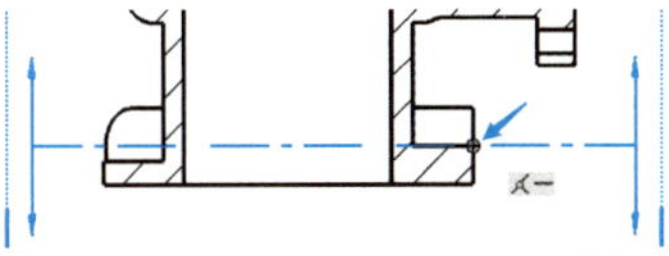
16. 右击或单击“确定”按钮。左边属性管理器中“切除线(L)”栏设置字母为“C”，必要时可单击“反转方向”按钮，将剖视图放置于图示位置（按住<Ctrl>键可将视图放置于任意位置） 	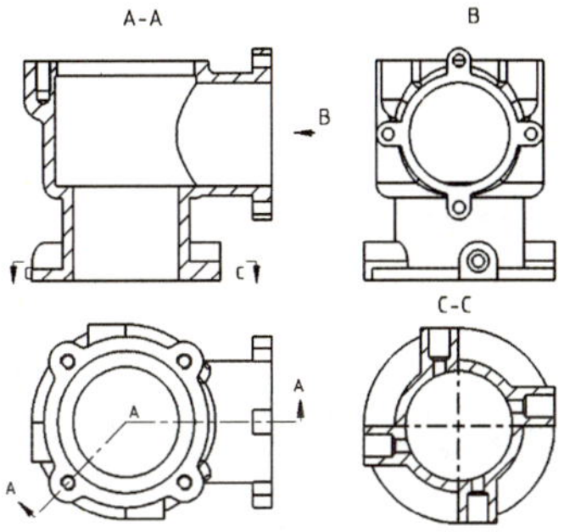
17. 将光标移动到俯视图红框上，当光标变成状态时右击	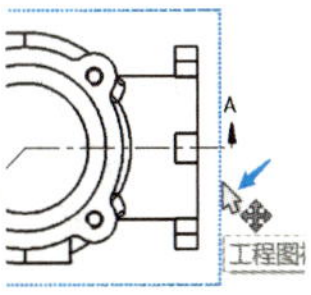
18. 在快捷菜单中单击“切边”→“切边不可见(C)”，将所有切线边隐藏。其余视图类同	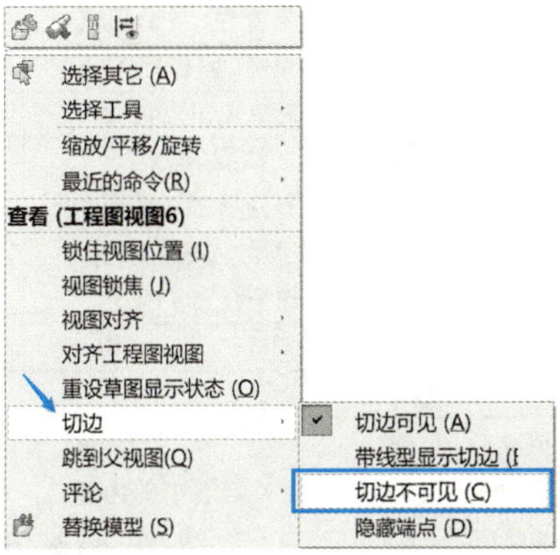

（续）

操作步骤	图示
19. 完成常规尺寸标注	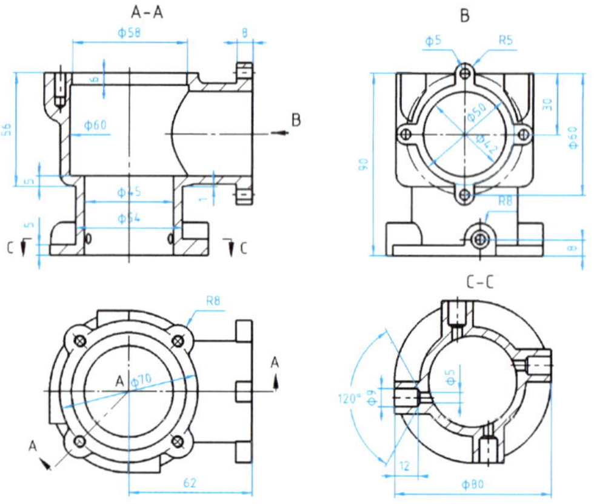
20. 在命令管理器“注解”标签页上单击“孔标注”按钮	
21. 单击图示螺纹孔，再次单击将孔标注放置到合适的位置。继续调整其他尺寸，直到所有尺寸调整合适	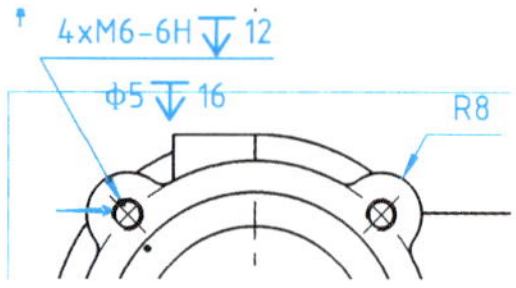

任务评价

任务评价表

专业__________　班级__________　姓名__________　学号__________　组别__________

项目	标准	自我评价	小组评价	教师评价
		2~10分		
		占50%	占20%	占30%
断开的剖视图(步骤9~10)	正确完成			
*剖面视图1(步骤5~8)	正确完成			
*剖面视图2(步骤13~16)	正确完成			
操作熟练度	绘图快速、准确			
协作精神	交流、讨论顺畅			
纪律观念	课堂有序、讨论积极			
学习主动性	认真思考、积极回答问题			
知识应用情况	关键知识点内化			
完成任务过程中引以为自豪的做法	简捷、高效（加分项 5~10分）			
指导他人	帮助的人数及质量（加分项 5~10分）			
小计				
总评				

注：1. 每项满分10分；

2. 带有“*”的步骤为任务延展中的内容。

组长签字：　　　　任课教师：　　　　年　月　日

任务3 观察入微——完善工程图

学习要点

- 辅助视图、剪裁视图、局部视图命令
- 尺寸公差、形位公差㊀标注
- 表面粗糙度标注

技能目标

- 掌握辅助视图、剪裁视图、局部视图命令的应用
- 掌握尺寸公差、形位公差的标注方法
- 掌握表面粗糙度的标注方法
- 掌握半标尺寸的标注方法

思政目标

- 具备爱岗敬业、遵纪守法的职业素养
- 具备互帮互助、团结协作的优良品质
- 具备一丝不苟、精益求精的工匠精神

任务导入

建立如图 3.3.1 所示的工程图。

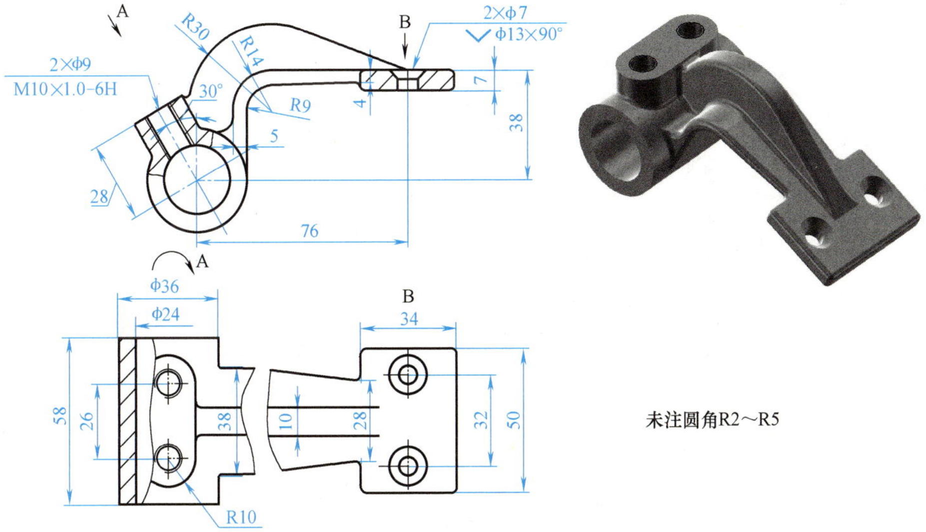

图 3.3.1 工程图参考图样

㊀ 国家标准中为几何公差，为与 SolidWorks 软件界面保持一致，本书使用形位公差。

任务分解

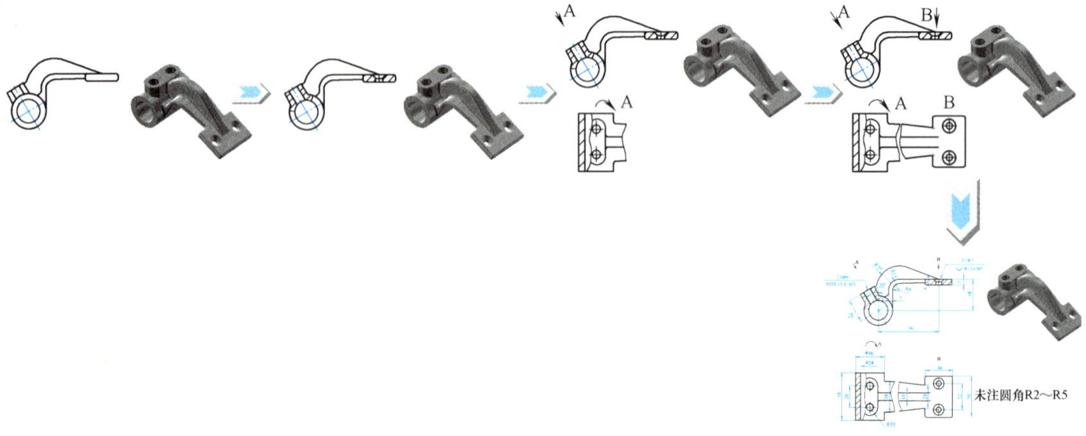
A
A
B
未注圆角R2～R5

思维导图

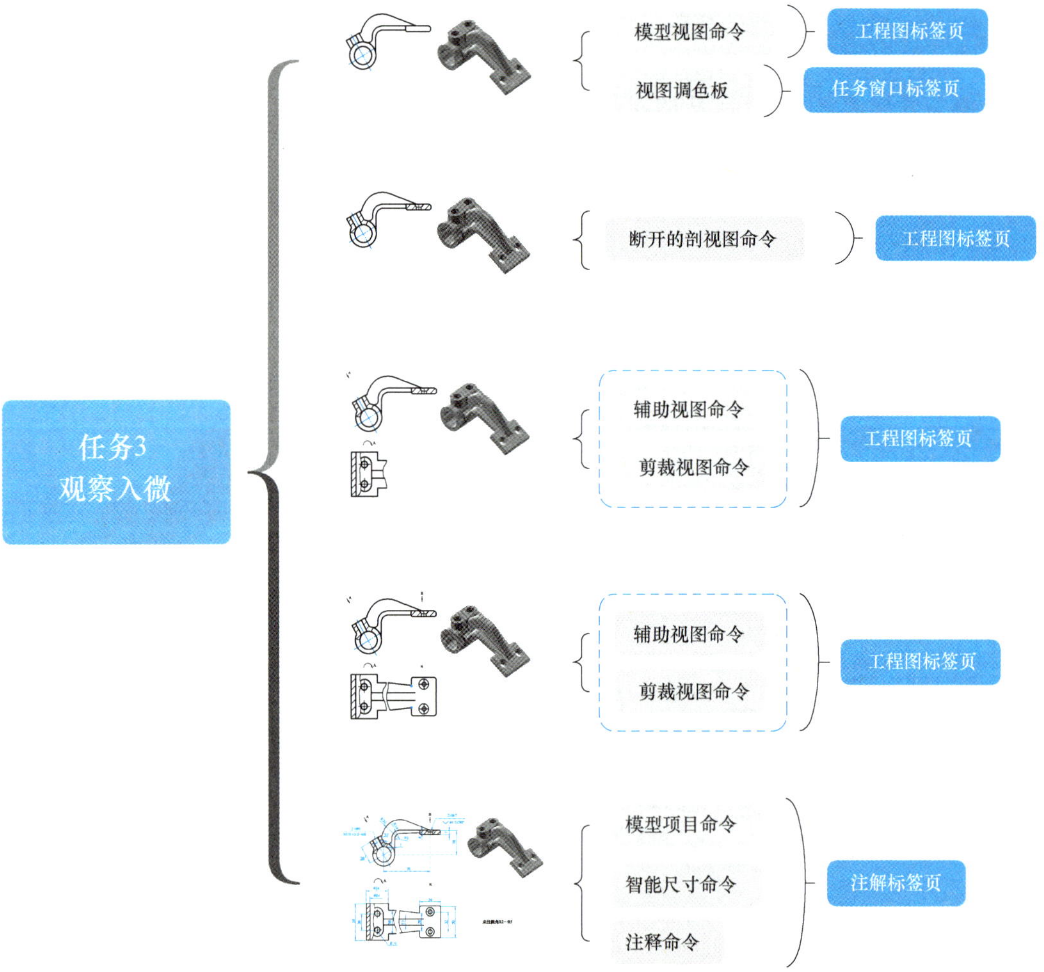
任务3
观察入微
模型视图命令
视图调色板
工程图标签页
任务窗口标签页
断开的剖视图命令
工程图标签页
辅助视图命令
剪裁视图命令
工程图标签页
辅助视图命令
剪裁视图命令
工程图标签页
模型项目命令
智能尺寸命令
注释命令
注解标签页

相关知识

（1）辅助视图 辅助视图类似于投影视图，但它是垂直于现有视图中参考边线的展开视图，见表 3.3.1。

表 3.3.1　辅助视图

命令条件	参数设置	结　果
已完成基本的视图，在命令管理器“工程图”标签页上单击“辅助视图”按钮 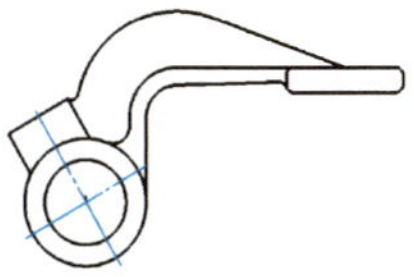	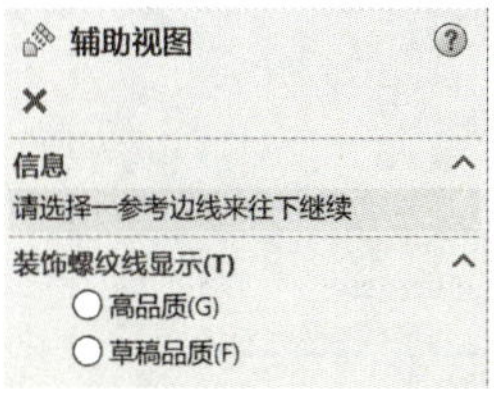 选择参考边线后自动生成投影，移动鼠标放置到合适的位置。按住<Ctrl>键放置可将视图放置于任意位置	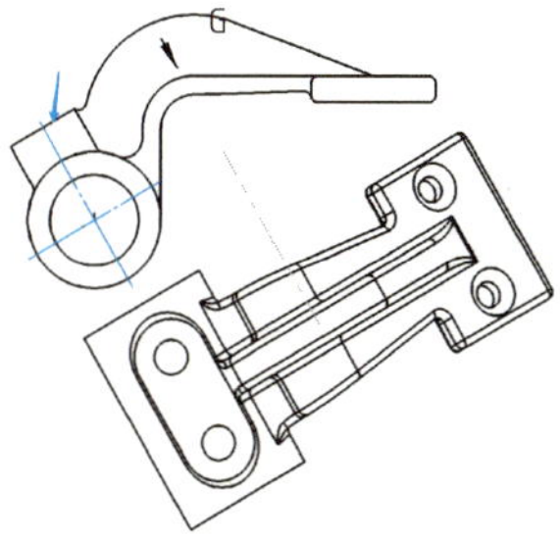
在工程图状态	选择参考边线继续	按指定的参考边线生成辅助视图

（2）剪裁视图 剪裁视图通过隐藏除了所定义区域之外的所有内容，而集中于工程图视图的某部分。未剪裁的部分使用草图（通常是样条曲线或其他闭合的轮廓）进行闭合。

除了局部视图或已用于生成局部视图的视图，可以裁剪任何工程图。见表 3.3.2。

表 3.3.2　剪裁视图

命令条件	参数设置	结　果
已完成基本的视图和用于剪裁的草图，在命令管理器“工程图”标签页上单击“剪裁视图”按钮 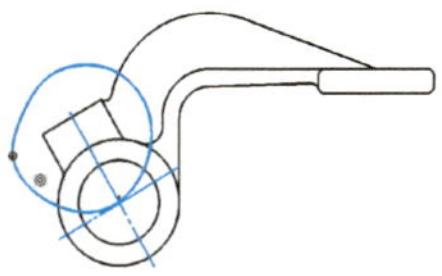		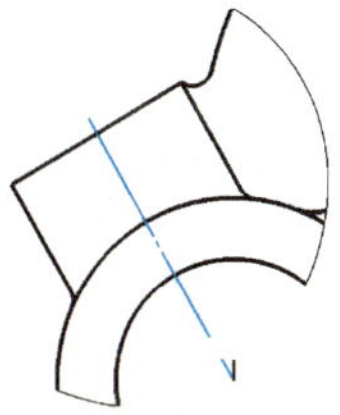 视图直接将草图外部的视图隐去，仅保留草图内部的图形
在工程图状态	保持草图选中状态再单击命令	按指定的草图生成剪裁视图

（3）局部视图 在工程图中生成一个局部视图来显示一个视图的某个部分（通常是以放大比例显示）。此局部视图可以是正交视图、等轴测视图、剖面视图、裁剪视图爆炸装配体视图或另一局部视图。放大的部分使用草图（通常是圆或其他闭合的轮廓）、进行闭合。见表 3.3.3。

（4）尺寸公差 可控制尺寸公差值和非整数尺寸的显示。见表 3.3.4。

表 3.3.3　局部视图

<table>
<tr><th>命令条件</th><th>参数设置</th><th>结　　果</th></tr>
<tr>
<td>已完成基本的视图，在命令管理器“工程图”标签页上单击“局部视图”按钮
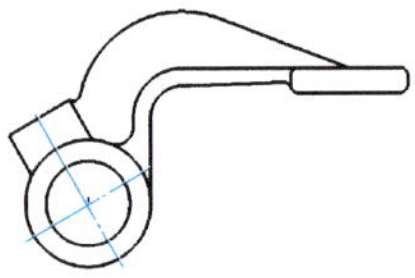</td>
<td>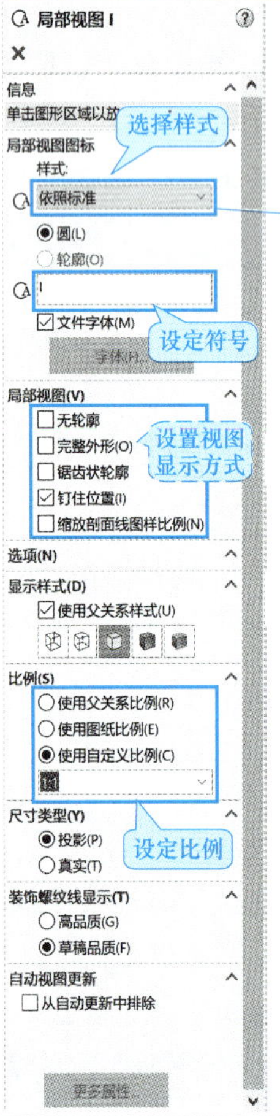
</td>
<td>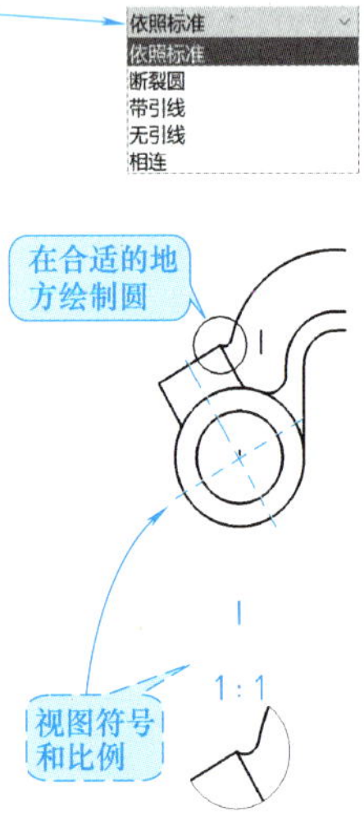
</td>
</tr>
<tr><td>在工程图状态</td><td>在合适的地方画圆并设置</td><td>按指定的位置生成局部视图</td></tr>
</table>

表 3.3.4　尺寸公差

<table>
<tr><th>命令条件</th><th>参数设置</th><th>结　　果</th></tr>
<tr>
<td>已完成基本的尺寸标注，在需要添加尺寸公差的尺寸上单击
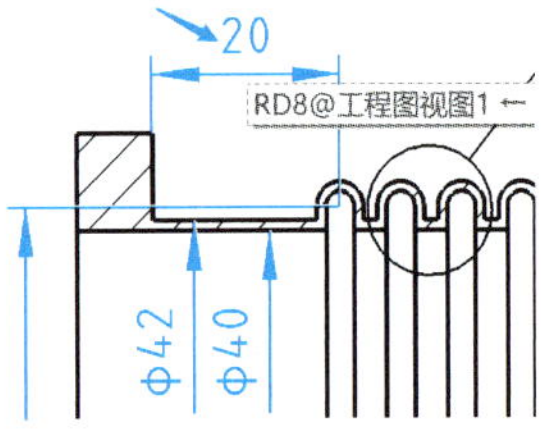
</td>
<td>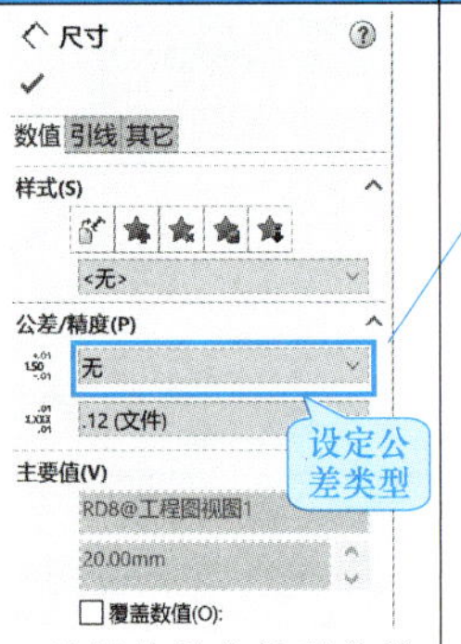

选择公差的类型并设定好数值，再设定公差的精度</td>
<td>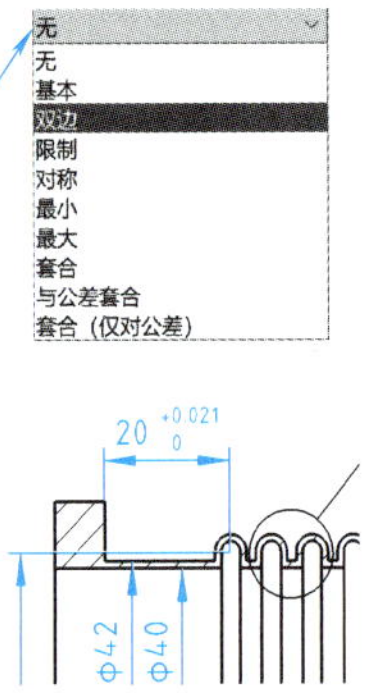
</td>
</tr>
<tr><td>在工程图状态</td><td>必要时调整公差显示的大小</td><td>按指定的公差类型显示公差值</td></tr>
</table>

(5) 形位公差 使用特性选择控制框将形位公差添加到零件和工程图中。见表 3.3.5。

表 3.3.5 形位公差

<table>
<tr><th>命令条件</th><th>参数设置</th><th>结　果</th></tr>
<tr><td>已完成基本的视图(如果要标注中心要素,还需完成相关尺寸的标注),在命令管理器“注解”标签页上单击“形位公差”按钮
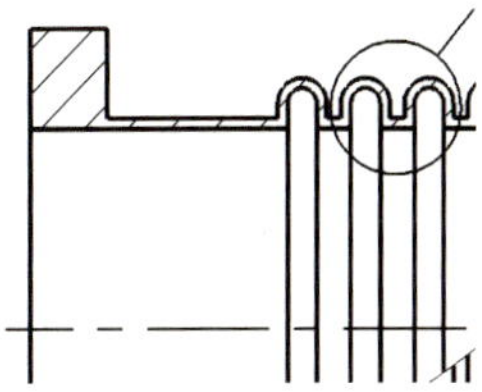</td><td>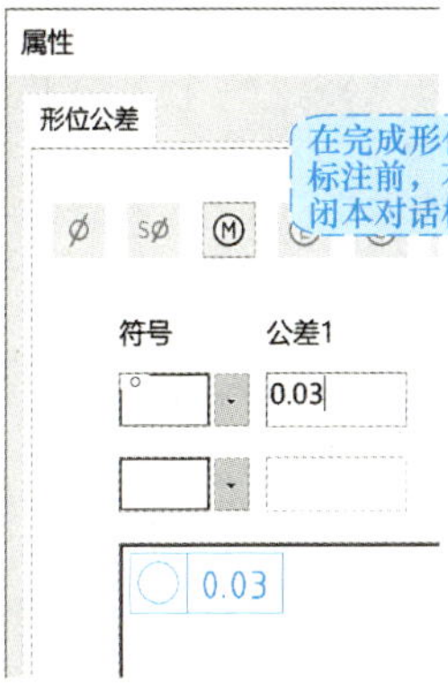</td><td>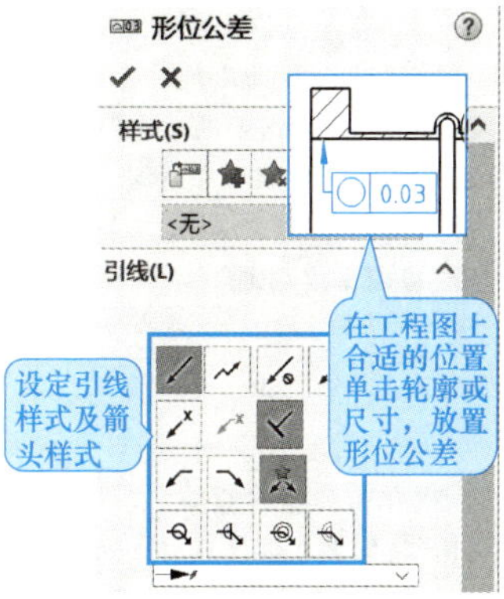</td></tr>
<tr><td>在工程图状态</td><td>设定好形位公差项目及数值</td><td>在指定的位置上生成形位公差标注</td></tr>
</table>

(6) 表面粗糙度 添加表面粗糙度符号到工程图中，可通过属性栏编辑表面粗糙度符号的属性。见表 3.3.6。

表 3.3.6 表面粗糙度

<table>
<tr><th>命令条件</th><th>参数设置</th><th>结　果</th></tr>
<tr><td>已完成基本的视图,在命令管理器“注解”标签页上单击“表面粗糙度符号”按钮
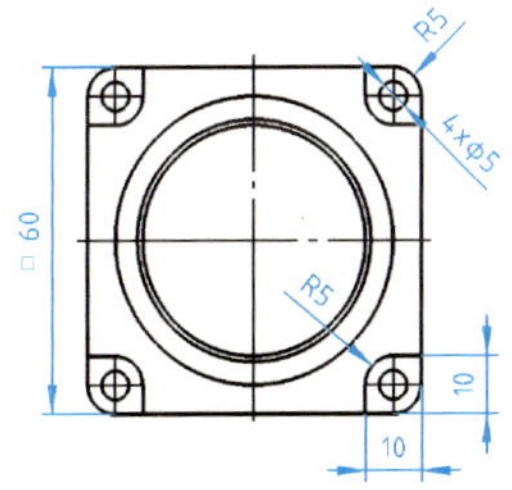</td><td>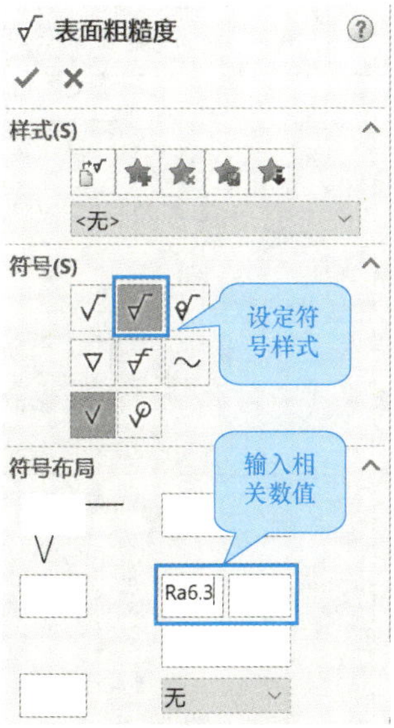</td><td>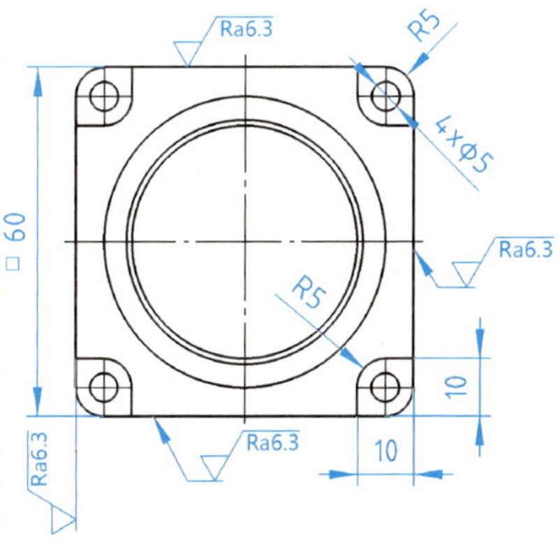
在合适的边线上单击以放置符号,会自动根据模型调整符号方位。必要时,需添加引线</td></tr>
<tr><td>在工程图状态</td><td>按图示设置</td><td>将表面粗糙度符号添加到工程图中</td></tr>
</table>

任务实施（表 3.3.7）

表 3.3.7　作图过程

操作步骤	图　示
1. 新建工程图文件	—
2. 系统会自动出现一张图纸，此时的图纸大小可能不是所需要的。在左侧特征树中右击“图纸 1”，在快捷菜单中单击“属性…（G）”按钮。设置比例为 1：2，图纸大小为 A4（GB），然后单击“应用更改”按钮	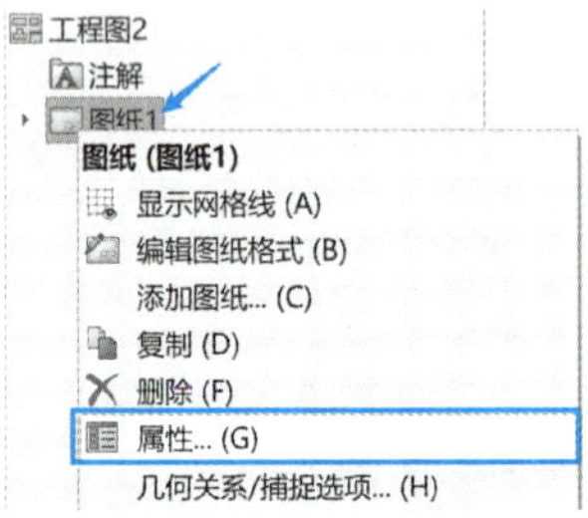
3. 单击屏幕右侧的“视图调色板”按钮，打开视图调色板。单击“浏览”按钮，打开教学资源包中文件“1.11 任务延展”。在视图调色板中将显示该模型的相关视图	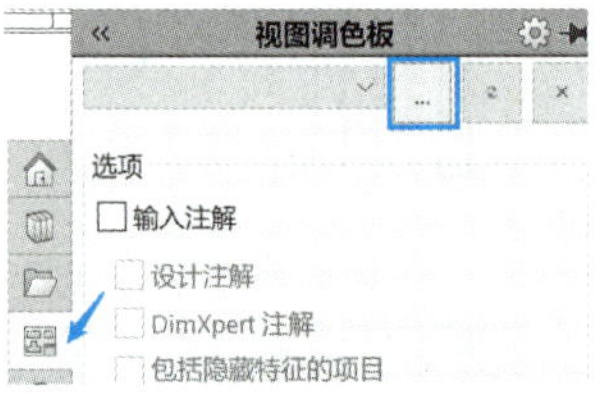
4. 将“前视”和“当前”拖动到图纸中，作为主视图和轴测图	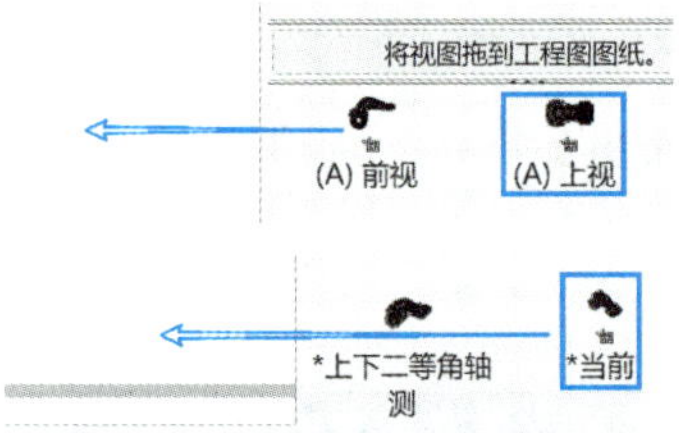
5. 在命令管理器“工程图”标签页上单击“断开的剖视图”按钮	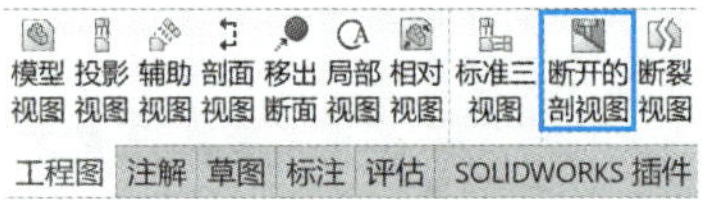
6. 完成图示两个区域断开的剖视图（剖切深度如箭头所示）	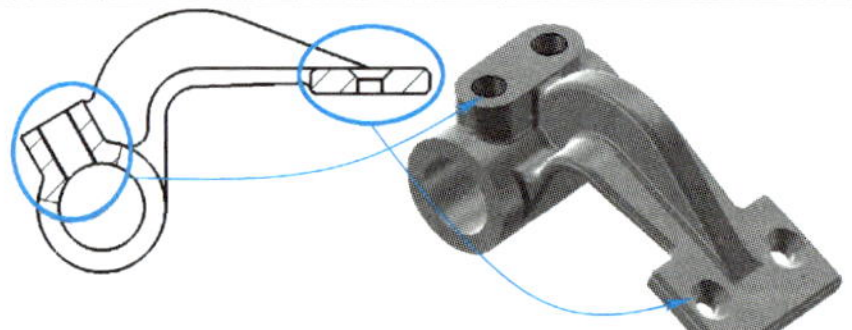
7. 在命令管理器“工程图”标签页上单击“辅助视图”按钮	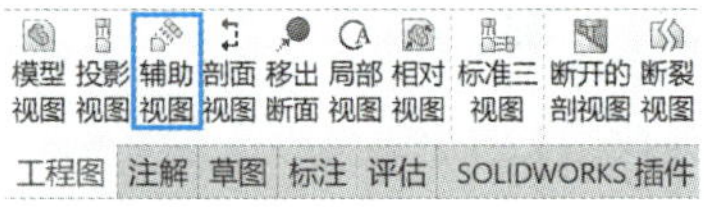
8. 单击图示边线，设置字母“A”，按住<Ctrl>键单击将视图放置在下方，如右图所示	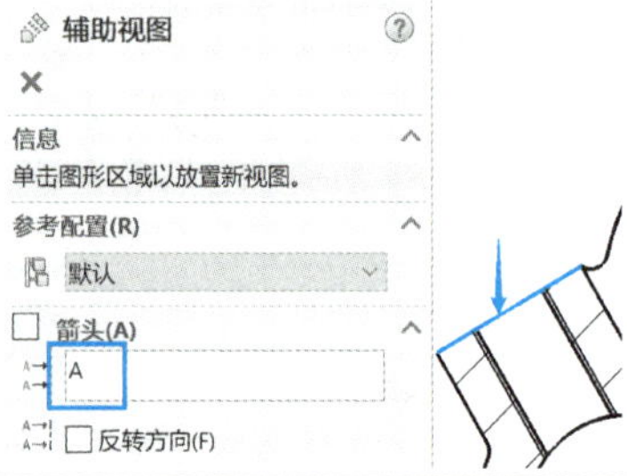

（续）

操作步骤	图　示
9. 选中刚创建的视图，在“视图（前导）”工具栏中单击“旋转视图”按钮，输入“-30”，单击“应用”按钮，再单击“关闭”按钮	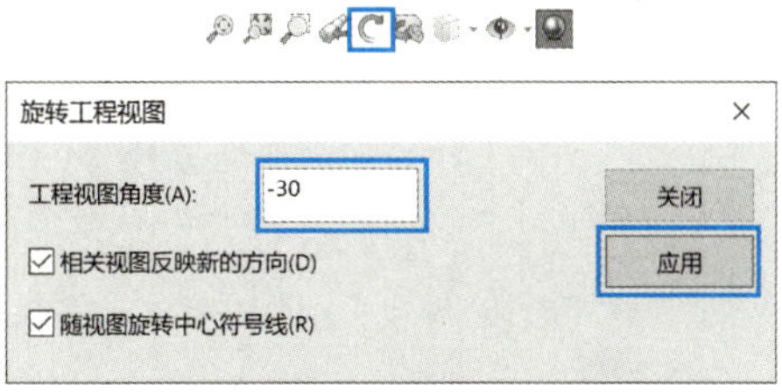
10. 在命令管理器“工程图”标签页上单击“辅助视图”按钮	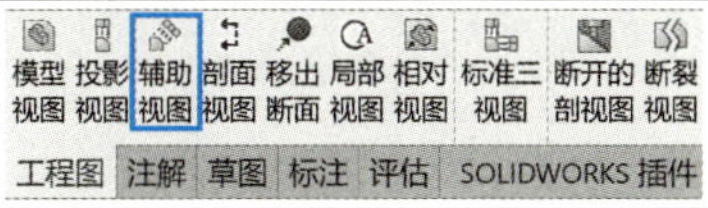
11. 单击图示边线，设置字母“B”，单击将视图放置在下方，如右图所示	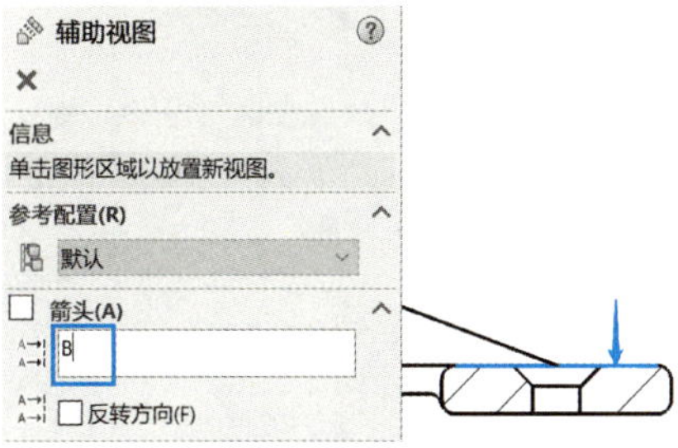
12. 在 A 视图上绘制图示草图	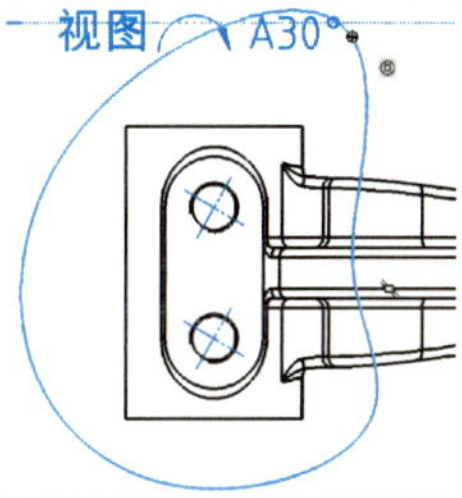
13. 在命令管理器“工程图”标签页上单击“剪裁视图”按钮，草图范围之外的部分将被去除	
14. 同理，完成 B 视图的剪裁	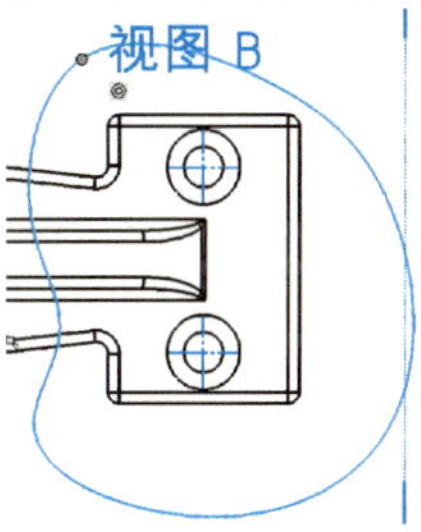
15. 将光标移动到俯视图红框上，当光标变成时右击，在快捷菜单中单击“切边”→“切边不可见(C)”，将所有切线边隐藏。布置视图至合适的位置	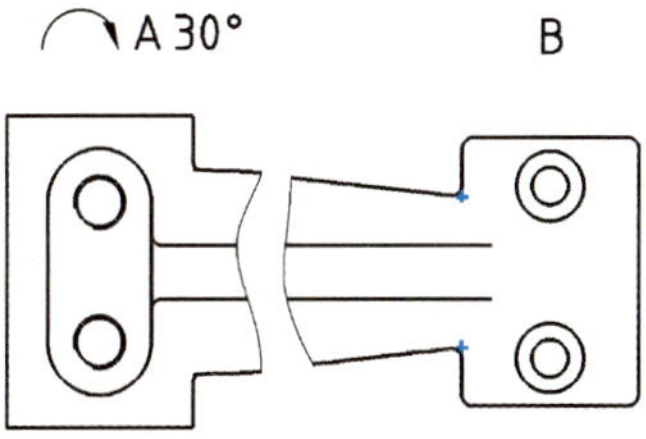

（续）

操作步骤	图　示
16. 在命令管理器“工程图”标签页上单击“断开的剖视图”按钮，完成图示区域断开的剖视图（剖切深度如箭头所示）	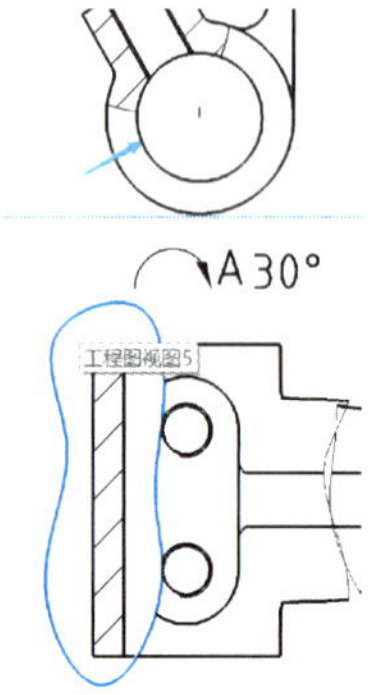
17. 利用命令管理器“注解”标签页上的“模型项目”命令、“智能尺寸”命令及“孔标注”命令⊔Ø，完成尺寸标注	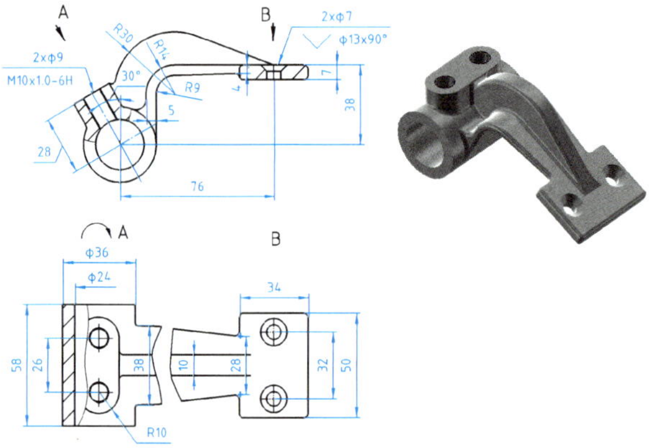
18. 在命令管理器“注解”标签页上单击“注释”按钮**A**，在合适的位置单击，确定文本的位置，输入技术要求	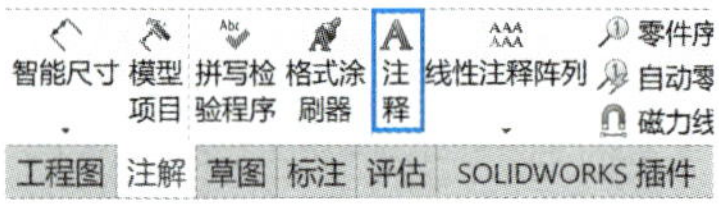
19. 可设置技术要求中的字体、字号、对齐方式等，完成后在空白处单击即可	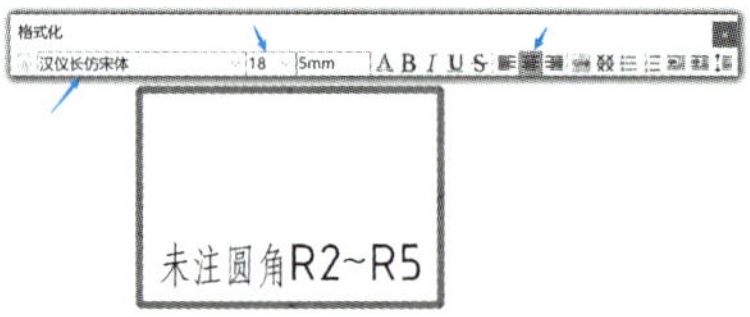

任务延展

建立如图 3.3.2 所示的工程图。作图过程见表 3.3.8。

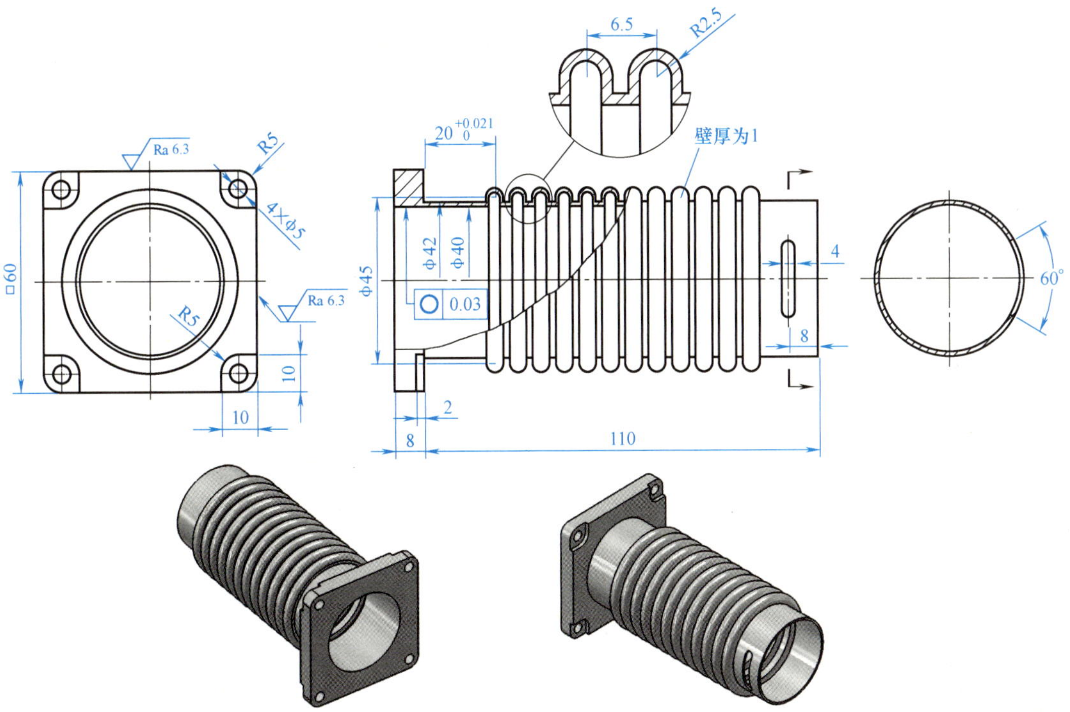

图 3.3.2　工程图参考图样

表 3.3.8　作图过程

操作步骤	图　示
1. 新建工程图文件	—
2. 系统会自动出现一张图纸，此时的图纸大小可能不是所需要的。在左侧特征树中右击"图纸 1"，在快捷菜单中单击"属性…(G)"按钮。设置比例为 1∶2，图纸大小为 A4(GB)，然后单击"应用更改"按钮	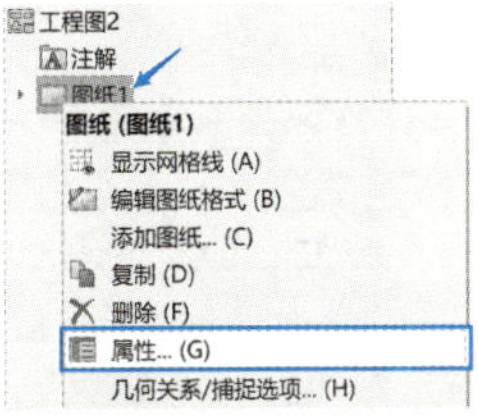
3. 单击屏幕右侧的"视图调色板"按钮，打开视图调色板。单击"浏览"按钮，打开教学资源包中文件"1.8 任务延展"。在视图调色板中将显示该模型的相关视图	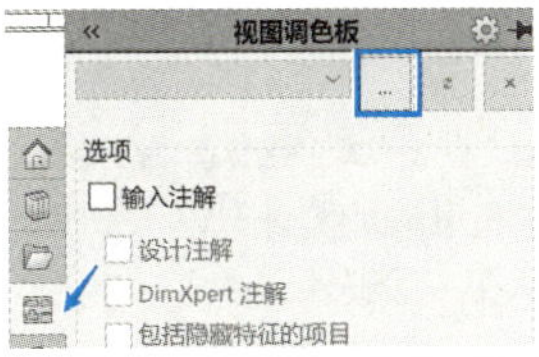
4. 将"右视"拖动到图纸中，作为主视图。向右移动鼠标，自动投射左视图	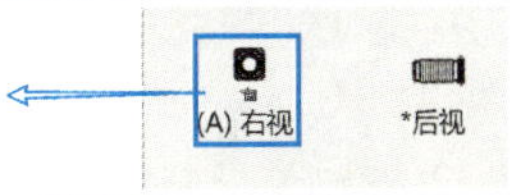
5. 继续将"等轴测"和"当前"拖动到图纸中，作为轴测图	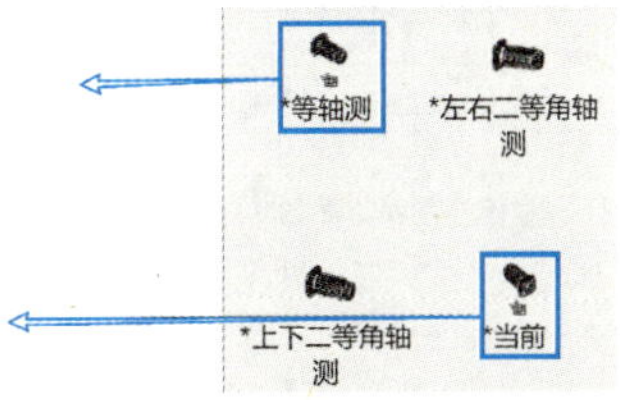

（续）

操作步骤	图　　示
6. 在命令管理器“工程图”标签页上单击“断开的剖视图”按钮，完成图示区域断开的剖视图（剖切深度如箭头所示）	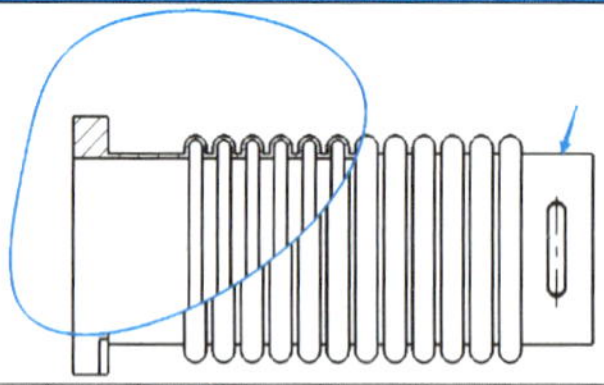
7. 在命令管理器“工程图”标签页上单击“剖面视图”按钮	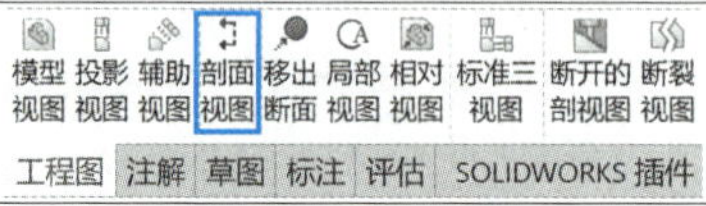
8. 在“剖面视图”标签页上，“切割线”栏选择“竖直”按钮。此时，光标为状态	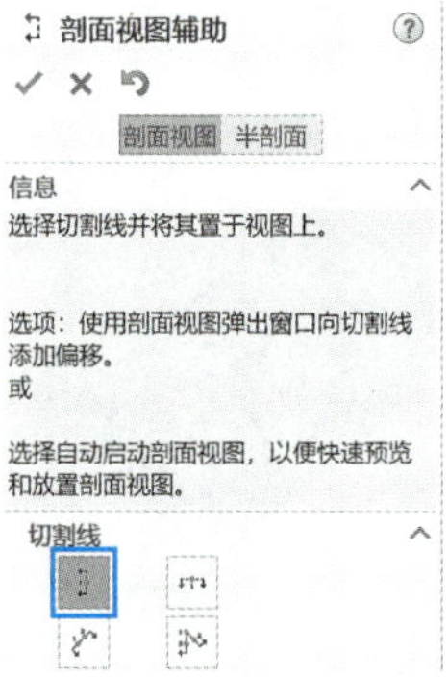
9. 在图示位置建立剖视图（字母不用设置）	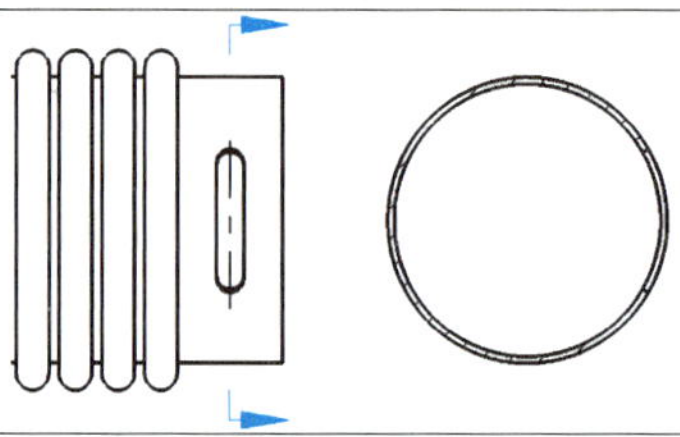
10. 在命令管理器“工程图”标签页上单击“局部视图”按钮	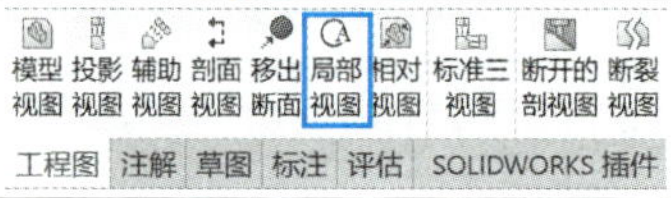
11. “局部视图图标”栏“样式”项选择“相连”，“比例(S)”栏选择“使用自定义比例(C)”并设置为“1.5∶1”	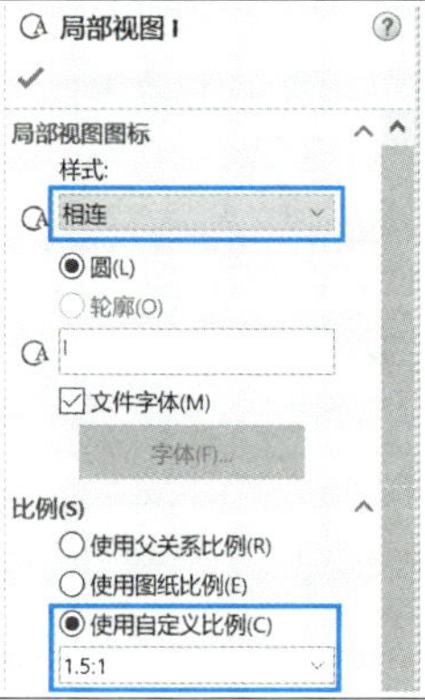
12. 将局部视图放置在适当位置，如右图所示	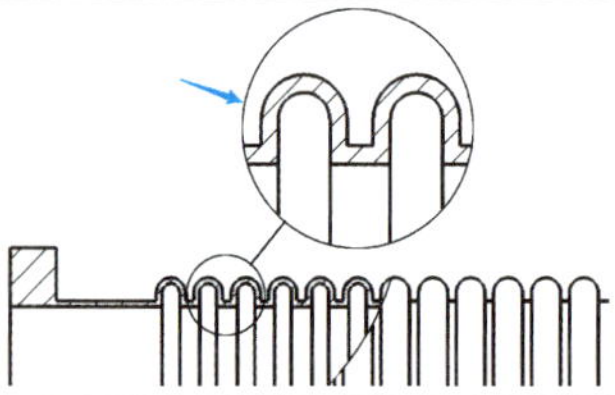

（续）

操作步骤	图　示
13. 完成常规尺寸标注	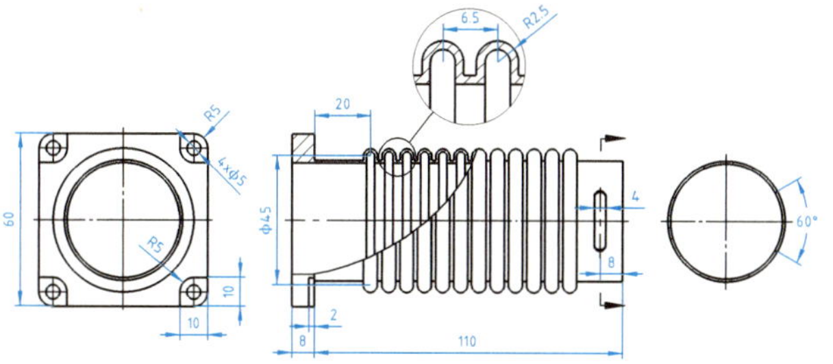
14. 单击最左侧尺寸 60mm，在“标注尺寸文字（I）”栏中将光标定位到最左侧，单击“方形”按钮 □，再次单击“确定”按钮✔	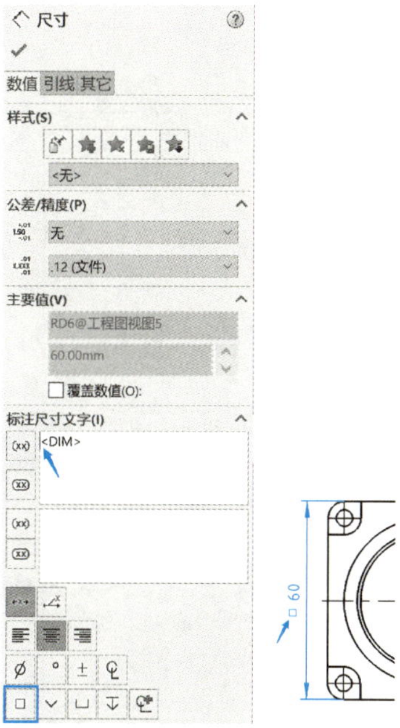
15. 选中“左视图”，在“视图（前导）”工具栏中单击“显示类型”→“隐藏线可见”	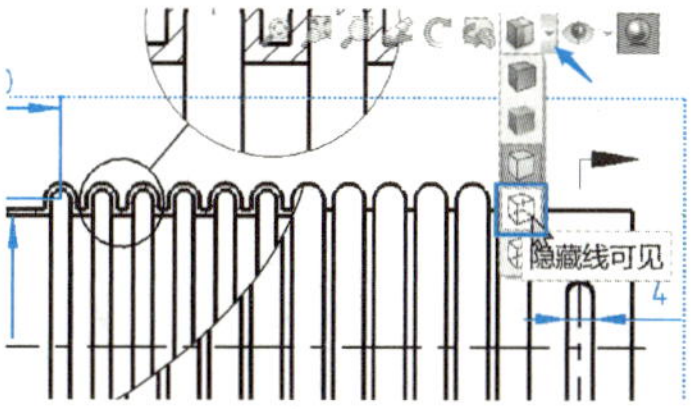
16. 标注尺寸 ϕ42mm 和 ϕ40mm	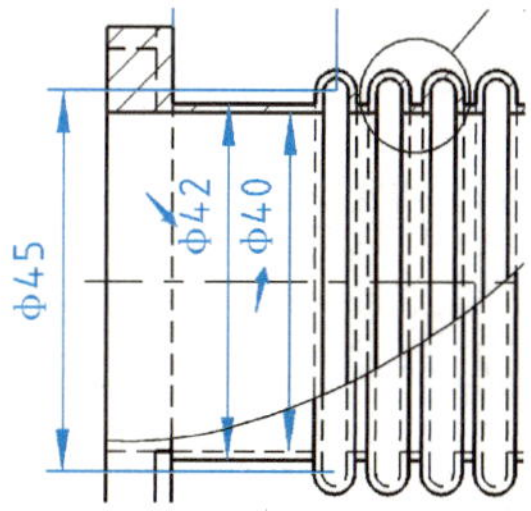
17. 选中“左视图”，在“视图（前导）”工具栏中单击“显示类型”→“消除隐藏线”	—

（续）

操作步骤	图　示
18. 分别在尺寸 ϕ42mm 和 ϕ40mm 的下半部分尺寸上右击，在快捷菜单中单击“隐藏尺寸线(F)”，完成尺寸的半标注操作	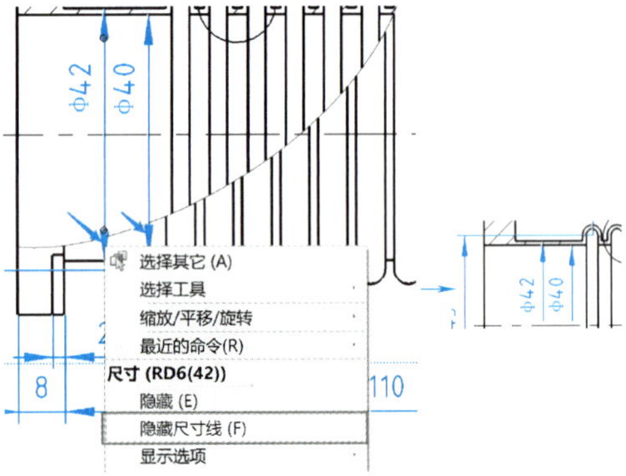
19. 在命令管理器“注解”标签页上单击“注释”按钮 A，在图示位置单击，设置引线样式、确定文本的位置，输入“壁厚为 1”。然后退出命令	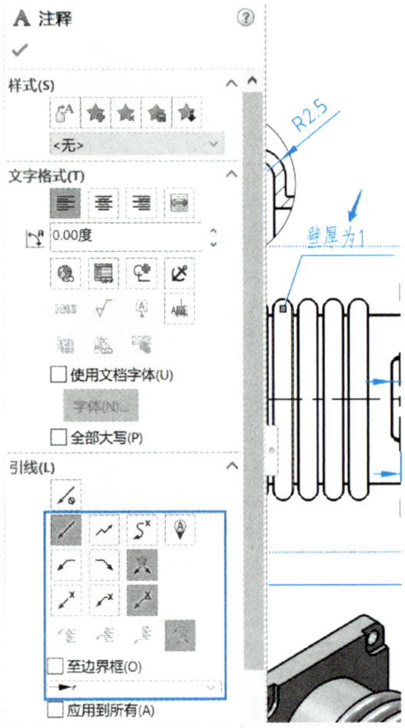
20. 选中尺寸 20mm	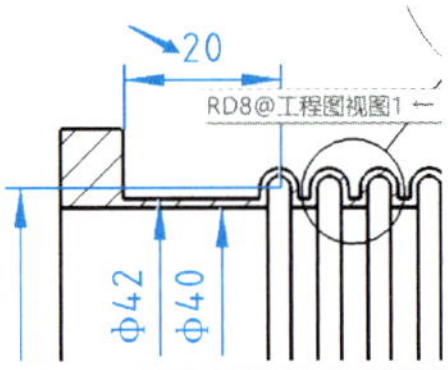
21. “公差/精度(P)”栏选择“双边”，上极限偏差输入“0.021”，下极限偏差保持“0”，公差显示位数设置为 3 位(.123)；切换到“其它”标签页，“公差字体大小”栏去掉“使用文档大小(C)”和“使用尺寸大小(M)”两个复选框，将字体比例设为“0.65” 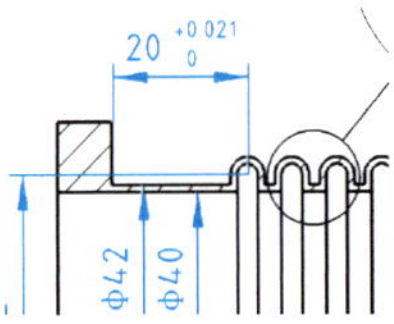	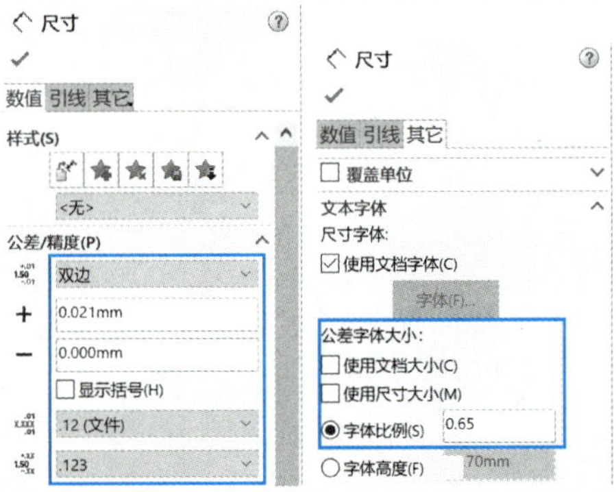

（续）

操作步骤	图　示
22. 在命令管理器“注解”标签页上单击“形位公差”按钮	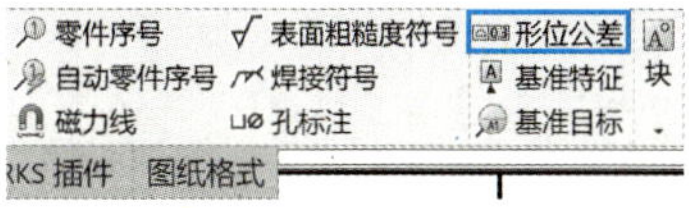
23. 在“属性”对话框中，“符号”栏选择“圆度”○，设置公差值为“0.03”，保存此属性框	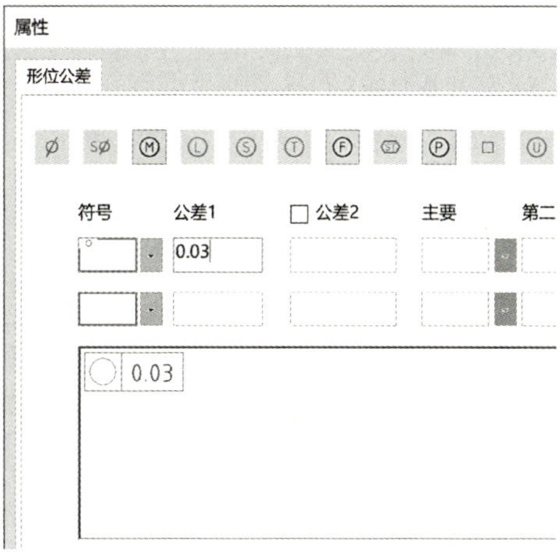
24. 在视图中需要标注此形位公差的要素上单击以放置，设置引线样式，完成后关闭“属性”对话框	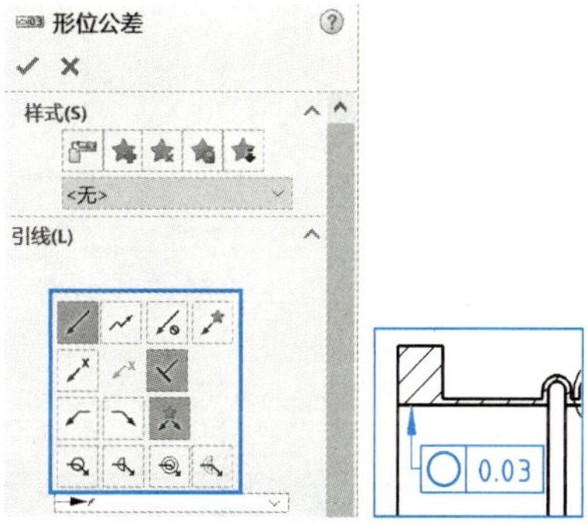
25. 在命令管理器“注解”标签页上单击“表面粗糙度符号”按钮	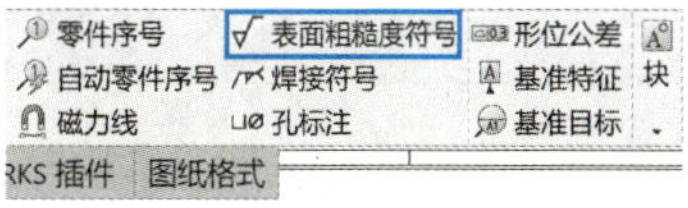
26. “符号(S)”栏选择“要求切削加工”，“符号布局”栏设置表面粗糙度值为“Ra6.3”	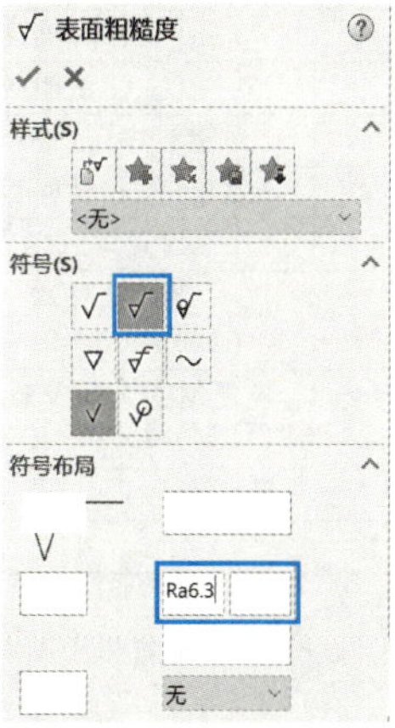

（续）

操作步骤	图　示
27. 单击图示边线放置表面粗糙度符号	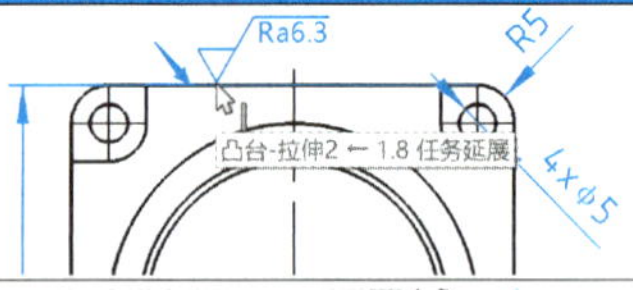
28. 设置引线样式和放置角度，单击图示边线，放置带引线的表面粗糙度符号	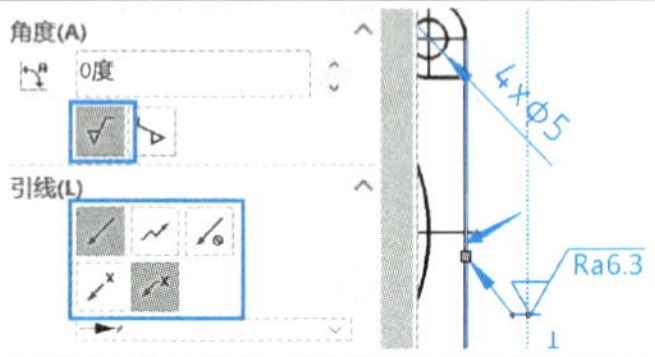
29. 继续完善标注，直到符合要求	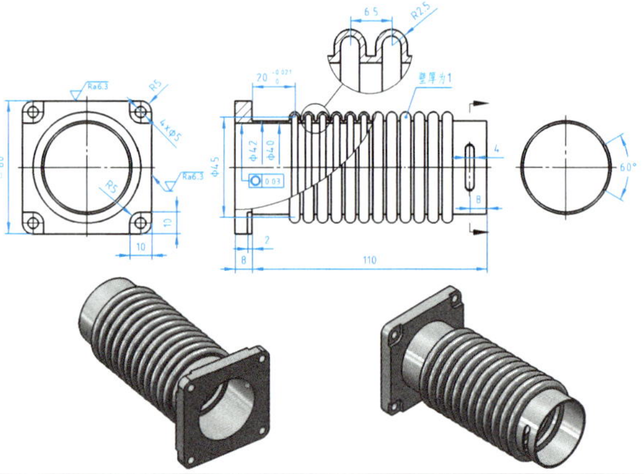

任务评价

任务评价表

专业________　班级________　姓名________　学号________　组别________

项　目	标　准	自我评价	小组评价	教师评价
		2～10 分		
		占 50%	占 20%	占 30%
辅助视图（步骤 7～8）	正确完成			
剪裁视图（步骤 12～13）	正确完成			
＊局部视图（步骤 10～12）	正确完成			
操作熟练度	绘图快速、准确			
协作精神	交流、讨论顺畅			
纪律观念	课堂有序、讨论积极			
学习主动性	认真思考、积极回答问题			
知识应用情况	关键知识点内化			
完成任务过程中引以为自豪的做法	简捷、高效（加分项 5～10 分）			
指导他人	帮助的人数及质量（加分项 5～10 分）			
小　计				
总　评				

注：1. 每项满分 10 分；
　　2. 带有“＊”的步骤为任务延展中的内容。

组长签字：　　　　　　**任课教师：**　　　　　　**年　　月　　日**

任务4 来了就留个影吧——完成装配体工程图

学习要点

- 零件序号标注
- 材料明细表
- 交替位置视图

技能目标

- 掌握交替位置视图命令的应用
- 掌握自动零件序号的标注方法
- 掌握材料明细表㊀的应用

思政目标

- 具备爱岗敬业、遵纪守法的职业素养
- 具备互帮互助、团结协作的优良品质
- 具备一丝不苟、精益求精的工匠精神

任务导入

▶ 建立如图 3.4.1 所示的工程图。

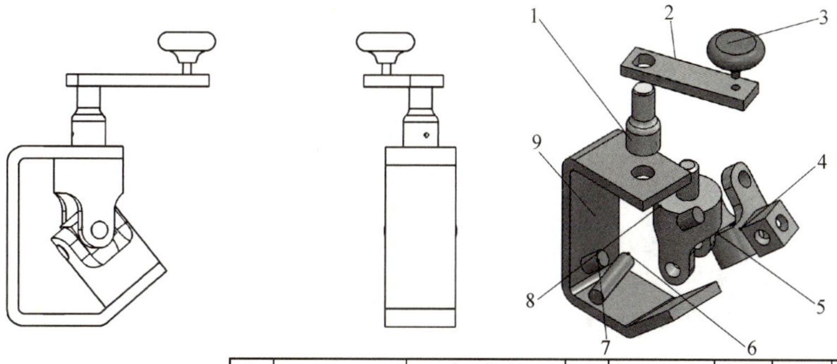

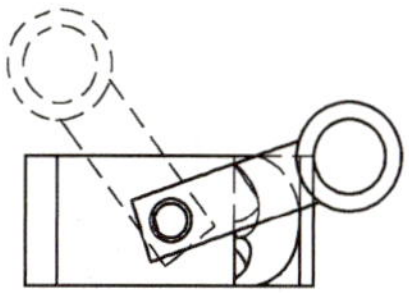

9		bracket	1		0.00	0.00	
8		yoke_male	1		0.00	0.00	
7		pin	2		0.00	0.00	
6		pin	1		0.00	0.00	
5		yoke_female	1		0.00	0.00	
4		spider	1		0.00	0.00	
3		crank-knob	1		0.00	0.00	
2		crank-arm	1		0.00	0.00	
1		crank-shaft	1		0.00	0.00	
序号	代号	名称	数量	材料	单重	总重	备注

图 3.4.1 工程图参考图样

㊀ 本书中材料明细表与 SolidWorks 软件界面保持一致。

任务分解

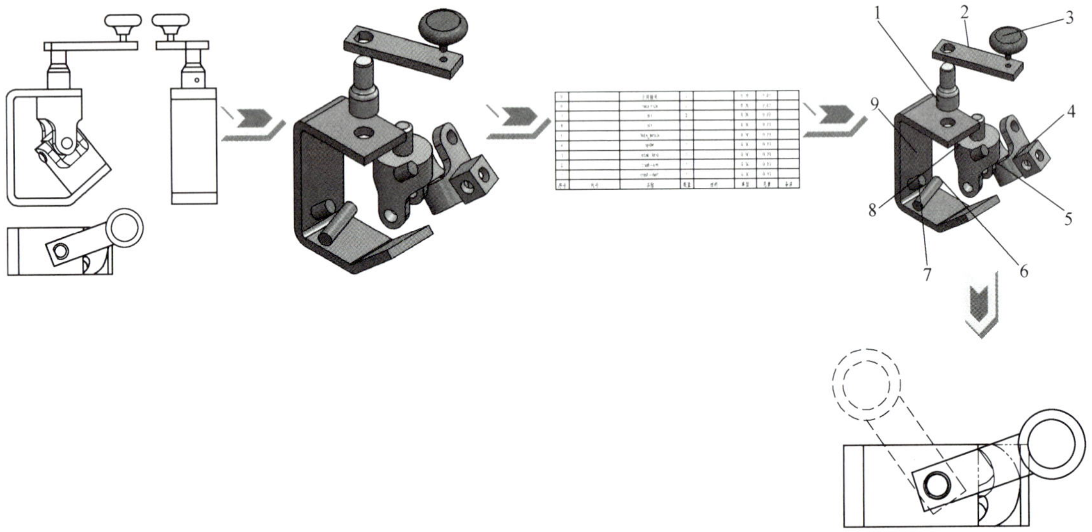
1
2
3
4
5
6
7
8
9

思维导图

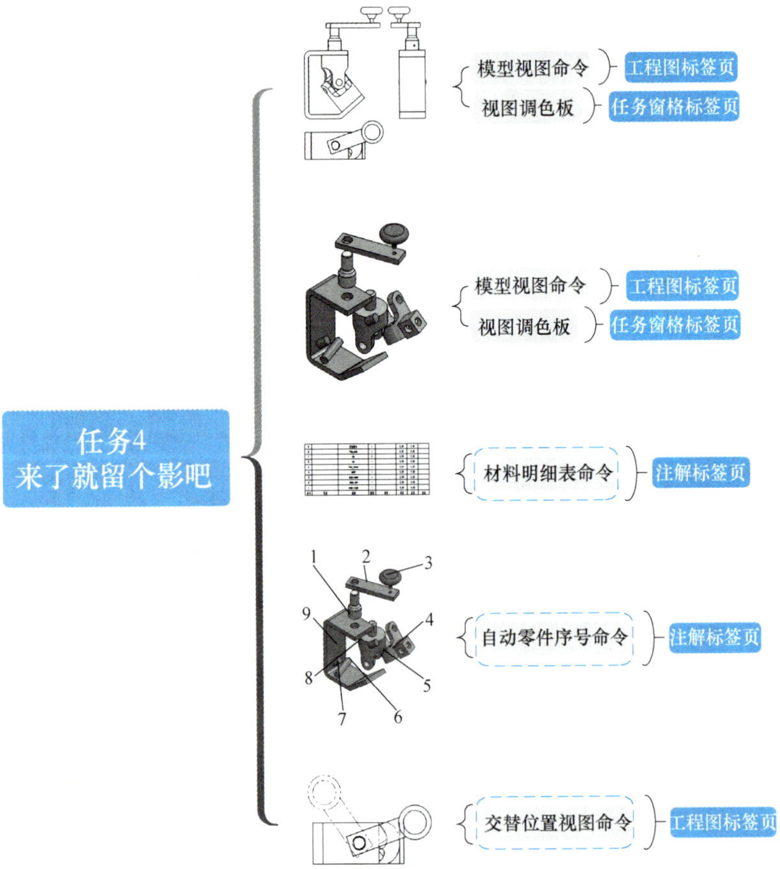
任务4
来了就留个影吧
模型视图命令
工程图标签页
视图调色板
任务窗格标签页
模型视图命令
工程图标签页
视图调色板
任务窗格标签页
材料明细表命令
注解标签页
1
2
3
4
5
6
7
8
9
自动零件序号命令
注解标签页
交替位置视图命令
工程图标签页

相关知识

（1）交替位置视图 交替位置视图常用于显示装配体的运动范围，表达机构可达到的运动极限位置，一般用双点画线表示。见表 3.4.1。

表 3.4.1　交替位置视图

<table>
<tr><th>命令条件</th><th>参数设置</th><th>结　果</th></tr>
<tr>
<td>已完成基本的装配体视图并选中，在命令管理器“工程图”标签页上单击“交替位置视图”按钮
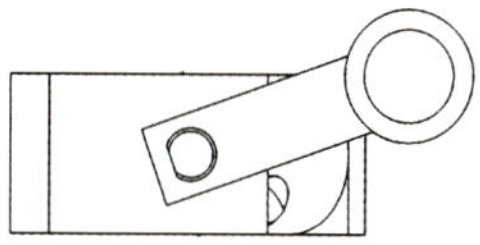</td>
<td>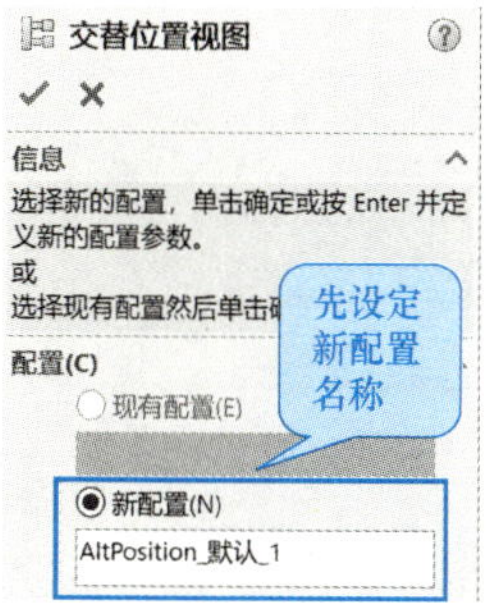
</td>
<td>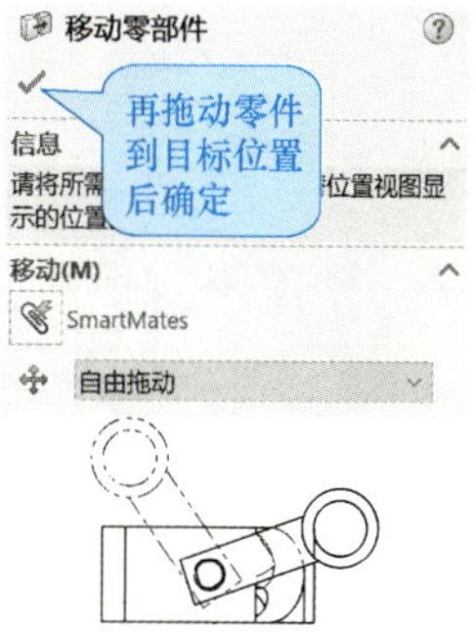
</td>
</tr>
<tr><td>在工程图状态</td><td>会在工程图和模型视图间切换</td><td>生成交替位置视图</td></tr>
</table>

（2）自动零件序号 零件序号用来将装配体中的零件以注释的方式标注出项目符号。可使用“自动零件序号”命令自动在一个或多个工程图视图中插入一组零件序号，零件序号会插入到适当的视图中，不会重复。见表 3.4.2。

表 3.4.2　自动零件序号

<table>
<tr><th>命令条件</th><th>参数设置</th><th>结　果</th></tr>
<tr>
<td>已完成基本的装配体视图并选中，在命令管理器“注解”标签页上单击“自动零件序号”按钮
</td>
<td>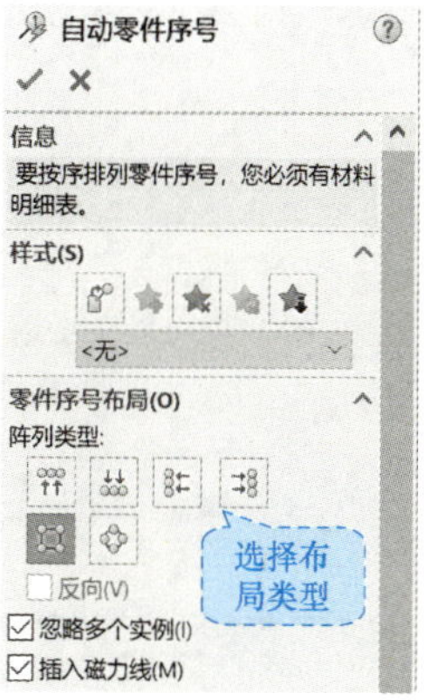
</td>
<td>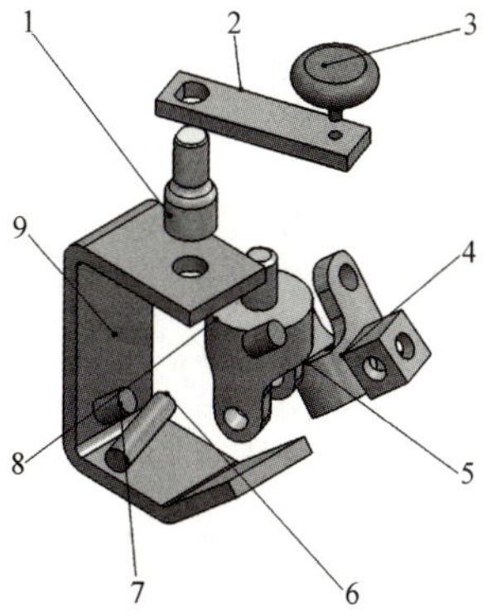
</td>
</tr>
<tr><td>在工程图状态</td><td>生成后可拖动序号调整大小</td><td>自动生成零件序号</td></tr>
</table>

（3）材料明细表 自动在装配体工程图中添加材料明细表（BOM），带序号、数量、零件号及自定义属性。可以定位、移动、编辑、分割材料明细表。见表 3.4.3。

表 3.4.3　材料明细表

<table>
<tr><th>命令条件</th><th>参数设置</th><th>结　果</th></tr>
<tr><td>已完成基本的装配体视图并选中任一视图，在命令管理器“注解”标签页上单击“表格”按钮，在下拉列表中单击“材料明细表”按钮</td><td></td><td>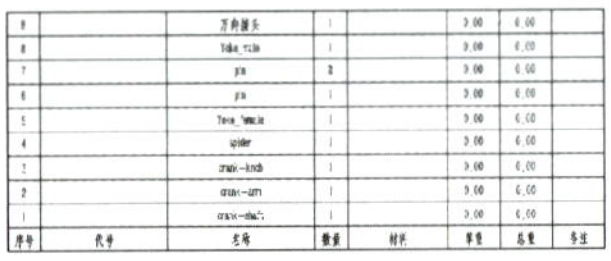
移动鼠标，将其放置到定位点即可。后续可对表格进行格式化操作</td></tr>
<tr><td>在工程图状态</td><td>选择合适的模板后单击✔</td><td>生成材料明细表</td></tr>
</table>

任务实施（表 3.4.4）

表 3.4.4　作图过程

<table>
<tr><th>操作步骤</th><th>图　示</th></tr>
<tr><td>1. 新建工程图文件</td><td>—</td></tr>
<tr><td>2. 系统会自动出现一张图纸，此时的图纸大小可能不是所需要的。在左侧特征树中右击“图纸 1”，在快捷菜单中单击“属性…(G)”按钮。设置比例为 1∶2，图纸大小为 A3(GB)，然后单击“应用更改”按钮</td><td>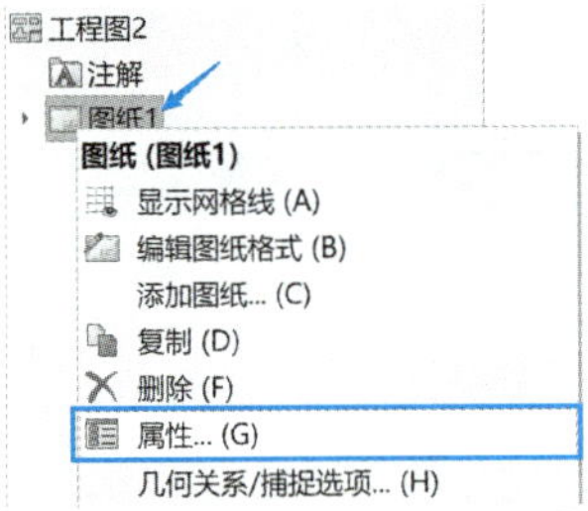</td></tr>
<tr><td>3. 单击屏幕右侧的“视图调色板”按钮，打开视图调色板。单击“浏览”按钮，打开教学资源包中文件“2.3 爆炸吧，装配君”中的“万向接头”，在视图调色板中将显示该模型的相关视图</td><td>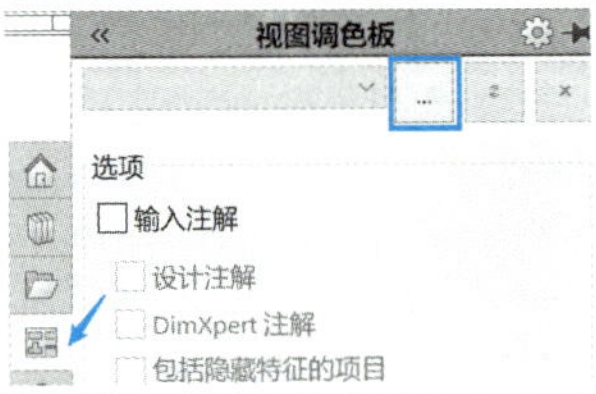</td></tr>
<tr><td>4. 将“左视”拖动到图纸中，并“向右”和“向下”投射出三视图，再向“右上角”投射出轴测图</td><td></td></tr>
<tr><td>5. 因为装配体包含爆炸视图，所以将轴测图外的其他视图取消勾选“在爆炸或模型断开状态下显示(X)”复选框</td><td>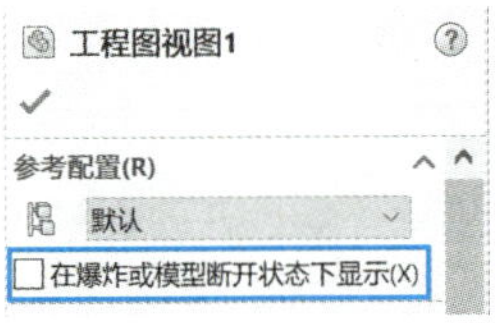</td></tr>
</table>

（续）

<table>
<tr><th>操作步骤</th><th>图　示</th></tr>
<tr><td>6. 选中爆炸轴测图，在命令管理器“注解”标签页上单击“表格”按钮，在下拉列表中单击“材料明细表”按钮</td><td>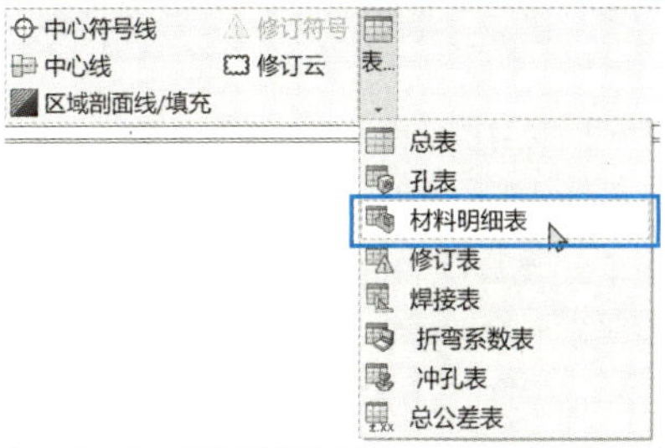
</td></tr>
<tr><td>7. 在“材料明细表”属性页中，单击按钮，找到表格模板“gb-bom-material”。其他按照默认选项。设置完成后单击“确定”按钮</td><td>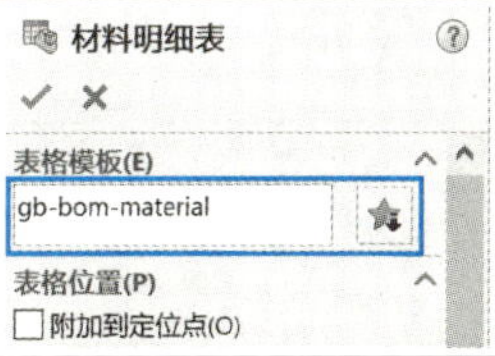
</td></tr>
<tr><td>8. 材料明细表出现在鼠标光标位置，移动鼠标到标题栏右上角附近，系统会自动捕捉表格定位点，到合适的位置单击以放置</td><td>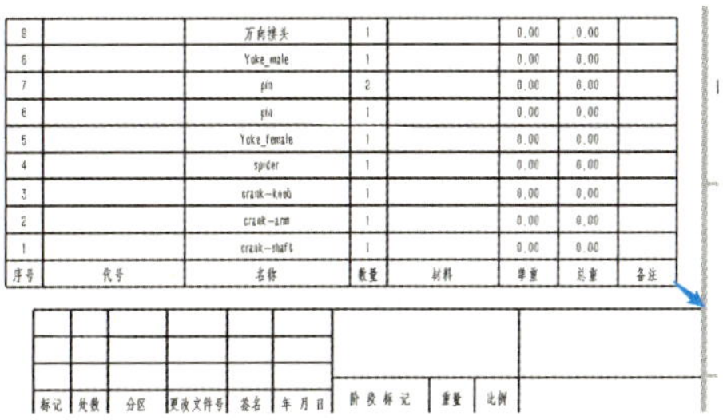</td></tr>
<tr><td>9. 选中爆炸轴测图，在命令管理器“注解”标签页上单击“自动零件序号”按钮</td><td>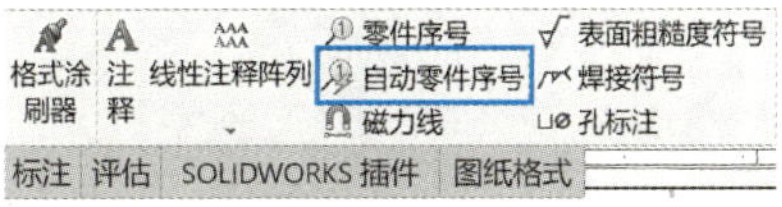
</td></tr>
<tr><td>10.“零件序号布局（O）”及“零件序号设定（E）”栏按图示要求设置好。如有必要，可拖动视图中任一序号，进行整体布局大小调整，设置完成后单击“确定”按钮</td><td>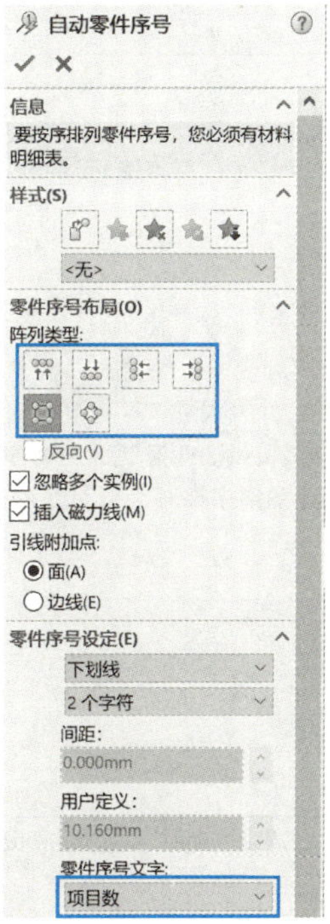
</td></tr>
</table>

（续）

<table>
<tr><th>操作步骤</th><th>图 示</th></tr>
<tr><td>11. 到这里为止，材料明细表中的名称列可能是空白的。在材料明细表表头上单击，在弹出的快捷工具栏中单击“列属性”按钮

</td><td>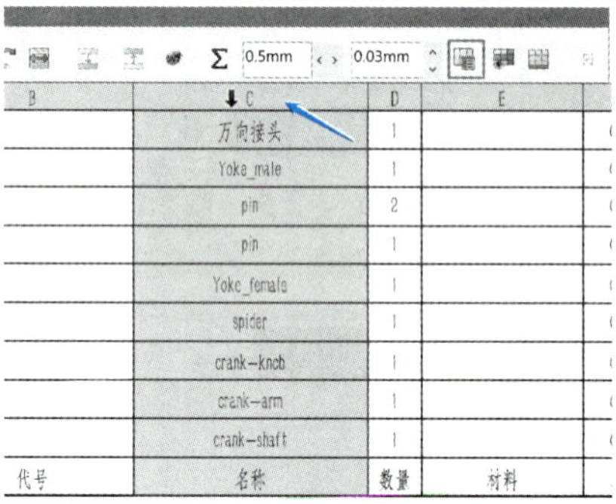
</td></tr>
<tr><td>12. 将“属性名称”栏改为“名称”</td><td>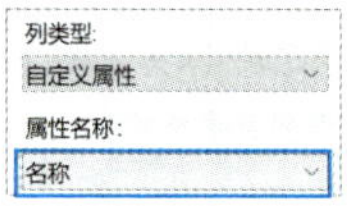
</td></tr>
<tr><td>13. 在视图中双击需要修改的序号，更改为想要的序号，使之顺时针或逆时针方向排序。材料明细表会乱序</td><td>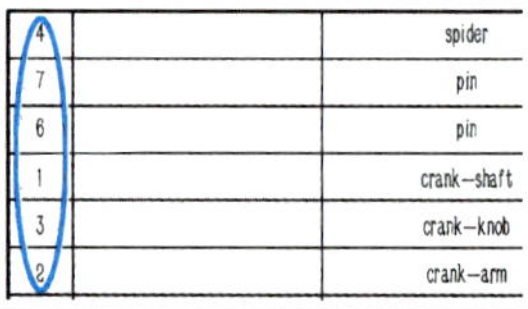
</td></tr>
<tr><td>14. 在“序号”列右击，在快捷菜单中单击“排序(O)”</td><td>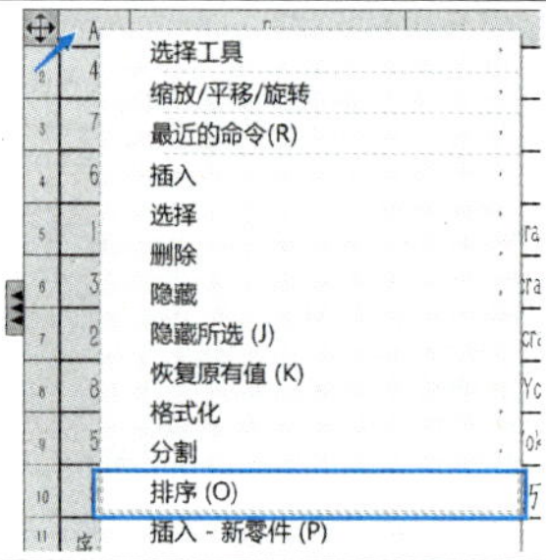
</td></tr>
<tr><td>15. 在弹出的“分排”对话框中“分排方式”栏选择“序号”→“升序”，并且勾选“不更改项目号”复选框，单击“确定”按钮。此时明细表的序号从上到下为从大到小的顺序排列</td><td>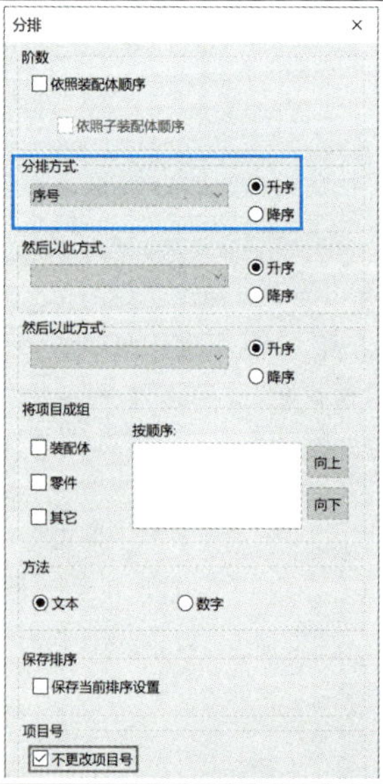
</td></tr>
<tr><td>16. 在命令管理器“工程图”标签页上单击“交替位置视图”按钮</td><td>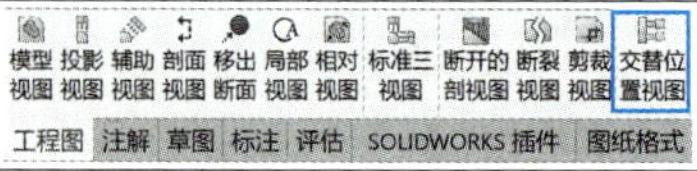
</td></tr>
</table>

（续）

操作步骤	图　示
17. 提示选择一个视图，单击“俯视图”，在对话框中输入新配置的名称后单击“确定”按钮✔	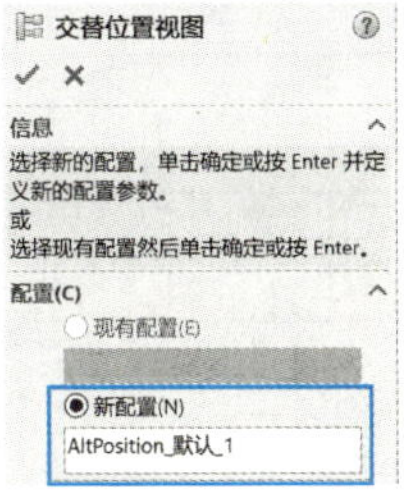
18. 系统自动切换至装配体编辑界面，并自动进入“移动零部件”界面	
19. 拖动手柄至新位置后单击“确定”按钮✔	
20. 系统自动回到工程图界面，新位置用双点划线表示。完成交替位置视图	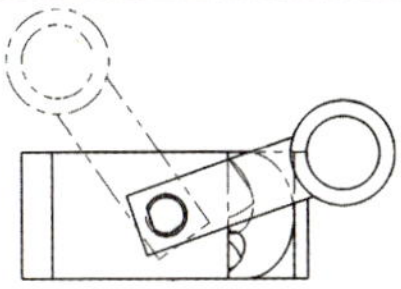

任务延展

▶ 建立如图 3.4.2 所示的工程图。作图过程见表 3.4.5。

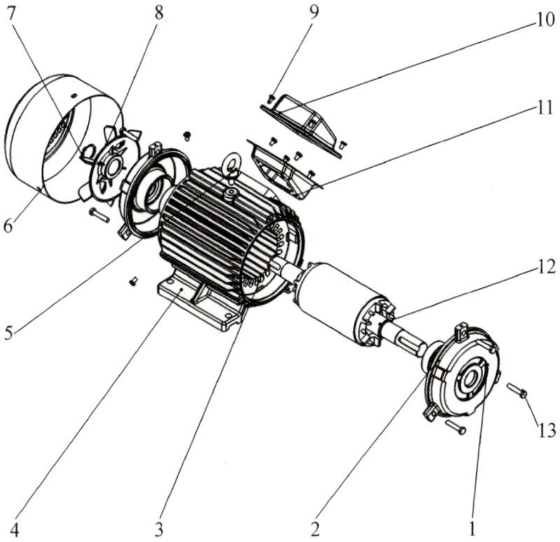

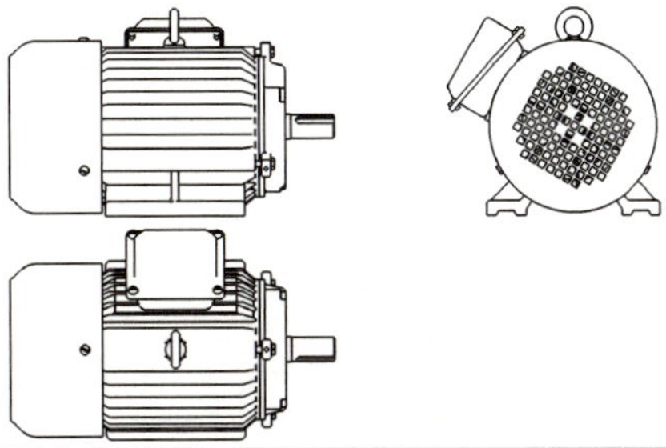

13		六角螺栓M6×30	6		0.00	0.00	
12		转子	1		0.00	0.00	
11		接线盒座	1		0.00	0.00	
10		接线盒盖	1		0.00	0.00	
9		螺钉M5×8	11		0.00	0.00	
8		扇叶	1		0.00	0.00	
7		轴挡24	1		0.00	0.00	
6		扇叶罩	1		0.00	0.00	
5		吊环螺钉	1		0.00	0.00	
4		壳体	1		0.00	0.00	
3		定子	1		0.00	0.00	
2		轴承6205	2		0.00	0.00	
1		后端盖	2		0.00	0.00	
序号	代号	名称	数量	材料	单重	总重	备注

图 3.4.2　工程图参考图样

表 3.4.5 作图过程

操作步骤	图　示
1. 新建工程图文件	—
2. 系统会自动出现一张图纸，此时的图纸大小可能不是所需要的。在左侧特征树中右击“图纸 1”，在快捷菜单中单击“属性…（G）”按钮。设置比例为 1∶5，图纸大小为 A3（GB），然后单击“应用更改”按钮	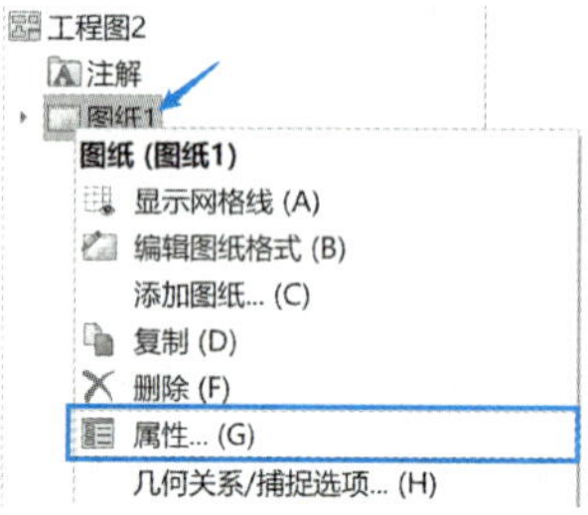
3. 单击屏幕右侧的“视图调色板”按钮，打开视图调色板。单击“浏览”按钮，打开教学资源包中文件“2.3 爆炸吧，装配君”中的“任务延展__电机总装”。在视图调色板中将显示该模型的相关视图	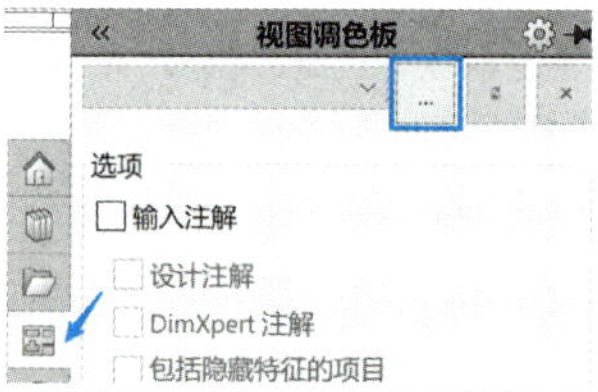
4. 将“左视”拖动到图纸中，并“向右”和“向下”投射出三视图，再向“右上角”投射出轴测图	
5. 选中轴测图，勾选“在爆炸或模型断开状态下显示（X）”复选框	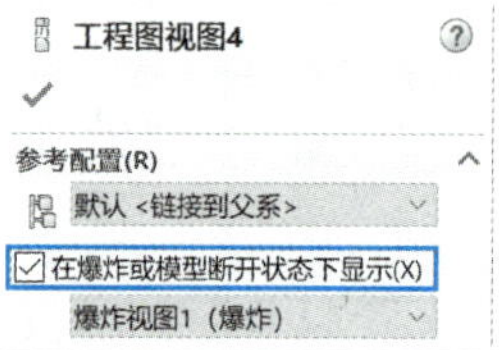
6. 选中爆炸轴测图，在命令管理器“注解”标签页上单击“表格”按钮，在下拉列表中单击“材料明细表”按钮	
7. 在“材料明细表”属性页中，单击按钮，找到表格模板“gb-bom-material”。其他按照默认设置。完成后单击“确定”按钮	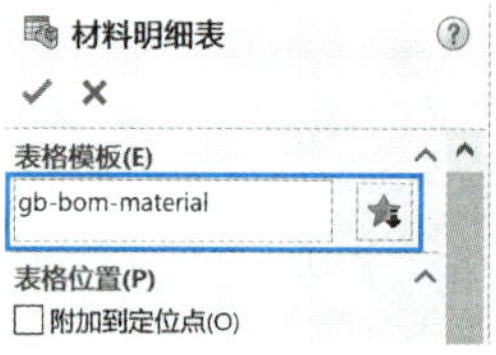
8. 材料明细表出现在鼠标光标位置，移动光标到标题栏右上角附近，系统会自动捕捉表格定位点，到合适的位置单击以放置	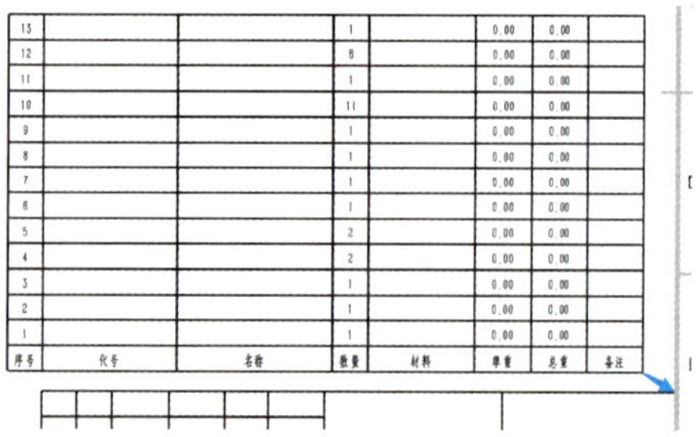

（续）

<table>
<tr><th>操作步骤</th><th>图 示</th></tr>
<tr><td>9. 选中爆炸轴测图，在命令管理器“注解”标签页上单击“自动零件序号”按钮</td><td>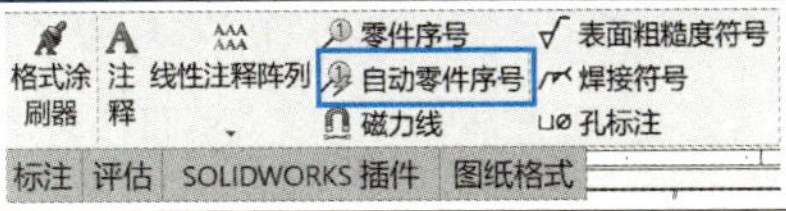
</td></tr>
<tr><td>10. 在“零件序号布局(O)”及“零件序号设定(E)”栏按图示要求设置好。如有必要，可拖动视图中任一序号，进行整体布局大小调整，设置完成后单击“确定”按钮</td><td>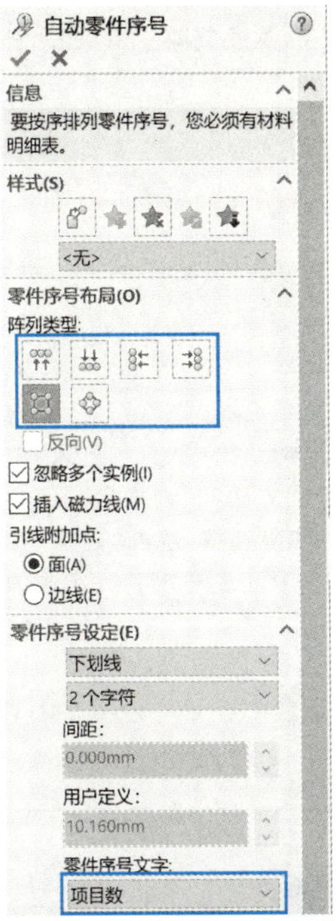
</td></tr>
<tr><td>11. 到这里为止，材料明细表中的名称列可能是空白的。在材料明细表表头上单击，在弹出的快捷工具栏中单击“列属性”按钮

</td><td>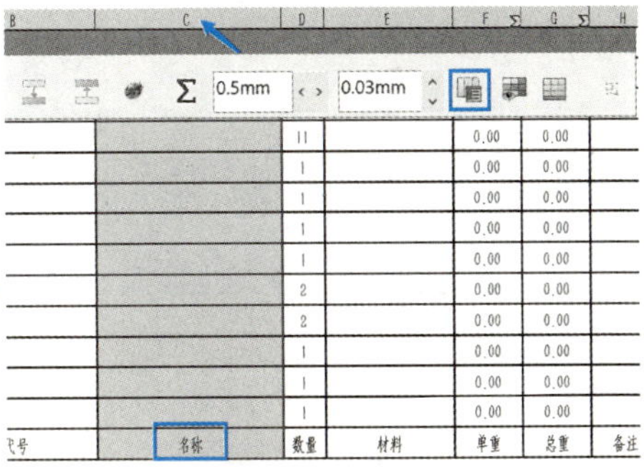
</td></tr>
<tr><td>12. 将“属性名称”栏改为“SW-文件名称(File Name)”</td><td>
</td></tr>
<tr><td>13. 双击“SW-文件名称(File Name)”单元格，将其更名为“名称”</td><td>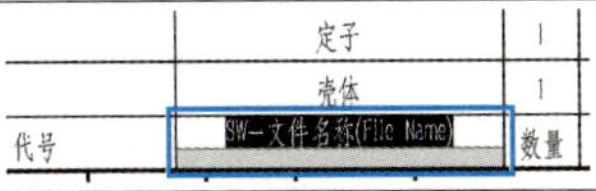
</td></tr>
<tr><td>14. 在视图中双击需要修改的序号，更改为想要的序号，使之顺时针或逆时针方向排序。材料明细表会乱序</td><td>
</td></tr>
</table>

（续）

操作步骤	图示
15. 在“序号”列右击，在快捷菜单中单击“排序(O)”	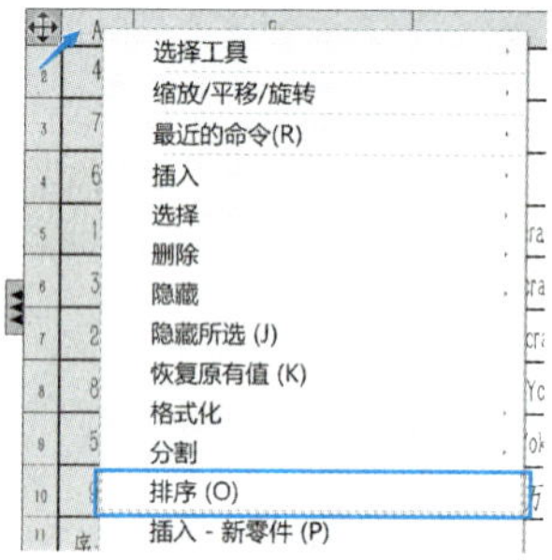
16. 在弹出的“分排”对话框中“分排方式”栏选择“序号”→“升序”，“方法”栏选择“数字”并且勾选“不更改项目号”复选框，单击“确定”按钮。此时明细表的序号从上到下为从大到小的顺序排列。完成工程图	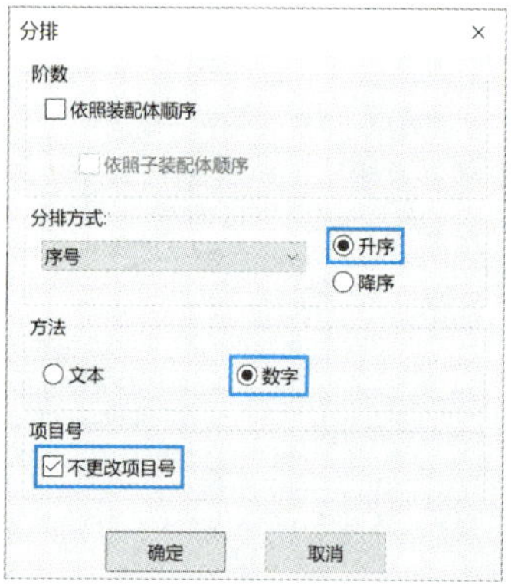

任务评价

任务评价表

专业__________ 班级__________ 姓名__________ 学号__________ 组别__________

项目	标准	自我评价	小组评价	教师评价
		2~10分		
		占50%	占20%	占30%
材料明细表(步骤6~8)	正确完成			
自动零件序号(步骤9~10)	正确完成			
交替位置视图(步骤16~20)	正确完成			
操作熟练度	绘图快速、准确			
协作精神	交流、讨论顺畅			
纪律观念	课堂有序、讨论积极			
学习主动性	认真思考、积极回答问题			
知识应用情况	关键知识点内化			
完成任务过程中引以为自豪的做法	简捷、高效 (加分项 5~10分)			
指导他人	帮助的人数及质量 (加分项 5~10分)			
小计				
总评				

注：1. 每项满分10分；

2. 带有“*”的步骤为任务延展中的内容。

组长签字： **任课教师：** **年 月 日**

参 考 文 献

[1] 方显明，祝国磊，胡玫瑰. SolidWorks2016 任务驱动教程 [M]. 武汉：华中科技大学出版社，2016.
[2] 陈胜，王敬艳，高士敏等. 三维 CAD 习题集 [M]. 北京：清华大学出版社，2010.